单墫
解题研究
丛书

单墫◎著

我怎样解题

上海教育出版社
SHANGHAI EDUCATIONAL
PUBLISHING HOUSE

丛书序

数学中充满问题,例如尺规作图的三大问题,希尔伯特(Hilbert)的 23 个问题,费马(Fermat)大定理,黎曼(Riemann)假设,庞加莱(Poincaré)猜想等等.

数学,正是在不断发现问题,不断解决问题中前进、发展的.

学数学,就要学习发现问题,解决问题.

当然,我们目前讨论的问题,只限于中学阶段可能涉及的问题.

我们希望帮助同学们提高解题能力,帮助教师们教会学生解题,帮助师范院校的教师教会未来的教师学会教解题.

说到解题,不可不说到波利亚(G. Pólya,1887—1985).

波利亚是数学家,也是教育家.他关于数学教育的文章与著作,特别是《怎样解题》,《数学的发现》(上、下),为数学解题理论奠定了坚实的基础.

波利亚有很多深刻的思想与独到的见解,真正是解题理论的大成先师.

我国有许多研究解题理论的学者,如过伯祥、张在明、罗增儒等先生.

我也写过一些关于解题的书.承蒙上海教育出版社青睐,计划将我的有关书籍集中出版发行,其中包括:

1.《解题研究》

2.《解题漫谈》

3.《我怎样解题》

4.《数学竞赛研究教程》(上、下)

等等.

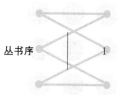

我这几本书,阐释波利亚的解题理论,希望能对学生、教师、教师的教师有所帮助.

波利亚的理论,不是教条,而是实际解题的指南.

因此,我们采用大量实例,特别是自己做过的数学问题,与读者一同讨论如何解题,如何总结解题的经验.

我们特别着重于两类问题.

一是基础问题.这类问题中的数学技巧、方法、思想,往往被人忽视,以为不足道,其实却是至关紧要的.例如,"用字母表示数"就是如此.

很多人在数学学习中遇到困难,原因往往是没有注意打好基础,忽视细节.须知绊倒人的,多半正是那些不起眼的小石头.反过来,如果平时注意加强基础,讲究技巧,在各种考试(如中考、高考)中,一定会减少失误或赢得更多的时间.

二是竞赛问题.它需要更多的创造性,而这正是数学学习中应当特别注意培养与发扬的.波利亚的著作中,对竞赛问题讨论较少,因为在他的时代,竞赛数学远不如今天这样风靡.

关于竞赛问题的解题研究,我们做了一些工作,期待有更多的人参加,共同努力将研究做得更加广泛深入.

特别希望读者朋友参加这项工作,对我们的这几本书提出建议与批评.

感谢上海教育出版社刘祖希先生、张莹莹、谭桑梓女士,促成这套书的出版.

前　言

数学题多,太多了!

准备高考的同学都做了大量的题.题多,很多人称之为"题海".

数学竞赛的题更多了.高考题的内容限定了课本,题型也都是常见的,而竞赛则不断推陈出新,变化无穷.竞赛题多,比大海还要浩瀚,可以称之为"题洋".

但我们不必"望洋兴叹".因为本来就没有必要做完所有的题,喝干"洋"水."弱水三千,只取一瓢".从大洋中舀一瓢水,细细品味,就可以知道大洋的成分.同样地,从众多的竞赛题中选出一部分,仔细分析,就可以基本了解竞赛题的全貌.

为此,我们选择了一百多道竞赛题.认真地做好这一百多道题,可以提高解题的能力,在题洋中自由自在地游来游去.

这就好像《唐诗三百首》,好像《古文观止》,从众多的唐诗、古文中选出一部分有代表性的作品,熟读之后,对古代的诗、文就有所了解,甚至"不会做诗也会吟".

选择的标准是:

1. 有代表性的题,解这种题的思想方法值得学习.

2. 有一定难度的好题,有讨论的价值与必要.

3. 我自己做过的题(但我以前的书中写过的,注意少收,以免重复).

这本书不是一本习题集,它的目标不是给出一百多道题的解答、而是想说一说如何去寻找问题的解答.

元遗山说:"鸳鸯绣了从教看,莫把金针度与人".其实"鸳鸯绣了从教看"就已经是"欲把金针度与人".一个自己动手去绣的人,一个细心而又有悟性的人,往往能从绣好的鸳鸯看出针法与诀窍.

我们的目的当然是"金针度人",所以不仅有较为详细的解答("绣好的鸳鸯"),而且也谈一些自己解题的经验、体会与探索的过程.

当然,探索的过程是很难写的.因为思路往往是难以说清的,何况"一个人不能两次进入同一条河".在写解题思路时,那思路可能已经不是原始的状态,"欲辩已忘言".有时,真实的探索过程又十分的漫长,完全写出来也有点乏味.所以,我们只能尽可能真实而又尽可能简洁地复原一些思考过程,并尝试用各种不同的方法来描述.例如,增加分析的分量,夹叙夹议,比较多种解法,适时总结,略作评注等.有时,还请来两个学生甲、乙一同讨论.

事实上,《我怎样解题》的"我"并不只是作者一个人,而是包括了与作者一同讨论的众多朋友,特别是广大的学生群体.这些学生或看过我写的书,或听过我的讲课,而在与他们的讨论中,我也学到了许多好的解法,获益良多.所以,书名中的"我",其实是"我们".写成"我"只是为了少印一个字,符合"简单"的原则.

我解过很多的题,但并无什么"绝招".

有位学生给我写了一封信,讲到解题的事.摘录如下:

"最近,我在×××老师那边上了十天课.他强调解题时要运用原则,运用对称性分析、结构分析、图象化、图表化等方法.听他讲课时总觉得他的解法是一种必然.但自己实际做题时,往往觉得原则无处可用,只能像以前一样瞎做.在这点上,我觉得你和×××老师很不一样,你解题时十分重视感觉,很少谈一些原则.你总认为解题没有万能的方法,最好的方法就是探索.我想知道,解题到底是靠什么?"

解题到底靠什么?我靠的也就是平常的、普通人的常识,即:

1. 必须自己动手解题,才能提高解题能力.

2. 要做一些有质量的题,一百道左右(本书每一节的问题,大多写在开始部分,目的就是让读者先自己动手去试).

3. 仔细审题.搞清题意并不容易.有时做完题回顾时才弄清楚,有时做完了题还不一定清楚题意.

4. 从简单的做起.尽量找些简单具体直观的实例,由这些实例入手.

5. 注意总结.要弄清关键所在.有哪几个关键步骤?为什么这样做?要做一题有一题的体会,彻底弄清楚,弄透彻,不仅知其然而且知其所以然.要像大哲学家康德所说:"通过经验使理解力发展到直觉的判断力,再发展到思想观念","学会思考".

虽然努力想写好这本书,但是自身才力所限,疵病一定不少,敬请大家批评指正.

目 录

第一章　不等式的证明

第二章 几何

单墫

解题研究
丛 书

我怎样解题

第三章　数论

单墫
解题研究
丛 书

我怎样解题

第四章　组合数学

第五章　数列、函数及其他

单 墫
解题研究
丛　书

我怎样解题

第一章　不等式的证明

不等式的证明,在数学竞赛中经常出现.不等式的种类繁多,解法千变万化,做不等式的题能够培养学生对数、式的感觉,培养灵活的思维.

不等式的证法很多,其中最重要、最常见的方法就是将式子变形.首先,是"恒等"变形,如通分、合并同类项等,"恒等"变形用得很多,必须熟练,不可出错.其次,是"不等的"变形,即将某一边增大或减小,简称为"放缩".这种变形在证明中往往只出现一两次,但却是证明不等式的关键.我们要抓住时机,在适当的地方大胆地放缩,简化不等式.但放缩不等式又必须适当,过分了就会产生不正确的不等式.这适当两字最能反映解题者的水平,需要通过大量的解题与经验的积累才能达到.

一些著名的不等式,如柯西不等式、平均不等式、排序不等式等,在不等式证明中也是常用的.它们的作用也就是上面所说的"放缩".

1

Janous 不等式

Janous 提出一个如下的不等式:

x,y,z 为正实数,证明:

$$\frac{y^2-x^2}{z+x}+\frac{z^2-y^2}{x+y}+\frac{x^2-z^2}{y+z}\geqslant 0. \tag{1}$$

师:不等式(1)左边在将 x,y,z 换成 y,z,x(即将 x 换成 y,y 换成 z,z 换成 x)时,不变. 这样的式子称为 (x,y,z) 的轮换式. 上式常常简记为

$$\sum\frac{y^2-x^2}{z+x}. \tag{2}$$

看到表达式(2),应当知道它是不等式(1)的左边.

甲:对于轮换式,是否可以假定 $x\geqslant y\geqslant z$?

师:不可以. 对于 x,y,z 的对称式,才可假定 $x\geqslant y\geqslant z$. 对称式,是指

$$\frac{y^2}{z+x}+\frac{z^2}{x+y}+\frac{x^2}{y+z} \tag{3}$$

这样的式子,在 x,y,z 中任意两个互换(x 与 y 互换,y 与 z 互换或者 z 与 x 互换)时,不变.

轮换式,只能设 x 最大,而 y,z 的大小不能确定,需要分 $y\geqslant z$ 与 $z\geqslant y$ 两种情况讨论.

乙:如果 $x\geqslant y\geqslant z$,那么不等式(1)的左边,前两个分式都是负的,只有第三个是正的.

师:负的分式可以移到右边,而一个正的分式可以拆成两个.

甲:即不等式(1)等价于

$$\frac{x^2-y^2}{y+z}+\frac{y^2-z^2}{y+z}\geqslant\frac{x^2-y^2}{z+x}+\frac{y^2-z^2}{x+y}. \tag{4}$$

两边的分式都是正的,而

$$y+z\leqslant z+x\leqslant x+y, \tag{5}$$

$$\therefore\quad\frac{x^2-y^2}{y+z}\geqslant\frac{x^2-y^2}{z+x},\quad\frac{y^2-z^2}{y+z}\geqslant\frac{y^2-z^2}{x+y}. \tag{6}$$

从而,不等式(4)成立.

乙：$x \geqslant z \geqslant y$ 的情况，证法类似. 这时，不等式（1）等价于

$$\frac{x^2 - z^2}{y + z} + \frac{z^2 - y^2}{x + y} \geqslant \frac{x^2 - z^2}{z + x} + \frac{z^2 - y^2}{z + x}. \tag{7}$$

两边的分式都是正的，而

$$y + z \leqslant z + x, \quad x + y \leqslant z + x. \tag{8}$$

$$\therefore \quad \frac{x^2 - z^2}{y + z} \geqslant \frac{x^2 - z^2}{z + x}, \quad \frac{z^2 - y^2}{x + y} \geqslant \frac{z^2 - y^2}{z + x}. \tag{9}$$

从而，不等式（7）成立.

甲：这题用排序不等式也可以做.（3）是 x, y, z 的对称式，所以可设 $x \geqslant y \geqslant z$. 这时

$$x + y \geqslant x + z \geqslant y + z, \quad x^2 \geqslant y^2 \geqslant z^2. \tag{10}$$

所以，（3）是同序的和，而不论 x, y, z 的大小关系如何

$$\frac{x^2}{z + x} + \frac{y^2}{x + y} + \frac{z^2}{y + z} \tag{11}$$

都不大于同序的和（3），也就是（1）成立.

师：你的证法也很好. 不过，前一种证法更为简单，它没有运用著名的不等式.

如果所要证的结论比较简单，却搬出一个大的定理，这个定理的证明远比目前要证的结论复杂，那就有点像"杀鸡用牛刀"了.

附 排序不等式

设有两组实数

$$a_1 \geqslant a_2 \geqslant \cdots \geqslant a_n,$$
$$b_1 \geqslant b_2 \geqslant \cdots \geqslant b_n,$$

那么，对于 $1, 2, \cdots, n$ 的任一排列 $i_1, i_2, \cdots, i_n$，有

$$a_1 b_1 + a_2 b_2 + \cdots + a_n b_n \text{（同序的和）}$$
$$\geqslant a_1 b_{i_1} + a_2 b_{i_2} + \cdots + a_n b_{i_n} \text{（乱序的和）}$$
$$\geqslant a_1 b_n + a_2 b_{n-1} + \cdots + a_n b_1 \text{（逆序的和）}.$$

上面甲的证法中，

$$a_1 = x^2, a_2 = y^2, a_3 = z^2, b_1 = \frac{1}{y + z}, b_2 = \frac{1}{x + z}, b_3 = \frac{1}{x + y}.$$

在排序不等式的条件中，并不要求 a_k 与 b_k 非负，$k = 1, 2, \cdots, n$.

单墫
解题研究
丛 书

我怎样解题

2 不等式与恒等式

已知:$a,b,c \in \mathbf{R}^+$,求证:

$$\frac{a}{1+a+ab} + \frac{b}{1+b+bc} + \frac{c}{1+c+ca} \leqslant 1. \qquad (1)$$

师:在证明(1)之前,首先想问一问等号何时成立?

甲:我想到一个条件恒等式:$a,b,c \in \mathbf{R}^+$,并且

$$abc = 1, \qquad (2)$$

则

$$\frac{a}{1+a+ab} + \frac{b}{1+b+bc} + \frac{c}{1+c+ca} = 1. \qquad (3)$$

也就是说,在有等式(2)时,(1)中等号成立.

乙:等式(3)是初中曾经解决过的问题.证明时需要一点技巧,就是利用(2),将(3)的左边三项化为同分母,即

$$\frac{a}{1+a+ab} + \frac{b}{1+b+bc} + \frac{c}{1+c+ca}$$

$$= \frac{a}{1+a+ab} + \frac{ab}{a(1+b+bc)} + \frac{abc}{ab(1+c+ca)}$$

$$= \frac{a}{1+a+ab} + \frac{ab}{a+ab+1} + \frac{1}{ab+1+a}$$

$$= 1.$$

这等式与证明不等式(1)有何关系?

师:虽然现在(2)未必成立,所以(3)也未必成立.但是,我们可以令 $d = \frac{1}{ab}$.由于 $abd = 1$,

$$\therefore \quad \frac{a}{1+a+ab} + \frac{b}{1+b+bd} + \frac{d}{1+d+da} = 1. \qquad (4)$$

要证(1),只需证明(4)的左边 $\geqslant$(1)的左边,即

$$\frac{b}{1+b+bc} + \frac{c}{1+c+ca} \leqslant \frac{b}{1+b+bd} + \frac{d}{1+d+da}. \qquad (5)$$

甲:(5)$\Leftrightarrow \dfrac{b^2(d-c)}{(1+b+bc)(1+b+bd)} \leqslant \dfrac{d-c}{(1+c+ca)(1+d+da)}$

$$\Leftrightarrow b^2(d-c)(1+c+ca)(1+d+da)$$
$$\leqslant (d-c)(1+b+bc)(1+b+bd)$$
$$\Leftrightarrow b(d-c)(1+c+ca) \leqslant (d-c)(1+b+bc)$$
$$\Leftrightarrow (d-c)(abc-1) \leqslant 0$$
$$\Leftrightarrow -\frac{1}{d}(d-c)^2 \leqslant 0.$$

最后一个不等式显然成立,所以(5)成立,(1)也成立.

而且,不等式(1)成立的充分必要条件是 $c=d=\frac{1}{ab}$,即等式(2).

师:当然,如果费点牛劲,在不等式(1)两边去分母化为

$$a(1+b+bc)(1+c+ca)+b(1+a+ab)(1+c+ca)+$$
$$c(1+a+ab)(1+b+bc)$$
$$\leqslant (1+a+ab)(1+b+bc)(1+c+ca).$$

再去括号化简,得

$$2abc \leqslant a^2b^2c^2+1,$$

即

$$(abc-1)^2 \geqslant 0.$$

同样导出不等式(1)成立,并且当且仅当 $abc=1$ 时,等号成立.

这种证法虽然"拙"一些,但切实可行,而且对于培养我们对式子的运算能力大有好处.

单墫
解题研究
丛书

我怎样解题

3 调　整

已知:x,y,z 为非负实数,且

$$x+y+z=1,\qquad\qquad(1)$$

求证:

$$x(1-2x)(1-3x)+y(1-2y)(1-3y)+z(1-2z)(1-3z)\geqslant 0.\ (2)$$

师:这是一位同学问的问题.

甲:不等式(2)的左边是 x,y,z 的对称式,可设 $x\geqslant y\geqslant z$.

师:固定 z,从而

$$x+y=1-z\qquad\qquad(3)$$

也随之固定,看看不等式(2)左边前两项变化的情况,希望它们的和在 $x=y$ 时最小.

乙:
$$x(1-2x)(1-3x)+y(1-2y)(1-3y)$$
$$=6(x^3+y^3)-5(x^2+y^2)+(x+y)$$
$$=6(x+y)[(x+y)^2-3xy]-5(x+y)^2+10xy+(x+y)$$
$$=6(x+y)^3-5(x+y)^2+(x+y)-2xy[9(x+y)-5].\qquad(4)$$

$\because\ x\geqslant y\geqslant z,\quad\therefore\ z\leqslant\dfrac{1}{3},x+y\geqslant\dfrac{2}{3},$

$$9(x+y)-5\geqslant 9\times\frac{2}{3}-5=1\geqslant 0.$$

等式(4)的最后一项

$$-2xy[9(x+y)-5]\geqslant -2\left(\frac{x+y}{2}\right)^2[9(x+y)-5].\qquad(5)$$

这表明对固定的 z,不等式(2)左边在 $x=y$ 时最小.

甲:这时 $x=y=\dfrac{1-z}{2}$,所以

$$不等式(2)左边=(1-z)z\left(z-\frac{1-z}{2}\right)+z(1-2z)(1-3z)$$

$$=\frac{z(1-3z)}{2}[2(1-2z)-(1-z)]$$

$$= \frac{1}{2}(1-3z)^2$$

$$\geqslant 0,$$

即不等式(2)成立.

师:本题不等式(2)左边是 x,y,z 的函数. 由于条件(1), (2)左边实际上只是二元函数. 在 z 固定时,便成为 x 的一元函数,且 $y=1-z-x$ 随 x 而变化. (4),(5)表明(2)的左边$\left(\text{对固定的}z\leqslant\frac{1}{3}\right)$在 $x=y$ 时最小. 因此,我们就将 x,y 调整为相等. 从而,不等式(2)左边成为关于 z 的一元函数$\left(x=y=\frac{1-z}{2}\right)$,且不难求出它的最小值.

上述调整中,用到非负实数 x,y 的和 $x+y$ 一定时,积 xy 在 $x=y$ 时最大. 这是一个重要且常用的结论.

当然,还应注意与 xy 相乘的因式 $-2[9(x+y)-5]$ 是负的.

单墫

解题研究
丛书

我怎样解题

4　还 是 调 整

已知:$a,b,c,d>0$,且 $a+b+c+d=4$,求证:

$$\sum bcd - abcd \leqslant \frac{1}{2}(ab+bc+cd+da+ac+bd). \quad (1)$$

学生甲:我知道一种解法. 原不等式,即

$$f(a,b,c,d)=\sum \frac{1}{a}-\frac{1}{2}\sum \frac{1}{ab} \leqslant 1.$$

不妨设 $a \leqslant 1 \leqslant b$,令

$$a'=1, b'=a+b-1,$$

得

$$a'b' \geqslant ab.$$

于是

$$f(a,b,c,d)-f(a',b',c,d)$$

$$=\left(\frac{1}{a}+\frac{1}{b}-\frac{1}{a'}-\frac{1}{b'}\right)-$$

$$\frac{1}{2}\left[\left(\frac{1}{ab}-\frac{1}{a'b'}\right)+\left(\frac{1}{c}+\frac{1}{d}\right)+\left(\frac{1}{a}+\frac{1}{b}-\frac{1}{a'}-\frac{1}{b'}\right)\right]$$

$$=(a+b)\left(\frac{1}{ab}-\frac{1}{a'b'}\right)-$$

$$\frac{1}{2}\left[\left(\frac{1}{ab}-\frac{1}{a'b'}\right)+\left(\frac{1}{c}+\frac{1}{d}\right)+(a+b)\left(\frac{1}{ab}-\frac{1}{a'b'}\right)\right]$$

$$=(a+b)\left(\frac{1}{ab}-\frac{1}{a'b'}\right)\left[1-\frac{1}{2}\left(\frac{1}{a+b}+\frac{1}{c}+\frac{1}{d}\right)\right]$$

$$\leqslant (a+b)\frac{a'b'-ab}{aba'b'}\left(1-\frac{1}{2}\times \frac{3^2}{4}\right)$$

$$\left(\because \quad \frac{1}{x_1}+\frac{1}{x_2}+\frac{1}{x_3} \geqslant \frac{3^2}{x_1+x_2+x_3}\right)$$

$$\leqslant 0.$$

$$\therefore \quad f(a,b,c,d) \leqslant f(a',b',c,d)=f(1,a+b-1,c,d).$$

经过两次这样的变换,得

$$f(1,a+b-1,c,d)$$

$$\leqslant f(1,1,a+b+c-2,d)$$
$$\leqslant f(1,1,1,a+b+c+d-3)$$
$$= f(1,1,1,1)$$
$$= 1.$$

乙：我不明白为什么要这样做？化成分式（即两边同时除以 $abcd$）有什么好处？而且，$f(1,1,a+b+c-2,d)$ 中的 $a+b+c-2$ 一定大于等于 0 吗？

师：你的批评有道理. $a+b+c-2\geqslant0$ 的确没有保证. 不过，这只是表述中的问题. 应当说，第一步调整的结果是可设 $a=1$. 接下去，对 $f(1,b,c,d)$ 调整，又可设 $b=1$. 最后，再将 c 调至 1，这时 d 当然也就成为 1 了. 有人称这种调整为"磨光变换"，但我们还是用"调整"这个通俗的名称.

乙：能不能不化成分式？

师：化为分式的确没有必要. 我们仍设 $a\leqslant1\leqslant b$.

注意不等式(1)，即

$$ab\left(c+d-cd-\frac{1}{2}\right)\leqslant\frac{1}{2}\big[(a+b)(c+d)+cd\big]-cd(a+b). \quad (2)$$

所谓调整，即固定 c,d，从而 $a+b=4-(c+d)$ 也固定. 将 a 增大（从而 b 减小），这时 ab 也增大. 不等式(2)的右边不变，如果不等式(2)的左边增大，那么只需证 a,b 中有一个为 1 时，不等式(2)成立（则原来左边更小的不等式当然成立），即已经将 a,b 中的一个调整为 1 了.

乙：不等式(2)的左边在

$$c+d-cd-\frac{1}{2}\geqslant0 \quad (3)$$

时，才随 ab 的增加而增加；在

$$c+d-cd-\frac{1}{2}\leqslant0 \quad (4)$$

时，怎么办呢？

师：如果不等式(4)成立，那么(2)显然成立. 因为不等式(2)的右边

$$\frac{1}{2}((a+b)(c+d)+cd)-cd(a+b)$$

$$=\frac{1}{2}(4-t)t-cd\left(\frac{7}{2}-t\right)（记 c+d=t，显然 t\leqslant4-b\leqslant3）$$

单墫
解题研究
丛书

我怎样解题

$$\geqslant \frac{1}{2}(4-t)t - \frac{t^2}{4}\left(\frac{7}{2}-t\right)$$

$$= \frac{t}{8}(2t^2 - 11t + 16)$$

$$> 0,$$

因此,总可以将 a,b,c,d 中的一个调整为 1,接着再将另一个调整为 1,最后将剩下两个不为 1 的调整为 1,从而不等式(1)成立.

5 分而治之

已知：$a,b,c \in \mathbf{R}^+$，求证：

$$\sqrt[3]{\frac{a^2}{(b+c)^2}} + \sqrt[3]{\frac{b^2}{(c+a)^2}} + \sqrt[3]{\frac{c^2}{(a+b)^2}} \geqslant \frac{3}{\sqrt[3]{4}}. \tag{1}$$

本题中的 a,b,c 本来并无关系，因此在不等式(1)左边每个根式中都有三个独立的变数 a,b,c. 但每个根式中，分子、分母都是二次齐次式. 我们可以将分子、分母同时扩大到 t^2 倍，即 a,b,c 同时乘以 t. 只要取

$$t = \frac{1}{a+b+c},$$

则

$$ta + tb + tc = 1.$$

分别用 x,y,z 代替 ta,tb,tc，则

$$x+y+z = 1. \tag{2}$$

而不等式(1)成为

$$\sqrt[3]{\frac{x^2}{(1-x)^2}} + \sqrt[3]{\frac{y^2}{(1-y)^2}} + \sqrt[3]{\frac{z^2}{(1-z)^2}} \geqslant \frac{3}{\sqrt[3]{4}}. \tag{3}$$

不等式(3)左边每个根式中出现一个字母，于是只要证明

$$\sqrt[3]{\frac{x^2}{(1-x)^2}} \geqslant \frac{3}{\sqrt[3]{4}}x. \tag{4}$$

将它与另两个类似的关于 y,z 的不等式相加，即得不等式(3).

$$(4) \Leftrightarrow \frac{4}{27} \geqslant (1-x)^2 x \Leftrightarrow \frac{8}{27} \geqslant 2x(1-x)(1-x).$$

由平均不等式

$$2x(1-x)(1-x) \leqslant \left[\frac{2x+(1-x)+(1-x)}{3}\right]^3 = \frac{8}{27}. \tag{5}$$

所以不等式(4)成立，从而(5)成立，(1)也成立.

本题将变数分开的手法颇有趣. 将(3)的证明化归为(4)的证明，是大胆的一步. 事先并不能保证(4)一定正确. 如果不正确，得回到(3)，重新想办法. 但幸运女神垂青我们，一下子就成功了. 希望常有这样的好运气.

单墫
解题研究
丛书

我怎样解题

6 两种相等的情况

已知：x,y,z 为非负实数，且不全为 0，求证：

$$\sum \frac{x^2}{6x^2+(x+y+z)^2} \leqslant \frac{1}{5}. \tag{1}$$

甲：左边每个分式的分子、分母都是二次齐次式（每一项都是二次的）.这种情况可以设

$$x+y+z=1. \tag{2}$$

从而，不等式(1)可以写成

$$\sum \frac{x^2}{6x^2+1} \leqslant \frac{1}{5}. \tag{3}$$

师：是的，这可以称为"标准化".

乙：由对称性，可以设 $x \geqslant y \geqslant z$，于是 $z \leqslant \frac{1}{3}$.

师：考虑一下，等号在什么时候成立？

甲：有两种可能.在 $x=y=z=\frac{1}{3}$ 时，(1)是等式；在 $z=0$，$x=y=\frac{1}{2}$ 时，(1)也是等式.

师：等号成立的情况不止一种（也就是在条件 $x+y+z=1$ 的约束下，左式取最大值的点不止一个），这样的问题往往比"只此一种，别无其他"的问题困难一些.

但我们看到，在两种相等的情况中，均有 $x=y$，于是应设法证明

$$\frac{x^2}{6x^2+1}+\frac{y^2}{6y^2+1} \leqslant \frac{2t^2}{6t^2+1}, \tag{4}$$

其中 $t=\frac{x+y}{2}$.

乙：　　(4)$\Leftrightarrow \dfrac{x^2}{6x^2+1}-\dfrac{t^2}{6t^2+1} \leqslant \dfrac{t^2}{6t^2+1}-\dfrac{y^2}{6y^2+1}$

$\Leftrightarrow \dfrac{x^2-t^2}{6x^2+1} \leqslant \dfrac{t^2-y^2}{6y^2+1} \Leftrightarrow \dfrac{x+t}{6x^2+1} \leqslant \dfrac{t+y}{6y^2+1}$

$\Leftrightarrow (x+t)(6y^2+1) \leqslant (t+y)(6x^2+1)$

$\Leftrightarrow x-y \leqslant 6t(x^2-y^2)+6xy(x-y)$

$$\Leftrightarrow 1 \leqslant 6t(x+y) + 6xy \Leftrightarrow 1 \leqslant 3(x+y)^2 + 6xy. \qquad (5)$$

$\because \quad x+y = 1-z \geqslant \dfrac{2}{3},$

$$\therefore \quad 3(x+y)^2 \geqslant 3 \times \left(\dfrac{2}{3}\right)^2 = \dfrac{4}{3} > 1.$$

从而,不等式(4)成立.

师:现在问题化为证明

$$\frac{z^2}{6z^2+1} + \frac{2t^2}{6t^2+1} \leqslant \frac{1}{5}, \qquad (6)$$

即

$$\frac{z^2}{6z^2+1} + \frac{(1-z)^2}{3(1-z)^2+2} \leqslant \frac{1}{5}, \qquad (7)$$

其中 $0 \leqslant z \leqslant \dfrac{1}{3}$.

这是一个一元函数的极值(最大值)问题.

甲:不等式(7)如果去分母,那么会很烦琐.

师:可以先将第二个分式移到右边.

甲:
$$(1) \Leftrightarrow \frac{z^2}{6z^2+1} \leqslant \frac{1}{5} - \frac{(1-z)^2}{3(1-z)^2+2}$$

$$\Leftrightarrow \frac{5z}{6z^2+1} \leqslant \frac{2(2-z)}{3(1-z)^2+2}$$

$$\Leftrightarrow 15z(1-z)^2 + 10z \leqslant 2(2-z)(6z^2+1)$$

$$\Leftrightarrow 27z^3 - 54z^2 + 27z - 4 \leqslant 0.$$

$$u^3 - 6u^2 + 9u - 4 \leqslant 0 (\diamondsuit\ u = 3z) \Leftrightarrow (u-1)^2(u-4) \leqslant 0. \qquad (8)$$

$\because \quad u = 3z \leqslant 1,\quad \therefore \quad u - 4 < 0,$从而(8)成立,故不等式(7)成立,原不等式成立.

师:上面的解法极为初等,未用任何特别工具或著名的不等式. 证明不等式(4),(7)均用移项的方法使问题得以简化,这是证明恒等式(特别是涉及分式的恒等式)的常用方法,在不等式的证明中依然很有用处.

单 墫
解题研究
丛 书

我怎样解题

7 柯西不等式

已知:$x_1, x_2, \cdots, x_n$ 是正数,且

$$\sum_{i=1}^{n} x_i = 1, \tag{1}$$

求证:

$$\left(\sum_{i=1}^{n} \sqrt{x_i}\right)\left(\sum_{i=1}^{n} \frac{1}{\sqrt{1+x_i}}\right) \leqslant \frac{n^2}{\sqrt{n+1}}. \tag{2}$$

师: 这是一个代数不等式,没有必要用诸如

$$x_i = \tan^2 \theta_i \tag{3}$$

之类的代换将它化为三角不等式,常用的方法应当是代数的恒等变形与柯西不等式等著名不等式. 柯西不等式,即

$$\sum_{i=1}^{n} a_i^2 \cdot \sum_{i=1}^{n} b_i^2 \geqslant \left(\sum_{i=1}^{n} a_i b_i\right)^2, \tag{4}$$

其中等号当且仅当

$$\frac{a_1}{b_1} = \frac{a_2}{b_2} = \cdots = \frac{a_n}{b_n} \tag{5}$$

时成立.

甲: 令

$$s = \sum_{i=1}^{n} \sqrt{x_i}, \tag{6}$$

则由柯西不等式,得

$$s^2 = \left(\sum_{i=1}^{n} 1 \cdot \sqrt{x_i}\right)^2 \leqslant \sum_{i=1}^{n} 1^2 \cdot \sum_{i=1}^{n} x_i = n. \tag{7}$$

$$\therefore \quad s \leqslant \sqrt{n}. \tag{8}$$

要证不等式(2)只需证明:

$$\sum_{i=1}^{n} \frac{1}{\sqrt{1+x_i}} \leqslant n\sqrt{\frac{n}{n+1}}. \tag{9}$$

师: 可惜不等式(9)是不成立的. 令

$$t = \sum_{i=1}^{n} \sqrt{1+x_i}, \tag{10}$$

则由柯西不等式

$$t \leqslant \sqrt{\sum 1^2 \cdot \sum (1+x_i)} = \sqrt{n(n+1)}. \tag{11}$$

又

$$t \cdot \sum \frac{1}{\sqrt{1+x_i}} \geqslant n^2, \tag{12}$$

所以结合不等式(11),得

$$\sum \frac{1}{\sqrt{1+x_i}} \geqslant \frac{n^2}{t} \geqslant n\sqrt{\frac{n}{n+1}}. \tag{13}$$

因此,不等式(9)是错误的. 错误的不等式当然无法证明它的"正确",但能够知道某一条道路是行不通的,不再坚持走下去也是很重要的."迷途知返",正是有智慧的表现.

乙:我们需要 $\sum \dfrac{1}{\sqrt{1+x_i}}$ 的上界,而且柯西不等式却只能得到它的下界

(13),怎么办呢?

师:只需作一个恒等的变形

$$\sum \frac{1}{\sqrt{1+x_i}} = \sum \frac{1+x_i-x_i}{\sqrt{1+x_i}} = t - \sum \frac{x_i}{\sqrt{1+x_i}}. \tag{14}$$

甲:和号 $\sum$ 前面有一个负号.这样 $\sum$ 的下界就成为 $-\sum$ 的上界了. 还是用柯西不等式

$$t \cdot \sum \frac{x_i}{\sqrt{1+x_i}} \geqslant \left(\sum \sqrt{x_i}\right)^2. \tag{15}$$

$$\therefore \quad \sum \frac{x_i}{\sqrt{1+x_i}} \geqslant \frac{1}{t}\left(\sum \sqrt{x_i}\right)^2 = \frac{s^2}{t}. \tag{16}$$

(2)的左边 $= s\left(t - \sum \dfrac{x_i}{\sqrt{1+x_i}}\right) \leqslant s\left(t - \dfrac{s^2}{t}\right). \tag{17}$

乙:$t - \dfrac{s^2}{t}$ 是 t 的增函数,所以由不等式(11),得

$$t - \frac{s^2}{t} \leqslant \sqrt{n(n+1)} - \frac{s^2}{\sqrt{n(n+1)}} = \frac{n(n+1)-s^2}{\sqrt{n(n+1)}}. \tag{18}$$

单墫
解题研究
丛书

我怎样解题

甲：在 $s \leqslant \sqrt{n}$ [即(8)]时，$n(n+1)s - s^3$ 是增函数，因为它的导数

$$n(n+1) - 3s^2 \geqslant n(n+1) - 3n = n(n-2) \geqslant 0 \tag{19}$$

[除非 $n=1$，但 $n=1$ 时，不等式(2)显然成立，所以可设 $n \geqslant 2$]. 因此，得

$$s\left(t - \frac{s^2}{t}\right) \leqslant \frac{n(n+1)s - s^3}{\sqrt{n(n+1)}} \leqslant \frac{n(n+1) - n}{\sqrt{n+1}} = \frac{n^2}{\sqrt{n+1}}. \tag{20}$$

即不等式(2)成立.

师：本题多次运用柯西不等式. 柯西不等式的一个重要作用就是"去分母"，如不等式(12),(15),或者说成"通分"，如不等式(13),(16)(以 $t = \sum \sqrt{1+x_i}$ 为"公分母").

在需要的估计不能直接得出(如需要 $\sum \dfrac{1}{\sqrt{1+x_i}}$ 的上界)时，一个简单的恒等变形，如等式(14),常常可以帮助我们.

练习　在本题的条件下，证明：

$$\sum \sqrt{1+x_i} \geqslant \sqrt{n+1} \sum \sqrt{x_i} \tag{21}$$

$$\left(\sum \sqrt{1+x_i}\right)^2 - \left(\sum \sqrt{x_i}\right)^2 \geqslant n^2, \tag{22}$$

即

$$t \geqslant \sqrt{n+1}\, s, \tag{23}$$

$$t^2 - s^2 \geqslant n^2. \tag{24}$$

甲：　$(n+1)(1+x_i) = (n+1)(x_1 + x_2 + \cdots + x_n + x_i)$

$$\geqslant \left(\sum_{j=1}^{n} \sqrt{x_j} + \sqrt{x_i}\right)^2,$$

所以，有

$$\sqrt{(n+1)(1+x_i)} \geqslant s + \sqrt{x_i},$$

对 $i=1,2,\cdots,n$ 求和，得

$$\sqrt{n+1}\, t \geqslant (n+1)s,$$

即不等式(23)成立.

乙：　$t^2 - s^2 = \sum(\sqrt{1+x_i} + \sqrt{x_i}) \cdot \sum(\sqrt{1+x_i} - \sqrt{x_i})$

$$= \sum(\sqrt{1+x_i} + \sqrt{x_i}) \cdot \sum \frac{1}{\sqrt{1+x_i} + \sqrt{x_i}}$$

$$\geqslant n^2.$$

师：所以不能在(17)的 $s\left(t-\dfrac{s^2}{t}\right)=\dfrac{s}{t}(t^2-s^2)$ 中将 $\dfrac{s}{t}$ 换成较大的 $\dfrac{1}{\sqrt{n+1}}$.

在不等式的证明中，切忌不等式放缩过度，产生错误的不等式. 如果明知产生了错误的不等式，还要坚持走下去，则是愚蠢的，只能说明头脑的钝化或僵化.

单墫
解题研究
丛书

我怎样解题

8 用柯西不等式"通分"

已知:a, b, c 为非负实数,且

$$ab + bc + ca = \frac{1}{3},\tag{1}$$

求证:

$$\frac{1}{a^2 - bc + 1} + \frac{1}{b^2 - ca + 1} + \frac{1}{c^2 - ab + 1} \leqslant 3.\tag{2}$$

先猜一下等号能否成立?何时成立?显然,在 $a = b = c = \frac{1}{3}$ 时(等式(1)成立),不等式(2)中等号成立.既然等号能够成立,放缩时就要注意不要放得太大或缩得太小,必须使 $a = b = c = \frac{1}{3}$ 时永远是等式.

其次,不等式(2)的左边分母中有负项,应当将它去掉.为此,利用等式(1)

$$a^2 - bc + 1 = a^2 - bc + \frac{1}{3} + \frac{2}{3}$$

$$= a^2 + ab + ca + \frac{2}{3}$$

$$= \frac{2}{3} + a(a + b + c).$$

同样处理其他两个分母,从而等式(1)化为

$$\frac{1}{\frac{2}{3} + a(a + b + c)} + \frac{1}{\frac{2}{3} + b(a + b + c)} + \frac{1}{\frac{2}{3} + c(a + b + c)} \leqslant 3.\tag{3}$$

左边的分母中已无负项,而且均有一常数 $\frac{2}{3}$,另一项均有因式 $a + b + c$. 但左边的分母互不相同. 同样要用柯西不等式,将不同的分母化成相同的分母. 但通常用来"通分"的柯西不等式,呈

$$\sum \frac{a_i}{b_i} \geqslant \frac{(\sum a_i)^2}{\sum a_i b_i}\tag{4}$$

$\left(\text{即} \sum \dfrac{a_i}{b_i} \cdot \sum a_i b_i \geqslant \left(\sum a_i\right)^2\right)$ 的形式("公分母"为 $\sum a_i b_i$ 而分子不出现根

式). 可惜不等式(4)的不等号方向与不等式(3)相反,所以不能直接用柯西不等式来处理不等式(3),需要如上节所说先将(3)的左边变形为 $A-B$,再对 B 用柯西不等式(导出 B 的下界,从而求出 $A-B$ 的上界).

现在

$$\frac{1}{\frac{2}{3}+a(a+b+c)}<\frac{3}{2},$$

所以将它变形为

$$\frac{3}{2}-\frac{1}{\frac{2}{3}+a(a+b+c)}=\frac{\frac{3}{2}a(a+b+c)}{\frac{2}{3}+a(a+b+c)},$$

$$\frac{9}{2}-\sum\frac{1}{\frac{2}{3}+a(a+b+c)}=\frac{3}{2}(a+b+c)\sum\frac{a}{\frac{2}{3}+a(a+b+c)}.$$

从而不等式(3),变为

$$\sum\frac{a}{\frac{2}{3}+a(a+b+c)}\geqslant\frac{1}{a+b+c}. \tag{5}$$

考虑柯西不等式$\left(\text{不等式}(4)\text{中 }a_1=a,b_1=\frac{2}{3}+a(a+b+c),\cdots\right)$

$$\sum\frac{a}{\frac{2}{3}+a(a+b+c)}\geqslant\frac{(a+b+c)^2}{\sum\left(\frac{2}{3}a+a^2(a+b+c)\right)}. \tag{6}$$

由等式(1),得

$$\sum\left(\frac{2}{3}a+a^2(a+b+c)\right)$$

$$=\frac{2}{3}(a+b+c)+(a+b+c)\sum a^2$$

$$=(a+b+c)(a^2+b^2+c^2+2ab+2bc+2ca)$$

$$=(a+b+c)^3.$$

所以不等式(6)的右边等于 $\frac{1}{a+b+c}$. 从而不等式(5)成立,即不等式(2),(3)成立.

9 老老实实去分母

已知:$a,b,c \in \mathbf{R}^+$,且

$$a^4 + b^4 + c^4 = 3, \tag{1}$$

求证:

$$\sum \frac{1}{4 - bc} \leqslant 1. \tag{2}$$

我没有什么高明的办法. 老老实实先去分母,化为整式的不等式,即

$$\sum (4 - ca)(4 - ab) \leqslant (4 - bc)(4 - ca)(4 - ab). \tag{3}$$

展开合并,(3)即为

$$a^2b^2c^2 + 8\sum ab \leqslant 16 + 3abc(a + b + c). \tag{4}$$

由等式(1),可知

$$3 \geqslant 3\sqrt[3]{a^4b^4c^4}.$$

解得

$$abc \leqslant 1. \tag{5}$$

$$abc(a + b + c) \geqslant 3(abc)^{\frac{4}{3}} \geqslant 3(abc)^2. \tag{6}$$

不等式(4)可由

$$8\sum ab \leqslant 16 + \frac{8}{3}abc(a + b + c) \tag{7}$$

推出.

$$\because \ 2abc(a + b + c) = \left(\sum ab\right)^2 - \sum a^2b^2, \tag{8}$$

所以(7)两边乘 $\frac{3}{4}$ 后,即

$$6\sum ab \leqslant 12 + \left(\sum ab\right)^2 - \sum a^2b^2. \tag{9}$$

不等式(9)又可配方,得

$$\left(\sum ab - 3\right)^2 + 3 \geqslant \sum a^2b^2. \tag{10}$$

由于等式(1),可知

$$3 = \sum a^4 \geqslant \sum a^2b^2, \tag{11}$$

所以,不等式(10)成立,从而(4),(1)均成立.

　　本题的困难在于证明(4)[(2)化为(4)并不难],放宽成(7)是大胆的一步(万一不成则需要返回),这一步可以使总的次数减低(6 次变为 4 次).借助于(8),(7)又可化为(9),这就可以配成一个平方式,而已知条件表明 $\sum a^2 b^2, abc$ 等均"不大"(依次小于等于 3,1).(8)是一个简单而常用的恒等式,越是简单的东西,往往越有用处.

10　还是上次的办法

已知:a,b,c 为正实数,$ab+bc+ca=1$.求证:

$$\frac{1}{a^2+1}+\frac{1}{b^2+1}+\frac{1}{c^2+1}\leqslant\frac{9}{4}. \tag{1}$$

可以先去分母化为整式的不等式,即

$$4\sum(a^2+1)(b^2+1)\leqslant9(a^2+1)(b^2+1)(c^2+1). \tag{2}$$

又可化为

$$9a^2b^2c^2+\sum a^2+5\sum a^2b^2\geqslant3, \tag{3}$$

其中,$a^2b^2c^2$ 次数高,而值"比较小".应当将它先去掉或设法变成右边的加项,做法是

$$9a^2b^2c^2+a^2\geqslant6a^2bc,$$
$$9a^2b^2c^2+b^2\geqslant6ab^2c,$$
$$9a^2b^2c^2+c^2\geqslant6abc^2,$$

所以不等式(3)由

$$6abc(a+b+c)+5\sum a^2b^2\geqslant3+18a^2b^2c^2 \tag{4}$$

推出,仍用上节的恒等式

$$2abc(a+b+c)=\left(\sum ab\right)^2-\sum a^2b^2. \tag{5}$$

不等式(4)即为

$$3\left(\sum ab\right)^2+2\sum a^2b^2\geqslant3+18a^2b^2c^2. \tag{6}$$

由已知条件,(6)即

$$\sum a^2b^2\geqslant9a^2b^2c^2. \tag{7}$$

$$\because\quad\sum a^2b^2\geqslant\frac{1}{3}\left(\sum ab\right)^2=\frac{1}{3}, \tag{8}$$

$$\therefore\quad9a^2b^2c^2\leqslant9\left(\frac{ab+bc+ca}{3}\right)^3=\frac{1}{3}. \tag{9}$$

[(9)表明 $a^2b^2c^2$ "比较小",(8)表明 $\sum a^2b^2$ "比较大"],所以不等式(7)成立.从而可知,(4),(3),(2),(1)均成立.

本题也可用柯西不等式

$$(1) \Leftrightarrow \sum \frac{a^2}{a^2+1} \geqslant \frac{3}{4} \text{（由上界估计变为下界估计）.} \tag{10}$$

由柯西不等式

$$\sum (a^2+1) \cdot \sum \frac{a^2}{a^2+1} \geqslant \left(\sum a\right)^2, \tag{11}$$

所以只需证明

$$\left(\sum a\right)^2 \geqslant \frac{3}{4} \sum (a^2+1). \tag{12}$$

$$\begin{aligned}
\because \quad 4\left(\sum a\right)^2 - 3\sum (a^2+1) &= \sum a^2 + 8\sum ab - 9 \\
&= \sum a^2 - 1 \\
&\geqslant \sum ab - 1 \\
&= 0,
\end{aligned}$$

$\therefore$ (12),(11),(1)成立.

柯西不等式的证法更简单,但我却先想到上面去分母的"笨"方法,值得反省. 可能是顺着上一题的惯性而不自觉. 不过,由此得出一个在已知条件下的不等式(3),(3)本身亦颇为有趣.

11 加强归纳假设

已知:n 为自然数,求证:

$$\frac{1}{n+1}+\frac{1}{n+2}+\cdots+\frac{1}{3n+1}<\frac{9}{8}. \tag{1}$$

本题出现了自然数 n,想到用数学归纳法是理所当然的. 但以(1)作归纳假设是不成的. 因为用 $f(n)$ 表示(1)的左边,则

$$f(n+1)-f(n)=\frac{1}{3n+2}+\frac{1}{3n+3}+\frac{1}{3n+4}-\frac{1}{n+1}$$
$$=\frac{2}{(3n+2)(3n+3)(3n+4)}, \tag{2}$$

即(1)的左边递增. 如果设 $f(n)<\frac{9}{8}$,无法由此得出 $f(n+1)<\frac{9}{8}$,所以必须加强归纳假设,即假设

$$f(n)<\frac{9}{8}-g(n), \tag{3}$$

这里,$g(n)$ 是 n 的函数,它是正的,而且我们希望能由不等式(3)得出

$$f(n+1)<\frac{9}{8}-g(n+1),$$

这只需

$$f(n+1)-f(n)<g(n)-g(n+1). \tag{4}$$

$g(n)$ 并不是唯一的,它的形式越简单越好. 由(2),(4)可以想见 $g(n)$ 也应当是一个分式,取

$$g(n)=\frac{1}{12n(n+1)} \tag{5}$$

或许是合适的. 因为,一方面

$$f(1)=\frac{1}{2}+\frac{1}{3}+\frac{1}{4}=\frac{13}{12}=\frac{9}{8}-\frac{1}{24}=\frac{9}{8}-\frac{1}{12\times1\times2} \tag{6}$$

[由(6)可见 $g(n)$ 的系数已经是最好的,即不能改成更大的数了]. 另一方面,-2 次的 $g(n)$ 与 $g(n+1)$ 相减正好是 -3 次,即

$$g(n)-g(n+1)=\frac{1}{12n(n+1)}-\frac{1}{12(n+1)(n+2)}$$

$$= \frac{2}{12n(n+1)(n+2)}, \tag{7}$$

$n(n+1)$ 比 n^2 好,在 $g(n)-g(n+1)$ 时分母有公因式 $n+1$.

于是,假定不等式(3)成立,便有

$$f(n+1) = f(n) + \frac{2}{(3n+2)(3n+3)(3n+4)}$$

$$< \frac{9}{8} - \frac{1}{12n(n+1)} + \frac{2}{(3n+2)(3n+3)(3n+4)}$$

$$= \frac{9}{8} - \frac{1}{12(n+1)(n+2)} - \frac{2}{12n(n+1)(n+2)} +$$

$$\frac{2}{(3n+2)(3n+3)(3n+4)}$$

$$< \frac{9}{8} - \frac{1}{12(n+1)(n+2)}, \tag{8}$$

即不等式(4)成立.

本题如给出 $g(n)$,即改为证明:

$$\frac{1}{n+1} + \frac{1}{n+2} + \cdots + \frac{1}{3n+1} < \frac{9}{8} - \frac{1}{12n(n+1)}, \tag{9}$$

那就索然无趣了.

又由本题的等式(2),可得一个恒等式

$$\frac{1}{n+1} + \frac{1}{n+2} + \cdots + \frac{1}{3n+1} = 1 + \sum_{k=0}^{n-1} \frac{2}{(3k+2)(3k+3)(3k+4)}. \tag{10}$$

类似的手法可以证明

$$\frac{1}{n+1} + \frac{1}{n+2} + \cdots + \frac{1}{2n} < \frac{25}{36}. \tag{11}$$

12 估计上界、下界

已知：$n \geqslant 5$，$A = \displaystyle\sum_{k=n}^{2n} \frac{1}{k^2}$，证明：

$$\left[\frac{1}{A}\right] = 2n - 3, \tag{1}$$

其中$[x]$表示x的整数部分.

本题需要做两件事：

(a) 证明：$\dfrac{1}{A} > 2n - 3$；

(b) 证明：$\dfrac{1}{A} < 2n - 2$.

先看(a)事件. 这也就是要给A找一个合适的上界. 常见的估计是

$$\frac{1}{k^2} < \frac{1}{k(k-1)} = \frac{1}{k-1} - \frac{1}{k}, \tag{2}$$

从而

$$A < \frac{1}{n-1} - \frac{1}{n} + \frac{1}{n} - \frac{1}{n+1} + \cdots + \frac{1}{2n-1} - \frac{1}{2n}$$

$$= \frac{1}{n-1} - \frac{1}{2n}$$

$$= \frac{n+1}{2n(n-1)}, \tag{3}$$

$$\frac{1}{A} > \frac{2n(n-1)}{n+1}, \tag{4}$$

但

$$\frac{2n(n-1)}{n+1} < 2n - 3. \tag{5}$$

并未达到我们预期的目标. 为此，需将(2)换为更精确一些的估计，即

$$\frac{1}{k^2} < \frac{1}{k^2 - \frac{1}{4}} = \frac{1}{k - \frac{1}{2}} - \frac{1}{k + \frac{1}{2}}. \tag{6}$$

从而

$$A < \frac{1}{n-\frac{1}{2}} - \frac{1}{n+\frac{1}{2}} + \frac{1}{n+\frac{1}{2}} - \frac{1}{n+\frac{3}{2}} + \cdots + \frac{1}{2n-\frac{1}{2}} - \frac{1}{2n+\frac{1}{2}}$$

$$= \frac{1}{n-\frac{1}{2}} - \frac{1}{2n+\frac{1}{2}}$$

$$= \frac{n+1}{\left(n-\frac{1}{2}\right)\left(2n+\frac{1}{2}\right)}. \tag{7}$$

$$\frac{1}{A} > \frac{\left(n-\frac{1}{2}\right)\left(2n+\frac{1}{2}\right)}{n+1} > 2n-3. \tag{8}$$

不等式(6)比(2)精确,而且能同样方便地估出 A 的上界.

再看(b)事件. 现在要给 A 找一个合适的下界. 本题的这一部分比找上界困难. 为此,引出一个待定的实数 α, $0 < \alpha < \frac{1}{2}$, 满足

$$\frac{1}{k^2} > \frac{1}{k-\alpha} - \frac{1}{k+1-\alpha}, k = n, n+1, \cdots, 2n \tag{9}$$

[右边的形状与(6),(2)类似,这种形状有利于估计 A],从而

$$A > \sum_{k=n}^{2n} \left(\frac{1}{k-\alpha} - \frac{1}{k+1-\alpha} \right)$$

$$= \frac{1}{n-\alpha} - \frac{1}{2n+1-\alpha}$$

$$= \frac{n+1}{(n-\alpha)(2n+1-\alpha)}. \tag{10}$$

由不等式(9),得等价的不等式

$$\alpha^2 - (2n+1)\alpha + n > 0. \tag{11}$$

由(10),可知

$$\frac{1}{A} < 2n-2.$$

可由

$$\frac{n+1}{(n-\alpha)(2n+1-\alpha)} > \frac{1}{2n-2}, \tag{12}$$

亦即

单墫
解题研究
丛　书

我怎样解题

$$\alpha^2 - (3n+1)\alpha + n + 2 < 0 \qquad\qquad (13)$$

推出.

于是,只需取区间 $\left(0, \dfrac{1}{2}\right)$ 内的不等式(11)与(13)的公共解 α,就可以得出 $\dfrac{1}{A} < 2n - 2$. 问题是这样的 α 是否存在?

记

$$f(x) = x^2 - (2n+1)x + n,$$
$$g(x) = x^2 - (3n+1)x + n + 2.$$

由于

$$f(0) = n > 0,$$
$$f\left(\frac{1}{2}\right) = \frac{1}{4} - \frac{2n+1}{2} + n = -\frac{1}{4} < 0,$$

所以,在 $\left(0, \dfrac{1}{2}\right)$ 内,$f(x) = 0$ 有一个根 x_1,不等式(11)的解即

$$0 < \alpha < x_1. \qquad\qquad (14)$$

$\because \quad n \geqslant 5,$

$\therefore \quad f\left(\dfrac{2}{n}\right) = \dfrac{4}{n^2} - \dfrac{2(2n+1)}{n} + n = (n-4) - \dfrac{2}{n} + \dfrac{4}{n^2} > 0. \qquad (15)$

从而,得

$$x_1 > \frac{2}{n}. \qquad\qquad (16)$$

$$g(x_1) = f(x_1) - nx_1 + 2 = -nx_1 + 2 < 0. \qquad\qquad (17)$$

又 $g(0) = n + 2 > 0$,所以 $g(x)$ 有一根 x_1' 在 $(0, x_1)$ 内. 当 $\alpha \in (x_1', x_1)$ 时,不等式(11),(13)均成立.

(9)中的待定系数 α,与列方程解应用题中的未知数 x 有类似的作用.

13 挤 挤 紧

已知:$n \geqslant 3, a_1, a_2, \cdots, a_n \in \mathbf{R}$,且

$$a_1^2 + a_2^2 + \cdots + a_n^2 = 1, \tag{1}$$

求

$$m = \min |a_i - a_j| \quad (1 \leqslant i < j \leqslant n).$$

的最大值.

甲:首先,我猜想在 $a_1, a_2, \cdots, a_n$ 成等差数列,即

$$a_i = a_1 + (i-1)d, 1 \leqslant i \leqslant n \tag{2}$$

时,m 取最大值.

乙:在 n 是奇数 $2k+1$ 时,还应当有 $a_{k+1} = 0$.这时,$a_1, a_2, \cdots, a_n$ 中,有 k 个负,k 个正,且它们均匀地分布在原点(即 a_{k+1})的两边.但 n 是偶数时,不知它们怎样分布.

甲:我想它们仍然是均匀地分布在原点的两边,k 个负,k 个正.但原点并不是 $\{a_n\}$ 中的项,它应当是 a_k 与 a_{k+1} 的中点,即 $a_k = -\dfrac{d}{2}, a_{k+1} = \dfrac{d}{2}$.

师:猜得很好,很合理.能否先算一下,在你们所猜的极端情况中,m(也就是 d)的值是多少?

甲:在 $n = 2k+1$ 时,$\{a_n\}$ 是

$$-kd, -(k-1)d, \cdots, -d, 0, d, 2d, \cdots, kd. \tag{3}$$

将其代入(1),得

$$
\begin{aligned}
1 &= 2 \times (1^2 + 2^2 + \cdots + k^2)d^2 \\
&= \frac{k(k+1)(2k+1)}{3}d^2 \\
&= \frac{(n-1)(n+1)n}{12}d^2.
\end{aligned}
\tag{4}
$$

$$\therefore \quad d = \sqrt{\frac{12}{n(n^2-1)}}. \tag{5}$$

乙:在 $n = 2k$ 时,有

$$1 = 2 \times \left[\left(\frac{1}{2}\right)^2 + \left(\frac{3}{2}\right)^2 + \cdots + \left(\frac{2k-1}{2}\right)^2\right]d^2$$

单墫
解题研究
丛书

我怎样解题

$$= \frac{d^2}{2}(1^2 + 3^2 + \cdots + (2k-1)^2)$$

$$= \frac{d^2}{2}\left(\sum_{k=1}^{2k} k^2 - 4\sum_{k=1}^{k} k^2\right)$$

$$= \frac{d^2}{2} \times \frac{2k(2k+1)(4k+1) - 4k(k+1)(2k+1)}{6}$$

$$= \frac{d^2}{2} \times \frac{2k(2k+1)(2k-1)}{6}$$

$$= \frac{n(n^2-1)d^2}{12}, \tag{6}$$

恰好结果与(4)相同.

　　甲:所以 m 的最大值应当是 $\sqrt{\dfrac{12}{n(n^2-1)}}$. 怎样证明

$$m \leqslant \sqrt{\frac{12}{n(n^2-1)}} \tag{7}$$

呢?

　　师:不妨设

$$a_1 \leqslant a_2 \leqslant \cdots \leqslant a_n. \tag{8}$$

又

$$a_{i+1} - a_i = m, 1 \leqslant i \leqslant n, \tag{9}$$

　　甲:(8)可以理解. 可是,为什么能设不等式(9),也就是设 $\{a_n\}$ 为等差数列呢?

　　师:如果 $\{a_n\}$ 不是等差数列,我们可以将它的项向原点方向挤一挤,使得距离大于 m 的两项距离变为 m.

　　乙:挤成(9)是可以的,但这样(1)就不成立了.

　　师:(1)可以修改一下.

　　甲:由于都是朝原点方向挤,(1)应改为

$$a_1^2 + a_2^2 + \cdots + a_n^2 \leqslant 1. \tag{10}$$

　　师:我们就在(10)这个条件下证明(7).

　　甲:它比原题的结论更普遍一些.

　　乙:还希望 $\{a_n\}$ 关于原点对称,这又如何证呢?

　　甲:如果原点某一侧的项多,那么就将多的一项移到另一侧,这样可以使得两侧的项一样多或至多多一项. 然后再设法调整,……

师:直观的调整可以帮助我们很快猜出结果,也能够帮助我们证明结论,但论证要说得很严密而且精练却并不容易.

乙:那怎么证呢?

师:可以采用高斯在求和时用的方法.

甲:这我知道. 在 $n=2k+1$ 时,有

$$a_1^2 + a_n^2 \geqslant 2\left(\frac{a_n - a_1}{2}\right)^2 \geqslant 2k^2m^2,$$

$$a_2^2 + a_{n-1}^2 \geqslant 2\left(\frac{a_{n-1} - a_2}{2}\right)^2 \geqslant 2(k-1)^2m^2,$$

$$\therefore \quad 1 \geqslant 2(1^2 + 2^2 + \cdots + k^2)m^2 = \frac{n(n^2-1)}{12}m^2,$$

从而式(5)成立.

在 $n=2k$ 时,有

$$a_1^2 + a_n^2 \geqslant \frac{1}{2}(2k-1)^2m^2,$$

$$a_2^2 + a_{n-1}^2 \geqslant \frac{1}{2}(2k-3)^2m^2,$$

$$\vdots$$

同样可得式(5)成立.

单墫
解题研究
丛书

我怎样解题

14 又逢等差数列

已知:n 为正整数,实数 $x_1, x_2, \cdots, x_n$ 满足

$$x_1 \leqslant x_2 \leqslant \cdots \leqslant x_n, \tag{1}$$

证明:

$$\left(\sum_{i=1}^{n}\sum_{j=1}^{n}|x_i - x_j|\right)^2 \leqslant \frac{2(n^2-1)}{3}\sum_{i=1}^{n}\sum_{j=1}^{n}(x_i - x_j)^2, \tag{2}$$

其中等号成立的充要条件是 $x_1, x_2, \cdots, x_n$ 成等差数列.

这是 2003 年国际数学奥林匹克的第 5 题.

不等式(2)的形状使我们想到利用柯西不等式. 而要求我们证明的"等号成立的充要条件是 $x_1, x_2, \cdots, x_n$ 成等差数列",更提示我们 $|x_i - x_j|$ 与 $|i-j|$ 成比例,所以应当用

$$\left(\sum_{i=1}^{n}\sum_{j=1}^{n}|i-j| \cdot |x_i - x_j|\right)^2 \leqslant \sum_{i=1}^{n}\sum_{j=1}^{n}(i-j)^2 \sum_{i=1}^{n}\sum_{j=1}^{n}(x_i - x_j)^2. \tag{3}$$

式(3)的右边的第一个因式可以算出

$$\sum_{i=1}^{n}\sum_{j=1}^{n}(i-j)^2 = \sum_{i=1}^{n}n \cdot i^2 + \sum_{j=1}^{n}n \cdot j^2 - 2\sum_{i=1}^{n}i \cdot \sum_{j=1}^{n}j$$

$$= 2n\sum_{i=1}^{n}i^2 - 2\left(\sum_{i=1}^{n}i\right)^2$$

$$= 2n \times \frac{n(n+1)(2n+1)}{6} - 2 \times \left(\frac{n(n+1)}{2}\right)^2$$

$$= \frac{n^2}{4} \times \frac{2(n^2-1)}{3}. \tag{4}$$

因此,要证明不等式(2),只需证明

$$\frac{n}{2}\sum_{i=1}^{n}\sum_{j=1}^{n}|x_i - x_j| \leqslant \sum_{i=1}^{n}\sum_{j=1}^{n}|i-j| \cdot |x_i - x_j|. \tag{5}$$

有趣的是(5)其实是一个恒等式,即

$$\frac{n}{2}\sum_{i=1}^{n}\sum_{j=1}^{n}|x_i - x_j| = \sum_{i=1}^{n}\sum_{j=1}^{n}|i-j| \cdot |x_i - x_j|. \tag{6}$$

(6)可以用归纳法证. $n=1$ 时,两边为 0. 假设

$$\frac{n-1}{2}\sum_{i,j=1}^{n-1}|x_i - x_j| = \sum_{i,j=1}^{n-1}|i-j| \cdot |x_i - x_j| \tag{7}$$

(为方便起见,我们将两个和号简记为一个和号). 在变为 n 时,(7)的左边增加,即

$$\frac{1}{2}\sum_{i,j=1}^{n-1}\mid x_i-x_j\mid+n\sum_{i=1}^{n-1}(x_n-x_i)$$

$$=\sum_{1\leqslant i\leqslant j\leqslant n-1}(x_j-x_i)+n(n-1)x_n-n\sum_{i=1}^{n-1}x_i$$

$$=\sum_{j=1}^{n-1}jx_j-\sum_{i=1}^{n-1}(n-i)x_i+n(n-1)x_n-n\sum_{i=1}^{n-1}x_i$$

$$=n(n-1)x_n-2\sum_{i=1}^{n-1}(n-i)x_i. \tag{8}$$

而(7)的右边增加,即

$$2\sum_{i=1}^{n}(n-i)(x_n-x_i)=2\sum_{i=1}^{n-1}(n-i)x_n-2\sum_{i=1}^{n-1}(n-i)x_i$$

$$=2x_n\sum_{i=1}^{n-1}i-2\sum_{i=1}^{n-1}(n-i)x_i$$

$$=n(n-1)x_n-2\sum_{i=1}^{n-1}(n-i)x_i, \tag{9}$$

故(7),(8),(9)表明(6)成立.

不用归纳法直接证明亦可. 如下所述:

$$(6)\ 左边=n\sum_{i<j}(x_j-x_i)$$

$$=n(\sum_{i<j}x_j-\sum_{i<j}x_i)$$

$$=n(\sum_{j=1}^{n}(j-1)x_j-\sum_{i=1}^{n}(n-i)x_i)$$

$$=n\sum_{j=1}^{n}(2j-1-n)x_j, \tag{10}$$

$$(6)\ 右边=2\sum_{i<j}(j-i)(x_j-x_i)$$

$$=2\sum_{i<j}(j-i)x_j-2\sum_{i<j}(j-i)x_i$$

$$=2\sum_{j=1}^{n}x_j\cdot\frac{j(j-1)}{2}-2\sum_{i=1}^{n}x_i\cdot\frac{(n-i)(n-i+1)}{2}$$

单 墫

解 题 研 究

丛 书

我怎样解题

$$= \sum_{j=1}^{n} \left[j(j-1) + (n-j)(j-n-1) \right] x_j$$

$$= n \sum_{j=1}^{n} (2j-1-n) x_j. \tag{11}$$

故(10),(11)表明(6)成立.

于是,由(3),(4),(6)得出式(2),并且(2)等号成立的充要条件是(3)中等号成立,即 $|x_i - x_j|$ 与 $|i-j|$ 成比例.

$$\therefore \quad x_j - x_i = (j-i)d, \tag{12}$$

其中 d 是与 i, j 无关的常数.

(12)也就是

$$x_j = x_1 + (j-1)d, \tag{13}$$

即 $x_1, x_2, \cdots, x_n$ 成等差数列.

在 $x_1, x_2, \cdots, x_n$ 成等差数列时,(2)中等号成立,即

$$\left(\sum_{i,j=1}^{n} |i-j| \right)^2 = \frac{2(n^2-1)}{3} \sum_{i,j=1}^{n} (i-j)^2. \tag{14}$$

上面我们已经顺便证出.(14)也可直接证明如下:

$$\sum_{i,j=1}^{n} |i-j| = 2 \sum_{i<j} (j-i)$$

$$= 2 \sum_{j=1}^{n} \frac{j(j-1)}{2}$$

$$= 2(C_n^2 + C_{n-1}^2 + \cdots + C_2^2)$$

$$= 2C_{n+1}^3$$

$$= \frac{n(n-1)(n+1)}{3}. \tag{15}$$

从而,(15)结合(4)便得出(14).

本题的标准答案与我们的解法不同.抄录如下:

由于将所有 x_i 减去一个相同的数,不等式两边不变,因此,我们不妨设

$$\sum_{i=1}^{n} x_i = 0. \tag{16}$$

由条件,我们有

$$\sum_{i,j=1}^{n} |x_i - x_j| = 2 \sum_{i<j} (x_j - x_i) = 2 \sum_{i<j} (2i-n-1) x_i. \tag{17}$$

由柯西不等式,得

$$\left(\sum_{i,j=1}^{n} |x_i - x_j|\right)^2 \leqslant 4\sum_{i=1}^{n}(2i-n-1)^2\sum_{i=1}^{n}x_i^2$$

$$= \frac{4n(n+1)(n-1)}{3}\sum_{i=1}^{n}x_i^2. \tag{18}$$

另一方面,由于

$$\sum_{i,j=1}^{n}(x_i-x_j)^2 = n\sum_{i=1}^{n}x_i^2 - 2\sum_{i=1}^{n}x_i\sum_{j=1}^{n}x_j + n\sum_{j=1}^{n}x_j^2$$

$$= 2n\sum_{i=1}^{n}x_i^2,$$

$$\therefore \left(\sum_{i,j=1}^{n} |x_i - x_j|\right)^2 \leqslant \frac{2(n^2-1)}{3}\sum_{i,j=1}^{n}(x_i-x_j)^2.$$

由柯西不等式成立的条件可知,若等号成立,则存在实数 k,使得

$$x_i = k(2i-n-1).$$

这表明 $x_1,\cdots,x_n$ 成等差数列.

反过来,若 $x_1,\cdots,x_n$ 是一个公差为 d 的等差数列,则

$$x_i = \frac{d}{2}(2i-n-1) + \frac{x_1+x_n}{2}.$$

将每个 x_i 减去 $\dfrac{x_1+x_n}{2}$,就有

$$x_i = \frac{d}{2}(2i-n-1),$$

且

$$\sum_{i=1}^{n}x_i = 0.$$

此时不等式取等号.

大家都用柯西不等式,用法却不尽相同,这正体现数学的灵活性与多样性. 标准答案的(16)虽然简单却很有用,这一点值得学习.

单墫
解题研究
丛　书

我怎样解题

15 一题多解

已知:正实数 x,y,z 满足 $xyz\geqslant 1$,求证:

$$\frac{x^5-x^2}{x^5+y^2+z^2}+\frac{y^5-y^2}{y^5+z^2+x^2}+\frac{z^5-z^2}{z^5+x^2+y^2}\geqslant 0.$$

这是 2005 年国际数学奥林匹克的第 3 题,解法很多.

先说说我自己的解法.不等式的左边是 x,y,z 的对称式,即将任两个字母互换,左边的式子不变.因此,不妨设 $x\geqslant y\geqslant z$.

由 $xyz\geqslant 1$ 可知 $x\geqslant 1$,并且

$$x-1+y-1+z-1\geqslant 3\sqrt[3]{xyz}-3\geqslant 0. \tag{1}$$

分解因式:$x^5-x^2=x^2(x^2+x+1)(x-1)$.对 y,z 亦有相应分解.如果 $y\geqslant 1,z\geqslant 1$,那么结论显然成立.以下有两种情况需要讨论:

① $y\leqslant 1,z\leqslant 1$,这时由(1),得

$$x-1\geqslant(1-y)+(1-z). \tag{2}$$

又由于

$$x\geqslant 1,y\leqslant 1,$$
$$x^2+x+1\geqslant 3x\geqslant x(y^2+y+1), \tag{3}$$

因此,有

$$\begin{aligned}
\text{原不等式} &\Leftrightarrow \frac{x^5-x^2}{x^5+y^2+z^2}\geqslant\frac{y^2-y^5}{y^5+z^2+x^2}+\frac{z^2-z^5}{z^5+x^2+y^2}\\
&\Leftrightarrow \frac{x^2(x^2+x+1)(x-1)}{x^5+y^2+z^2}\\
&\geqslant\frac{y^2(y^2+y+1)(1-y)}{y^5+z^2+x^2}+\frac{z^2(z^2+z+1)(1-z)}{z^5+x^2+y^2}\\
&\Leftarrow \frac{x^3(x-1)}{x^5+y^2+z^2}\geqslant\frac{y^2(1-y)}{y^5+z^2+x^2}+\frac{z^2(1-z)}{z^5+x^2+y^2}. \tag{4}
\end{aligned}$$

由于(2),(4)中最后的不等式由两个不等式

$$\frac{x^3}{x^5+y^2+z^2}\geqslant\frac{y^2}{y^5+z^2+x^2}, \tag{5}$$

$$\frac{x^3}{x^5+y^2+z^2}\geqslant\frac{z^2}{z^5+x^2+y^2} \tag{6}$$

推出,而

$$(5) \Leftrightarrow x^3(y^5 + z^2 + x^2) \geqslant y^2(x^5 + y^2 + z^2)$$

$$\Leftarrow x^3(y^5 + x^2) \geqslant y^2(x^5 + y^2) \text{(先摒弃“第三者”} z)$$

$$\Leftrightarrow x^5(1 - y^2) \geqslant y^4(1 - x^3 y)$$

$$\Leftarrow x^5(1 - y^2) \geqslant y^4(1 - y^2) \quad (\because \quad x \geqslant 1 \geqslant y, x^3 y \geqslant y \geqslant y^2).$$

最后的不等式显然成立,所以(5)成立,同样(6)成立.所以原不等式成立.

② $y \geqslant 1, z \leqslant 1$,这时由(1),得

$$(x - 1) + (y - 1) \geqslant 1 - z. \tag{7}$$

$$\text{原不等式} \Leftrightarrow \frac{x^2(x^2 + x + 1)(x - 1)}{x^5 + y^2 + z^2} + \frac{y^2(y^2 + y + 1)(y - 1)}{y^5 + z^2 + x^2}$$

$$\geqslant \frac{z^2(z^2 + z + 1)(1 - z)}{z^5 + x^2 + y^2}$$

$$\Leftarrow \frac{x^3(x - 1)}{x^5 + y^2 + z^2} + \frac{y^3(y - 1)}{y^5 + z^2 + x^2}$$

$$\geqslant \frac{z^2(1 - z)}{z^5 + x^2 + y^2}. \tag{8}$$

由于(7),(8)中最后的不等式由两个不等式

$$\frac{x^3}{x^5 + y^2 + z^2} \geqslant \frac{z^2}{z^5 + x^2 + y^2}, \tag{9}$$

$$\frac{y^3}{y^5 + z^2 + x^2} \geqslant \frac{z^2}{z^5 + x^2 + y^2} \tag{10}$$

推出.而(9),(10)的证明与(5)类似,所以这时原不等式也成立.

上面的证明仅在(1)中用到平均不等式.

注意,不等式

$$\frac{x^2}{x^5 + y^2 + z^2} \geqslant \frac{y^2}{y^5 + z^2 + x^2} \tag{11}$$

不成立(因为在 x 很大时,(11)左边是 x 的三阶无穷小,而右边是二阶无穷小,所以在 x 很大时,(11)不成立).因此,在上面的证明中不能将 $x^2 + x + 1$ 与 $y^2 + y + 1$ 一同“约去”,而必须将 $x^2 + x + 1$ 化为 $3x$,再将 3 与 $y^2 + y + 1$ “约去”,多留下一个 x.然后再证明(5)[以及类似的(6),(9),(10)].

这道不等式题的平均分为 0.91 分(满分为 7 分),是 6 道试题中所得平均分最低的一道.

我国选手康嘉引的证法是:原不等式可由以下两个不等式推出

$$\sum \frac{x^5}{x^5+y^2+z^2} \geqslant 1, \tag{12}$$

$$1 \geqslant \sum \frac{x^2}{x^5+y^2+z^2}. \tag{13}$$

∵ $xyz \geqslant 1$,

∴ $\sum \dfrac{x^5}{x^5+y^2+z^2} \geqslant \sum \dfrac{x^5}{x^5+xyz(y^2+z^2)}$ (化为齐次)

$$= \sum \frac{x^4}{x^4+y^3z+z^3y}$$

$$\geqslant \sum \frac{x^4}{x^4+y^4+z^4}$$

$$= 1.$$

即(12)成立,又

$$\sum \frac{x^2}{x^5+y^2+z^2} \leqslant \sum \frac{x^2 \cdot xyz}{x^5+(y^2+z^2)xyz} \text{(化为齐次)}$$

$$= \sum \frac{x^2yz}{x^4+yz(y^2+z^2)}. \tag{14}$$

由平均不等式,得

$$x^4+x^4+y^3z+z^3y \geqslant 4x^2yz,$$

$$x^4+y^3z+y^3z+y^2z^2 \geqslant 4y^2zx,$$

$$x^4+yz^3+yz^3+y^2z^2 \geqslant 4yz^2x,$$

$$y^3z+z^3y \geqslant 2y^2z^2.$$

将上面四式相加,得

$$x^4+yz(y^2+z^2) \geqslant x^2yz+y^2zx+z^2xy. \tag{15}$$

将(15)代入(14),得

$$\sum \frac{x^2yz}{x^4+yz(y^2+z^2)} \leqslant \sum \frac{x^2yz}{x^2yz+y^2zx+z^2xy} = 1.$$

于是,(13)成立,原不等式成立.

这种做法的关键是将非齐次的式子化为齐次式.

摩尔多瓦的一位选手获得了特别奖,他的解法如下:

$$\because \quad \frac{x^5 - x^2}{x^5 + y^2 + z^2} - \frac{x^5 - x^2}{x^3(x^2 + y^2 + z^2)}$$

$$= \frac{x^2(x^3 - 1)^2(y^2 + z^2)}{x^3(x^2 + y^2 + z^2)(x^5 + y^2 + z^2)}$$

$$\geqslant 0,$$

$$\therefore \quad \sum \frac{x^5 - x^2}{x^5 + y^2 + z^2} \geqslant \sum \frac{x^5 - x^2}{x^3(x^2 + y^2 + z^2)}$$

$$= \frac{1}{x^2 + y^2 + z^2} \sum \left(x^2 - \frac{1}{x} \right)$$

$$\geqslant \frac{1}{x^2 + y^2 + z^2} \sum (x^2 - yz) \text{（因为 } xyz \geqslant 1)$$

$$\geqslant 0.$$

还有一种证法是

$$原不等式 \Leftrightarrow 1 - \frac{x^2 + y^2 + z^2}{x^5 + y^2 + z^2} + 1 - \frac{x^2 + y^2 + z^2}{y^5 + z^2 + x^2} + 1 - \frac{x^2 + y^2 + z^2}{z^5 + x^2 + y^2} \geqslant 0$$

$$\Leftrightarrow \frac{3}{x^2 + y^2 + z^2} \geqslant \frac{1}{x^5 + y^2 + z^2} + \frac{1}{y^5 + z^2 + x^2}$$

$$+ \frac{1}{z^5 + x^2 + y^2}. \tag{16}$$

由柯西不等式，得

$$\left(x^5 + y^2 + z^2 \right) \left(\frac{1}{x} + y^2 + z^2 \right) \geqslant (x^2 + y^2 + z^2)^2. \tag{17}$$

又 $\because \quad xyz \geqslant 1,$

$$\therefore \quad (x^5 + y^2 + z^2) \cdot \frac{3}{2}(y^2 + z^2) \geqslant (x^5 + y^2 + z^2)(yz + y^2 + z^2)$$

$$\geqslant (x^5 + y^2 + z^2) \left(\frac{1}{x} + y^2 + z^2 \right)$$

$$\geqslant (x^2 + y^2 + z^2)^2,$$

即

$$\frac{\frac{3}{2}(y^2 + z^2)}{(x^2 + y^2 + z^2)^2} \geqslant \frac{1}{x^5 + y^2 + z^2}. \tag{18}$$

类似地，得

$$\frac{\frac{3}{2}(z^2+x^2)}{(x^2+y^2+z^2)^2} \geqslant \frac{1}{y^5+z^2+x^2}, \tag{19}$$

$$\frac{\frac{3}{2}(x^2+y^2)}{(x^2+y^2+z^2)^2} \geqslant \frac{1}{z^5+x^2+y^2}. \tag{20}$$

将(18),(19),(20)三式相加即得(16),所以原不等式成立.

我曾做到原式⇔(16),但不知如何证明(16),就此搁浅. 田廷彦君说(16)很容易证明,我却未想到. 但我又回到原题,想出了上面的第一种证法. 在解题中,究竟是坚持原来的思路继续前进,还是另找途径,是一个难以决定的问题.

16 和比积好

已知:x, y, z 为正实数,求证:

$$(xy + yz + zx)\left[\frac{1}{(x+y)^2} + \frac{1}{(y+z)^2} + \frac{1}{(z+x)^2}\right] \geqslant \frac{9}{4}. \qquad (1)$$

甲:左边用柯西不等式不能奏效. 我在一本书中看到过这题的解答,但是看不懂,太复杂了. 老师有没有简单的做法?

师:左边式子很复杂,我也得试一试.

乙:是不是可以设 $x + y + z = 1$?

师:可以这样设,但未必有什么好处. 因为 $\sum xy$ 是比较小的,常见的不等式都是它的上界估计,而现在要找它的下界.

甲:用调和平均不大于几何平均,可以得出 $\sum \dfrac{1}{(x+y)^2}$ 的下界.

师:将 $\sum xy$ 与 $\sum \dfrac{1}{(x+y)^2}$ 分开处理恐怕难以奏效,我想将它们逐项相乘. 在求下界时,将积改为和更好一些(除非每个因式都能求出理想的下界).

乙:那将有 9 项.

师:$\because \quad (xy + yz + zx) \cdot \dfrac{1}{(x+y)^2}$

$$= \frac{xy}{(x+y)^2} + \frac{z(x+y)}{(x+y)^2} = \frac{xy}{(x+y)^2} + \frac{z}{x+y},$$

$\therefore$ (1)即

$$\sum \frac{xy}{(x+y)^2} + \sum \frac{z}{x+y} \geqslant \frac{9}{4}. \qquad (2)$$

甲:左边只有 6 项. 不妨设 $x \geqslant y \geqslant z$,由排序不等式,得

$$\frac{x}{y+z} + \frac{y}{z+x} + \frac{z}{x+y} \geqslant \frac{y}{y+z} + \frac{z}{z+x} + \frac{x}{x+y}, \qquad (3)$$

$$\frac{x}{y+z} + \frac{y}{z+x} + \frac{z}{x+y} \geqslant \frac{z}{y+z} + \frac{x}{z+x} + \frac{y}{x+y}. \qquad (4)$$

$\therefore$ (3)+(4),得

$$\frac{x}{y+z} + \frac{y}{z+x} + \frac{z}{x+y} \geqslant \frac{3}{2}. \qquad (5)$$

单墫
解题研究
丛书

我怎样解题

乙：这是我做过的不等式，可是

$$\sum \frac{xy}{(x+y)^2} \leqslant \sum \frac{1}{4} = \frac{3}{4}. \tag{6}$$

（5）与（6）的方向相反，失败了！

师：不要轻易放弃．我们看到（2）的左边分成两部分，一部分有下界估计（5），另一部分却是上界估计（6），但如果能证明差

$$\sum \frac{x}{y+z} - \frac{3}{2} \geqslant \frac{3}{4} - \sum \frac{xy}{(x+y)^2}. \tag{7}$$

岂不就大功告成了

乙：是啊！

$$式（7）右边 = \sum \left[\frac{1}{4} - \frac{xy}{(x+y)^2} \right]$$

$$= \frac{(x-y)^2}{4(x+y)^2} + \frac{(x-z)^2}{4(x+z)^2} + \frac{(y-z)^2}{4(y+z)^2}. \tag{8}$$

甲：（7）左边 $= \sum \frac{x-y}{2(y+z)} + \sum \frac{x-z}{2(y+z)}$

$$= \sum \frac{x-y}{2(y+z)} + \sum \frac{y-x}{2(z+x)}$$

$$= \frac{(x-y)^2}{2(y+z)(z+x)} + \frac{(x-z)^2}{2(y+z)(x+y)} + \frac{(y-z)^2}{2(x+y)(x+z)}. \tag{9}$$

乙：（9）的第一项显然 $\geqslant$（8）的第一项，（9）的第二项也 $\geqslant$（8）的第二项．

$$\because \quad 2(x+z)^2 - (y+z)(x+y)$$

$$= (2x^2 - xy - y^2) + (4xz - xz - yz) + 2z^2$$

$$\geqslant 0, \tag{10}$$

但第三项就不一定了，因为 $4(y+z)^2$ 可以很小，小于 $2(x+y)(x+z)$．还是不好办啊！

师：设法证明（8），（9）第二项的差 $\geqslant$（8），（9）第三项的差．

甲：去掉分母，也就是要证明：

$$(x-z)^2 [2(x+z)^2 - (x+y)(y+z)](y+z)$$

$$\geqslant (y-z)^2 [(x+y)(x+z) - 2(y+z)^2](x+z). \tag{11}$$

乙：式子仍然很繁啊！

师：$x-z \geqslant y-z$，而且

$$(x-z)(y+z)-(y-z)(x+z)=2(xz-yz)\geqslant 0, \qquad (12)$$

所以(11)的左边减去右边

$$\geqslant (y-z)^2(x+z)[2(x+z)^2-$$
$$(x+y)(y+z)-(x+y)(x+z)+2(y+z)^2]$$
$$=(y-z)^2(x+z)(x^2+y^2-2xy+2xz+2yz+4z^2)$$
$$\geqslant 0. \qquad (13)$$

请注意我们的证明并未利用排序不等式.

甲：这个证明可以看懂,而且知道为什么要这样做.

乙：为什么把(8),(9)的第一项去掉,又为什么把(11)左边的$(x-z)^2(y+z)$减少为$(y-z)^2(x+z)$? 万一不成立怎么办?

师：去掉、减少都是为了简单. 证不等式,胆子要大,心要细. 要舍得去掉一些东西,使运算简化而不等式仍然成立(总是背着沉重包袱是走不远的). 万一不成立也没有关系,从头再来就是了. 对于大小,要有感觉,要在混乱中发现秩序,在复杂中发现简化的办法. 这当然要多探索,多总结.

单墫
解题研究
丛书

我怎样解题

17 最小的参数

求最小的实数 M，使得对所有的实数 a,b,c，有

$$|ab(a^2-b^2)+bc(b^2-c^2)+ca(c^2-a^2)| \leqslant M(a^2+b^2+c^2)^2. \quad (1)$$

师：这是 2006 年 IMO 的试题，做对的选手只有寥寥数人.

甲：(1) 两边都是 a,b,c 的对称式，因此可设

$$c \leqslant b \leqslant a. \quad (2)$$

师：a,b,c 中可能有负的，但可设

$$b \geqslant 0 \quad (3)$$

(否则将 a,b,c 换为 $-c,-b,-a$).

我们将左边分解因式，以便利用平均不等式. 这与"**16** 和比积好"中求下界的情况做法相反.

乙：(1) 左边在 $a=b$ 时为 0. 因此，有因式

$$(a-b)(b-c)(c-a),$$

又 (1) 左边是四次齐次式，所以它应当是

$$|k(a-b)(b-c)(c-a)(a+b+c)|,$$

其中 k 为常数. 比较 a^3b 的系数，即知 $k=-1$. 因此 (1) 即

$$(a-b)(b-c)(a-c)|a+b+c| \leqslant M(a^2+b^2+c^2)^2. \quad (4)$$

左边还是有绝对值符号.

师：为记号简便起见，可令

$$x=a-b \geqslant 0, y=b-c \geqslant 0, \quad (5)$$

并将 (4) 两边平方，从而去掉绝对值.

甲：这样

$$(4)\Leftrightarrow x^2y^2(x+y)^2(3b+x-y)^2 \leqslant M^2[3b^2+2b(x-y)+x^2+y^2]^4. \quad (6)$$

怎样用平均不等式呢？

师：可以先考虑 $x=y$ 的特殊情况.

乙：这时 (6) 成为

$$36x^6b^2 \leqslant M^2(3b^2+2x^2)^4. \quad (7)$$

我们有

$$3b^2 \cdot \frac{2x^2}{3} \cdot \frac{2x^2}{3} \cdot \frac{2x^2}{3} \leqslant \left(\frac{3b^2+2x^2}{4}\right)^4, \tag{8}$$

即

$$36x^6b^2 \leqslant \frac{81}{2^9}(3b^2+2x^2)^4. \tag{9}$$

应取

$$M = \frac{9}{16\sqrt{2}} \tag{10}$$

使(7)成立.

师:特殊情况帮助我们定出了常数 M. 剩下的问题是证明对这样的 M，(6)成立.

甲:先将 xy 改为较大的 $\left(\frac{x+y}{2}\right)^2$，再利用(7)

$$x^2y^2(x+y)^2(3b+x-y)^2 \leqslant 4u^6(3b+x-y)^2 \quad \left(u=\frac{x+y}{2}\right)$$

$$= 36u^6\left(b+\frac{x-y}{3}\right)^2$$

$$\leqslant M^2\left[3\left(b+\frac{x-y}{3}\right)^2+2u^2\right]^4$$

$$= M^2\left[3b^2+2b(x-y)+\frac{1}{3}(x-y)^2+\frac{1}{2}(x+y)^2\right]^4$$

$$\leqslant M^2\left[3b^2+2b(x-y)+\frac{1}{2}(x-y)^2+\frac{1}{2}(x+y)^2\right]^4$$

$$= M^2(3b^2+2b(x-y)+x^2+y^2)^4. \tag{11}$$

$\left[\because\ 3b^2+2b(x-y)+\frac{1}{3}(x-y)^2+2u^2=3\left(b+\frac{x-y}{3}\right)^2+2u^2\right.$ 不是负的,所以将其中的非负项 $\frac{1}{3}(x-y)^2$ 增为 $\frac{1}{2}(x-y)^2$,$(\cdots)^4$ 只会增加,不会减少$\left.\right]$

师:由此看来,特殊情况($x=y$ 亦即 $a-b=b-c$)的解决非常重要. 不但由它定出了常数 M,而且一般情况也随之解决.

还应讨论一下等号成立的条件.

乙:(1)中等号成立,需要

$$x=y, \text{即}\ b=\frac{a+c}{2}, \tag{12}$$

我怎样解题

及

$$9b^2 = 2x^2 \text{，即 } 9b^2 = \frac{(a-c)^2}{2}. \tag{13}$$

从而

$$a = \frac{2+3\sqrt{2}}{2}b, \tag{14}$$

$$c = \frac{2-3\sqrt{2}}{2}b. \tag{15}$$

18 放宽些子又何妨

设 $a \geqslant b \geqslant c \geqslant d > 0$,试求

$$\left(1+\frac{c}{a+b}\right)\left(1+\frac{d}{b+c}\right)\left(1+\frac{a}{c+d}\right)\left(1+\frac{b}{d+a}\right) \qquad (1)$$

的最小值.

我们还是先看看特殊情况. 在 $a=b=c=d$ 时,(1)的值是 $\left(\frac{3}{2}\right)^4$. 在 c,d 很小而 $a=1$ 时,(1)的值很大[只要 c,d 充分小,(1)的值可以任意大]. 因此,猜想 (1)的最小值在 $a=b=c=d$ 时取得,最小值是 $\left(\frac{3}{2}\right)^4$.

问题化为证明不等式:

$$\frac{(a+b+c)(b+c+d)(c+d+a)(d+a+b)}{(a+b)(b+c)(c+d)(d+a)} \geqslant \left(\frac{3}{2}\right)^4. \qquad (2)$$

不等式(2)的分子是 4 个因式的积. 这 4 个因式,正好是从 a,b,c,d 中每次取 3 个相加所得的 4 个式子. 分母也是 4 个因式的积. 可惜的是,从 a,b,c,d 中每次取 2 个相加,应该得到 6 个式子,现在却只有 4 个,少了 $a+c,b+d$. 因此,分母不是 a,b,c,d 中任两个的对称式,而只是 a,b,c,d 的轮换式. 这时,a,b,c,d 的大小不能任意设定,而只能设其中的一个为最大,其他 3 个的顺序则有种种情况. 不过,本题已经知道

$$a \geqslant b \geqslant c \geqslant d > 0 \qquad (3)$$

不必再分情况讨论. 但(3)并不是一个好的条件,其中 a,b 不平等,c,d 也不平等. 而在(2)中,a,d 这一组与 b,c 这一组,两组地位平等. 所以,我们可将(3)放宽一点,只要求

$$a \geqslant d > 0, b \geqslant c > 0. \qquad (4)$$

(2)的左边有 4 个独立的变量(字母),我们设法将它化为单变量的函数.

首先,由于(2)的两边都是 a,b,c,d 的零次齐次式,可以设

$$a+b+c+d=1 \qquad (5)$$

[或者说,如果 a,b,c,d 不满足(5),将它们扩大 k 倍便可使(5)成立].

现在,我们固定 b,c(当然 $a+d$ 也随之固定). 这时(2)的左边是 a 的一元

函数. 调整 a,d. 希望在 $a=d$ 时,(2)的左边最小,即函数

$$f(a)=\frac{(1-d)(1-a)}{(a+b)(c+d)}(0<d=1-a-b-c\leqslant a) \tag{6}$$

在 $a=d$ 时取得最小值,为此,对 a 求导数(注意 $d'=-1$).

$(a+b)^2(c+d)^2 f'(a)$

$=(d-a)(a+b)(c+d)-(1-d)(1-a)(c+d-a-b)$

$=(a-d)(1-a)(1-d)-(a-d)(a+b)(c+d)+(b-c)(1-d)(1-a)$

$\geqslant(a-d)(1-a)(1-d)-(a-d)(a+b)(c+d)$

$=(a-d)(b+c+d)(a+b+c)-(a-d)(a+b)(c+d)$

$\geqslant(a-d)(c+d)(a+b)-(a-d)(a+b)(c+d)$

$=0.$

所以,$f(a)$ 是 a 的增函数. 从而在 $a=d\left(=\dfrac{1-b-c}{2}\right)$ 时,$f(a)$ 最小.

同理,固定 a,d 时,$\dfrac{(1-b)(1-c)}{(a+b)(c+d)}$ 在 $b=c$ 时最小. 于是,有

$$(2)左边\geqslant\frac{(1-a)^2(1-b)^2}{(a+b)^2\cdot 2a\cdot 2b}$$

$$=\frac{(1-a)^2(1-b)^2}{ab}$$

$$=\frac{\left(\dfrac{1}{2}+ab\right)^2}{ab}, \tag{7}$$

其中

$$a+b=\frac{1}{2}. \tag{8}$$

令 $t=ab\leqslant\left(\dfrac{1}{4}\right)^2$. 函数

$$h(t)=\frac{1}{4t}+1+t \tag{9}$$

在 $\left[0,\dfrac{1}{16}\right]$ 上递减,因为导数

$$h'(t)=-\frac{1}{4t^2}+1<0, \tag{10}$$

所以(7)即

$$\frac{\left(\frac{1}{2}+ab\right)^2}{ab} \geqslant \left(\frac{3}{2}\right)^4. \tag{11}$$

从而(2)成立.

　　本题条件放宽后,a,b 地位平等,c,d 地位平等,无 $a \geqslant b$,$c \geqslant d$ 的约束,调整反而容易. 即有"退一步海阔天空"的感觉.

单墫
解题研究
丛　书

我怎样解题

19 三角不等式

在非钝角三角形 ABC 中,证明:

$$\frac{(1-\cos 2A)(1-\cos 2B)}{1-\cos 2C}+\frac{(1-\cos 2C)(1-\cos 2A)}{1-\cos 2B}+$$

$$\frac{(1-\cos 2B)(1-\cos 2C)}{1-\cos 2A}$$

$$\geqslant \frac{9}{2}. \tag{1}$$

这是一个三角不等式,不必急于用代换

$$x=\cot A, y=\cot B, z=\cot C \tag{2}$$

(或其他代换)将它化为代数不等式. 除非用三角无法或很难证明式(1),而作了代换以后却很容易或不难证明. 如果作代换后,所得的不等式未必好证,那就缓作或不作代换. 更不要一会儿将三角不等式变为代数不等式,一会儿又反过来将代数不等式变为三角不等式,反复折腾(有些地方称这种举动为"捣浆糊",意思是倒来倒去,还是一团浆糊,不解决问题).

先看看等号能否成立? 何时成立?

当然,先看极特殊的情况,一种是

$$A=B=C=60°, \tag{3}$$

另一种是

$$A=B=45°, C=90°. \tag{4}$$

这两种情况均使(1)中等号成立.

因此,如果设 C 为最大的角,那么应当证明以下两点:

(a) 当 $A=B$ 时,(1)成立,即

$$\frac{(1+\cos C)^2}{1-\cos 2C}+2(1-\cos 2C) \geqslant \frac{9}{2}. \tag{5}$$

(b) (1)左边 $\geqslant$(5)左边,即(1)左边在 $A=B$ 时最小.

先考虑第一点[(5)当然应成立,因为它是(1)的特殊情况. 我们先从这一特殊情况下手. 反过来说,如果这特殊情况也不能解决,那就不必希望一般情况的解决了]. 这时可记

$$x = \cos C \in [0,1]. \tag{6}$$

(5)化为

$$4(1-x^2) + \frac{1+x}{2(1-x)} = \frac{7}{2} + \frac{1}{1-x} - 4x^2 \geqslant \frac{9}{2}. \tag{7}$$

经过化简(去分母、合并同类项),得(7)等价于

$$x(2x-1)^2 \geqslant 0, \tag{8}$$

所以(5)成立.

再考虑第二点. 因为

$$\frac{(1-\cos 2C)(1-\cos 2A)}{1-\cos 2B} + \frac{(1-\cos 2C)(1-\cos 2B)}{1-\cos 2A}$$

$$= 2(1-\cos 2C) + (1-\cos 2C)\left(\sqrt{\frac{1-\cos 2A}{1-\cos 2B}} - \sqrt{\frac{1-\cos 2B}{1-\cos 2A}}\right)^2$$

$$= 2(1-\cos 2C) + (1-\cos 2C)\left(\frac{\sin A}{\sin B} - \frac{\sin B}{\sin A}\right)^2. \tag{9}$$

$$(1-\cos 2A)(1-\cos 2B)$$

$$= 1 + \cos 2A \cos 2B - \cos 2A - \cos 2B$$

$$= 1 + \frac{1}{2}\cos 2(A+B) + \frac{1}{2}\cos 2(A-B) + 2\cos C \cos(A-B)$$

$$= 1 + \cos^2 C - \frac{1}{2} + \cos^2(A-B) - \frac{1}{2} + 2\cos C \cos(A-B)$$

$$= [\cos C + \cos(A-B)]^2. \tag{10}$$

于是,只需证

$$(1-\cos 2C)\left(\frac{\sin A}{\sin B} - \frac{\sin B}{\sin A}\right)^2$$

$$\geqslant \frac{(1+\cos C)^2 - (\cos C)^2 - [\cos C + \cos(A-B)]^2}{1-\cos 2C},$$

即

$$(1-\cos 2C)^2(\sin^2 A - \sin^2 B)^2$$

$$\geqslant \sin^2 A \sin^2 B[1-\cos(A-B)][1+\cos(A-B) + 2\cos C]. \tag{11}$$

由于 $\cos(A-B) \leqslant 1$, $\cos C \leqslant \cos 60° = \frac{1}{2}$, $1-\cos 2C = 2\sin^2 C \geqslant \frac{3}{2}$,所以

(11)可由下式推出

单墫

解题研究
丛　　书

我怎样解题

$$\frac{9}{4}(\sin^2 A - \sin^2 B)^2 \geqslant \sin^2 A \sin^2 B[1 - \cos(A-B)] \cdot 3 \qquad (12)$$

不等式(12),即

$$\frac{3}{4}(\sin A + \sin B)^2 \cdot \left(2\sin\frac{A-B}{2}\cos\frac{A+B}{2}\right)^2 \geqslant \sin^2 A \sin^2 B \cdot 2\sin^2\frac{A-B}{2}.$$

$$(13)$$

不等式(13)又可化为

$$3(\sin A + \sin B)^2 \cos^2\frac{A+B}{2} \geqslant 2\sin^2 A \sin^2 B. \qquad (14)$$

$$\because \quad (\sin A + \sin B)^2 \geqslant 4\sin A \sin B,$$

$\therefore$ (14)可由下式推出

$$3(1 + \cos(A+B)) \geqslant \sin A \sin B. \qquad (15)$$

$$\because \quad 1 + \cos(A+B) = 1 - \cos C \geqslant 1 - \frac{1}{2} = \frac{1}{2},$$

$$\sin A \sin B \leqslant 1 < \frac{3}{2},$$

$\therefore$ (15)成立.

我们的计划明确,执行起来也没有多少困难.

20 含绝对值的不等式

证明:存在正的常数 c,使得对所有实数 x,y,z,有

$$1+|x+y+z|+|xy+yz+zx|+|xyz|>c(|x|+|y|+|z|),\quad(1)$$

c 能否取 $\dfrac{\sqrt{3}}{3}$,$\dfrac{3}{4}$,0.97,0.99,1 呢?

甲:将式(1)平方,得

$$
\begin{aligned}
\text{左边} &\geq 1+|x+y+z|^2+2|xy+yz+zx|\\
&> x^2+y^2+z^2\\
&\geq \frac{1}{3}(|x|+|y|+|z|)^2,
\end{aligned}
$$

所以 c 存在,而且可取 $c=\dfrac{\sqrt{3}}{3}$.

师:平方可以省去处理绝对值的麻烦. 所以,在统计学中,宁愿用方差,也很少用均方差. 但平方后略去很多项,估计比较粗糙. 如要获得较精确的结果,不能贸然平方.

乙:那是不是要根据 x,y,z 的正负进行讨论呢?

师:是的. 在 x,y,z 同号时,c 可以取 1. 可设 x,y,z 不全同号.

甲:可设 x,y 为正,z 为负.

师:如果 x,y,z 中两负一正呢?

乙:如果两负一正,用 $-x,-y,-z$ 代替 x,y,z,即化成两正一负的情况.

甲:既然 z 是负的,可将它改写为 $-z$,这样 x,y,z 都是正的,不等式成为

$$1+|x+y-z|+|xy-yz-zx|+xyz-c(x+y+z)>0.\quad(2)$$

甲:接下去怎样讨论? 是不是考虑 $x+y$ 与 z 的大小?

师:$x+y$ 与 z 的大小要讨论. 不过,1 也是个重要角色. 可以先讨论 $x+y$,z 与 1 的大小关系.

乙:如果 $x+y\geq 1$,$z\geq 1$,那么

$$|xy-xz-yz|+xyz\geq|xy-xz-yz|+xy\geq xz+yz,$$

从而 c 可取 1,并且

(2) 的左边 $\geq 1+z(x+y)-(x+y+z)=(1-z)(1-x-y)\geq 0.$

单墫
解题研究
丛书

我怎样解题

师：一般情况，c 能取 1 吗？

甲：如果 c 可取 1，那么 $\frac{3}{4}$，0.97，0.99 都不必再考虑了．恐怕不能取 1．应当举一个反例．比如取 $y=0$？不行，这时(2)在 $c=1$ 时成立．

师：先不忙举反例．看看取 $c=1$，我们能走多远．

乙：如果 $x+y\leqslant 1,z\geqslant 1$，那么

$$(2)\text{左边}\geqslant 1+z-(x+y)+(x+y)z-xy+xyz-(x+y+z)$$
$$=1-(x+y)+(x+y)(z-1)+xy(z-1)$$
$$\geqslant 0.$$

甲：在 $x+y\geqslant 1,z<1$ 时，又有两种情况．

① $xy\geqslant 1$ 时，有

$$(2)\text{左边}\geqslant 1+x+y-z+xyz-(x+y+z)$$
$$=(1-z)+(xy-1)z$$
$$\geqslant 0.$$

② $xy<1$ 时，有

$$(2)\text{左边}\geqslant 1+x+y-z+xyz+z(x+y)-xy-(x+y+z)$$
$$=(1-z)(1-xy)+z(x+y-1)$$
$$\geqslant 0.$$

所以上述情况 c 均可取 1．

师：只剩下 $x+y<1,z<1$ 的情况．在这种情况中，c 是不能取 1 的．为了定出 c 的最佳值，我们令(2)的左边为 $F(c)$，其中 $c\geqslant\frac{\sqrt{3}}{3}$．然后分 $z\leqslant x+y$ 与 $x+y<z$ 两种情况来讨论．

在 $z\leqslant x+y$ 时，有

$$F(c)\geqslant 1+x+y-z+(x+y)z-xy+xyz-c(x+y+z)$$
$$\geqslant 1+(1-c)(x+y)-z-cz+(x+y)z-\frac{(x+y)^2}{4}(1-z).\quad (3)$$

甲：原先的两个字母 x,y，化为"一个"字母"$x+y$"．

师：(3)的最后一式中，z 的系数为

$$-1-c+(x+y)+\frac{(x+y)^2}{4}=(x+y-1)+\left(\frac{(x+y)^2}{4}-c\right)$$

$$\leqslant \frac{1}{4} - \frac{\sqrt{3}}{3}$$
$$< 0,$$

所以在 z 增大时,这个式子的值减小,即

$$F(c) \geqslant 1 - 2c(x+y) + (x+y)^2 - \frac{(x+y)^2}{4} + \frac{(x+y)^3}{4}. \qquad (4)$$

令 $x+y=2t$,则

$$f(t) = 1 - 4ct + 3t^2 + 2t^3. \qquad (5)$$

问题化为 $f(t)$ 在区间 $\left[0, \frac{1}{2}\right]$ 上不小于 0 时,c 最大为多少?

乙:$x+y \leqslant z$ 时,情况类似. 仍有

$$F(c) \geqslant 1 + z - (x+y) + (x+y)z - xy + xyz - c(x+y+z)$$
$$\geqslant 1 + (1-c)z - (1+c)(x+y) + (x+y)z - \frac{(x+y)^2}{4}(1-z). \quad (6)$$

上面不等式(6)的最后一式中,z 的系数为

$$1 - c + (x+y) + \frac{(x+y)^2}{4} > 0,$$

所以,在 z 减少时,这个式子的值减少,从而有(4),即

$$F(c) \geqslant f(t) \qquad (7)$$

师:
$$f(t) = 4(1-c)t + 1 - 4t + 3t^2 + 2t^3$$
$$= 4(1-c)t + (2t-1)(t^2+2t-1). \qquad (8)$$

当 $0 < t \leqslant \sqrt{2} - 1$ 时,$t^2 + 2t - 1 \leqslant 0$,$f(t) \geqslant 0$;

但当 $\sqrt{2} - 1 < t < \frac{1}{2}$ 时,$t^2 + 2t - 1 > 0$,$(2t-1)(t^2+2t-1) < 0$.

所以,这时不能取 $c=1$. 即当 $x = y \in \left(\sqrt{2}-1, \frac{1}{2}\right)$,$z = 2x$ 时,c 不能取 1.

如果 $1 - c \geqslant 1 - 2t$,那么由(8)可知

$$f(t) \geqslant (1-2t)(1 + 2t - t^2) > 0,$$

所以可取

$$c = 2(\sqrt{2} - 1) \approx 0.82\cdots$$

如果 $1 - c \geqslant \frac{1-2t}{8}$,那么由(8)可知

单墫

解题研究
丛书

我怎样解题

$$f(t) \geqslant \frac{1-2t}{2}(3 - 4t - 2t^2) \geqslant \frac{1-2t}{2}(1 - 2t^2) > 0,$$

所以可取

$$c = 1 - \frac{1 - 2(\sqrt{2} - 1)}{8} = \frac{5 + 2\sqrt{2}}{8} \approx 0.97\cdots.$$

甲: c 的最佳值是多少?

师: 这需要利用导数

$$f'(t) = 2(3t^2 + 3t - 2c). \tag{9}$$

由 $f'(t) = 0$, 得

$$3t^2 + 3t - 2c = 0. \tag{10}$$

$$t = \frac{-3 + \sqrt{9 + 24c}}{6} = \frac{-1 + \sqrt{1 + \frac{8}{3}c}}{2} = t_0 (\text{设}). \tag{11}$$

于是, 在 $t = t_0$ 时, $f(t)$ 的值最小, 即为

$$f(t_0) = 1 - 4ct_0 + t_0^2 + 2(t_0^2 + t_0^3)$$

$$= 1 - 4ct_0 + t_0^2 + 2t_0 \cdot \frac{2}{3}c$$

$$= 1 + (t_0 + t_0^2) - \left(1 + \frac{8}{3}c\right)t_0$$

$$= 1 + \frac{2}{3}c - \left(1 + \frac{8}{3}c\right) \cdot \frac{-1 + \sqrt{1 + \frac{8}{3}c}}{2}$$

$$= \frac{1}{2}(3 + 4c) - \frac{1}{2}\left(1 + \frac{8}{3}c\right)^{\frac{3}{2}}. \tag{12}$$

由最小值不小于 0, 得

$$27(3 + 4c)^2 \geqslant (3 + 8c)^3, \tag{13}$$

即

$$64c^3 + 18c^2 - 54c - 27 \leqslant 0. \tag{14}$$

在区间 $[0,1]$ 上, $64c^3 + 18c^2 - 54c - 27$ 先减后增[它的导数 $3(64c^2 + 12c - 18)$ 先负后正]在 $c = 0.994$ 时, 值为负; 在 $c = 0.995$ 时, 值为正. 因此 c 的最佳值即方程

$$64c^3 + 18c^2 - 54c - 27 = 0 \tag{15}$$

的根约为 0.994.

21 n 维 向 量

已知：$a_1, a_2, \cdots, a_n$ 与 $b_1, b_2, \cdots, b_n$ 是两组不成比例的实数，实数 x_1, $x_2, \cdots, x_n$ 满足

$$\sum_{i=1}^{n} a_i x_i = 0, \tag{1}$$

$$\sum_{i=1}^{n} b_i x_i = 1. \tag{2}$$

证明：

$$\sum_{i=1}^{n} x_i^2 \geqslant \frac{\sum\limits_{i=1}^{n} a_i^2}{\left(\sum\limits_{i=1}^{n} a_i^2\right)\left(\sum\limits_{i=1}^{n} b_i^2\right) - \left(\sum\limits_{i=1}^{n} a_i b_i\right)^2}. \tag{3}$$

题中的条件"$a_1, a_2, \cdots, a_n$ 与 $b_1, b_2, \cdots, b_n$ 不成比例"可以省去. 因为 a_1, $a_2, \cdots, a_n$ 与 $b_1, b_2, \cdots, b_n$ 成比例，则由(1)可得 $\sum\limits_{i=1}^{n} b_i x_i = 0$，与(2)矛盾，所以条件(1),(2)已隐含上述条件.

熟悉拉格朗日恒等式的人立即看出(3)的分母

$$\left(\sum_{i=1}^{n} a_i^2\right)\left(\sum_{i=1}^{n} b_i^2\right) - \left(\sum_{i=1}^{n} a_i b_i\right)^2 = \sum_{i,j} (a_i b_j - a_j b_i)^2, \tag{4}$$

而

$$\begin{aligned}
\sum_{i=1}^{n} x_i^2 \sum_{j=1}^{n} \sum_{i=1}^{n} (a_i b_j - a_j b_i)^2 &= \sum_{j=1}^{n} \left[\sum_{i=1}^{n} x_i^2 \sum_{i=1}^{n} (a_i b_j - a_j b_i)^2\right] \\
&\geqslant \sum_{j=1}^{n} \left[\sum_{i=1}^{n} x_i (a_i b_j - a_j b_i)\right]^2 \\
&= \sum_{j=1}^{n} \left(b_j \sum_{i=1}^{n} a_i x_i - a_j \sum_{i=1}^{n} x_i b_i\right)^2 \\
&= \sum_{j=1}^{n} a_j^2 [\text{此处利用了条件}(1),(2)],
\end{aligned} \tag{5}$$

于是,得

$$\sum_{i=1}^{n} x_i^2 \geqslant \frac{\sum\limits_{j=1}^{n} a_j^2}{\sum\limits_{j=1}^{n} \sum\limits_{i=1}^{n} (a_i b_j - a_j b_i)^2}. \tag{6}$$

单 墫

解题研究
丛 书

我怎样解题

这与(3)已经很接近了. 遗憾的是

$$(4) \ 右边 = \frac{1}{2} \sum_{j=1}^{n} \sum_{i=1}^{n} (a_i b_j - a_j b_i)^2.$$

所以由(6),得

$$\sum_{i=1}^{n} x_i^2 \geqslant \frac{\frac{1}{2} \sum_{j=1}^{n} a_j^2}{\left(\sum_{i=1}^{n} a_i^2\right)\left(\sum_{i=1}^{n} b_i^2\right) - \left(\sum_{i=1}^{n} a_i b_i\right)^2}. \tag{7}$$

多出因式 $\frac{1}{2}$ 而无法消去. 所以这种方法只能得出较弱的(7).

做错了,只好从头再来.

先要弄清题意. $\boldsymbol{a} = (a_1, a_2, \cdots, a_n), \boldsymbol{b} = (b_1, b_2, \cdots, b_n), \boldsymbol{x} = (x_1, x_2, \cdots, x_n)$ 都是 n 维(实)向量. 两个向量的和、差,即将相应的分量(坐标)相加、减得到的向量. 而两个向量的数量积是一个数,等于对应坐标相乘所得 n 个乘积的和,即

$$\boldsymbol{a} \cdot \boldsymbol{b} = \sum_{i=1}^{n} a_i b_i \tag{8}$$

在数量积为 0 时,称两个向量互相垂直,(1),(2)即

$$\boldsymbol{x} \cdot \boldsymbol{a} = 0 (\boldsymbol{x} \ 与 \ \boldsymbol{a} \ 垂直), \boldsymbol{x} \cdot \boldsymbol{b} = 1. \tag{9}$$

数量积与加减法满足分配律.

满足(9)的向量很多. 我们先找最简单的,即与 $\boldsymbol{a}, \boldsymbol{b}$ 共面的向量(在 $\boldsymbol{a}, \boldsymbol{b}$ 所成平面 M 上的向量). 这种向量 $\boldsymbol{y}$ 可写成

$$\boldsymbol{y} = \alpha \boldsymbol{a} + \beta \boldsymbol{b}, \alpha, \beta \in \mathbf{R}. \tag{10}$$

记

$$A = \boldsymbol{a} \cdot \boldsymbol{a} = \sum a_i^2, B = \boldsymbol{b} \cdot \boldsymbol{b} = \sum b_i^2, C = \boldsymbol{a} \cdot \boldsymbol{b} = \sum a_i b_i \tag{11}$$

$\boldsymbol{y}$ 满足(9),即

$$(\alpha \boldsymbol{a} + \beta \boldsymbol{b}) \cdot \boldsymbol{a} = \alpha A + \beta C = 0, \tag{12}$$

$$(\alpha \boldsymbol{a} + \beta \boldsymbol{b}) \cdot \boldsymbol{b} = \alpha C + \beta B = 1. \tag{13}$$

由(12),(13),得

$$\alpha = \frac{-C}{AB - C^2}, \beta = \frac{A}{AB - C^2}, \tag{14}$$

$$\boldsymbol{y}^2 = \boldsymbol{y} \cdot (\alpha \boldsymbol{a} + \beta \boldsymbol{b}) = \beta \boldsymbol{y} \cdot \boldsymbol{b} = \beta. \tag{15}$$

(15)即

$$\sum_{i=1}^{n} y_i^2 = \frac{\sum_{i=1}^{n} a_i^2}{\left(\sum_{i=1}^{n} a_i^2\right)\left(\sum_{i=1}^{n} b_i^2\right) - \left(\sum_{i=1}^{n} a_i b_i\right)^2}, \tag{16}$$

所以,在 $x = y$ 时,(3)成为等式.

特殊情况已经成立(而且是等式),剩下的事是找出一般情况与特殊情况的关系. 这时,可将 x 分解,一部分是与 a, b 共面的 y(可称为 x 在平面 M 上的射影),另一部分应与平面 M 垂直,即

$$x = y + (x - y).$$

y 满足(10),(14),由于 x, y 均是满足(9)的向量

$$(x - y) \cdot a = x \cdot a - y \cdot a = 0, \tag{17}$$

$$(x - y) \cdot b = x \cdot b - y \cdot b = 1 - 1 = 0. \tag{18}$$

从而

$$(x - y) \cdot y = (x - y) \cdot (\alpha a + \beta b) = 0. \tag{19}$$

(几何意义即向量 $x - y$ 与 a, b 均垂直,所以 $x - y$ 与 a, b 所成的平面 M 垂直,即与 a, b 的线性组合均垂直. 特别地,与 y 垂直).

$$\begin{aligned}
x^2 &= [y + (x - y)]^2 \\
&= y^2 + 2y \cdot (x - y) + (x - y)^2 \\
&= y^2 + (x - y)^2 \\
&\geqslant y^2.
\end{aligned} \tag{20}$$

由(20)(几何意义为向量的长不小于它的射影的长),(15)即得(3).

另有一种证法是模仿柯西不等式的一种证法. 如下所述:

对任意实数 λ,有

$$\lambda^2 = \left[\sum_{i=1}^{n} x_i(a_i + \lambda b_i)\right]^2 \leqslant \sum_{i=1}^{n} x_i^2 \cdot \sum_{i=1}^{n} (a_i + \lambda b_i)^2, \tag{21}$$

即

$$\lambda^2 \left(\sum_{i=1}^{n} x_i^2 \sum_{i=1}^{n} b_i^2 - 1\right) + 2\lambda \sum_{i=1}^{n} x_i^2 \sum_{i=1}^{n} a_i b_i + \sum_{i=1}^{n} x_i^2 \sum_{i=1}^{n} a_i^2 \geqslant 0. \tag{22}$$

由柯西不等式

$$\sum_{i=1}^{n} x_i^2 \cdot \sum_{i=1}^{n} b_i^2 \geqslant \left(\sum_{i=1}^{n} x_i b_i\right)^2 = 1 \tag{23}$$

在等号不成立时,(22)左边作为 λ 的二次式,判别式不大于 0,即

$$\left(\sum x_i^2 \cdot \sum a_i b_i\right)^2 \leqslant \left(\sum x_i^2 \cdot \sum b_i^2 - 1\right) \sum x_i^2 \sum a_i^2. \tag{24}$$

仍用(11)中记号,(24)化简,得

$$\sum x_i^2 (AB - C^2) \geqslant A. \tag{25}$$

由柯西不等式,$AB > C^2$,所以式(3)成立.

在(23)中等号成立时,$x_1, x_2, \cdots, x_n$ 与 $b_1, b_2, \cdots, b_n$ 成比例.

由(1),得 $C = 0$.(3)即(23),显然成立.

第二种证法亦颇有技巧,但其背景不如第一种清楚.

22

拉格朗日配方法

拉格朗日配方法是处理二次形式的常用方法. 例如,在

$$A + B + C = (2n+1)\pi \tag{1}$$

时,对任意实数 x, y, z,恒有

$$x^2 + y^2 + z^2 - 2xy\cos C - 2yz\cos A - 2zx\cos B \geqslant 0. \tag{2}$$

证法即是先将所有有 x 的项放在一起,配成平方;再将剩下的(已没有 x)项中有 y 的放在一起,配成平方. 即为

(2) 左边 $= (x^2 - xy\cos C - 2zx\cos B) + y^2 + z^2 - 2yz\cos A$

$\qquad = (x - y\cos C - z\cos B)^2 + y^2\sin^2 C + z^2\sin^2 B - 2yz(\cos A + \cos B\cos C)$

$\qquad = (x - y\cos C - z\cos B)^2 + (y^2\sin^2 C - 2yz\sin B\sin C) + z^2\sin^2 B.$

利用(1),有

$$\cos A = \cos[(2n+1)\pi - B - C]$$

$$\qquad = -\cos(B+C)$$

$$\qquad = \sin B\sin C - \cos B\,\cos C,$$

则

$$(2) \text{左边} = (x - y\cos C - z\cos B)^2 + (y\sin C - z\sin B)^2. \tag{3}$$

所以(1)成立.

(3)的右边恰好是两个平方的和. 如果还有仅含 z^2 的项剩下,当然要证明这系数为正或非负.

下一道题是拉氏配方法的典型运用.

已知 $x, y, z \in \mathbf{R}$,求证:

$$\frac{\sqrt{33}+1}{4}(x^2 + y^2 + z^2) \geqslant xy + 2yz + 2xz. \tag{4}$$

我们改求使下式成立的最大的正数 a

$$x^2 + y^2 + z^2 - a(xy + 2yz + 2xz) \geqslant 0. \tag{5}$$

由配方(因为 yz, xz 的系数均为 2,先处理 z 较为整齐)法,知

$$(5) \text{左边} = (z - ay - ax)^2 + (1-a^2)x^2 + (1-a^2)y^2 - (a + 2a^2)xy. \tag{6}$$

单墫
解题研究
丛书

我怎样解题

要(5)成立,只需 $a<1$,并且

$$4(1-a^2)^2 \geqslant (a+2a^2)^2, \tag{7}$$

即

$$2(1-a^2) \geqslant a+2a^2. \tag{8}$$

从而解得

$$a \leqslant \frac{-1+\sqrt{33}}{8}(<1). \tag{9}$$

$$\because \quad \left(\frac{-1+\sqrt{33}}{8}\right)^{-1} = \frac{\sqrt{33}+1}{4},$$

$\therefore$ (4)成立.

下面的不等式可以用式(2)解决.

设 $x,y,z \in \mathbf{R}^+$,A,B,C 为 $\triangle ABC$ 的三个内角,则

$$x\sin A + y\sin B + z\sin C \leqslant \frac{1}{2}(xy+yz+zx)\sqrt{\frac{x+y+z}{xyz}}. \tag{10}$$

不等式(10)的右边较复杂,宜先简化. 由于

$$\frac{xy}{\sqrt{xyz}} = \sqrt{\frac{xy}{z}}, \tag{11}$$

可令

$$a = \sqrt{\frac{yz}{x}}, b = \sqrt{\frac{zx}{y}}, c = \sqrt{\frac{xy}{z}}. \tag{12}$$

进而(10)变为

$$2\sum bc\sin A \leqslant (a+b+c)\sqrt{\sum bc}. \tag{13}$$

不等式(13)没有分母,但还有根号. 它等价于没有根号的

$$4\left(\sum bc\sin A\right)^2 \leqslant (a+b+c)^2\sum bc. \tag{14}$$

用柯西不等式,得

$$\left(\sum bc\sin A\right)^2 \leqslant \left(\sum bc\right)\left(\sum bc\sin^2 A\right). \tag{15}$$

于是(15)可由下式推出 $\left(\sum bc \text{ 被约去了}\right)$

$$4\sum bc\sin^2 A \leqslant (a+b+c)^2. \tag{16}$$

现在,证明已变得不难了,与(2)比较,应将 $\sin^2 A$ 化为 $\cos 2A$,$(a+b+c)^2$ 应分出 $\sum a^2$,即

$$(16) \Leftrightarrow 4\sum bc\left(\sin^2 A - \frac{1}{2}\right) \leqslant \sum a^2$$

$$\Leftrightarrow 2\sum bc\cos(\pi - 2A) \leqslant \sum a^2. \qquad (17)$$

$$\because \quad \sum(\pi - 2A) = 3\pi - 2\pi = \pi,$$

所以根据不等式(2),(17)成立.

单墫
解题研究
丛书

我怎样解题

23 截 搭 题

从前科举考试,题目出自于《四书》.有一种"截搭题",即将书中两句并不连贯地连在一起作为题目.数学题中,也有这种情况,下面就是一道这样的题.

设两个正数数列 $\{a_n\}$, $\{b_n\}$ 满足:

(a) $a_0 = 1 \geqslant a_1$ 时,有

$$a_n(b_{n-1} + b_{n+1}) = a_{n-1}b_{n-1} + a_{n+1}b_{n+1} \quad (n \geqslant 1); \tag{1}$$

(b)
$$\sum_{i=0}^{n} b_i \leqslant n^{\frac{3}{2}} \quad (n \geqslant 1). \tag{2}$$

求 $\{a_n\}$ 的通项.

题目中有两个数列,两个条件,条件(a)将两个数列搭在一起,条件(b)则纯粹与 $\{a_n\}$ 无关.要求 $\{a_n\}$ 的通项,只有先利用(a),将(1)变形为

$$a_n - a_{n+1} = \frac{b_{n-1}}{b_{n+1}}(a_{n-1} - a_n). \tag{3}$$

从而

$$a_n - a_{n+1} = \frac{b_{n-1}b_{n-2}}{b_{n+1}b_n}(a_{n-2} - a_{n-1}) = \cdots = \frac{b_0 b_1}{b_n b_{n+1}}(a_0 - a_1). \tag{4}$$

由 $a_0 \geqslant a_1$ 即知 $\{a_n\}$ 单调递减.

最简单的情况是 $a_1 = a_0$,这时 $a_n = a_{n+1}$.所以 $\{a_n\}$ 是常数数列 $1,1,1,\cdots$

有趣的是实际上只有这一种情况.

采用反证法.设 $a_1 < a_0 = 1$,则由(4),得

$$a_0 - a_1 = \frac{b_0 b_1}{b_2 b_1}(a_0 - a_1),$$

$$a_1 - a_2 = \frac{b_0 b_1}{b_1 b_2}(a_0 - a_1),$$

$$\vdots$$

$$a_{n-1} - a_n = \frac{b_0 b_1}{b_{n-1} b_n}(a_0 - a_1).$$

相加,得

$$a_0 - a_n = b_0 b_1(a_0 - a_1) \sum_{k=0}^{n-1} \frac{1}{b_k b_{k+1}}. \tag{5}$$

从而

$$\sum_{k=0}^{n-1} \frac{1}{b_k b_{k+1}} = \frac{a_0 - a_n}{b_0 b_1 (a_0 - a_1)} < \frac{a_0}{b_0 b_1 (a_0 - a_1)}, \tag{6}$$

即 $\sum_{k=0}^{n-1} \frac{1}{b_k b_{k+1}}$ 有上界.

至此(a)已经用尽. 下面只需用(b)证明 $\sum_{k=0}^{n-1} \frac{1}{b_k b_{k+1}}$ 无上界. 这完全是与上面独立的一个问题,所以本题的确是一道将两个问题拉在一起的"截搭题".

说明 $\sum_{i=1}^{n} \frac{1}{b_i}$ 无上界,可用柯西不等式

$$\sum_{i=1}^{n} \frac{1}{b_i} \cdot \sum_{i=1}^{n} b_i \geqslant n^2,$$

得

$$\sum_{i=1}^{n} \frac{1}{b_i} \geqslant n^2 \div \sum_{i=1}^{n} b_i \geqslant n^2 \div n^{\frac{3}{2}} = n^{\frac{1}{2}}.$$

用推广的柯西不等式(后面将详细介绍)

$$\sum_{i=1}^{n} a_i \sum_{i=1}^{n} b_i \sum_{i=1}^{n} c_i \geqslant \left(\sum_{i=1}^{n} \sqrt[3]{a_i b_i c_i} \right)^3, \tag{7}$$

得

$$\sum_{i=1}^{n} \frac{1}{b_i b_{i+1}} \sum_{i=1}^{n} b_i \sum_{i=1}^{n} b_{i+1} \geqslant n^3. \tag{8}$$

但这只能得

$$\sum_{i=1}^{n} \frac{1}{b_i b_{i+1}} \geqslant n^3 \div \sum_{i=1}^{n} b_i \div \sum_{i=1}^{n} b_{i+1} \geqslant n^3 \div n^{\frac{3}{2}} \div (n+1)^{\frac{3}{2}} \geqslant \left(\frac{n}{n+1} \right)^{\frac{3}{2}}. \tag{9}$$

不能得出 $\sum_{i=1}^{n} \frac{1}{b_i b_{i+1}}$ 无上界. 不过,如果我们知道调和级数 $\sum_{i=1}^{n} \frac{1}{i}$ 无上界,那么就可以模仿它的证明. 注意

$$\sum_{i=k+1}^{2k} \frac{1}{i} > \frac{k}{2k} = \frac{1}{2}, \tag{10}$$

即对于调和级数 $\sum_{i=1}^{n} \frac{1}{i}$,从任一项 $\frac{1}{k+1}$ 开始,都有连续若干项的和大于一个正的常数 $\frac{1}{2}$. 于是只要 n 充分大,$\sum_{i=1}^{n} \frac{1}{i}$ 就可以分为充分多的段,各段由连续

的项组成,无公共项,每一段都大于$\frac{1}{2}$.这就表明调和级数$\sum\limits_{i=1}^{n}\frac{1}{i}$无上界.

温故知新.将(8)中和号的上下界改成(10)中的$k+1$与$2k$,与(9)类似

$$\sum_{i=k+1}^{2k}\frac{1}{b_ib_{i+1}}\geqslant k^3\div\sum_{i=k+1}^{2k}b_i\div\sum_{i=k+1}^{2k}b_{i+1}$$

$$\geqslant k^3\div(2k)^{\frac{3}{2}}\div(2k+1)^{\frac{3}{2}}$$

$$\geqslant\frac{1}{2^{\frac{3}{2}}3^{\frac{3}{2}}}\geqslant\frac{1}{16},\tag{11}$$

即只要n充分大,$\sum\limits_{i=1}^{n}\frac{1}{b_ib_{i+1}}$就可以分为充分多的段,各段由连续的项组成,无

公共项,每一段都大于$\frac{1}{16}$.这就表明$\sum\limits_{i=1}^{n}\frac{1}{b_ib_{i+1}}$无上界.

剩下的事情是证明推广的柯西不等式(7).

由柯西不等式,对于正数数列a,b,c,d

$$\sum a\sum b\sum c\sum d\geqslant\left(\sum\sqrt{ab}\right)^2\left(\sum\sqrt{cd}\right)^2\geqslant\left(\sum\sqrt[4]{abcd}\right)^4.\tag{12}$$

取d满足$abcd=d^4$,即$d=\sqrt[3]{abc}$,则由式(12)

$$\sum a\sum b\sum c\sum d\geqslant\left(\sum d\right)^4,$$

$$\therefore\quad\sum a\sum b\sum c\geqslant\left(\sum d\right)^3=\left(\sum\sqrt[3]{abc}\right)^3,$$

即式(7)成立.上面的证法正是柯西用过的方法.用这方法及归纳法,得

$$\sum a^{(1)}\sum a^{(2)}\cdots\sum a^{(m)}\geqslant\left(\sum\sqrt[m]{a^{(1)}a^{(2)}\cdots a^{(m)}}\right)^m,\tag{13}$$

其中$a^{(1)},a^{(2)},\cdots,a^{(m)}$为$m$个正数数列.更一般地,对于正实数$\alpha,\beta,\cdots,\kappa$,有

$$\sum a^{\alpha}\sum b^{\beta}\cdots\sum k^{\kappa}\geqslant\left(\sum a^{\frac{\alpha}{\alpha+\beta+\cdots+\kappa}}b^{\frac{\beta}{\alpha+\beta+\cdots+\kappa}}\cdots k^{\frac{\kappa}{\alpha+\beta+\cdots+\kappa}}\right)^{\alpha+\beta+\cdots+\kappa},$$

其中$a,b,\cdots,k$为正数数列.这是一般的荷尔窦不等式.

评注 琢磨前人的方法,举一反三,甚为重要.

24 自己想办法

已知：$a_i,b_i,c_i>0$，且满足

$$a_ib_i-c_i^2>0, i=1,2,\cdots,n. \tag{1}$$

求证：

$$\frac{n^3}{\sum a_i \sum b_i - \left(\sum c_i\right)^2} \leqslant \sum \frac{1}{a_ib_i-c_i^2}. \tag{2}$$

甲：我看到第 11 届国际数学竞赛第 6 题是 $n=2$ 的特殊情况．那里(《数学奥林匹克题典》，单墫主编，南京大学出版社，1995 年)的解法似不便推广．

师：那就得自己想办法了．首先看看不等式(2)左边是否为正[如果为负，(2)显然成立]．

乙：
$$\begin{aligned}
\sum a_i \sum b_i - \left(\sum c_i\right)^2 &\geqslant \left(\sum \sqrt{a_ib_i}\right)^2 - \left(\sum c_i\right)^2 \\
&= \sum \left(\sqrt{a_ib_i}-c_i\right)\cdot \sum\left(\sqrt{a_ib_i}+c_i\right) \\
&> 0,
\end{aligned} \tag{3}$$

所以(2)左边是正的．

甲：
$$\sum(a_ib_i-c_i^2)\cdot \sum \frac{1}{a_ib_i-c_i^2} \geqslant n^2.$$

如果有

$$\sum a_i \sum b_i - \left(\sum c_i\right)^2 \geqslant n\cdot \sum(a_ib_i-c_i^2), \tag{4}$$

那么立即得出不等式(2)．但虽有

$$n\cdot \sum c_i^2 \geqslant \left(\sum c_i\right)^2 \tag{5}$$

却没有

$$\sum a_i \cdot \sum b_i \geqslant n\sum a_ib_i, \tag{6}$$

除非 $a_1,a_2,\cdots,a_n$ 与 $b_1,b_2,\cdots,b_n$ 逆序．

师：只好回到原题，重新开始．乙刚才所做的工作倒是有用的．

乙：
$$\left[\sum a_i \sum b_i - \left(\sum c_i\right)^2\right]\sum \frac{1}{a_ib_i-c_i^2}$$
$$\geqslant \sum\left(\sqrt{a_ib_i}-c_i\right)\cdot \sum\left(\sqrt{a_ib_i}+c_i\right)\cdot \sum \frac{1}{\left(\sqrt{a_ib_i}-c_i\right)\left(\sqrt{a_ib_i}+c_i\right)}. \tag{7}$$

单墫

解题研究
丛书

我怎样解题

甲：设 $A_i = \sqrt{a_i b_i} - c_i$，$B_i = \sqrt{a_i b_i} + c_i$，$i = 1, 2, \cdots, n$，则由(7)，只需证

$$\sum A_i \cdot \sum B_i \cdot \sum \frac{1}{A_i B_i} \geqslant n^3. \tag{8}$$

但与(6)类似

$$\sum A_i \cdot \sum B_i \geqslant n \sum A_i B_i, \tag{9}$$

并不一定成立. 还是有困难啊！

师：遇到困难可以绕过去. 我们设

$$A_1 \geqslant A_2 \geqslant \cdots \geqslant A_n, \tag{10}$$

而将 $B_1, B_2, \cdots, B_n$ 重排为

$$B_1' \leqslant B_2' \leqslant \cdots \leqslant B_n', \tag{11}$$

那么就有

$$\sum A_i \cdot \sum B \geqslant n \sum A_i B_i' \tag{12}$$

了(这是切比雪夫不等式).

乙：这时

$$\frac{1}{A_1} \leqslant \frac{1}{A_2} \leqslant \cdots \leqslant \frac{1}{A_n}, \tag{13}$$

$$\frac{1}{B_1'} \geqslant \frac{1}{B_2'} \geqslant \cdots \geqslant \frac{1}{B_n'}, \tag{14}$$

所以有排序不等式

$$\sum \frac{1}{A_i B_i} \geqslant \sum \frac{1}{A_i B_i'}. \tag{15}$$

甲：由(12),(15)可知

$$\sum A_i \cdot \sum B_i \cdot \sum \frac{1}{A_i B_i} \geqslant n \sum A_i B_i' \cdot \sum \frac{1}{A_i B_i'} \geqslant n^3, \tag{16}$$

即(8)成立,从而(2)成立.

乙：(8)也可以用柯西不等式证

$$\sum A_i \cdot \sum B_i \cdot \sum \frac{1}{A_i B_i} \geqslant \left(\sum \sqrt{A_i B_i} \right)^2 \cdot \frac{1}{n} \left(\sum \frac{1}{\sqrt{A_i B_i}} \right)^2$$

$$= \frac{1}{n} \left(\sum \sqrt{A_i B_i} \cdot \sum \frac{1}{\sqrt{A_i B_i}} \right)^2$$

$$\geqslant n^3. \tag{17}$$

用上节柯西不等式的推广(7)来证明更加直接.

师:(2)可改为稍强一些的不等式

$$\frac{n^2}{\sqrt{\sum a_i \sum b_i - \left(\sum c_i\right)^2}} \leqslant \sum \frac{1}{\sqrt{a_i b_i - c_i^2}}. \tag{18}$$

你们的两种证法仍然适用,只需 mutatis matandis.

单墫
解题研究
丛　书

我怎样解题

25 题 目 有 误

浙江嘉兴一位学生问我一道题：

已知：$x, y, z \in \mathbf{R}^+$，并且

$$xyz = (1-x)(1-y)(1-z). \tag{1}$$

求证：

$$\sqrt{x} + \sqrt{y} + \sqrt{z} \geqslant \frac{3\sqrt{2}}{2}. \tag{2}$$

不知道题来自何处. 看到题，首先应当判断一下它是否正确. 在

$$x = 1, y = z = 0 \tag{3}$$

时，(1)成立，但(2)不成立. 所以题目有误.

这位学生争辩说，(3)中 $y = z = 0$ 与 $y, z \in \mathbf{R}^+$ 不符，不能充当反例. 为了说服他，使用

$$x = 1 - \delta, y = z = \varepsilon, \tag{4}$$

其中，δ, ε 都是小于 1 的正数，并且

$$(1-\delta)\varepsilon^2 = \delta(1-\varepsilon)^2, \tag{5}$$

也就是

$$\delta = \frac{\varepsilon^2}{\varepsilon^2 + (1-\varepsilon)^2}. \tag{6}$$

当 $\varepsilon \to 0$ 时，$\delta \to 0, x \to 1, y, z \to 0$，从而

$$\sqrt{x} + \sqrt{y} + \sqrt{z} \to 1,$$

因此(2)不成立.

其实只要有一点"连续"的概念，就知道(3)可以充当反例. 因为 $\sqrt{x} + \sqrt{y} + \sqrt{z}$ 是 x, y, z 的连续函数，如果在(3)处，(2)不成立，那么在(3)的充分小的邻域里，(2)也不成立. 或者反过来说，如果(2)在 $x, y, z \in \mathbf{R}^+$ 时成立，那么可以延拓到(3)上，(2)也成立[而现在在(3)上(2)不成立，所以在 $\mathbf{R}^+$ 上，(2)也不成立].

这位学生颇有"打破砂锅问到底"的精神，他不依不饶，又提出与(2)反向的不等式应当成立，即要求证明：

$$\sqrt{x} + \sqrt{y} + \sqrt{z} \leqslant \frac{3\sqrt{2}}{2}. \tag{7}$$

不等式(7)成立当然也需要条件,除了(1)以外,还要加上条件
$$0 \leqslant x \leqslant 1, 0 \leqslant y \leqslant 1, 0 \leqslant z \leqslant 1, \tag{8}$$
否则取 $y=1, z=0, x$ 任意,不等式(7)当然未必成立.

更好的提法是在条件(1),(8)成立时,求函数
$$f(x, y, z) = \sqrt{x} + \sqrt{y} + \sqrt{z} \tag{9}$$
的极值(最大值与最小值).

由于有关系式(1),f 实际上是一个二元函数. 不妨设
$$x \geqslant y \geqslant z. \tag{10}$$

我们先证明最大值是 $\dfrac{3\sqrt{2}}{2}$,即(7)成立.

由于(1),应有 $z \leqslant \dfrac{1}{2}$(否则 $1-x<x, 1-y<y, 1-z<z$,(1)不成立). 而且 $z=\dfrac{1}{2}$ 时,$x=y=\dfrac{1}{2}$,(7)中等号成立. 以下设 $z<\dfrac{1}{2}$.

固定 z. 由(1),y 可用 x 表出,从而这时 f 是 x 的一元函数,记为 $\varphi(x)$. 采用导数,
$$\varphi'(x) = \frac{1}{2\sqrt{x}} + \frac{1}{2\sqrt{y}} \cdot y', \tag{11}$$
其中 y 对 x 的导数 y' 可由(1)两边对 x 求导得出,即
$$yz + xzy' = -(1-y)(1-z) - (1-x)(1-z)y'. \tag{12}$$
$$\therefore \quad y' = -\frac{yz + (1-y)(1-z)}{xz + (1-x)(1-z)}. \tag{13}$$

代入(11),得
$$\varphi'(x) \leqslant 0 \Leftrightarrow \frac{xz + (1-x)(1-z)}{\sqrt{x}} \leqslant \frac{yz + (1-y)(1-z)}{\sqrt{y}}. \tag{14}$$
$$\because \quad \sqrt{x} \geqslant \sqrt{y},$$
$$yz + (1-y)(1-z) - [xz + (1-x)(1-z)] = (x-y)(1-2z) \geqslant 0,$$
$$\therefore \quad \varphi'(x) \leqslant 0,$$
即 $\varphi(x)$ 递减.

于是,$\varphi(x)$ 在 $x=y$ 时最大. 从而只需证明函数
$$\psi(y) = 2\sqrt{y} + \sqrt{z} \tag{15}$$

单墫
解题研究
丛书

我怎样解题

在 $0 \leqslant z \leqslant y \leqslant 1$ 并且

$$y^2 z = (1-y)^2 (1-z) \tag{16}$$

时,其值不大于 $\dfrac{3\sqrt{2}}{2}$.

同样,采用导数

$$\psi'(y) = \frac{1}{\sqrt{y}} + \frac{1}{2\sqrt{z}} z', \tag{17}$$

而 z 对 y 的导数 z' 可由(16)的两边对 y 求导得出,即

$$2yz + y^2 z' = -2(1-y)(1-z) - (1-y)^2 z'. \tag{18}$$

$$\therefore \quad z' = -\frac{2[yz + (1-y)(1-z)]}{y^2 + (1-y)^2}. \tag{19}$$

代入(17),得

$$\psi'(y) \leqslant 0 \Longleftrightarrow \frac{y^2 + (1-y)^2}{\sqrt{y}} \leqslant \frac{yz + (1-y)(1-z)}{\sqrt{z}}$$

$$\Longleftrightarrow \sqrt{z}(1 - 2y + 2y^2) \leqslant \sqrt{y}(1 - y - z + 2yz)$$

$$\Longleftrightarrow 0 \leqslant (\sqrt{y} - \sqrt{z})(1 - y + \sqrt{yz} - 2y\sqrt{yz})$$

$$\Longleftrightarrow \sqrt{yz}(2y - 1) \leqslant 1 - y. \tag{20}$$

如果 $y \leqslant \dfrac{1}{2}$,那么(20)成立.

如果 $y > \dfrac{1}{2}$,那么将(20)最后的式子平方,得

$$yz(2y-1)^2 \leqslant (1-y)^2 = z[y^2 + (1-y)^2] \quad [\text{利用}(16)]$$

$$\Longleftrightarrow y(2y-1)^2 \leqslant y^2 + (1-y)^2$$

$$\Longleftrightarrow 1 - 3y + 6y^2 - 4y^3 \geqslant 0$$

$$\Longleftrightarrow (1-y)(1 - 2y + 4y^2) \geqslant 0. \tag{21}$$

最后的不等式显然成立. 于是 $\psi'(y) \leqslant 0$,$\psi(y)$ 递减. 从而在 $y = z = \dfrac{1}{2}$ 时,$\psi(y)$ 最大. 即 $f(x, y, z)$ 在所说的条件下,最大值为

$$f\left(\frac{1}{2}, \frac{1}{2}, \frac{1}{2}\right) = \frac{3\sqrt{2}}{2}.$$

类似地,由 $\varphi(x)$ 递减,得 $\varphi(x)$ 在 $y = z$ 时最小. 考虑函数

$$\psi(z) = 2\sqrt{z} + \sqrt{x},\qquad\qquad (22)$$

其中 $0 \leqslant z < \dfrac{1}{2}, z < x \leqslant 1, xz^2 = (1-x)(1-z)^2$. 由于 $\psi(z)$ 递增

$$\psi'(z) \geqslant 0 \Leftrightarrow 0 \geqslant (\sqrt{z} - \sqrt{x})(1 - z + \sqrt{xz} - 2z\sqrt{xz})$$

$$\Leftrightarrow \sqrt{xz}(2z - 1) \leqslant 1 - z.$$

所以 $f(x, y, z)$ 的最小值为 $f(1, 0, 0) = 1$.

单 墫
解题研究
丛 书

我怎样解题

26 凸 函 数

求所有的正实数 a,使得对任意满足

$$t_1 t_2 t_3 t_4 = a^4 \tag{1}$$

的正实数 t_1, t_2, t_3, t_4,都有

$$\frac{1}{\sqrt{1+t_1}} + \frac{1}{\sqrt{1+t_2}} + \frac{1}{\sqrt{1+t_3}} + \frac{1}{\sqrt{1+t_4}} \leqslant \frac{4}{\sqrt{1+a}}. \tag{2}$$

先要猜出 a 的值. 这需要用 $t_i (1 \leqslant i \leqslant 4)$ 的特殊值来猜.

如果 $t_1 = t_2 = t_3 = t_4 = a$,那么(2)是等式.

另一种"走极端"的取值就是 t_1, t_2, t_3 均趋于 0,这时 $t_4 \to +\infty$,(2)成为

$$3 \leqslant \frac{4}{\sqrt{1+a}}. \tag{3}$$

解不等式,得

$$a \leqslant \frac{7}{9}. \tag{4}$$

希望对于满足(4)的正数 a,(1)可导出(2).

设 $x_i = \log t_i$,(1)即

$$x_1 + x_2 + x_3 + x_4 = 4 \log a. \tag{5}$$

如果函数

$$F(x) = \frac{1}{\sqrt{1+e^x}} \tag{6}$$

是凹函数(即图象上凸),那么由琴生不等式

$$\sum F(x_i) \leqslant 4F\left(\frac{1}{4}\sum x_i\right) \tag{7}$$

本题结论成立. 但

$$F'(x) = -\frac{1}{2}(1+e^x)^{-\frac{3}{2}} e^x, \tag{8}$$

$$F''(x) = \frac{1}{4}(1+e^x)^{-\frac{5}{2}} e^x (e^x - 2). \tag{9}$$

$F(x)$ 仅在 $e^x < 2$ 时凹 $[F''(x) < 0]$. 如果 $x_i (1 \leqslant i \leqslant 4)$ 均满足这一条件,不必再证. 否则,可用后面附注的办法,使 3 个 x_i 满足这一条件并变为相等,即只需证

$$\frac{3}{\sqrt{1+t}}+\frac{1}{\sqrt{1+s}}\leqslant\frac{4}{\sqrt{1+a}}, \tag{10}$$

其中

$$t^3 s = a^4 \text{ 且 } s > t. \tag{11}$$

记(10)左边为 $f(t)\left(\text{其中 } s=\frac{a^4}{t^3}\right)$,则

$$f'(t)=-\frac{3}{2}(1+t)^{-\frac{3}{2}}+\frac{3}{2}(1+s)^{-\frac{3}{2}}\cdot\frac{a^4}{t^4}. \tag{12}$$

用"$\bigwedge$"表示"$>$"或"$<$",则

$$\begin{aligned}
f'(t)\bigwedge 0 &\Leftrightarrow (1+t)^{\frac{3}{2}}s \bigwedge (1+s)^{\frac{3}{2}}t\\
&\Leftrightarrow (1+t)^3 s^2 \bigwedge (1+s)^3 t^2\\
&\Leftrightarrow (s-t)(s+t+3ts-s^2 t^2) \bigwedge 0\\
&\Leftrightarrow ta^4+t^5+3t^2 a^4-a^8 \bigwedge 0.
\end{aligned} \tag{13}$$

由于 $ta^4+t^5+3t^2 a^4-a^8$ 是 t 的增函数,$f'(t)$ 先负后正,$f(t)$ 先减后增. $t\to 0$ 时,$f(t)\to 3$,$f(a)=\frac{4}{\sqrt{1+a}}\geqslant 3$. 所以,在 $0<t\leqslant a$ 时,f 的最大值为 $\frac{4}{\sqrt{1+a}}$,即(7)成立.

附注 设 $f(x)$ 先凹后凸,仅有一个拐点(即使 $f''(x)=0$ 的点)为 a. $a<u\leqslant v$,我们证明

$$f(u)+f(v)\leqslant f(a)+f(u+v-a). \tag{14}$$

证明 令 $d=u-a$,则由拉格朗日中值定理,得

$$f(a)-f(u)=f(a)-f(a+d)=-df'(\xi_1),\xi_1\in(a,u), \tag{15}$$

$$\begin{aligned}
f(v)-f(u+v-a) &=f(v)-f(v+d)\\
&=-df'(\xi_2),\xi_2\in(v,u+v-a).
\end{aligned} \tag{16}$$

因为在 $(a,+\infty)$ 上,$f''(x)\geqslant 0$,所以 $f'(x)$ 递增,于是有

$$f'(\xi_2)\geqslant f'(\xi_1). \tag{17}$$

从而

$$f(a)-f(u)\geqslant f(v)-f(u+v-a), \tag{18}$$

即不等式(14)成立.

于是,对 n 个数 $x_1\leqslant x_2\leqslant\cdots\leqslant x_n$,如果其中有两个大于 a 的,总可以利用

单墫

解题研究
丛书

我怎样解题

不等式(14),使其中之一变为 a,而和 $\sum f(x_i)$ 不减少. 所以,在求 $\sum f(x_i)$ 的最大值时,总可以假定 $x_1, x_2, \cdots, x_{n-1}$ 均不大于 a. 由于在 $x \leqslant a$ 时,$f(x)$ 凹,

$$\therefore \quad \sum f(x_i) \leqslant (n-1) f\left(\frac{x_1 + x_2 + \cdots + x_{n-1}}{n-1}\right) + f(x_n). \quad (19)$$

因此,只需证明 $u \leqslant a \leqslant w$ 时,有

$$\frac{n-1}{n} f(u) + \frac{1}{n} f(w) \leqslant f\left[\frac{(n-1)u + w}{n}\right]. \quad (20)$$

那么就有

$$\frac{1}{n} \sum_{i=1}^{n} f(x_i) \leqslant f\left(\frac{1}{n} \sum_{i=1}^{n} x_i\right). \quad (21)$$

即虽然 $f(x)$ 是先凹后凸,这时(在不等式(17)成立时)仍然有琴生不等式(18)成立.

对于先凸后凹的函数也有类似的结果.

本题条件(1)如果改为对所有满足

$$t_1 t_2 \cdots t_n = a^n \quad (22)$$

的正实数 $t_1, t_2, \cdots, t_n$,都有

$$\sum \frac{1}{\sqrt{1 + t_i}} \leqslant \frac{n}{\sqrt{1 + a}}, \quad (23)$$

那么

$$a \leqslant \frac{2n-1}{(n-1)^2}. \quad (24)$$

27　二次形式

已知: $a_k, b_k, c_k \in \mathbf{R}, k = 1, 2, \cdots, n$, 求证:

$$\left(\sum a_k b_k\right)^2 + \left(\sum a_k c_k\right)^2$$

$$\leqslant \frac{1}{2} \sum a_k^2 \left[\sum b_k^2 + \sum c_k^2 + \sqrt{\left(\sum b_k^2 - \sum c_k^2\right)^2 + 4\left(\sum b_k c_k\right)^2} \right]. \quad (1)$$

利用柯西不等式, 得

$$\left(\sum a_k b_k\right)^2 + \left(\sum a_k c_k\right)^2 \leqslant \sum a_k^2 \sum b_k^2 + \sum a_k^2 \sum c_k^2. \quad (2)$$

现在不等式(1)右边根号中的

$$\left(\sum b_k^2 - \sum c_k^2\right)^2 + 4\left(\sum b_k c_k\right)^2$$

$$\leqslant \left(\sum b_k^2\right)^2 + \left(\sum c_k^2\right)^2 - 2\sum b_k^2 \sum c_k^2 + 4\sum b_k^2 \sum c_k^2$$

$$= \left(\sum b_k^2 + \sum c_k^2\right)^2, \quad (3)$$

所以, (1)右边 $\leqslant$ (2)右边, 即(1)比通常的柯西不等式稍强.

不等式(1)的证法不止一种, 但并不很容易.

首先, 看一个简单的问题: 已知 $x, y \in \mathbf{R}$, 且

$$x^2 + y^2 = 1, \quad (4)$$

求 $Ax^2 + 2Bxy + Cy^2$ (A, B, C 为常数)的最大值.

这个问题不难, 可令

$$x = \cos \alpha, \quad y = \sin \alpha. \quad (5)$$

则

$$Ax^2 + 2Bxy + Cy^2 = A \cdot \frac{1 + \cos 2\alpha}{2} + B\sin 2\alpha + C \cdot \frac{1 - \cos 2\alpha}{2}$$

$$= \frac{1}{2}[A + C + (A - C)\cos 2\alpha + 2B\sin 2\alpha]$$

$$\leqslant \frac{1}{2}[A + C + \sqrt{(A - C)^2 + 4B^2}]. \quad (6)$$

在 $\alpha = \frac{1}{2}\arccos \dfrac{A - C}{\sqrt{(A - C)^2 + 4B^2}}$ (若 $B < 0$, 需将 $\frac{1}{2}$ 改为 $-\frac{1}{2}$) 时, 等号成

立, 即所求最大值为

单墫
解题研究
丛　　书

我怎样解题

$$\frac{1}{2}[A + C + \sqrt{(A-C)^2 + 4B^2}]. \tag{7}$$

另一种解法是旋转坐标轴,即令

$$\begin{cases} \xi = x\cos\alpha + y\sin\alpha, \\ \eta = -x\sin\alpha + y\cos\alpha. \end{cases} \tag{8}$$

条件(4)化为

$$\xi^2 + \eta^2 = 1. \tag{9}$$

而在椭圆 $Ax^2 + 2Bxy + Cy^2 = 1$ 的长轴、短轴成为坐标轴时,有

$$Ax^2 + 2Bxy + Cy^2 = \lambda_1\xi^2 + \lambda_2\eta^2. \tag{10}$$

熟知

$$A = \lambda_1\cos^2\alpha + \lambda_2\sin^2\alpha. \tag{11}$$

$$C = \lambda_1\sin^2\alpha + \lambda_2\cos^2\alpha. \tag{12}$$

$$B = (\lambda_1 - \lambda_2)\sin\alpha\cos\alpha. \tag{13}$$

所以(熟悉解析几何变量的人可以直接得出)

$$\lambda_1 + \lambda_2 = A + C. \tag{14}$$

$$\lambda_1\lambda_2 = AC - B^2. \tag{15}$$

$$\lambda_{1,2} = \frac{1}{2}[A + C \pm \sqrt{(A+C)^2 - 4(AC-B^2)}]. \tag{16}$$

即大特征值与小特征值分别为

$$\lambda_1 = \frac{1}{2}[A + C + \sqrt{(A-C)^2 - 4B^2}], \tag{17}$$

$$\lambda_2 = \frac{1}{2}[A + C - \sqrt{(A-C)^2 + 4B^2}], \tag{18}$$

$$\lambda_1\xi^2 + \lambda_2\eta^2 \leqslant \lambda_1(\xi^2 + \eta^2) = \lambda_1, \tag{19}$$

所以 $Ax^2 + 2Bxy + Cy^2$ 的最大值是(17).

同理,$Ax^2 + 2Bxy + Cy^2$ 的最小值是(18).

以上结论可称为引理. 回到原来问题. 令

$$\alpha_k = \frac{a_k}{\sum a_k^2}, k = 1, 2, \cdots, n, \tag{20}$$

则

$$\sum \alpha_k^2 = 1. \tag{21}$$

问题化为在条件(1)下,求二次形式

$$\left(\sum b_k \alpha_k\right)^2 + \left(\sum c_k \alpha_k\right)^2 = f(\alpha_1, \alpha_2, \cdots, \alpha_n) \tag{22}$$

的最大值.

令 $c'_h = c_h - \dfrac{\sum b_k c_k}{\sum b_k^2} b_h, h = 1, 2, \cdots, n,$ 则

$$\sum c'_k b_k = 0, \tag{23}$$

$$\sum c'^2_k = \sum c_k c'_k = \sum c_k^2 - \frac{\left(\sum b_k c_k\right)^2}{\sum b_k^2}. \tag{24}$$

又令

$$\beta_h = \frac{b_h}{\sqrt{\sum b_k^2}}, \gamma_h = \frac{c'_h}{\sqrt{\sum c'^2_k}}, \tag{25}$$

则由(23)知

$$\sum \beta_k \gamma_k = 0. \tag{26}$$

$$f = f(\alpha_1, \alpha_2, \cdots, \alpha_n)$$

$$= \left(\sum b_k \alpha_k\right)^2 + \left[\sum \left(c'_h + \frac{\sum b_k c_k}{\sum b_k^2} b_h\right) \alpha_h\right]^2$$

$$= \left[1 + \frac{\left(\sum b_k c_k\right)^2}{\left(\sum b_k^2\right)^2}\right] \left(\sum b_k \alpha_k\right)^2 + \left(\sum c'_k \alpha_k\right)^2 +$$

$$2 \sum c'_k \alpha_k \cdot \sum b_k \alpha_k \cdot \frac{\sum b_k c_k}{\sum b_k^2}$$

$$= \left[\sum b_k^2 + \frac{\left(\sum b_k c_k\right)^2}{\sum b_k^2}\right] \left(\sum \beta_k \alpha_k\right)^2 + \sum c'^2_k \left(\sum \gamma_k \alpha_k\right)^2 +$$

$$2 \sum \gamma_k \alpha_k \sum \beta_k \alpha_k \cdot \frac{\sum b_k c_k}{\sum b_k^2} \sqrt{\sum b_k^2 \sum c'^2_k}$$

$$= A \xi^2 + 2B \xi \eta + C \eta^2, \tag{27}$$

其中

$$\xi = \sum \beta_k \alpha_k, \eta = \sum \gamma_k \alpha_k, \tag{28}$$

单墫

解 题 研 究
丛   书

我怎样解题

$$A = \sum b_k^2 + \frac{\left(\sum b_k c_k\right)^2}{\sum b_k^2}, \tag{29}$$

$$C = \sum c_k'^2 = \sum c_k^2 - \frac{\left(\sum b_k c_k\right)^2}{\sum b_k^2}, \tag{30}$$

$$B = \frac{\sum b_k c_k}{\sum b_k^2} \sqrt{\sum b_k^2 \cdot \sum c_k'^2}. \tag{31}$$

设 $\xi^2 + \eta^2 = l^2$，则与引理类似，设

$$\xi = l \cos \alpha, \eta = l \sin \alpha, \tag{32}$$

便可得 f 的最大值为

$$\frac{l^2}{2}\left[A + C + \sqrt{(A-C)^2 + 4B^2}\right], \tag{33}$$

其中

$$(A-C)^2 + 4B^2 = (A+C)^2 - 4(AC - B^2)$$

$$= \left(\sum b_k^2 + \sum c_k^2\right)^2 - 4\left\{\left[\sum b_k^2 + \frac{\left(\sum b_k c_k\right)^2}{\sum b_k^2}\right]\sum c_k'^2 - \right.$$

$$\left. \left[\frac{\sum b_k c_k}{\sum b_k^2}\right]^2 \sum b_k^2 \sum c_k'^2\right\}$$

$$= \left(\sum b_k^2 + \sum c_k^2\right)^2 - 4\sum b_k^2 \sum c_k'^2$$

$$= \left(\sum b_k^2 + \sum c_k^2\right)^2 - 4\sum b_k^2 \left[\sum c_k'^2 - \frac{\left(\sum b_k c_k\right)^2}{\sum b_k^2}\right]$$

$$= \left(\sum b_k^2 + \sum c_k^2\right)^2 - 4\sum b_k^2 \sum c_k^2 + 4\left(\sum b_k c_k\right)^2$$

$$= \left(\sum b_k^2 - \sum c_k^2\right)^2 + 4\left(\sum b_k c_k\right)^2, \tag{34}$$

因此，只需证明 $l^2 \leqslant 1$. 令

$$\alpha_k' = \alpha_k - \left(\sum \alpha_h \beta_h\right)\beta_k - \left(\sum \alpha_h \gamma_h\right)\gamma_k, k = 1, 2, \cdots, n. \tag{35}$$

则由(26)

$$\sum \alpha_k' \beta_k = \sum \alpha_k \beta_k - \sum\left(\sum \alpha_n \beta_n\right)$$

$$= \sum \alpha_k \beta_k - \sum \alpha_h \beta_h$$

$$= 0. \tag{36}$$

同理,得

$$\sum \alpha_k' \gamma_k = 0, \tag{37}$$

所以由(36),(37),得

$$0 \leqslant \sum {\alpha_k'}^2 = \sum \alpha_k' \alpha_k = \sum \alpha_k^2 - \left(\sum \alpha_k \beta_k\right)^2 - \left(\sum \alpha_k \gamma_k\right)^2$$

$$= 1 - \xi^2 - \eta^2. \tag{38}$$

由(38)可知

$$l^2 = \xi^2 + \eta^2 \leqslant 1. \tag{39}$$

由(33),(34),(39),即得(1).

上面的证法如采用向量,几何背景更为清晰.

设 $e_1, e_2, \cdots, e_n$ 为单位向量. 令

$$\boldsymbol{\alpha} = \sum \alpha_k \boldsymbol{e}_k, \boldsymbol{b} = \sum b_k \boldsymbol{e}_k, c = \sum c_k \boldsymbol{e}_k \tag{40}$$

向量 $\boldsymbol{b}, \boldsymbol{c}$ 的数量积 $\boldsymbol{b} \cdot \boldsymbol{c} = \sum b_k c_k$ 未必为 0,即未必正交(垂直). 先正交化,令

$$\boldsymbol{c}' = \boldsymbol{c} - \frac{\boldsymbol{b} \cdot \boldsymbol{c}}{\boldsymbol{b} \cdot \boldsymbol{b}} \boldsymbol{b}, \tag{41}$$

则 $\boldsymbol{b}, \boldsymbol{c}'$ 正交,即

$$\boldsymbol{c}' \cdot \boldsymbol{b} = \boldsymbol{c} \cdot \boldsymbol{b} - \frac{\boldsymbol{b} \cdot \boldsymbol{c}}{\boldsymbol{b} \cdot \boldsymbol{b}} \boldsymbol{b} \cdot \boldsymbol{b} = 0. \tag{42}$$

再正规化,令

$$\boldsymbol{\beta} = \frac{\boldsymbol{b}}{\sqrt{\boldsymbol{b} \cdot \boldsymbol{b}}}, \boldsymbol{\gamma} = \frac{\boldsymbol{c}'}{\sqrt{\boldsymbol{c}' \cdot \boldsymbol{c}'}}, \tag{43}$$

则

$$f = (\boldsymbol{b} \cdot \boldsymbol{\alpha})^2 + (\boldsymbol{c} \cdot \boldsymbol{\alpha})^2$$

$$= (\boldsymbol{b} \cdot \boldsymbol{\alpha})^2 + \left[\left(\boldsymbol{c}' + \frac{\boldsymbol{b} \cdot \boldsymbol{c}}{\boldsymbol{b} \cdot \boldsymbol{b}} \boldsymbol{b}\right) \cdot \boldsymbol{\alpha}\right]^2$$

$$= (\boldsymbol{b} \cdot \boldsymbol{\alpha})^2 + (\boldsymbol{c}' \cdot \boldsymbol{\alpha})^2 + \left(\frac{\boldsymbol{b} \cdot \boldsymbol{c}}{\boldsymbol{b} \cdot \boldsymbol{b}}\right)^2 (\boldsymbol{b} \cdot \boldsymbol{\alpha})^2 +$$

$$2 \frac{\boldsymbol{b} \cdot \boldsymbol{c}}{\boldsymbol{b} \cdot \boldsymbol{b}} (\boldsymbol{c}' \cdot \boldsymbol{\alpha})(\boldsymbol{b} \cdot \boldsymbol{\alpha})$$

$$= \left[\boldsymbol{b} \cdot \boldsymbol{b} + \frac{(\boldsymbol{b} \cdot \boldsymbol{c})^2}{\boldsymbol{b} \cdot \boldsymbol{b}}\right] (\boldsymbol{\beta} \cdot \boldsymbol{\alpha})^2 + (\boldsymbol{c}' \cdot \boldsymbol{c}')(\boldsymbol{\gamma} \cdot \boldsymbol{\alpha})^2 +$$

单墫
解题研究
丛书

我怎样解题

$$2(\boldsymbol{\gamma} \cdot \boldsymbol{\alpha})(\boldsymbol{\beta} \cdot \boldsymbol{\alpha}) \frac{\boldsymbol{b} \cdot \boldsymbol{c}}{\boldsymbol{b} \cdot \boldsymbol{b}} \sqrt{(\boldsymbol{b} \cdot \boldsymbol{b})(\boldsymbol{c}' \cdot \boldsymbol{c}')},$$

其中

$$\boldsymbol{c}' \cdot \boldsymbol{c}' = \boldsymbol{c} \cdot \boldsymbol{c}' = \boldsymbol{c} \cdot \boldsymbol{c} - \frac{(\boldsymbol{b} \cdot \boldsymbol{c})^2}{\boldsymbol{b} \cdot \boldsymbol{b}}. \tag{44}$$

令

$$\xi = \boldsymbol{\beta} \cdot \boldsymbol{\alpha}, \eta = \boldsymbol{\gamma} \cdot \boldsymbol{\alpha},$$

$$A = \boldsymbol{b} \cdot \boldsymbol{b} + \frac{(\boldsymbol{b} \cdot \boldsymbol{c})^2}{\boldsymbol{b} \cdot \boldsymbol{b}},$$

$$C = \boldsymbol{c}' \cdot \boldsymbol{c}' = \boldsymbol{c} \cdot \boldsymbol{c} - \frac{(\boldsymbol{b} \cdot \boldsymbol{c})^2}{\boldsymbol{b} \cdot \boldsymbol{b}},$$

$$B = \frac{\boldsymbol{b} \cdot \boldsymbol{c}}{\boldsymbol{b} \cdot \boldsymbol{b}} \sqrt{(\boldsymbol{b} \cdot \boldsymbol{b})(\boldsymbol{c}' \cdot \boldsymbol{c}')}.$$

则由引理可得 f 的最大值为(33),而且

$$\begin{aligned}
AC - B^2 &= (\boldsymbol{b} \cdot \boldsymbol{b})(\boldsymbol{c}' \cdot \boldsymbol{c}') + \frac{(\boldsymbol{b} \cdot \boldsymbol{c})^2}{\boldsymbol{b} \cdot \boldsymbol{b}}(\boldsymbol{c}' \cdot \boldsymbol{c}') - \frac{(\boldsymbol{b} \cdot \boldsymbol{c})^2}{\boldsymbol{b} \cdot \boldsymbol{b}}(\boldsymbol{c}' \cdot \boldsymbol{c}') \\
&= (\boldsymbol{b} \cdot \boldsymbol{b})(\boldsymbol{c}' \cdot \boldsymbol{c}') \\
&= (\boldsymbol{b} \cdot \boldsymbol{b})(\boldsymbol{c} \cdot \boldsymbol{c}) - (\boldsymbol{b} \cdot \boldsymbol{c})^2 \\
&= \sum b_k^2 \sum c_k^2 - \left(\sum b_k c_k \right)^2, \tag{45}
\end{aligned}$$

所以,只需证明在 $\boldsymbol{\alpha}, \boldsymbol{\beta}, \boldsymbol{\gamma}$ 均为单位向量,并且 $\boldsymbol{\beta} \cdot \boldsymbol{\gamma} = 0$ 时,得

$$(\boldsymbol{\beta} \cdot \boldsymbol{\alpha})^2 + (\boldsymbol{\alpha} \cdot \boldsymbol{\gamma})^2 \leqslant 1. \tag{46}$$

这可以按照上面(35),令

$$\boldsymbol{\alpha}' = \boldsymbol{\alpha} - (\boldsymbol{\alpha} \cdot \boldsymbol{\beta})\boldsymbol{\beta} - (\boldsymbol{\alpha} \cdot \boldsymbol{\gamma})\boldsymbol{\gamma}, \tag{47}$$

则

$$\boldsymbol{\alpha}' \cdot \boldsymbol{\beta} = \boldsymbol{\alpha} \cdot \boldsymbol{\beta} - (\boldsymbol{\alpha} \cdot \boldsymbol{\beta})(\boldsymbol{\beta} \cdot \boldsymbol{\beta}) = 0, \boldsymbol{\alpha}' \cdot \boldsymbol{\gamma} = 0. \tag{48}$$

$$\begin{aligned}
0 \leqslant \boldsymbol{\alpha}' \cdot \boldsymbol{\alpha}' = \boldsymbol{\alpha}' \cdot \boldsymbol{\alpha} &= \boldsymbol{\alpha} \cdot \boldsymbol{\alpha} - (\boldsymbol{\alpha} \cdot \boldsymbol{\beta})^2 - (\boldsymbol{\alpha} \cdot \boldsymbol{\gamma})^2 \\
&= 1 - (\boldsymbol{\alpha} \cdot \boldsymbol{\beta})^2 - (\boldsymbol{\alpha} \cdot \boldsymbol{\gamma})^2. \tag{49}
\end{aligned}$$

所以不等式(46)成立.

不等式(46)还可以用更简单的方法证明,即以 $\boldsymbol{\alpha}$ 为 x 轴的单位向量,$\boldsymbol{\alpha} = (1, 0, 0, \cdots, 0)$,则不等式(46)成为

$$\beta_1^2 + \gamma_1^2 \leqslant 1, \tag{50}$$

其中 β_1, γ_1 分别为 $\boldsymbol{\beta}=(\beta_1,\beta_2,\cdots,\beta_n)$, $\boldsymbol{\gamma}=(\gamma_1,\gamma_2,\cdots,\gamma_n)$ 的第一分量,由 $\boldsymbol{\beta}\cdot\boldsymbol{\gamma}=0$,得

$$
\begin{aligned}
\beta_1^2\gamma_1^2 &= (\beta_2\gamma_2+\beta_3\gamma_3+\cdots+\beta_n\gamma_n)^2\\
&\leqslant (\beta_2^2+\beta_3^2+\cdots+\beta_n^2)(\gamma_2^2+\gamma_3^2+\cdots+\gamma_n^2)\\
&= (1-\beta_1^2)(1-\gamma_1^2)=1-\beta_1^2-\gamma_1^2+\beta_1^2\gamma_1^2,
\end{aligned} \tag{51}
$$

即式(50)成立.

如果学过高等代数中的二次形式,本题有更简单的证法.

二次形式(22)的秩为 1 或 2. 如果为 1,那么 $b_1,b_2,\cdots,b_n$ 与 $c_1,c_2,\cdots,c_n$ 成比例.(1)的右边即(2)的右边,结论当然成立. 如果秩为 2,那么它的标准形是 $\lambda_1 x^2+\lambda_2 y^2$,$\lambda_1\geqslant\lambda_2$ 是两个非零特征值,其余特征值为 0,特征方程是

$$
\begin{vmatrix}
\lambda-(b_1^2+c_1^2) & -(b_1b_2+c_1c_2) & \cdots \\
-(b_1b_2+c_1c_2) & \lambda-(b_2^2+c_2^2) & \cdots \\
\vdots & \vdots & \vdots \\
\cdots & \cdots & \lambda-(b_n^2+c_n^2)
\end{vmatrix}=0, \tag{52}
$$

即

$$
\lambda^n-\sum(b_k^2+c_k^2)\lambda^{n-1}+D\lambda^{n-2}=0, \tag{53}
$$

其中

$$
\begin{aligned}
D &= \sum_{k\leqslant h}\left[(b_k^2+c_k^2)(b_h^2+c_h^2)-(b_kb_h+c_kc_h)^2\right]\\
&= \frac{1}{2}\sum_{k,h}(b_kc_h-b_hc_k)^2.
\end{aligned} \tag{54}
$$

$$
\begin{aligned}
\therefore\quad \lambda_{1,2} &= \frac{\sum(b_k^2+c_k^2)\pm\sqrt{\left(\sum(b_k^2+c_k^2)\right)^2-2\sum(b_kc_h-b_hc_k)^2}}{2}\\
&= \frac{\sum(b_k^2+c_k^2)\pm\sqrt{\left(\sum b_k^2-\sum c_k^2\right)^2+4\sum(b_kc_k)^2}}{2}.
\end{aligned} \tag{55}
$$

从而二次形式 f 的最大值 λ_1 即为

$$
\frac{1}{2}\left[\sum b_k^2+\sum c_k^2+\sqrt{\left(\sum b_k^2-\sum c_k^2\right)^2+4\sum(b_kc_k)^2}\right].
$$

本题还可以用复数来解. 令

$$
z_k=b_k+\mathrm{i}c_k,\quad k=1,2,\cdots,n, \tag{56}
$$

单墫
解题研究
丛书

我怎样解题

则(1),即

$$\left|\sum a_k z_k\right| \leqslant \frac{1}{2}\sum a_k^2\left(\sum |z_k|^2 + \sum |z_k^2|\right). \tag{57}$$

设 $\sum a_k z_k$ 的幅角为 θ. 将每个 z_k 乘以 $\mathrm{e}^{-\mathrm{i}\theta}$,则 $\sum a_k z_k$ 被转到正实轴上,而 $\sum |z_k|^2$、$\left|\sum z_k^2\right|$ 均不改变. 因此,可设(57)中的 $\sum a_k z_k$ 为正实数. 这时,有

$$\sum a_k c_k = 0.$$

$$\sum a_k z_k = \sum a_k b_k. \tag{58}$$

$$\left|\sum z_k^2\right| = \left|\sum (b_k^2 - c_k^2 + 2b_k c_k \mathrm{i})\right|$$

$$= \left|\sum (b_k^2 - c_k^2) + \mathrm{i}\sum 2b_k c_k\right|$$

$$\geqslant \left|\sum (b_k^2 - c_k^2)\right|$$

$$\geqslant \sum (b_k^2 - c_k^2). \tag{59}$$

$$\therefore \quad \sum |z_k|^2 + \left|\sum z_k^2\right| \geqslant \sum (b_k^2 + c_k^2) + \sum (b_k^2 - c_k^2) = 2\sum b_k^2.$$

$$\left(\sum a_k z_k\right)^2 = \left(\sum a_k b_k\right)^2 \leqslant \sum a_k^2 \sum b_k^2$$

$$\leqslant \frac{1}{2}\sum a_k^2\left(\sum |z_k|^2 + \left|\sum z_k^2\right|\right). \tag{60}$$

复数的解法最为简单,其中的旋转起到很重要的作用. 这一步看似显然,却并不容易想到.

第二章 几 何

解几何题,通常需要画图.图是帮助思考的,不必画得太好.有人花了许多时间画图.与其这样,不如多画几张草图.多画一次,对于题目的了解就进了一层.题目的条件与结论逐步熟悉了,它们之间的关系渐渐显现了,图也就越能反映所绘图形的特性.所以,用于论证的图,往往是"速写""写意""神似"而不是"形似".当然,也可以认认真真地画一个好图,仔仔细细地思考.但对于不很难的问题,没有这样做的必要.至少我本人,很少这样做,除非问题相当棘手,难以解决.

现在的中学教材,几何内容太少,推理训练不够.即使参加竞赛的学生,也常常"以算代证".其实几何问题,还是用纯粹几何的方法论证最为优雅,最富有几何的意味.三角、复数、向量或解析几何的方法,如果简洁便当,也不应排斥,但不能喧宾夺主,完全取代纯粹几何的方法.

几何方面的知识适当增加,解题才能得心应手.可以读读约翰逊的《近代欧氏几何学》(上海教育出版社,1999).我也写过一些小册子可供参考,如《几何不等式》《覆盖》《组合几何》《平面几何中的小花》《解析几何中的技巧》《十个有趣的数学问题》等.

1

四边形的中高线

凸四边形 $ABCD$ 中,边 AB,BC,CD,DA 的中点依次为 E,F,G,H. 由点 E 向对边 CD 作垂线,这垂线称为四边形的中高线. 类似地,还有 3 条中高线,分别自 F,G,H 引出.

如果四边形 $ABCD$ 是圆内接四边形,证明它的 4 条中高线交于一点.

如图 1 所示,设圆心为 O. 设 E 与 G 引出的中高线相交于 P(注).

弦的中点与圆心的连线是很重要的. 分别连接 OE,OG,则 $OE \perp AB$. $\because$ $GF \perp AB$,

$\therefore$ $OE /\!/ GP$.

同理,$OG /\!/ EP$.

所以,四边形 $OEPG$ 是平行四边形,OP 与 EG 的交点 K 平分 OP 与 EG.

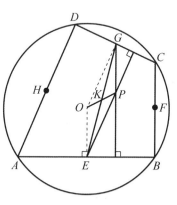

图 1

熟知 E,F,G,H 构成平行四边形$\Big($边 EF,GH 均与 AC 平行,且等于 $\dfrac{1}{2}AC\Big)$,所以 EG,FH 的交点就是 EG 的中点 K(也是 FH 的中点). K 通常称为四边形 $ABCD$ 的重心.

点 P 与圆心 O 关于 K 中心对称.

同理,由点 F,H 引出的中高线的交点也与点 O 关于点 K 中心对称. 所以,这两条中高线的交点也是点 P.

于是,我们不仅证明了 4 条中高线交于一点,而且证明了这点就是圆心关于重心中心对称所得的对称点.

如果事先知道这一结论,证明会更容易找到.

采用解析几何,熟知重心 K 的坐标是

$$\left(\frac{x_A + x_B + x_C + x_D}{4}, \frac{y_A + y_B + y_C + y_D}{4}\right),$$

其中(x_A,y_A)、(x_B,y_B)、(x_C,y_C)、(x_D,y_D) 分别为 A,B,C,D 四点的坐

标. 如以 O 为原点,则点 P 的坐标是

$$\left(\frac{x_A + x_B + x_C + x_D}{2}, \frac{y_A + y_B + y_C + y_D}{2}\right).$$

注 如果这两条中高线不相交,那么 $AB /\!/ CD$,EG 即是中高线而且过圆心 O,它也是整个图形的对称轴,F,H 及它们引出的中高线均关于 EG 对称. 所以,F,H 引出的中高线交在 EG 上,也就是 4 条中高线交于一点.

单墫

解题研究

丛 书

我怎样解题

2 四 圆 共 点

设点 P 关于 $\triangle ABC$ 三边的对称点分别是 X,Y,Z. 证明：$\triangle XYC$，$\triangle YZA$，$\triangle ZXB$，$\triangle ABC$ 的外接圆共点.

证明四圆共点的办法，当然是先定出两个圆的公共点，再证明其他圆也过这公共点.

如图 2 所示，设圆 YZA 与圆 ZXB 的另一个公共点为 Q（已有一个公共点 Z），要证点 Q 在圆 ABC 上，这只需证

$$\angle BQA = \angle BCA. \qquad (1)$$

注意，点 B 在 PX 的中垂线上，

$$\therefore \quad BX = BP. \qquad (2)$$

点 B 又在 PZ 的中垂线上，

$$\therefore \quad BZ = BP. \qquad (3)$$

由式(2)、(3)，得

$$BX = BZ. \qquad (4)$$

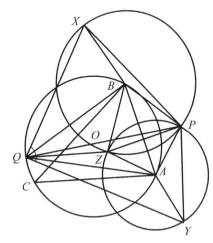

图 2

在圆 ZXB 中，等弦 BX,BZ 所对的圆周角相等，

$$\therefore \quad \angle XQB = \angle BQZ. \qquad (5)$$

同理，得

$$\angle ZQA = \angle AQY. \qquad (6)$$

由(5)、(6)，得

$$\angle BQA = \angle BQZ + \angle ZQA$$

$$= \frac{1}{2}(\angle XQZ + \angle ZQY)$$

$$= \frac{1}{2}(180° - \angle XBZ + 180° - \angle ZAY)$$

$$= 180° - \frac{1}{2}(\angle XBZ + \angle ZAY). \qquad (7)$$

(2)、(3)表明 X,Z,P 都在以 B 为圆心，BP 为半径的圆上，

$$\therefore \quad \frac{1}{2}\angle XBZ = \angle XPZ. \tag{8}$$

同理,得

$$\frac{1}{2}\angle ZAY = \angle ZPY. \tag{9}$$

于是,由(7)、(8)、(9),得

$$\angle BQA = 180° - (\angle XPZ + \angle ZPY) = 180° - \angle XPY. \tag{10}$$

X,P,Y 在以 C 为圆心,CP 为半径的圆上,

$$\therefore \quad 180° - \angle XPY = \frac{1}{2}\angle XCY. \tag{11}$$

又由对称可知

$$\angle BCA = \angle BCP + \angle PCA$$
$$= \angle XCB + \angle ACY$$
$$= \frac{1}{2}(\angle XCB + \angle BCP + \angle PCA + \angle ACY)$$
$$= \frac{1}{2}\angle XCY. \tag{12}$$

从而由(10)、(11)、(12)导出(1).

同理,圆 YZA 与圆 XYC 已有一个公共点 Y,另一个公共点也在圆 ABC 上,因而是圆 YZA 与圆 ABC 的公共点. 这公共点不是 A(如果是 A,那么 A 也在圆 XYC 上,从而 $\angle XCY + \angle XAY = 180°$,即 $2\angle BCA + 2\angle CAB = 180°$,这只有在 $\angle CBA = 90°$ 时才会发生. 但一开始我们可以选择 B 不是直角顶点),因而就是 Q.

所以四个圆:圆 XYC、圆 YZA、圆 ZXB、圆 ABC 有一个公共点 Q.

本题除题述中的 4 个圆外,还有分别以 A,B,C 为圆心,以 AP,BP,CP 为半径的 3 个圆,共有 7 个圆. 正是发现后 3 个圆,我才得到上面的证明.

本题也可先设圆 ZXB 与圆 ABC 的另一交点为 Q,再证 Q 在圆 YZA 上. 证法类似,请读者自己补出.

单墫
解题研究
丛书

我怎样解题

3

四个内切圆

如图 3 所示,圆内接四边形 $ABCD$ 中,$\triangle ABD$,$\triangle BCD$,$\triangle ACD$,$\triangle ABC$ 的内切圆半径分别为 r_1,r_2,r_3,r_4. 证明:

$$r_1 + r_2 = r_3 + r_4. \tag{1}$$

甲: 内切圆不好画啊!

乙: 只要画出内心就可以了.

甲: 内心也不好定啊!

师: 作为草图,大略估计一下即可定出内心的位置(两条角平分线的交点). 如果要精确地作,可由圆心 O 向内接四边形的各边作垂线,定出 $\overset{\frown}{AB}$,$\overset{\frown}{BC}$,$\overset{\frown}{CD}$,$\overset{\frown}{DA}$ 的中点,再与相应顶点相连,就得出有关的角平分线,从而定出 $\triangle ABD$,$\triangle BCD$,$\triangle ACD$,$\triangle ABC$ 的内心 I_1,I_2,I_3,I_4.

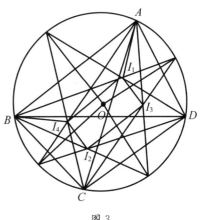

图 3

甲: 图上没有等于 r_1+r_2 的线段. r_1 与 r_2 相加是什么东西呢?

乙: 我想将(1)改为差的形式,即

$$r_1 - r_4 = r_3 - r_2. \tag{2}$$

师: 这样改一改,很有帮助.

甲: $r_1 - r_4$ 是 I_1,I_4 到 AB 的距离的差,因此等于 I_1I_4 乘以 $\sin\alpha$,α 是 I_1I_4 与 AB 之间的夹角.

乙: 四边形 $I_1I_4I_2I_3$ 像是矩形. 如果确实是,那么 I_1I_4 与 I_2I_3 相等,再证明 I_2I_3 与 CD 的夹角也是 α 就可以了.

师: 图中有很多有关的角. 可以先算一算 $\angle AI_1B$.

甲: $\because$ I_1 是 $\triangle ABD$ 的内心,

$\therefore$ $\angle AI_1B = \angle DAI_1 + \angle DBI_1 + \angle BDA$

$$= \frac{1}{2}(\angle DAB + \angle DBA) + \angle BDA$$

$$= 90° + \frac{1}{2}\angle BDA. \tag{3}$$

同理,得
$$\angle AI_4B = 90° + \frac{1}{2}\angle BCA = 90° + \frac{1}{2}\angle BDA.$$

所以 A,B,I_4,I_1 四点共圆.

乙:同理,B,I_4,I_2,C 四点共圆.

$$\therefore \quad \angle I_1I_4I_2 = \angle AI_4C - \angle AI_4I_1 - \angle CI_4I_2$$

$$= 90° + \frac{1}{2}\angle ABC - \angle ABI_1 - \angle CBI_2$$

$$= 90° + \frac{1}{2}\angle ABC - \frac{1}{2}\angle ABD - \angle DBC$$

$$= 90°$$

$$= \angle I_4I_2I_3$$

$$= \angle I_2I_3I_1.$$

故四边形 $I_1I_4I_2I_3$ 是矩形.

甲:α 等于 $\angle ABI_4$ 减去 $\angle I_1I_4B$ 的补角,即

$$\alpha = \angle ABI_4 - \angle BAI_1 = \frac{1}{2}(\angle ABC - \angle BAD).$$

同理,I_2I_3 与 CD 的夹角 $= \frac{1}{2}(\angle BCD - \angle CDA) = \alpha$. 于是,(2)、(1)成立.

师:本题还有一种证法,需要利用欧拉公式,即对三角形的外心 O 与内心 I,有

$$OI^2 = R^2 - 2Rr, \tag{4}$$

其中 R,r 分别为外接圆与内切圆的半径.

甲:那么,现在有

$$OI_i^2 = R^2 - 2Rr_i \quad (i = 1,2,3,4). \tag{5}$$

乙:由于四边形 $I_1I_4I_2I_3$ 是矩形,易知对任一点 P,有

$$PI_1^2 + PI_2^2 = PI_3^2 + PI_4^2. \tag{6}$$

特别地,在 $P = O$ 时,(6)成立,将(5)代入就得到(1).

注 在本章第 **20** 节中有欧拉公式的证明.

单墫

解题研究

丛 书

我怎样解题

4 三 线 共 点

在正三角形 ABC 的三边上依下列方式选取 6 个点:在边 BC 上分别选点 A_1, A_2,在边 CA 上分别选点 B_1, B_2,在边 AB 上分别选点 C_1, C_2,使得凸六边形 $A_1A_2B_1B_2C_1C_2$ 的边长都相等. 证明:直线 A_1B_2, B_1C_2, C_1A_2 共点.

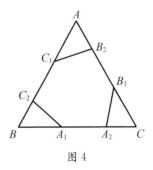

图(即使是草图)不太好画. 正三角形 ABC 当然不难画. 点 A_1 可以随意选,点 A_2 就不能随意选了. 不知选在哪里,能得到一个所说的六边相等的凸六边形. 如果六个点 $A_1, A_2, B_1, B_2, C_1, C_2$ 都是相应边的三等分点,那么当然合乎要求,但这太特殊了. 图画不好,只好先马马虎虎地画一个(图 4).

图 4

图 4 中,易知

$$AC_1 + C_2B = BA_1 + A_2C = CB_1 + B_2A. \tag{1}$$

因此,想到应当将 AC_1 与 C_2B,BA_1 与 A_2C,CB_1 与 B_2A 分别并成一条线段. 如果能将三个三角形 $\triangle AC_1B_2$,$\triangle BA_1C_2$,$\triangle CB_1A_2$ 移到一起,拼成一个(中空的)三角形,那么这六条线段也就两两拼成一条线段,构成这个三角形的三条边.

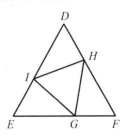

上述"动"的想法,用"静"的方式可以严格地表达. 如图 5,作一个正三角形 DEF,它的边长 $= AB - C_1C_2$. 在三边上分别取 G, H, I,使

$$EG = BA_1, FH = CB_1, DI = AC_1$$

则

$$GF = A_2C, HD = B_2A, IE = C_2B.$$

图 5

由于 $\triangle AC_1B_2$,$\triangle BA_1C_2$,$\triangle CB_1A_2$ 分别与 $\triangle DIH$,$\triangle EGI$,$\triangle FHG$ 全等,于是有

$$IH = C_1B_2, GI = A_1C_2, HG = B_1A_2.$$

从而 $IH = GI = HG$,$\triangle GHI$ 是正三角形. 又由于

$$\angle DHI = 180° - \angle IHG - \angle GHF$$
$$= 180° - \angle GFH - \angle GHF$$
$$= \angle FGH.$$

由此得出

$$\triangle DIH \cong \triangle FHG.$$

同样

$$\triangle EGI \cong \triangle DIH.$$

于是

$$\triangle AC_1B_2 \cong \triangle BA_1C_2 \cong \triangle CB_1A_2.$$

经过一番折腾,发现 $\triangle AC_1B_2$,$\triangle BA_1C_2$,$\triangle CB_1A_2$ 是全等三角形. 这样,作图的问题就完全解决了. 即先作图 5,再将 $\triangle DIH$,$\triangle EGI$,$\triangle FHG$ 拉开(有点像"三马分尸",可怕!),同一个 I 被拉成两个点 C_1,C_2,这两点间的距离是原来的 IH,点 G,H 也是如此. 这样就得到了图 4.

现在回到图 4. 由于 $\triangle AC_1B_2$,$\triangle BA_1C_2$,$\triangle CB_1A_2$ 全等,从而容易得到

$$\angle B_2C_1C_2 = \angle B_2B_1A_2(=180^\circ - \angle AC_1B_2),$$
$$\triangle B_2C_1C_2 \cong \triangle B_2B_1A_2,$$
$$B_2C_2 = B_2A_2.$$

又

$$A_1C_2 = A_1A_2,$$

所以 A_1B_2 是线段 C_2A_2 的垂直平分线.

同理,B_1C_2 是 A_2B_2 的垂直平分线,C_1A_2 是 B_2C_2 的垂直平分线.

于是,A_1B_2,B_1C_2,C_1A_2 交于一点 O,O 是 $\triangle A_2B_2C_2$ 的外心. 证毕.

同样,可知 A_1B_2,B_1C_2,C_1A_2 的交点也是 $\triangle A_1B_1C_1$ 的外心. 由于 A_1B_2 也平分 $\angle C_2A_1A_2$,等,

$$\therefore \quad \angle OA_1B = \angle OC_1A.$$

从而

$$\triangle OA_1B \cong \triangle OC_1A, OB = OA.$$

同样

$$OA = OC.$$

所以 O 也是 $\triangle ABC$ 的外心.

现在作图的问题更容易了. 如图 6 所示,以 $\triangle ABC$ 的外心 O 为圆心任作一圆(圆半径小于 $\triangle ABC$ 的外接圆的半径)交三边于点 A_1,A_1',

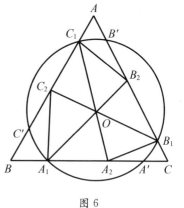

图 6

单墫

解题研究
丛 书

我怎样解题

B_1, B_1', C_1, C_1'. 延长 A_1O, B_1O, C_1O,分别交边于点 B_2, C_2, A_2. A_1, A_2, B_1, B_2, C_1, C_2,这六点就满足要求.

事实上,将 $\triangle ABC$ 绕点 O 逆时针旋转 $60°$,图形不变,

$$\therefore \quad A_1A_2 = B_1B_2 = C_1C_2.$$

$$OA_2 = OB_2 = OC_2.$$

$$\angle A_2OB_2 = \angle B_2OC_2.$$

从而可知

$$\angle C_2OA_1 = \angle A_2OA_1, \triangle C_2OA_1 \cong \triangle A_2OA_1, C_2A_1 = A_1A_2,$$

即六边形 $A_1A_2B_1B_2C_1C_2$ 的各边相等.

本题还可以用向量来解. 首先

$$\overrightarrow{A_1A_2} + \overrightarrow{A_2B_1} + \overrightarrow{B_1B_2} + \overrightarrow{B_2C_1} + \overrightarrow{C_1C_2} + \overrightarrow{C_2A_1} = \mathbf{0}. \tag{2}$$

而 $\overrightarrow{A_1A_2}, \overrightarrow{B_1B_2}, \overrightarrow{C_1C_2}$ 三个向量长度相等,并且两两夹角为 $60°$,

$$\therefore \quad \overrightarrow{A_1A_2} + \overrightarrow{B_1B_2} + \overrightarrow{C_1C_2} = \mathbf{0}. \tag{3}$$

由(2)、(3),得

$$\overrightarrow{A_2B_1} + \overrightarrow{B_2C_1} + \overrightarrow{C_2A_1} = \mathbf{0}. \tag{4}$$

于是 $\overrightarrow{A_2B_1}, \overrightarrow{B_2C_1}, \overrightarrow{C_2A_1}$ 可构成三角形. 它们的长度相等,所以这三个向量构成的三角形为正三角形,亦即两两夹角为 $60°$.

$\overrightarrow{B_1B_2}$ 与 $\overrightarrow{C_1C_2}$ 夹角为 $60°$,$\overrightarrow{B_2C_1}$ 与 $\overrightarrow{C_2A_1}$ 夹角为 $60°$,

$$\therefore \quad \angle AB_2C_1 = \angle BC_2A_1.$$

从而 $\triangle AB_2C_1, \triangle BC_2A_1$(以及 $\triangle CA_2B_1$)全等.

以下与前面证法相同.

5 外接三角形

已知 $\triangle ABC$ 的三个顶点 A,B,C 分别在锐角三角形 $A_1B_1C_1$ 的边 B_1C_1，C_1A_1，A_1B_1 上，使得 $\angle ABC = \angle A_1B_1C_1$，$\angle BCA = \angle B_1C_1A_1$，$\angle CAB = \angle C_1A_1B_1$. 求证：$\triangle ABC$ 和 $\triangle A_1B_1C_1$ 的垂心到 $\triangle ABC$ 的外心距离相等.

关于一个三角形与它的"内接"（"外接"）三角形，有很多有趣的问题（可参见 Gallaty 的《近代三角形几何学》，单墫译，哈尔滨工业大学出版社 2012 年出版），其中最常见的是一个三角形与它的"中点三角形"（三边中点所成三角形）. 这正好是本题的特殊情况，先考虑一下对于它们结论是否成立，注意原三角形与中点三角形，两者是位似的，以两个三角形的公共重心 G 为位似中心（图7）. 这时，原三角形的垂心 H、外心 O（中点三角形的垂心）与 G 共线（这条直线称为欧拉线），并且 $OG:GH = 1:2$. 中点三角形的外心 K（通常称为九点圆圆心）与原三角形的外心 O 对应，因而也在这条欧拉直线上，并且 $KG:GO = 1:2$. 所以 K 是 OH 的中点（图8）.

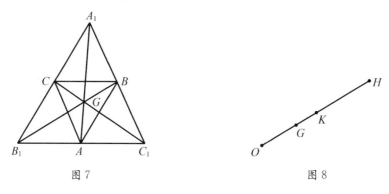

图 7   图 8

在本题中，首先面临的问题是：图怎么画？如果先画 $\triangle A_1B_1C_1$，然后再画 $\triangle ABC$ 并不容易，需要用相似法作图（详情见本节注）才能保证 $\triangle ABC$ 满足 $\angle ABC = \angle A_1B_1C_1$，$\angle BCA = \angle B_1C_1A_1$，除非 $\triangle ABC$ 是中点三角形. 但这仅是一种特殊情况，并不具备一般性.

或许，反过来，先画 $\triangle ABC$，以它为基本图形为好. 至少 $\triangle ABC$ 有两个心（垂心、外心）与问题有关，而 $\triangle A_1B_1C_1$ 仅有一个垂心与问题有关，所以我们以 $\triangle ABC$ 为主，以另一个三角形为宾.

设 $\triangle ABC$ 的垂心为 H,外心为 O. 过 A,B,C 分别作对边的平行线,交得 $\triangle A_0 B_0 C_0$(图 9). 易知,$\triangle A_0 B_0 C_0$ 的中点三角形就是 $\triangle ABC$,并且 $\angle ABC = \angle A_0 B_0 C_0$,$\angle BCA = \angle B_0 C_0 A_0$. 所以 $\triangle A_0 B_0 C_0$ 是一个特殊的 $\triangle A_1 B_1 C_1$.

点 A_1 在以 BC 为底,含角为 $\angle BAC$ 的弓形弧上,这弧所在的圆与圆 BAC 相等.

熟知 $\angle BHC = 180° - \angle BAC$(设高为 BE,CF,则 A,F,H,E 四点共圆),

$$\therefore \quad \angle C_1 A_1 B_1 + \angle BHC = \angle BAC + \angle BHC = 180°,$$

即 A_1,B,H,C 四点共圆. 这圆的一部分就是上述的弓形弧.

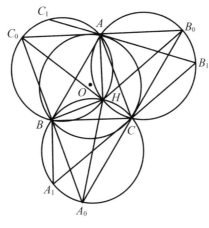

图 9

同样,点 B_1,C_1 分别在圆 HCA,圆 HAB 上.

因此,要由 $\triangle ABC$ 作出 $\triangle A_1 B_1 C_1$,可先作圆 HBC,圆 HCA,圆 HAB. 再过点 A 任作一条直线,交圆 HCA,圆 HAB 于点 B_1,C_1. 再过点 B_1,C 作直线交圆 HBC 于点 A_1. 希望 C_1,B,A_1 三点共线. 而这三点的确共线,证明亦不难,即

$$\angle C_1 BH + \angle HBA_1 = \angle B_1 AH + \angle HCB_1 = 180°.$$

于是,我们由 $\triangle ABC$ 作出了 $\triangle A_1 B_1 C_1$. 其特例是 $\triangle A_0 B_0 C_0$,A_0,B_0,C_0 也分别在圆 HBC,圆 HCA,圆 HAB 上,并且由于 $AH \perp B_0 C_0$,所以 HA_0,HB_0,HC_0 分别是这三个圆的直径.

这样得到的 $\triangle A_1 B_1 C_1$ 都是相似的,而且都与 $\triangle ABC$ 相似.

$\triangle A_0 B_0 C_0$ 的外心就是它的中点三角形 ABC 的垂心 H. 一般的 $\triangle A_1 B_1 C_1$ 的外心是不是也是点 H 呢?

∵ $\angle HB_1A = \angle HCA = 90° - \angle BAC = \angle HBA = \angle HC_1A$,

∴ $HB_1 = HC_1$.

同理，$HC_1 = HA_1$. 所以点 H 是 $\triangle A_1B_1C_1$ 的外心. 而且对所得出的诸多相似的 $\triangle A_1B_1C_1$，H 是唯一的自身对应的点.

设点 H_1 为 $\triangle A_1B_1C_1$ 的垂心，要证

$$OH = OH_1. \tag{1}$$

先看特殊情况. 设点 H_0 为 $\triangle A_0B_0C_0$ 的垂心. 这时，点 O 是中点三角形 ABC 的外心（$\triangle A_0B_0C_0$ 九点圆圆心），点 H 是 $\triangle A_0B_0C_0$ 的外心，根据开头所说（图 8 中的 O,K,H 是现在的 H,O,H_0），有

$$OH = OH_0. \tag{2}$$

即这时（1）成立.

再看一般情况，它与特殊情况有密切的关系.

$$∵ \quad \triangle A_1B_1C_1 \backsim \triangle A_0B_0C_0,$$

而且点 H_1 与点 H_0 对应，点 H 自身对应，

$$∴ \quad \triangle A_1H_1H \backsim \triangle A_0H_0H. \tag{3}$$

由（3）不难得出

$$\angle A_0HA_1 = \angle H_0HH_1,$$

且

$$HA_0 : HA_1 = HH_0 : HH_1,$$

$$∴ \quad \triangle HA_0A_1 \backsim \triangle HH_0H_1.$$

从而 $\angle HH_1H_0 = \angle HA_1A_0 = 90°$（$HA_0$ 是圆 HBC 的直径，图 10）.

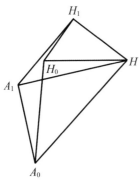

图 10

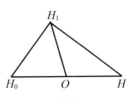

图 11

式(2)表明点 O 是直角三角形 HH_1H_0 的斜边 H_0H 的中点,所以中线 $OH_1 = OH$(图 11).

本题有丰富的内涵. 我们并不就题论题,而是尽量将它的结构先搞清楚,然后问题就迎刃而解. 如果不是这样,可能茫无头绪,难以下手,甚至看了解答,还是一头雾水,更体会不到几何图形的优美与内在的联系.

注 如果先作 $\triangle A_1B_1C_1$,可以在 A_1B_1,A_1C_1 上任取两点 C',B'. 作 $\angle C'B'A' = \angle B_1$,$\angle B'C'A' = \angle C_1$,$B'A'$ 与 $C'A'$ 相交于点 A'(图 12),点 A' 一般不在 B_1C_1 上. 连接 A_1A' 交 B_1C_1 于点 A. 再过点 A 作 $AB \parallel A'B'$,$AC \parallel A'C'$,分别交 AC_1 于点 B,AB_1 于点 C. $\triangle ABC$ 即为所求的内接三角形. 这种方法称为相似法作图,即以点 A 为位似中心,将 $\triangle A'B'C'$ 放缩成内接三角形 ABC.

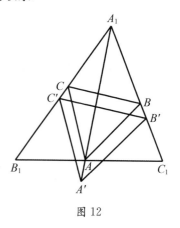

图 12

6　位　似

如图 13 所示,设锐角三角形 ABC 的外接圆在 B,C 处的切线,相交于点 P,AP 交 BC 于点 D.过点 D 作 AB,AC 的平行线,分别交 AC,AB 于点 M,N.求证:

(1) B,C,M,N 四点共圆;

(2) 设圆 BCM 的圆心为 A_1,类似地定义 B_1,C_1,则 AA_1,BB_1,CC_1 三线共点.

甲:$DM \parallel AB,DN \parallel AC$ 不能给四边形 $BCMN$ 的角提供很有用的关系.我觉得证明 B,C,M,N 共圆以证明

$$AN \times AB = AM \times AC \tag{1}$$

为方便.

乙:你的判断有点武断吧? 或许有其他的证法呢?

甲:反正我这条路能够走通.由正弦定理,得

$$\frac{AN}{\sin \beta} = \frac{DN}{\sin \alpha} = \frac{AM}{\sin \alpha}. \tag{2}$$

于是要证(1),只需证

$$\frac{AB}{\sin \alpha} = \frac{AC}{\sin \beta}. \tag{3}$$

而由 $\triangle ABP$ 及正弦定理可知

$$\frac{PB}{\sin \alpha} = \frac{AP}{\sin \angle ABP} = \frac{AP}{\sin \angle ABR} = \frac{AP}{\sin \angle ACB} \tag{4}$$

(其中 R 在 PB 延长线上).同样,有

$$\frac{PC}{\sin \beta} = \frac{AP}{\sin \angle ABC}. \tag{5}$$

由于 $PB = PC$,由(4),(5),得

$$\frac{\sin \angle ACB}{\sin \alpha} = \frac{\sin \angle ABC}{\sin \beta}, \tag{6}$$

单墫
解题研究
丛书

我怎样解题

即式(3)成立.

乙:老师有没有其他的证法?

师:可以延长 MD, ND, 分别交 PB, PC 于 M', N' 两点(图14), 则

$$\angle BM'M = \angle RBA = \angle ACB, \qquad (7)$$

所以 B, M, C, M' 四点共圆.

同理可证 B, N, C, N' 四点共圆. 于是

$$MD \times DM' = BD \times DC = ND \times DN'. \quad (8)$$

从而 B, N, M, C, N', M' 六点共圆.

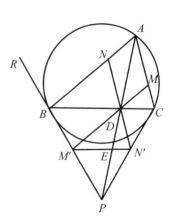

图 14

乙:我喜欢这个证明. 它完全不用正弦定理, 而且证明了六个点共圆.

甲:用正弦定理也有很多好处. 我还可以证出

$$\frac{BD}{CD} = \frac{AB^2}{AC^2}. \qquad (9)$$

又设 AP 又交外接圆于点 D', 则易知

$$\frac{BD'}{AB} = \frac{PB}{PA} = \frac{PC}{PA} = \frac{C'D}{AC}, \qquad (10)$$

$$\therefore \quad \frac{BD'}{CD'} = \frac{AB}{AC}. \qquad (11)$$

乙:不过这些都与本题没有关系. 我们还是想想(2)如何证明吧!

甲:不清楚点 A_1 在哪里, 图也不太好画. 好像无从下手啊!

师:图15有三条切线围成的 $\triangle PQR$, 先看看"产生" $\odot A_1$, $\odot B_1$, $\odot C_1$ 的 AP, BQ, CR 有什么共同之点?

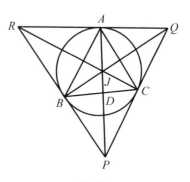

图 15

乙:它们的共同之点? 哦! 它们相交于一点 J, 这公共点就是它们的"共同之点".

甲:AP, BQ, CR 共点不难证,

$$\because \quad \frac{RA}{AQ} \times \frac{QC}{CP} \times \frac{PB}{BR} = 1, \qquad (12)$$

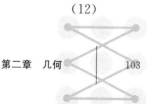

根据塞瓦定理即得. 可是,这个点 J 与(2)有什么关系呢?

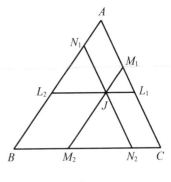

图 16

师:过点 J 作 AB,AC,BC 的平行线,交各边于 L_1,M_1,N_1,L_2,M_2,N_2,如图 16 所示.

乙:这六点共圆吧?

师:如果以 A 为位似中心,将 $\triangle ABC$ 变为 $\triangle AL_2L_1$,那么点 D,M,N 分别变为点 J,M_1,N_1,而过点 B,N,M,C 的圆变为过点 L_2,N_1,M_1,L_1 的圆. 所以 L_2,N_1,M_1,L_1 四点共圆.

甲:点 M_2,N_2 是否也在这个圆上? 这需要证明在上述位似中,直线 $M'N'$ 变成 BC.

乙：$\because$ $\angle BM'N'=180°-\angle BCN'=180°-\angle CBM'$,

$\therefore$ $M'N'\ /\ / BC$.

设 AP 交 $M'N'$ 于点 E,则如图 14 所示,

$$\frac{AD}{AP}=\frac{BM'}{BP}=\frac{DE}{DP},\qquad(13)$$

即

$$\frac{AD}{DE}=\frac{AP}{DP}.\qquad(14)$$

甲:希望证明在上述将点 D 变为点 J 的位似变换中,点 E 变成点 D,即证明:

$$\frac{AD}{DE}=\frac{AJ}{JD}.\qquad(15)$$

师:利用 A,J,D,P 四点为调和点列(参见 32 的第 4 个问题),我们有

$$\frac{AJ}{JD}=\frac{AP}{DP}.\qquad(16)$$

由(14)、(16)得(15).

甲:同理,点 M_1,N_1,L_2,M_2 共圆,所以五个点 L_1,M_1,N_1,L_2,M_2 共圆. 同理,点 N_2 也在这个圆上.

乙:所以以点 A 为位似中心,将 $\triangle ABC$ 变为 $\triangle AL_2L_1$ 时,$\odot A_1$ 变为过 L_1,M_1,N_1,L_2,M_2,N_2 的圆. 设这个圆的圆心为 X,则 X 在 AA_1 上.

甲:同理,X 也在 BB_1,CC_1 上,即 AA_1,BB_1,CC_1 共点.

我怎样解题

本题体现了位似的作用,特别是在位似图形中,对应点的连线一定过位似中心,这是很重要、很常有的结论.

此外,证明三点共线,可以证明三条线都通过一个特殊点.本题即采用这种证法.

7 经 过 定 点

给定凸四边形 $ABCD$，$BC = AD$，且 BC 不平行于 AD. 设点 E 和 F 分别在边 BC 和 AD 的内部，满足 $BE = DF$. 直线 AC 和 BD 相交于点 P，直线 BD 和 EF 相交于点 Q，直线 AC 和 EF 相交于点 R（图 17）. 证明：当点 E 和 F 变动时，$\triangle PQR$ 的外接圆经过除点 P 外的另一个定点.

不知道这个"另一个定点"在哪里，希望将它找出来.

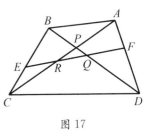

图 17

$\triangle PRQ$ 中的点 P 已定，点 R 与 Q 有什么关系呢？已知 $BE = DF$，点 R 与 Q 有无类似的关系（即 RC 与 QB 是否相等）？我们先研究这一问题（然后再作外接圆，定出"定点"）.

对 $\triangle BCP$ 与 $\triangle APD$ 用门奈劳斯定理，得

$$\frac{BE}{EC} \times \frac{RC}{RP} \times \frac{QP}{QB} = 1 = \frac{DF}{FA} \times \frac{RA}{RP} \times \frac{QP}{QD}.$$

由于 $BE = DF$，$EC = FA$，所以由上式，得

$$\frac{RC}{RA} = \frac{QB}{QD}. \tag{1}$$

虽然线段 RC，QB 等并不相等. 但（1）中 4 条线段成比例，这也是很好的关系 $\left(\text{其实} \dfrac{BE}{BC} = \dfrac{DF}{AD}\text{，也成比例}\right)$.

看两个特殊情况：点 $R \to$ 点 C 时，点 $Q \to$ 点 B，$\triangle PRQ$ 成为 $\triangle PBC$；点 $R \to$ 点 A 时，点 $Q \to$ 点 D，$\triangle PRQ$ 成为 $\triangle PAD$. 于是，圆 PBC 与圆 PAD 的交点 O 就是所求的定点.

但是，且慢！圆 PBC 与圆 PAD 是否除了点 P 以外，还有一个交点 O？这两个圆会不会在点 P 处相切呢？

如果这两个圆在点 P 处相切，那么过点 P 作内公切线 MN（图 18），对顶角

$$\angle MPC = \angle NPA.$$

而弦切角

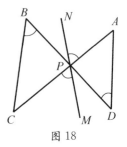

图 18

单 墫
解 题 研 究
丛 书

我怎样解题

$$\angle MPC = \angle CBD, \angle NPA = \angle ADP.$$

从而

$$\angle CBD = \angle ADP, BC \,/\!/\, AD.$$

与已知矛盾.

因此,圆 PBC 与圆 PAD 的确相交,除了点 P 以外,还有一个交点 O.

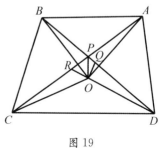

图 19

定点已经确定,应当证明:当 E,F 变动时,圆 PQR 始终过点 O.

由于 O,P,B,C 四点共圆,$\angle OCA = \angle OBD$. 同理,$\angle OAC = \angle ODB$.

所以 $\triangle OCA \backsim \triangle OBD$(图 19).

于是,将 $\triangle OBD$ 绕点 O 旋转使射线 OB 与 OC 重合(这时射线 OD 与 OA 重合),再适当放缩使点 B 与点 C 重合,则 $\triangle OBD$ 变为 $\triangle OCA$.

在这相似变换下,由于(1),点 Q 与点 R 是一对对应点,所以在 $\triangle OBD$ 变为 $\triangle OCA$ 时,点 Q 与点 R 重合,即在图 19 中,有

$$\angle OQB = \angle ORC. \tag{2}$$

式(2)表明圆 PQR 过点 O.

本题有很多证法. 如果知道点 O 是圆 PBC 与圆 PAD 的交点(我们是经过一番探索才知道的),那么也可采用下面的证明[不需要(1)的推导].

由于点 O 是圆 PBC 与圆 PAD 的交点,则

$$\angle OBC = \angle OPC = \angle ODA.$$

同理,得

$$\angle OCB = \angle OAD.$$

又 $\because$ $BC = AD$,

$$\therefore \quad \triangle OBC \cong \triangle ODA, \tag{3}$$

$$OB = OD, OC = OA. \tag{4}$$

由于(3),将 $\triangle OAD$ 绕点 O 旋转,可使 $\triangle OAD$ 与 $\triangle OBC$ 重合. 由于 $BE = DF$,F 与 E 是这旋转变换下的一对对应点,在 $\triangle OAD$ 与 $\triangle OBC$ 重合时,点 F 与点 E 重合. 因此 $OE = OF$,$\angle AOF = \angle COE$(图 20).

$\triangle OEF$ 与 $\triangle OAC$ 都是等腰三角形,并且

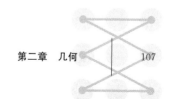

$$\angle EOF = \angle EOA + \angle AOF = \angle EOA + \angle COE = \angle COA.$$

$$\therefore \quad \angle OEF = \angle OCA.$$

∵ O, R, E, C 四点共圆，

∴ $\angle ORQ = \angle OCB.$

又 B, P, O, C 四点共圆，$\angle OCB = \angle OPQ,$

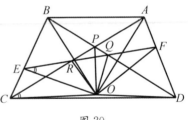

图 20

∴ $\angle ORQ = \angle OPQ$，从而圆 PQR 过点 O.

由于(4)，我们还可以采用如下的作图(作出点 O)与证明：

分别作 AC, BD 的垂直平分线，由于 AC, BD 相交，所以这两条垂直平分线也相交，设交点为 O.

如果点 O 与点 P 重合，那么 AC, BD 互相平分，BC 与 AD 平行，与已知不符，所以点 O 与点 P 不重合.

由于(4)及 $BC = AD$，所以(3)成立. 于是上面的(第二种证明的)推导均仍有效. 只需增加：由于(3)，$\angle AOD = \angle COB$，所以 $\angle BOD = \angle COA$. 等腰三角形 OAC, OBD 中，$\angle OBD = \angle OCA$，从而 B, P, O, C 四点共圆.

本题的困难就在于找出定点 O，如果知道 O 是圆 PBC 与圆 PAD 的交点，或者点 O 是 AC, BD 的垂直平分线的交点，那么困难就已经减少了一半以上.

本题与密克(A. Miguel)点密切相关.

设两条直线相交于点 P，取定一点 O，过点 O, P 任作一圆，分别再交这两条直线于点 R, Q，则当这圆变动时，所得交点 $R_1, R_2, \cdots$ 与 $Q_1, Q_2, \cdots$ 组成相似点列，即

$$R_i R_j : R_j R_k = Q_i Q_j : Q_j Q_k$$

并且 $\triangle OR_i R_j \backsim \triangle OQ_i Q_j (i, j, k = 1, 2, 3, \cdots).$

反过来，设 $R_1, R_2, \cdots$ 与 $Q_1, Q_2, \cdots$ 分别为已知的两条直线上的相似点列，则圆 $PR_i Q_i (i = 1, 2, \cdots)$ 均相交于除点 P 以外的同一点 O(仅在 P 自身对应时，点 O 与点 P 重合).

点 O 称为这些 $\triangle PR_i Q_i$ 的密克点.

关于密克点可参阅《近代欧氏几何学》第 7 章密克定理.

单墫
解题研究
丛书

我怎样解题

8   剪成锐角三角形

2006 年,读了一本《奇妙而有趣的几何》(英国戴维·韦尔斯著,余应龙译,上海教育出版社,2006 年 5 月出版). 这是上海教育出版社的通俗数学名著译丛中的一本. 这本书的确"奇妙而有趣". 我 2006 年 5 月 14 日收到,立即被它所吸引,用了两天时间,一气读完.

书中介绍了很多结果,但并不都给出完整的证明. 这就给了我们很多思考的问题.

原书按英文字母将问题分类. 第一个问题就是如何将一个钝角三角形分为(剪成)锐角三角形(acute-angled triangle dissections).

一个钝角三角形最少能分割成多少个锐角三角形呢? 书中介绍了一种分割的方法如下:取内心 D,以点 D 为圆心,过钝角顶点 B 作圆,交边于点 P,Q,R,S,如图 21 所示. 画出各三角形,这样就把原三角形分成 7 个三角形.

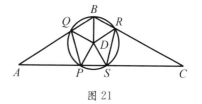

图 21

这 7 个三角形都是锐角三角形吗?

容易知道,这 7 个三角形都是等腰三角形. 等腰三角形的底角当然是锐角,于是只需看一看顶点是不是锐角.

$$\angle QDP = 180° - 2\angle PQD$$

$$= 180° - 2\left(180° - \frac{1}{2}\angle ABC - \frac{180° - \angle A}{2}\right)$$

$$= \angle ABC - \angle A.$$

$$\angle SDR = \angle ABC - \angle C.$$

$$\angle QDB = \angle BDR = 180° - 2\angle QBD = 180° - \angle ABC < 90°.$$

又

$$\angle PDS = 360° - \angle QDP - \angle SDR - \angle QDB - \angle BDR$$

$$= 360° - (\angle ABC - \angle A) - (\angle ABC - \angle C) - 2(180° - \angle ABC),$$

$$\angle A + \angle C < 90°,$$

于是,7 个三角形中有 5 个是锐角三角形,而 △QDP 与 △SOR 分别在 ∠ABC —

$\angle A<90°$，$\angle ABC-\angle C<90°$时，才是锐角三角形.

原书正确地指出上述过程只在"$B-A<90°$，$B-C<90°$"时，才能奏效. 但这一条件不满足时，又应当怎样做呢？

原书语言不详，只是说"如果这些条件不满足，那么过点 B 向 BC（大概是印刷错误，BC 应改为 AC）所作的直线割出一个锐角三角形，剩下的又是一个钝角三角形，即使满足条件，也已共分成 8 个锐角三角形". 这段话指示我

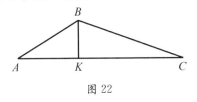

图 22

们先过点 B 向 AC 作直线 BK，分出一个锐角三角形 ABK 与一个钝角三角形 BKC（图 22）.

在△BKC 中，$\angle BKC$ 为钝角，它能否满足

$$\angle BKC-\angle C<90°，\angle BKC-\angle KBC<90°$$

呢？

$$\because \quad \angle BKC=180°-\angle C-\angle KBC,$$

将它代入上述两式，得

$$90°-\angle C>\angle KBC>\max\left(\frac{90°-\angle C}{2},90°-2\angle C\right).$$

△ABC 满足条件. 这样的 $\angle KBC$ 当然存在. 因此，△BKC 可分为 7 个锐角三角形，△ABC 可分为 8 个锐角三角形.

8 能否减少为 7 呢？

于是，产生以下问题：

钝角三角形是否总能分成 7 个锐角三角形？ 如果能，怎样分（特别是条件 $B-A<90°$，$B-C<90°$ 不满足时，怎样分）？ 分法是唯一的一种吗？ 能否分成个数不大于 6 个锐角三角形，也就是说"7"是不是最小的？

我们应当自己动脑动手去解决问题.

首先，上面的作法虽然并不适用于所有情况，但仍不失为一个有启发的作法. 可以以它为基础，作适当的修改，不必完全推倒重来.

仍用图 21，点 D 是内心，仍保持△APQ，△QDP，△SDR，△CRS 为等腰三角形. 我们将 PQ,RS 适当平移. 这时，仍有 $DQ=DP$，$DS=DR$，但 DQ,DS 未必相等，它们与 DB 也未必相等.

PQ 向点 D 平移时,$\angle QDP$ 增大,增大可大到 $180°$;向 A 平移时,$\angle QDP$ 减少,减少可小到 $0°$. 于是,我们可使

$$\angle QDP = 90° - 2\varepsilon.$$

其中,ε 是一个可以任意小的正数(或者换一个说法:作 $\angle ADQ = 45° - \varepsilon$,边 DQ 交 AB 于点 Q). 同样,可使

$$\angle RDS = 90° - 2\varepsilon.$$

这时

$$\angle DQB = \angle QAD + \angle QDA = \frac{1}{2}\angle A + 45° - \varepsilon < 90°,$$

$$\angle BDQ = 180° - \frac{1}{2}\angle ABC - \left(\frac{1}{2}\angle A + 45° - \varepsilon\right)$$

$$= \left(135° - \frac{1}{2}\angle ABC\right) - \left(\frac{1}{2}\angle A - \varepsilon\right)$$

$$< 135° - \frac{1}{2}\angle ABC \quad \left(\text{取 } \varepsilon < \frac{1}{2}\angle A\right)$$

$$< 90°,$$

$$\angle BDR < 90° \quad \left(\text{取 } \varepsilon < \frac{1}{2}\angle C\right),$$

$$\angle PDS = 360° - \left(135° - \frac{1}{2}\angle ABC - \frac{1}{2}\angle A + \varepsilon\right) -$$

$$\left(135° - \frac{1}{2}\angle ABC - \frac{1}{2}\angle C + \varepsilon\right) - (90° - 2\varepsilon) \times 2$$

$$= \angle ABC + \frac{1}{2}(\angle A + \angle C) - 90° + 2\varepsilon$$

$$= \frac{1}{2}\angle ABC + 2\varepsilon$$

$$< 90° \quad \left(\text{取 } \varepsilon < \frac{1}{4}(180° - \angle ABC)\right).$$

所以,在

$$\varepsilon < \min\left(\frac{1}{2}\angle A, \frac{1}{2}\angle C, \frac{1}{4}(180° - \angle ABC)\right)$$

时,图 21 中分成的 7 个三角形都是锐角三角形.

7 是否最少呢?

似乎是这样,但并不容易说清楚. 这是一个训练书面表达的好机会,应当好好想一想,想清楚怎么说,怎么写,切莫放弃这种机会(我认为将一两道题的解法完完整整地写下来,用自己的语言写下来,有时胜过做 10～20 道题. 特别是在近年来,书面表达普遍薄弱的情况下,尤其有必要这样做).

首先,设钝角或直角三角形至少分成 n 个锐角三角形($n \leqslant 7$),而 $\triangle ABC$ 就是一个可分成 n 个锐角三角形的钝角或直角三角形,其中 $\angle ABC$ 是钝角或直角.

$\angle ABC$ 必须被分开,因此有一条过点 B 的线(割缝). 这条线不能剪到对边 AC,否则 $\triangle ABC$ 被剪成两个三角形,其中有一个不是锐角三角形(设点 E 为这条线与 AC 的交点,则 $\angle AEB$,$\angle BEC$ 中有一个不是锐角),因而至少分成 n 个锐角三角形). $\triangle ABC$ 至少被分成 $n+1$ 个锐角三角形,与对 $\triangle ABC$ 的假定不合.

于是,可设这条割缝为 BD,点 D 为 $\triangle ABC$ 内部一点. 因为 $360° \div 4 = 90°$,所以点 D 处至少有 5 条割缝(否则有一个在点 D 处的角不小于 $90°$),从而至少有 5 个以点 D 为顶点的锐角三角形.

$\triangle ABC$ 内部不能再有 D 这样的点了. 如果内部再有一个点 E,也是锐角三角形的顶点,那么至少有

$$5+5-2=8$$

个锐角三角形(其中两个是以 DE 为边的),与 $n \leqslant 7$ 不符.

在 $\triangle DAB$ 内部至多一条以点 D 为顶点的割缝. 如果有两条割缝 DE,DF,点 E,F 在 AB 上,那么 $\triangle DEB$,$\triangle DEF$ 中至少有一个不是锐角三角形,需要分成 n 个锐角三角形. 从而,$\triangle ABC$ 将分成多于 n 个锐角三角形,与关于 $\triangle ABC$ 的假定不符.

同样,在 $\triangle DCB$ 内也至多一条以点 D 为顶点的割缝.

上面的证明表明,在 $\triangle DAB$,$\triangle DCB$ 内,连同 DB,DA,DC 在内,至多有三条割缝(其中一条是 DB). 所以在 $\triangle ADC$ 内部,至少有两条以点 D 为顶点的割缝 DP,DS. P,S 在 AC 上,而且顺序是点 A,P,S,C,$\triangle DPS$ 是锐角三角形.

因为 $\angle DPA$ 是钝角,所以必有一条以点 P 为顶点的割缝. 这条割缝不能停止在 $\triangle ABC$ 内部,一定与 AB 交于一点 Q. 同样,有割缝 SR,点 R 在 BC

我怎样解题

上. 这就得到 $\triangle PQA$, $\triangle SRC$ 及以点 D 为顶点的 5 个三角形. 于是至少分成 7 个锐角三角形, 即 $n=7$, 而且分法就是图 21 那样. 当然, 点 D 不一定非是内心, 点 P,Q,R,S 也不是以点 D 为心的圆与各边的交点. 我们已经提供了一种分法, 但并不是唯一的一种分法.

实际上, 这个问题很早即已引入中国. 在北京大学出版社的奥数教程中就有这道题. 那里的做法是: 作 $\triangle ABC$ 的内切圆 (圆心当然是内心 D), 设切点为 L,M,N. 再作切线 $PQ \parallel LM$, $SR \parallel LN$ (图 23). 易知 $\triangle APQ$, $\triangle DPQ$, $\triangle CSR$, $\triangle DSR$ 都是等腰三角形.

图 23

$$\angle DPS = \angle DPQ = \angle DQP = \angle DQB = \frac{1}{2}\left(90^\circ + \frac{A}{2}\right) < 90^\circ.$$

$$\angle QDP = 180^\circ - 2\angle DPS = 180^\circ - \left(90^\circ + \frac{A}{2}\right) = 90^\circ - \frac{A}{2} < 90^\circ.$$

$$\angle QDB = 180^\circ - \frac{1}{2}\angle ABC - \frac{1}{2}\left(90^\circ + \frac{A}{2}\right) < 135^\circ - \frac{1}{2}\left(90^\circ + \frac{A}{2}\right) < 90^\circ.$$

$$\angle PDS = 180^\circ - \frac{1}{2}\left(90^\circ + \frac{A}{2}\right) - \frac{1}{2}\left(90^\circ + \frac{C}{2}\right) = 90^\circ - \frac{1}{4}(A+C) < 90^\circ.$$

因此, 图中分成的 7 个三角形都是锐角三角形.

读数学书, 应当带着纸和笔, 不仅要将书上写的东西看懂, 更要想到许多书上没有写出的东西. 不仅要验算书的结果, 更要写下自己的心得、体会, 补充一些证法. 这就是华罗庚先生所说的"由薄到厚"的阶段.

9 方程帮忙

如图 24 所示，$\triangle ABC$ 的角平分线分别为 AD，BE，CF，点 D，E，F 分别在边 BC，CA，AB 上，且 $\triangle DEF$ 的外接圆交三边于点 D'，E'，F'. 求证：DD'，EE'，FF' 中最长的一条等于其他两条的和.

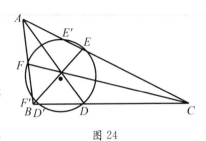

图 24

哪一条最长呢？不清楚，因为 D'，E'，F' 三点的位置不很清楚. 点 D' 是在点 B，D 之间还是点 D，C 之间呢？似乎两种可能都有.

设三条边分别为 a，b，c，且 $a \geqslant b \geqslant c$. 容易算出

$$BD = \frac{ac}{b+c}, DC = \frac{ab}{b+c}.$$

$$CE = \frac{ba}{c+a}, EA = \frac{bc}{c+a}.$$

$$AF = \frac{cb}{a+b}, FB = \frac{ca}{a+b}.$$

如果点 D' 在点 B，D 之间，那么由于

$$CD \times CD' = CE \times CE'$$

及

$$CE < CD,$$

$$\therefore \quad CE' > CD' > CD > CE,$$

即点 E' 在点 E，A 之间，如图 25 所示.

如果点 D' 在点 D，C 之间，那么由于

$$BD \times BD' = BF \times BF'$$

及

$$BD > BF,$$

$$\therefore \quad BF' > BD' > BD > BF,$$

即点 F' 在点 F，A 之间，如图 26 所示.

单墫
解题研究
丛书

我怎样解题

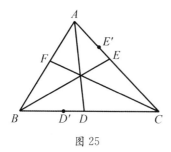

图 25

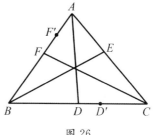

图 26

于是,不必考虑 a,b,c 的大小,总可假定 D',E',F' 三点位置如图 27,而不是图 28(即有某个顶点,过它的两条边上带撇号的点与这顶点的距离均不小于不带撇号的点与这顶点的距离).

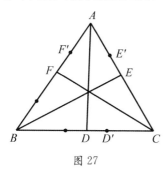

图 27

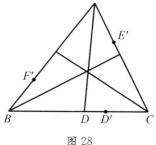

图 28

以上可说是"扫清外围"的战役. 虽然所得不多,但毕竟排除了图 28 的可能(严格确定 D',E',F' 三点的位置当然是可能的,但离本题太远,不值得花费那么多的力气).

在图 24 中,设 $DD'=x$,$EE'=y$,$FF'=z$,则

$$\left(\frac{ac}{b+c}+x\right)\cdot\frac{1}{b+c}=\left(\frac{ac}{a+b}+z\right)\cdot\frac{1}{a+b}. \tag{1}$$

$$\left(\frac{bc}{a+b}-z\right)\cdot\frac{1}{a+b}=\left(\frac{bc}{a+c}-y\right)\cdot\frac{1}{a+c}. \tag{2}$$

$$\left(\frac{ab}{a+c}+y\right)\cdot\frac{1}{a+c}=\left(\frac{ab}{b+c}-x\right)\cdot\frac{1}{b+c}. \tag{3}$$

即

$$\frac{x}{b+c}-\frac{z}{a+b}=\frac{ac}{(a+b)^2}-\frac{ac}{(b+c)^2}. \tag{1'}$$

$$\frac{y}{a+c}-\frac{z}{a+b}=\frac{bc}{(a+c)^2}-\frac{bc}{(a+b)^2}. \tag{2'}$$

$$\frac{x}{b+c} + \frac{y}{a+c} = \frac{ab}{(b+c)^2} - \frac{ab}{(a+c)^2}. \tag{$3'$}$$

由 $b \times (1') + a \times (2') + c \times (3')$，得

$$x + y = z. \tag{4}$$

(4)正是我们需要的结论

$$FF' = DD' + EE'. \tag{5}$$

图 27 当然只是一个不精确的草图. 有人说"平面几何是利用不精确的图导出精确结论的学科". 现在的情况正是这样.

在本题中,三个方程(1),(2),(3)帮助我们解决了问题.

单墫
解题研究
丛书

我怎样解题

10　征解问题

在 $\triangle ABC$ 中,圆 O_1 与 AB,BC 相切,圆 O_2 与圆 O_1 及 CA,BC 相切,圆 O_3 与圆 O_2 及 AB,CA 相切,圆 O_4 与圆 O_3 及 BC,AB 相切,圆 O_5 与圆 O_4 及 CA,BC 相切,圆 O_6 与圆 O_5 及 AB,CA 相切. 求证:圆 O_6 与圆 O_1 相切.

甲:这个问题,在您写的《平面几何的小花》中列为征解问题.

师:你们后来解出了没有?

乙:没有,好像无从下手.

师:其实第一步并不难,设三边为 a,b,c,而圆 O_i 的半径为 r_i($1 \leqslant i \leqslant 6$). 看一看 r_1,r_2 与 a 有什么关系?

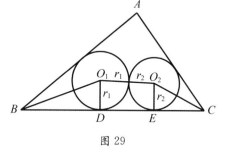

图 29

甲:如图 29,不难得出

$$BD = r_1 \cot \frac{B}{2}, \quad EC = r_2 \cot \frac{C}{2}, \quad DE = 2\sqrt{r_1 r_2},$$

$$\therefore \quad r_1 \cot \frac{B}{2} + 2\sqrt{r_1 r_2} + r_2 \cot \frac{C}{2} = a. \tag{1}$$

类似地,可以得出其他的式子(一共 5 个). 但这些式子有什么用呢?

师:看看(1)与什么定理的形状相近?

乙:看不出来.

师:r_1 是 $\sqrt{r_1}$ 的平方,r_2 是 $\sqrt{r_2}$ 的平方,a 是 $\sqrt{a}$ 的平方.

甲:哦,(1)有点像余弦定理,即

$$x^2 - 2xy \cos \theta + y^2 = z^2, \tag{2}$$

这里

$$x = \sqrt{r_1 \cot \frac{B}{2}}, \quad y = \sqrt{r_2 \cot \frac{C}{2}}, \quad z = \sqrt{a}.$$

而

$$-\cos \theta = \sqrt{\tan \frac{B}{2} \tan \frac{C}{2}}$$

$$=\sqrt{\frac{r^2}{(s-b)(s-c)}}$$

$$=\sqrt{\frac{\Delta^2}{s^2(s-b)(s-c)}}$$

$$=\sqrt{\frac{s-a}{s}} \tag{3}$$

是绝对值小于 1 的数.

乙: 也就是说 x, y, z 组成一个三角形, z 所对的角 θ 满足(3).

师: 看看 $\sin\theta$ 是多少?

甲:
$$\sin\theta = \sqrt{1-\cos^2\theta} = \frac{\sqrt{a}}{\sqrt{s}}. \tag{4}$$

乙: 由正弦定理,(4)表明 x, y, z 组成的三角形外接圆 K 的直径是 $\sqrt{s}$.

师: 如果设弦 x, y, z 所对弧的弧度分别为 x_1, x_2, u,那么
$$x_1 + x_2 + u = 2\pi. \tag{5}$$

甲: $\sqrt{r_2\cot\dfrac{C}{2}}, \sqrt{r_3\cot\dfrac{A}{2}}, \sqrt{b}$ 同样组成三角形,且外接圆的直径也是 $\sqrt{s}$ (即是同一个圆圆 K),并且所对弧的弧度 x_2, x_3, v 满足
$$x_2 + x_3 + v = 2\pi. \tag{6}$$

乙: 同样有
$$x_3 + x_4 + w = 2\pi, \tag{7}$$
$$x_4 + x_5 + u = 2\pi, \tag{8}$$
$$x_5 + x_6 + v = 2\pi, \tag{9}$$

其中 x_4, x_5, x_6, w 分别为弦 $\sqrt{r_4\cot\dfrac{B}{2}}, \sqrt{r_5\cot\dfrac{C}{2}}, \sqrt{r_6\cot\dfrac{A}{2}}, \sqrt{c}$ 所对弧的弧度.

甲: 式(5)-(6)+(7)-(8)+(9),得
$$x_1 + x_6 + w = 2\pi \tag{10}$$

这就表明 $\sqrt{r_1\cot\dfrac{B}{2}}, \sqrt{r_6\cot\dfrac{A}{2}}, \sqrt{c}$ 组成三角形,而且 $\sqrt{c}$ 所对角 ψ 满足
$$\cos\psi = -\sqrt{\frac{s-c}{s}} = -\sqrt{\tan\frac{B}{2}\tan\frac{A}{2}}. \tag{11}$$

单墫
解题研究
丛书

我怎样解题

由余弦定理,得

$$r_1 \cot \frac{B}{2} + 2\sqrt{r_1 r_6} + r_6 \cot \frac{A}{2} = c, \qquad (12)$$

即圆 O_6 与圆 O_1 相切.

  师:本题中,x,y,z 成三角形,而且外接圆的直径是常数$\sqrt{s}$(仅与△ABC 有关,与 r_1 的大小无关),是最关键的一步.

11 外公切线围成菱形

凸四边形 $ABCD$ 有内切圆圆 I,分别切四边于 K,L,M,N(图 30). 圆 I_1,圆 I_2,圆 I_3,圆 I_4 分别为 $\triangle AKL$,$\triangle BLM$,$\triangle CMN$,$\triangle DNK$ 的内切圆. 圆 I_i 与圆 I_{i+1}($i=1,2,3,4,I_5=I_1$)有一条外公切线 l_i 不是四边形 $ABCD$ 的边. 求证:l_1,l_2,l_3,l_4 围成一个菱形.

圆 I_1 等不必画出,画出这些小圆徒然增加图形的复杂性,无助于证明.

证明可分为三步:

第一步,证明点 I_1 是 $\overset{\frown}{KL}$ 的中点.

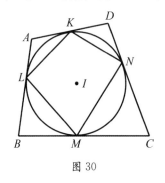

图 30

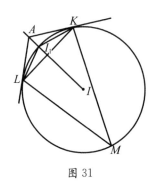

图 31

如图 31 所示, $\because \quad AK=AL$,

$$\therefore \quad \angle LI_1K = 180° - \angle I_1LK - \angle I_1KL$$

$$= 180° - \frac{1}{2}(\angle ALK + \angle AKL)$$

$$= 180° - \angle AKL$$

$$= 180° - \angle KML.$$

点 I_1 在圆 I 上,而且是 $\overset{\frown}{KL}$ 的中点(点 I_1 是 IA 与 $\overset{\frown}{KL}$ 的交点,IA 是等腰三角形 $\triangle AKL$ 的对称轴).

同理,点 I_2,I_3,I_4 分别为 $\overset{\frown}{LM},\overset{\frown}{MN},\overset{\frown}{NK}$ 的中点.

第二步,证明 $l_1 /\!/ KM$.

如图 32,设 $\overset{\frown}{KL},\overset{\frown}{LM},\overset{\frown}{MN},\overset{\frown}{NK}$ 所含的角分别为 $2\alpha,2\beta,2\gamma,2\delta$,则

$$\alpha + \beta + \gamma + \delta = 180°. \tag{1}$$

单墫
解题研究
丛书
我怎样解题

KM 与 AB 所夹的角,度数等于 $\frac{1}{2}(\overset{\frown}{LM}-\overset{\frown}{KL})$,即 $\beta-\alpha$.

I_1I_2 与 AB 所夹的角 ϕ,度数等于 $\frac{1}{2}(\overset{\frown}{I_2L}-\overset{\frown}{I_1L})$,即 $\frac{\beta-\alpha}{2}$.

l_1 与 AB 所夹的角 $=2\phi=2\times\frac{\beta-\alpha}{2}=\beta-\alpha$. 因此 $l_1\ /\!/\ KM$.

同理可证,$l_3\ /\!/\ KM,l_2\ /\!/\ l_4\ /\!/\ LN$.

故 l_1,l_2,l_3,l_4 所成四边形是平行四边形.

第二步是本题的关键. 虽然也可以直接证明 $l_1\ /\!/\ l_3$,但 $l_1\ /\!/\ KM$ 有更多的几何意义.

第三步,算出 l_1,l_3 的距离.

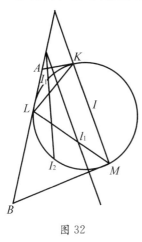

图 32

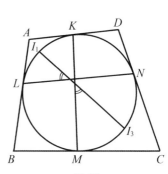

图 33

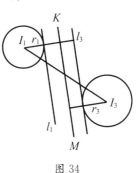

图 34

如图 33,I_1I_3 与 KM 所成的角度数等于 $\frac{1}{2}(\overset{\frown}{I_1K}$

$+\overset{\frown}{MI_3})$,即 $\frac{\alpha+r}{2}$. 因此,I_1,I_3 到 KM 的距离的和为

$I_1I_3\sin\frac{\alpha+r}{2}$.

由图 34,l_1,l_3 之间的距离为

$$I_1I_3\sin\frac{\alpha+r}{2}-r_1-r_3.$$

同理可知 $\left(图\ 33\ 中,I_1I_3\ 与\ LN\ 的夹角也是\ \frac{\alpha+r}{2}\right)$,$l_2,l_4$ 之间的距离也是

$I_1 I_3 \sin \dfrac{\alpha+r}{2}-r_1-r_3$. 因此 l_1,l_2,l_3,l_4 围成菱形.

顺便我们还得到一个等式

$$I_1 I_3 \sin \frac{\alpha+r}{2}-r_1-r_3=I_2 I_4 \sin \frac{\beta+\delta}{2}-r_2-r_4. \tag{2}$$

本题画几个局部图,比将所有线条画在一个图上好. 局部图有利于思考. 图太复杂,线条令人眼花缭乱,就不容易看出有用的关系了.

单墫
解题研究
丛　书
我怎样解题

12

射影平分周长

如图 35 所示,设△ABC 的内切圆分别切 BC,CA,AB 于点 D,E,F,点 H 为△DEF 的垂心,且点 H 在 BC,CA,AB 上的射影分别为 H_A,H_B,H_C 三点. 求证:

$$BH_A + CH_B + AH_C = H_AC + H_BA + H_CB. \tag{1}$$

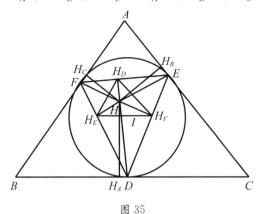

图 35

甲:这道题好像挺难,从哪里下手呢?

乙:如果设△ABC 的周长为 $2s$,那么(1)就是

$$BH_A + CH_B + AH_C = s. \tag{2}$$

甲:这好像也没什么用处.

师:如果一点 P 在△ABC 的三边上的射影 P_A,P_B,P_C 满足

$$BP_A + CP_B + AP_C = s, \tag{3}$$

那么我们就称它"射影平分周长".

先看看有哪些点"射影平分周长".

乙:显然△ABC 的内心 I,外心 O 都是这样的点.

甲:直线 OI 上的点也都是这样的点. 因为设点 Q 在 OI 上,并且

$$\frac{OQ}{QI} = \lambda, \tag{4}$$

则

$$BQ_A = \frac{BO_A + \lambda BI_A}{1 + \lambda}. \tag{5}$$

关于 CQ_B, AQ_C 有类似的等式,从而

$$BQ_A + CQ_B + AQ_C = s. \tag{6}$$

乙:这样看来,只需要证明点 H 在直线 OI 上就可以了.

甲:这也不好证啊!

师:可以利用位似.设点 H 在 EF, FD, DE 上的射影分别为 H_D, H_E, H_F 三点,则易知 $\triangle H_D H_E H_F$ 的边与 $\triangle ABC$ 的边互相平行,因而这两个三角形位似.设位似中心为点 X. $\triangle ABC$ 的外心 O,$\triangle H_D H_E H_F$ 的外心 K,X 三点共线.又由于点 I,点 H 分别为 $\triangle ABC$,$\triangle H_D H_E H_F$ 的内心,点 X,点 I,点 H 共线.点 I,点 H,点 K 分别是 $\triangle DEF$ 的外心,垂心,九点圆圆心,所以点 K 在 IH 上(参见 5 外接三角形).从而点 X,点 O,点 I,点 H,点 K 共线.点 H 在 OI 上.

乙:怎么会想到位似三角形呢?

师:这当然得读一点书,多知道一些背景知识,了解问题的来龙去脉.例如,《近代欧氏几何学》§429 就有上述位似三角形(但该处的 $A_1 A_2 A_3$,应为 $H_1 H_2 H_3$,恐系印错).

单墫
解题研究
丛书

我怎样解题

13 勾三股四弦五

如图 36,在 $\triangle ABC$ 中,$\angle C=90°$,内切圆与三边的切点分别为点 D,E,F,BE 又交内切圆于点 P.已知

$$PA \perp PD. \qquad (1)$$

求证:

$$PF \text{ // } AC. \qquad (2)$$

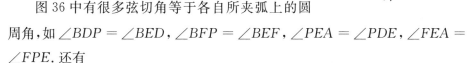

图 36

图 36 中有很多弦切角等于各自所夹弧上的圆周角,如 $\angle BDP = \angle BED$,$\angle BFP = \angle BEF$,$\angle PEA = \angle PDE$,$\angle FEA = \angle FPE$.还有

$$\angle APD + \angle C = 90° + 90° = 180°.$$

所以 A,P,D,C 四点共圆.因为外角等于内对角

$$\angle BDP = \angle PAE.$$

于是,有很多相似三角形,如

$$\triangle BPD \backsim \triangle BDE, \qquad (3)$$

$$\triangle PED \backsim \triangle PAE \quad (\because \quad \angle PED = \angle BDP = \angle PAE) \qquad (4)$$

(还有 $\triangle BPF \backsim \triangle BFE$,$\triangle PEF \backsim \triangle EAF$,等).

由(3),(4),得

$$\frac{BP}{BD} = \frac{PD}{DE}, \qquad (5)$$

$$\frac{PD}{DE} = \frac{PE}{EA}. \qquad (6)$$

$$\therefore \quad \frac{BP}{BD} = \frac{PE}{EA}, \qquad (7)$$

即

$$\frac{BP}{BF} = \frac{PE}{FA}. \qquad (8)$$

从而(2)成立.

我们可以证得更多一些,即反过来,由(2),得(8),(7).又由(5),所以(6)成

立,从而(4)成立,则

$$\angle PAE = \angle PED = \angle BDP. \tag{9}$$

所以 A,P,D,C 四点共圆,且

$$\angle APD = 180° - \angle C = 90°,$$

即(1)成立.

因此(1),(2)等价,也就是说(1)是(2)的充分必要条件.

问题虽已解决,但并不彻底.什么样的直角三角形才具有(1)或(2)呢?(换一种说法,就是图怎么画才满足要求.)为此,我们设三边为 a,b,c,探讨一下 a,b,c 之间的关系.

这时,内切圆半径为 $r = s - c = \dfrac{1}{2}(a + b - c)$,$s$ 为半周长.

由(3),得

$$BP \times BE = BD^2. \tag{10}$$

由(2),得

$$\frac{BD}{BP} = \frac{BF}{BP} = \frac{BA}{BE}. \tag{11}$$

于是,(10)×(11),得

$$BE^2 = BD \times BA, \tag{12}$$

即

$$a^2 + r^2 = c(s - b). \tag{13}$$

$\because \ r^2 = \left(\dfrac{a + b - c}{2}\right)^2 = \dfrac{1}{2}(c^2 - ac - bc + ab),$

所以(13)可化为

$$c - a = \frac{b}{2}. \tag{14}$$

用 $c^2 - a^2 = b^2$ 除以(14),得

$$c + a = 2b. \tag{15}$$

从而,由式(14),(15)导出

$$a : b : c = 3 : 4 : 5. \tag{16}$$

反过来,由(16)可得(14),(13),(12),结合(9),得(11),从而(2)成立.

因此,满足(1)(或(2))的直角三角形就是最常见的"勾三股四弦五黄方(内

切圆直径)二"的直角三角形. 这类问题应当刨根揭底,直到得出关系式(16)才算大功告成.

图 36 中,如果将(1)改为

$$\angle PAE = \frac{1}{2} \angle ABC, \tag{17}$$

那么同样可得(16). 这可用解析几何来推导(上面也可用解析几何).

以 C 为原点,CA,CB 为 x,y 轴,建立直角坐标系. 点 A,B,D,E 的坐标分别为
$$(b,0),(0,a),(0,r),(r,0).$$

内切圆的方程为
$$(x-r)^2 + (y-r)^2 = r^2, \tag{18}$$

即
$$x^2 + y^2 - 2rx - 2ry + r^2 = 0. \tag{19}$$

直线 BE 方程为
$$\frac{x}{r} + \frac{y}{a} = 1. \tag{20}$$

设点 P 坐标为 (x_p, y_p),由方程式(19),(20)解得
$$y_p = \frac{2ra^2}{a^2 + r^2}, \tag{21}$$

$$x_p = \frac{(a-r)^2 r}{a^2 + r^2}. \tag{22}$$

由关系式(17),取正切,得
$$\frac{y_p}{b - x_p} = \frac{r}{s - b}. \tag{23}$$

将(21),(22)代入,得
$$\frac{\dfrac{2ra^2}{b(a^2 + r^2) - r(a-r)^2}}{} = \frac{r}{s-b}, \tag{24}$$

即(注意 $s - b = a - r$)
$$2a^2(a-r) = b(a^2 + r^2) - r(a-r)^2. \tag{25}$$

将 $r = \frac{1}{2}(a + b - c)$ 代入(25),得

$$a^2(a + c - 2b) = \frac{1}{8}(a + b - c)[-(a + c - b)^2 + 2b(a + b - c)]$$

$$=\frac{1}{8}(a+b-c)(-a^2-c^2+b^2-2ac+4ab)$$

$$=\frac{a}{4}(a+b-c)(2b-c-a),$$

即

$$a(a+c-2b)(c+3a-b)=0.$$

$$\therefore \quad a+c-2b=0,$$

即

$$a+c=2b.$$

再用 $c^2-a^2=b^2$ 除以(15),得(14),从而得(16).

反过来,由(16),(21),(22),得(23),所以(17)成立.

因此,(1)、(2)、(16)、(17)等价.

在上面的推导中,点 P 的坐标表达式(21)、(22)起着重要的作用. 它们也可不用解析几何,而用比例关系推出,参见下节.

14　分断式命题

如图 37,在直角三角形 ABC 中,$\angle ACB = 90°$,$\triangle ABC$ 的内切圆 O 分别与边 BC,CA,AB 相切于点 D,E,F,连接 AD,与内切圆 O 又交于点 P,再分别连接 BP,CP. 若 $\angle BPC = 90°$,求证:$AE + AP = PD$.

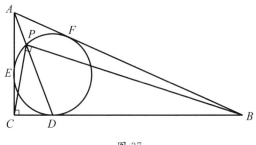

图 37

本题是第 21 届全国中学生数学冬令营(2006 年,福州)的第四题.

题目不难,它与上一节的题接近. 只是字母不同,并且条件 $\angle EPB = 90°$ 改为 $\angle CPB = 90°$.

直角三角形的三条边为 a,b,c,由于有勾股定理

$$a^2 + b^2 = c^2, \tag{1}$$

所以 a,b,c 中只有两个独立的.

由于题中有内切圆,我们可以以 b 及内切圆半径 r 这两个量为基本量. 这时,由

$$r = s - c = \frac{a + b - c}{2},$$

得

$$c - a = b - 2r. \tag{2}$$

结合(1),得

$$c + a = \frac{b^2}{b - 2r}. \tag{3}$$

$$\therefore \quad a = \frac{1}{2}\left(\frac{b^2}{b - 2r} - (b - 2r)\right) = \frac{2r(b - r)}{b - 2r}. \tag{4}$$

同样

$$c = \frac{1}{2}\left(\frac{b^2}{b-2r} + b - 2r\right). \tag{5}$$

于是 a，c 都已用基本量 b，r 表示.

另一方面，有

$$AE = b - r, \tag{6}$$

$$AD = \sqrt{b^2 + r^2}, \tag{7}$$

$$AP \times AD = AE^2. \tag{8}$$

$$\therefore \quad AP = \frac{AE^2}{AD} = \frac{(b-r)^2}{\sqrt{b^2 + r^2}}. \tag{9}$$

设点 P 到 AC，BC 的距离分别为 x，y，则

$$\frac{x}{r} = \frac{AP}{AD}.$$

$$\therefore \quad x = \frac{r(b-r)^2}{b^2 + r^2}. \tag{10}$$

$$\frac{y}{b} = \frac{DP}{AD} = \frac{AD - AP}{AD} = \frac{AD^2 - AD \times AP}{AD^2}$$

$$= \frac{b^2 + r^2 - (b-r)^2}{b^2 + r^2} = \frac{2br}{b^2 + r^2},$$

$$\therefore \quad y = \frac{2b^2 r}{b^2 + r^2}. \tag{11}$$

这与第 **13** 节中的 (21)，(22) 相同 (只是字母 a，b 互换).

要证的结论

$$AE + AP = PD, \tag{12}$$

即

$$AD = 2AP + AE. \tag{13}$$

由于 (8)，(13)，即

$$2AP^2 + AP \times AE - AE^2 = 0. \tag{14}$$

而 (14) 也就是

$$AE = 2AP. \tag{15}$$

由 (6)，(9) 可知，上式等价于

$$b^2 + r^2 = 4(b-r)^2. \tag{16}$$

单墫
解题研究
丛　书

我怎样解题

已知条件$\angle BPC=90°$,即

$$y^2=x(a-x). \tag{17}$$

由(10),(11),(4)可知,上式即为

$$\left(\frac{2b^2r}{b^2+r^2}\right)^2=\frac{r(b-r)^2}{b^2+r^2}\left[\frac{2r(b-r)}{b-2r}-\frac{r(b-r)^2}{b^2+r^2}\right]. \tag{18}$$

去分母,得

$$4b^3(b-2r)=(b-r)^3(b+3r), \tag{19}$$

即

$$(b^2+r^2)(3b^2-8br+3r^2)=0. \tag{20}$$

于是

$$3b^2-8br+3r^2=0. \tag{21}$$

(21)就是(16).

上面的推导也表明(12)可推出$\angle BPC=90°$.

证明到此结果.主要的方法是"计算".这题的标准答案虽与我们的算法不同,但也是"以算代证".只有叶中豪先生采用几何方法,而且得到一个惊人的推广,即$\triangle ABC$为任意三角形时,结论依然成立.

上面的证明当然不再适用.

叶先生首先由(12)导出$\angle BPC=90°$,证明主要利用斯脱尔(Stewart)定理及下面的引理.

引理 $\triangle ABC$中,$\angle B\bigvee 2\angle C\Leftrightarrow b^2\bigvee c^2+ac$,这里"$\bigvee$"表示$>$,$=$,$<$中的任一个,而"$\bigwedge$"则表示与$\bigvee$方向相反的符号.

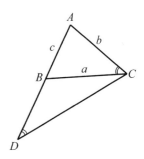

图 38

证明不难(基本上就是叶先生原来的证明):如图38,在AB的延长线上取点D,使$\angle D=\angle ACB$(或者说,作$\angle BCD=\angle ABC-\angle ACB$,$CD$交$AB$延长线于点$D$).

$\because$ $\triangle ADC\backsim\triangle ACB$,

$\therefore$ $AC^2=AB\times AD$. $\tag{22}$

$\because$ $\angle ABC\bigvee 2\angle ACB$,

$\therefore$ $\angle BCD=\angle ABC-\angle ACB\bigvee\angle ACB$.

$$BD \vee BC. \tag{23}$$

由(22),(23),得

$$b^2 \vee c(c+a), \tag{24}$$

即$\angle B > 2\angle C$ 时,$b^2 > c(c+a)$;$\angle B = 2\angle C$ 时,$b^2 = c(c+a)$;$\angle B < 2\angle C$ 时,$b^2 < c(c+a)$.

熟知这种"分断式命题"的逆命题也一定成立,

$$\therefore \quad b^2 \vee c^2 + ac \Rightarrow \angle B \vee 2\angle C.$$

现在回到图37,只是$\angle ACB$ 不一定是直角. 由引理可知

$$\angle CDP \vee 2\angle CPD \Leftrightarrow CP^2 \vee CD^2 + CD \times PD. \tag{25}$$

由斯脱尔定理可知

$$CP^2 \times AD = AC^2 \times PD + CD^2 \times AP - AD \times AP \times PD. \tag{26}$$

将(25)代入(26)并化简,得

$$CD^2 + AD \times CD \wedge AC^2 - AD \times AP. \tag{27}$$

注意

$$AD \times AP = AE^2, CD = CE,$$

则(27),即

$$AD \times CD \wedge AC^2 - (AE^2 + CE^2) = 2AE \times CD,$$

$$\therefore \quad \angle CDP \vee 2\angle CPD \Leftrightarrow AD \wedge 2AE \tag{28}$$

于是

$$\angle CDP \vee 2\angle CPD \Leftrightarrow AD \wedge 2AE$$

$$\Leftrightarrow AD \wedge 2AF$$

$$\Leftrightarrow \angle BDP \vee 2\angle BPD$$

$$\Leftrightarrow \angle BDP + \angle CDP \vee 2(\angle CPD + \angle BPD)$$

$$\Leftrightarrow \angle BPC \wedge 90°.$$

由(12)⇔(15),可知$\angle BPC = 90°$是 $AE + AP = PD$ 的充分必要条件.

单墫
解题研究
丛书

我怎样解题

15 解析几何

如图 39,已知 $\triangle ABC$ 中,点 E,F 分别为 AB,AC 的中点,CM,BN 是高,EF 交 MN 于点 P. O,H 分别为外心与垂心.

求证:$AP \perp OH$.

本题外心与垂心的连线 OH 是著名的欧拉线(重心 G,九点圆圆心 K 都在这条线上). 它的性质很多,但对平面几何了解不多的人,难以驾驭.

平面几何的高手当然有很多办法处理,像我这样了解不多,而且大多又已遗忘的人(毕竟不常与平面几何打交道),要用纯粹的几何方法处理这题,力不从心. 幸而这题可用解析几何的方法处理.

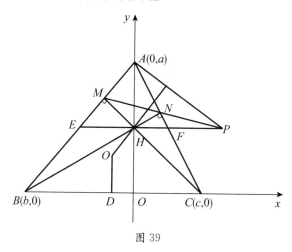

图 39

设 BC 为 x 轴,AH 为 y 轴,A,B,C 的坐标分别为 $(0,a)$,$(b,0)$,$(c,0)$. 又设点 H 坐标为 $(0,h)$(a,b,c 是独立的,h 可以用 a,b,c 标出,这一点可见下面的关系(3). 但为使用方便,宁愿多用一个字母 h).

直线 BN 的方程为

$$\frac{x}{b} + \frac{y}{h} = 1. \tag{1}$$

直线 AC 方程为

$$\frac{x}{x} + \frac{y}{a} = 1. \tag{2}$$

由于 $BN \perp AC$，所以方程式 (1)，(2) 所表示的直线的斜率乘积为 -1，即

$$bc = -ah. \tag{3}$$

将 (1)，(2) 相加，得

$$x\left(\frac{1}{b}+\frac{1}{c}\right)+y\left(\frac{1}{a}+\frac{1}{h}\right)=2. \tag{4}$$

(4) 是通过 N 的直线，由对称性（或者称之为"同理"），(4) 也是通过 M 的直线，所以 (4) 就是直线 MN 的方程

EF 的方程是

$$y = \frac{a}{2}. \tag{5}$$

将 (5) 代入 (4)，得点 P 的横坐标

$$
\begin{aligned}
x_p &= \left[2-\frac{a}{2}\left(\frac{1}{a}+\frac{1}{h}\right)\right] \div \left(\frac{1}{b}+\frac{1}{c}\right) \\
&= \frac{3h-a}{2h} \times \frac{bc}{b+c} \\
&= -\frac{a(3h-a)}{2(b+c)} \quad [\text{利用式 (3)}].
\end{aligned}
\tag{6}
$$

从而，直线 AP 斜率为

$$\frac{a-\dfrac{a}{2}}{\dfrac{a(3h-a)}{2(b+c)}}=\frac{b+c}{3h-a}. \tag{7}$$

外心 O 的横坐标为 $\dfrac{b+c}{2}$，因为点 O 在 BC 上的射影 D 是 BC 的中点，熟知

$$OD = \frac{1}{2}AH = \frac{1}{2}(a-h), \tag{8}$$

所以，点 O 的纵坐标为 $\dfrac{1}{2}(a-h)$，OH 的斜率为

$$\frac{\dfrac{a-h}{2}-h}{\dfrac{b+c}{2}}=\frac{a-3h}{b+c}. \tag{9}$$

故 (9)，(7) 表明 $AP \perp OH$.

以上推导并无多少困难，计算量也不大. 其中，技巧是没有求 M,N 的坐

标,而是直接由(1),(2)就得出了 MN 的方程.若求坐标,需要解方程组,较为麻烦.我们仅求了点 P,O 的坐标,它们都不难求.

关系式(8)是一个熟知的结果.可延长 CO 交外接圆于点 Q,再证明四边形 $AQBH$ 为平行四边形,或者用解析几何中的距离公式,由 $OA^2=OB^2$,得

$$\left(\frac{b+c}{2}\right)^2+(y-a)^2=y^2+\left(\frac{b-c}{2}\right)^2.$$

从而点 O 的纵坐标为

$$y=\left[\left(\frac{b+c}{2}\right)^2-\left(\frac{b-c}{2}\right)^2+a^2\right]\div 2a=\frac{bc+a^2}{2a}=\frac{1}{2}(a-h).$$

16 两角相等

如图 40,已知 AD 是锐角三角形 ABC 的一条高,P 是 AD 上一点. 直线 BP 交 AC 于点 M,CP 交 AB 于点 N,MN 与 AP 交于点 Q. 过点 Q 任作一条直线交 PN 于点 E,交 AM 于点 F. 求证:

$$\angle EDA = \angle FDA. \tag{1}$$

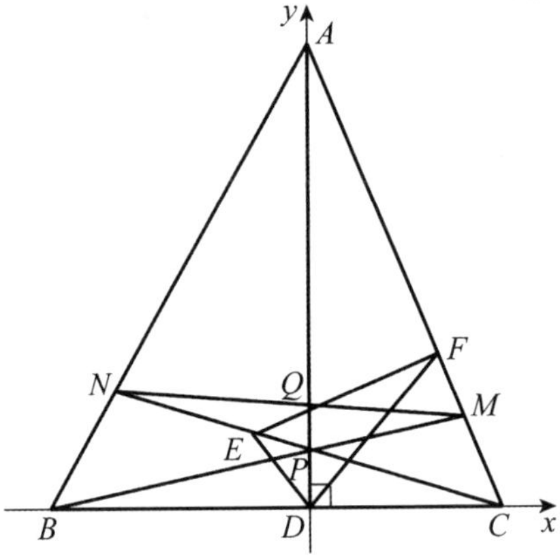

本题图中只有直线(很多条),没有圆,这种题目用解析几何的方法处理极为方便.

图 40

与上节类似,以 BC 为 x 轴,AD 为 y 轴,D 为原点建立直角坐标系. 设点 A, B,C,P,Q 的坐标分别为

$$(0,a),(b,0),(c,0),(0,p),(0,q).$$

于是,直线 AC 的方程为

$$\frac{x}{c} + \frac{y}{a} = 1. \tag{2}$$

直线 BP 的方程为

$$\frac{x}{b} + \frac{y}{p} = 1. \tag{3}$$

直线 AB 的方程为

$$\frac{x}{b} + \frac{y}{a} = 1. \tag{4}$$

直线 CP 的方程为

$$\frac{x}{c} + \frac{y}{p} = 1. \tag{5}$$

从而直线 MN 的方程为

$$\frac{x}{c} + \frac{x}{b} + \frac{y}{a} + \frac{y}{p} = 2. \tag{6}$$

点 Q 在 MN 上,所以由(6),得

单墫
解题研究
丛书

我怎样解题

$$\frac{q}{a} + \frac{q}{p} = 2, \tag{7}$$

即

$$\frac{1}{a} + \frac{1}{p} = \frac{2}{q}. \tag{8}$$

设直线 EF 的斜率为 k,则直线 EF 的方程为

$$y = kx + q, \tag{9}$$

即

$$\frac{y - kx}{q} = 1. \tag{10}$$

从而(10)-(2),得

$$y\left(\frac{1}{q} - \frac{1}{a}\right) = x\left(\frac{k}{q} + \frac{1}{c}\right). \tag{11}$$

(11)是直线(因为它是 x,y 的一次式),过原点 D(因为常数项为0),又过 AC, EF 的交点 F. 在此,它就是直线 DF 的方程.

同理,直线 DE 的方程为

$$y\left(\frac{1}{q} - \frac{1}{p}\right) = x\left(\frac{k}{q} + \frac{1}{c}\right). \tag{12}$$

[将(11)中 a 换为 p 就得到(12)].

由(8),得

$$\frac{1}{q} - \frac{1}{a} = \frac{1}{p} - \frac{1}{q}. \tag{13}$$

所以方程式(11),(12)所表示的直线的斜率是相反数. 从而,得

$$\angle FDC = \angle BDE. \tag{14}$$

由于 $AD \perp BC$,所以(14)导出(1).

注 即使 AD 不是高,那么采用斜坐标系,仍可导出(8). (8)表明直线 AD 上四个点 A, Q, P, D 成调和点列,即

$$\frac{DP}{PQ} = \frac{DA}{QA}, \tag{15}$$

但(1)必须 AD 为高才成立.

17 做过三次的题

设 $\triangle ABC$ 内接于 $\odot O$, 过点 A 作切线 PD 交 BC 的延长线于点 D, 过点 P 作 $\odot O$ 的割线 PU 交 BD 于点 U, 交圆 O 于点 Q, T, 交 AB, AC 于点 R, S. 证明: 若

$$QR = ST, \tag{1}$$

则

$$PQ = UT. \tag{2}$$

这道题, 我做过三次. 第一次差不多在 20 年前, 考虑了更一般的情况, 得出一个比较满意的解法. 第二次在 3 年前, 可能是大病之后, 做得匆忙, 竟未发现这是一道自己做过的题, 解法也差, 繁琐而无趣. 最近为写这本书, 第三次来做. 其实不是再做, 而是看看解法好不好. 多看了看, 便发现第二次解法的丑陋, 而且也想到这是以前做过的题. 可见, 多看看还是很重要的, 丑陋的解法应当淘汰, 只把好的解法留下来.

图 41 中, 直线 PU 最为重要. 把它横过来画似乎顺眼一点 (习惯一点). PA 是切线, 这点并不重要. 切线只有割线的特殊情况, 可将点 A"分"为两个点 M, N (点 M, N 重合时, 就成了切线). 点 D 毫无用处, 可以删去. 这样便得到图 42.

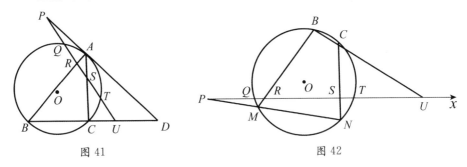

图 41   图 42

当然, 以这条横线 PU 为 x 轴, 又以 QT 的中点为原点, 并按照习惯记以点 O (原来的圆心并不重要, 我们将它的"名字"改赠给 QT 的中点) 建立起直角坐标系 (y 轴就不画了).

圆的方程是

$$x^2 + y^2 + ax + by + c = 0. \tag{3}$$

单墫
解题研究
丛书

我怎样解题

但在求它与 x 轴(即直线 $y=0$)的交点时,应以 $y=0$ 代入,而得出的 x 的二次方程

$$x^2 + ax + c = 0 \qquad (4)$$

的两根(即 Q,T 的横坐标)之和为 0(即由于(1)$QO=QR+RO=ST+OS=OT$),所以,由韦达定理可知,$a=0$,即圆的方程应为

$$x^2 + y^2 + by + c = 0. \qquad (5)$$

在以任一条弦为 x 轴时,二次曲线(圆是其特例)的方程中,x 的一次项系数为 0(即无 x 的一次项),是这弦的中点为原点的充分必要条件.

MB,NC 这两条直线的方程都是一次的,设为

$$l_1 = 0, l_2 = 0, \qquad (6)$$

则 $MB \cup NC$ 是一条(退化的)二次曲线,方程为

$$l_1 l_2 = 0. \qquad (7)$$

由于 RS 的中点为原点,所以方程(7)中 x 的一次项不出现.

$$x^2 + y^2 + by + c + \lambda l_1 l_2 = 0 \qquad (8)$$

是通过方程(5),(7)的交点 B,C,M,N 的二次曲线束(在点 M,N 重合为点 A 时,(8)表示过点 B,C 并在点 A 相切的二次曲线束). 在 λ 取某个特定值 λ_0 时,它表示两条直线 BC,MN. 而

$$x^2 + y^2 + by + c + \lambda_0 l_1 l_2 = 0$$

仍然无 x 的一次项出现,所以线段 PU 以 O 为中点,即(2)成立.

关于本题可参阅拙著《解析几何的技巧》(中国科学技术大学出版社,2001年第二版,第 29 节).

18 富瑞基尔定理

《美妙而有趣的几何》中介绍了一个富瑞基尔(Frégier)定理. 这个定理的一部分可以叙述成如下形式:

在椭圆

$$\frac{x^2}{a^2} + \frac{y^2}{b^2} = 1 \tag{1}$$

上取定一点 P,过点 P 作两条垂直的射线,分别交椭圆于 A,B 两点. 在 PA、PB 绕点 P 旋转时,弦 AB 经过一个定点 X.

在椭圆是圆时,这些弦显然都经过圆心. 富氏定理正是这一特殊情况的推广.

我们用解析几何来证明富氏定理(原书未给出证明).

如果利用标准方程(1),那么点 P 坐标需要设为 (x_0, y_0),这样较为麻烦,不如改以 P 为原点,设过 P 的椭圆为

$$ax^2 + 2bxy + cy^2 + 2dx + 2ey = 0, \tag{2}$$

其中 a,b,c,d,e 设为已知常数.

又设 AB 方程为

$$mx + ny = 1, \tag{3}$$

其中 m,n 可以任意选择.

这时 PA,PB 的方程为

$$ax^2 + 2bxy + cy^2 + (2dx + 2ey)(mx + ny) = 0 \tag{4}$$

(如先设 PA,PB 方程,再定出直线与椭圆交点 A,B,最后得出 AB 方程,那就麻烦得多).

方程(4)的左边是 x,y 的二次齐次式,它可以分解为两个 x,y 的一次齐次式的乘积,所以方程(4)表示两条过原点 P 的直线. 又显然(4)过(3)与(2)的交点 A,B[因为 A,B 的坐标适合(3)与(2),所以适合(4)],所以(4)表示两条直线 PA,PB. 这种方法,我曾在拙著《解析几何的技巧》中介绍过.

由于 PA,PB 是互相垂直的,它们的斜率的乘积为 -1,从而将(4)写成

$$(a + 2dm)x^2 + \cdots + (c + 2en)y^2 = 0. \tag{5}$$

单墫
解题研究
丛书

我怎样解题

由韦达定理可知,斜率的乘积为−1,即

$$(a+2dm)+(c+2en)=0. \qquad (6)$$

(6)可写成

$$2dm+2en+(a+c)=0. \qquad (7)$$

可见 AB[方程(3)]通过定点 X, X 的坐标是

$$\left(\frac{-2d}{a+c}, \frac{-2e}{a+c}\right) \qquad (8)$$

[(8)与定值 a, c, d, e 有关,而与变动的 m, n 无关].

上面的证明当然对一切圆锥曲线均有效,不仅限于椭圆.

富氏定理的另一部分是说:定点 X 在点 P 处的法线上. 过点 P 的法线也就是与过点 P 的切线垂直的直线.

这也是很容易证明的.

方程(2)表示的椭圆在点 (x_1, y_1) 处的切线是

$$ax_1x+b(x_1y+y_1x)+cy_1y+d(x_1+x)+e(y_1+y)=0, \qquad (9)$$

所以在点 $P(0,0)$ 处的切线是

$$dx+ey=0, \qquad (10)$$

法线是

$$ex-dy=0. \qquad (11)$$

显然点(8)适合法线方程(11),即法线通过点 X.

这后一半也是特殊情况(圆)的推广. 对于圆来说,法线都过圆心.

在上述推广中,弦 AB 的交点是定点,而且在过点 P 的法线上. 但在点 P 不同时,这定点 X 也不相同. 这与圆的情况是不一致的. 所以并不是圆的所有性质都可以原封不动地推广到椭圆或一般的圆锥曲线上.

19 轴 对 称

如图 43,凸四边形 $ABCD$ 中,M 为 BC 的中点.又 $\angle AMD=120°$,求证:

$$AB+BM+CD \geqslant AD. \tag{1}$$

这道题只需初中水平就可以解决,但我做它竟然也花了一些时间,惭愧呀!

结论对吗?取一个特殊情况看看,图 44 中四边形是等腰梯形,$AD \parallel BC$,$AB=CD$.设 D 在 BC 上的射影为点 E,$MD=2$,

$$\because \quad \angle DME=\frac{1}{2}(180°-120°)=30°,$$

$$\therefore \quad DE=1,ME=\sqrt{3}.$$

设 $MC=x$,则 $CE=\sqrt{3}-x$,$CD^2=(\sqrt{3}-x)^2+1$.应当有

$$\sqrt{(\sqrt{3}-x)^2+1}+\frac{x}{2} \geqslant \sqrt{3}. \tag{2}$$

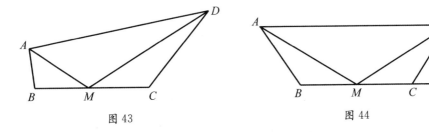

图 43　　　　　　　　　　　　图 44

移 $\dfrac{x}{2}$ 到右边,平方并化简,得

$$\frac{3}{4}x^2-\sqrt{3}x+1 \geqslant 0. \tag{3}$$

(3)的左边是 $\left(\dfrac{\sqrt{3}}{2}x-1\right)^2$,所以(3)成立,(2)亦成立.并且,在 $x=\dfrac{2}{\sqrt{3}}$ 时,(2)中等

号成立,即(2)右边的最小值是 $\sqrt{3}$.

这个特例表明(1)可能是正确的(当然它的正确性尚有待证明),而且等式有可能成立.因此,不能利用 $MC+CD>MD$ 之类不含等式的不等式,放缩不能过度.

再仔细看看这个特例中等号成立的情况.这时

单墫
解题研究
丛书

我怎样解题

$$MC = \frac{2}{\sqrt{3}},$$

而

$$CD = \sqrt{\left(\sqrt{3} - \frac{2}{\sqrt{3}}\right)^2 + 1} = \frac{2}{\sqrt{3}} = MC,$$

$$\therefore \quad \angle MDC = \angle DMC = \angle MDA = 30°.$$

于是,C 关于 DM 的对称点 C' 在 AD 上,$CD = C'D$,$MC = MC'$.

同样,点 B 关于 AM 的对称点 B' 在 AD 上,$AB = AB'$,$MB = MB'$.

而且,$\angle B'MC' = 120° - 2 \times 30° = 60°$,$\triangle B'MC'$ 是正三角形,$B'C' = MB' = MC' = BM$,即在图形中实现了 $AB + BM + CD = AD$.

对这种极特殊的情况所作的考察,居然导出了一般情况的证明:

设点 B 关于 AM 的对称点为 B',点 C 关于 DM 的对称点为 C'. 点 B',C' 不一定在 AD 上,但 $\triangle MB'C'$ 仍是正三角形(请证明).

$$\therefore \quad B'C' = MB' = MB.$$

于是

$$AB + BM + CD = AB' + B'C + C'D \geqslant AD.$$

实际探讨的过程中,我还考虑了一种特殊情况,即 CD 退化为 0 的情况,这时四边形退化为 $\triangle ABC$. 问题成为:

$\triangle ABC$ 中,M 为 BC 的中点,$\angle AMC = 120°$,求证:

$$AB + BM > AC. \tag{4}$$

这当然可用上面的一般方法来证(C' 与 C 重合). 但原来研究特殊情况时还不知道一般的方法(正是为了探讨一般的方法). 当时觉得可以利用余弦定理.

如图 45,设 $BM = MC = x$,$AM = y$,则

$$b^2 = x^2 + y^2 + xy. \tag{5}$$

$$c^2 = x^2 + y^2 - xy. \tag{6}$$

$$\therefore \quad b^2 = c^2 + 2xy. \tag{7}$$

要证 $b < c + x$,只需证

$$y < c + \frac{x}{2}. \tag{8}$$

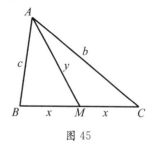

图 45

由(6)即可得

$$c^2 = \left(y - \frac{x}{2}\right)^2 + \frac{3}{4}x^2 > \left(y - \frac{x}{2}\right)^2. \tag{9}$$

(9)就是(8). 所以,$b < c + x$,即(4)成立.

关系式(8)也可用几何证法:设点 B 在 AM 上的射影为点 N,则由于

$$\angle AMB = 180° - 120° = 60°,$$

$$\therefore \quad MN = \frac{1}{2}BM = \frac{x}{2},$$

$$c + \frac{x}{2} > AN + MN = y.$$

(7)也可不用余弦定理. 设 AD 为高,易证

$$DM = \frac{1}{2}y.$$

从而,由勾股定理可知

$$b^2 - c^2 = CD^2 - DB^2 = 2x(CD - DB) = 2xy.$$

这种特殊情况的证明不能用于一般情况.

20 表示比值

如图 46,点 M,N 分别是 $\triangle ABC$ 的边 AB,AC 上的点,且满足 $MB=BC=CN$. R,r 表示 $\triangle ABC$ 的外接圆与内切圆的半径,请用 R 与 r 表示比值 $\dfrac{MN}{BC}$.

本题是第 17 届(2005 年)亚洲太平洋地区数学奥林匹克的第五题(最后一题).

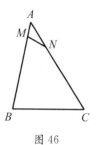

图 46

这是一道"计算题". 已知的 $\triangle ABC$ 有以下的基本量:三条边 a,b,c;三个角 A,B,C. 这六个量不是独立的. 首先,有
$$A+B+C=180°.$$
所以三个角中只有两个是独立的. 其次,在五个量(三条边和两个角)中,又只有三个是独立的. 知道其中的三个量,其他两个量便可利用正弦定理或余弦定理等定出. 但通常为了对称或方便,我们将这六个量一视同仁,除非必须明确其中哪几个为已知,哪几个为待定.

有了这六个基本量,$\triangle ABC$ 中其他的量,只要是可由 $\triangle ABC$ 逐步得出的,都可以用它们表示出来. 特别地,MN(的长)就可以用基本量表出.

所以,第一步就是在 $\triangle AMN$ 中利用余弦定理.
$$\because \quad AM=c-a,AN=b-a,$$
$$\therefore \quad MN^2=(c-a)^2+(b-a)^2-2(c-a)(b-a)\cos A. \tag{1}$$
将(1)的右边展开,利用 $c^2+b^2-2bc\cos A=a^2$,并稍作化简,得
$$\left(\frac{MN}{BC}\right)^2=1-\frac{2(b+c-a)}{a}(1-\cos A). \tag{2}$$

现在的问题是如何将(2)右边的 $\dfrac{b+c-a}{a}(1-\cos A)$ 用 R 与 r 表示.

由于 a,b,c 的对称式都可用 $s=\left(\dfrac{a+b+c}{2}\right)$,$R,r$ 来表示,即
$$a+b+c=2s. \tag{3}$$
$$ab+bc+ca=s^2+r^2+4Rr. \tag{4}$$
$$abc=4Rrs. \tag{5}$$
于是,a,b,c 也可以用 R,r,s 表示,它们是三次方程

$$u^3 - 2su^2 + (s^2 + r^2 + 4Rr)u - 4Rrs = 0 \qquad (6)$$

的三个根.

有人建议用 R, r, s 作为三角形的基本量(取代 a, b, c). 但除了 a, b, c 的对称式外,其他量(例如 a)用 R, r, s 来表示毕竟不方便,所以本题不走这一条路.

两个量 R 与 r 似乎"风马牛不相及". 但在解题中却有一对相似三角形将它们连接起来,请看图 47.

图 47 中,内心 I,内切圆与 AB 的切点 F, A 这三点组成直角三角形. BC 的中点 D, BC 的中垂线与外接圆的交点 E(点 E 与点 A 在 BC 的两侧),C 这三点也组成直角三角形,并且

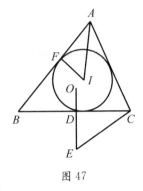

图 47

$$\angle DCE = \angle FAI$$

(角平分线 AI 通过 $\overset{\frown}{BC}$ 的中点 E).

$$\therefore \quad \triangle DCE \backsim \triangle FAI. \qquad (7)$$

$$\therefore \quad \frac{CD}{AF} = \frac{DE}{FI}. \qquad (8)$$

关系式(8)揭示了 R 与 r 之间的关系. 事实上

$$FI = r, CD = \frac{a}{2}, AF = s - a = \frac{b + c - a}{2}.$$

而不难得出(设 O 为外心,则 O, D, E 共线,$\angle COD = \angle A$)

$$DE = OE - OD = R - R\cos A,$$

所以(8)就是

$$\frac{a}{b + c - a} = \frac{R(1 - \cos A)}{r}. \qquad (9)$$

(9)表明(2)的左边就是 $1 - \dfrac{2r}{R}$. 于是,比值

$$\frac{MN}{BC} = \sqrt{1 - \frac{2r}{R}} \qquad (10)$$

就是所求的结果.

关于此题还有几点可说:

1. 图 46 中,点 M, N 分别在边 AB, AC 上. 如果点 M 在边 BA 延长线上

单墫
解题研究
丛书

（即 $a>c$）或点 N 在边 CA 延长线上（即 $a>b$）或两者同时发生，那么结论
(10)依然成立.因为在这些情况中,(1)依然成立,整个推导不需要修改.

如果点 M,N 分别在 AB,AC 的延长线上,那么(10)应改为

$$\frac{MN}{BC}=\sqrt{1+\frac{2r_a}{R}}, \tag{11}$$

其中 r_a 是 BC 边上的傍切圆半径.

(11)的证明与(10)类似.

2. 由(10)可以得出一些"副产品".如由于 $\left(\frac{MN}{BC}\right)^2\geqslant 0,\quad\therefore\quad R\geqslant 2r$,并且
$R=2r$ 成立的充分必要条件是 $MN=0$,即 M,N,A 三点重合,$a=b=c$,也就是
$\triangle ABC$ 是正三角形.

通常证明这些结论需要利用欧拉公式[下面的(12)].

3. 外心 O 与内心 I 之间的距离 d 满足

$$d^2=R^2-2Rr. \tag{12}$$

这公式是欧拉发现的,证明大致如下:

在图 48 中,设 EP,MN 为外接圆直径,并且
MN 过点 I,则

$$\begin{aligned}R^2-d^2&=(R+d)(R-d)\\&=(MO+OI)(NO-OI)\\&=MI\times IN\\&=EI\times IA.\end{aligned} \tag{13}$$

图 48

又 $\because$
$$\begin{aligned}\angle EIC&=\angle EAC+\angle ICA\\&=\angle EAB+\angle ICB\\&=\angle ECB+\angle ICB\\&=\angle ECI,\end{aligned}$$

$$\therefore\quad CE=EI, \tag{14}$$

$$R^2-d^2=CE\times IA. \tag{15}$$

易知

$$\mathrm{Rt}\triangle FAI\backsim\mathrm{Rt}\triangle CPE.$$

$$\frac{AI}{FI}=\frac{PE}{CE}, \tag{16}$$

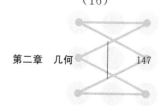

即

$$AI \times CE = 2Rr. \tag{17}$$

所以可由(15),(17)导出(12).

值得注意的是证明中利用了$\triangle FAI$及其相似三角形.这与本题的推导类似,在解题中要特别关注这些联系R(或$2R$)与r相关的相似三角形.

4.有一位同志给出了下面的解答.

如图49所示,连接MC,取MC,MN的中点X,Y,分别连接NX,BX.

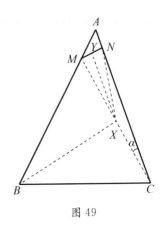

图 49

利用中位线定理及余弦定理,可知

$$2XY^2 + 2 \cdot \left(\frac{MN}{2}\right)^2 = MX^2 + NX^2,$$

即

$$\frac{a^2}{2} + \frac{MN^2}{2} = MX^2 + NX^2 = MX^2 + CX^2 + CN^2 - 2CX \cdot CN\cos\alpha, \tag{18}$$

其中$\alpha = \angle ACM$.

由(18),得

$$\frac{a^2}{2} + \frac{MN^2}{2} = 2MX^2 + a^2 - 2NX \cdot a\cos\alpha.$$

$$MN^2 = a^2 - 4a \cdot MX \cdot \cos\alpha + 4MX^2.$$

$$\begin{aligned}
\therefore \quad \left(\frac{MN}{a}\right)^2 &= 1 - 4\left(\frac{MX}{BM}\right) \cdot \cos\alpha + 4\left(\frac{MX}{BM}\right)^2 \\
&= 1 - 4\sin\frac{B}{2}\cos\left(C - \frac{\pi - B}{2}\right) + 4\sin^2\frac{B}{2} \\
&= 1 - 4\sin\frac{B}{2}\sin\left(C + \frac{B}{2}\right) + 2(1 - \cos B) \\
&= 3 - 2(\cos C - \cos(B + C) + \cos B) \\
&= 3 - 2\left[2\cos\frac{B+C}{2}\cos\frac{B-C}{2} - \left(2\cos^2\frac{B+C}{2} - 1\right)\right] \\
&= 1 - 4\cos\frac{B+C}{2}\left(\cos\frac{B-C}{2} - \cos\frac{B+C}{2}\right) \\
&= 1 - 8\sin\frac{A}{2}\sin\frac{B}{2}\sin\frac{C}{2}.
\end{aligned}$$

单墫
解题研究
丛书

我怎样解题

另一方面,利用

$$\frac{1}{2}r(a+b+c)=\frac{1}{2}ab\sin C,$$

可知

$$\frac{2r}{R}=\frac{4\sin A\sin B\sin C}{\sin A+\sin B+\sin C}$$

$$=\frac{4\sin A\sin B\sin C}{2\sin\dfrac{A+B}{2}\cos\dfrac{A-B}{2}+2\sin\dfrac{A+B}{2}\cos\dfrac{A+B}{2}}$$

$$=\frac{4\sin A\sin B\sin C}{4\cos\dfrac{A}{2}\cos\dfrac{B}{2}\cos\dfrac{C}{2}}$$

$$=8\sin\frac{A}{2}\sin\frac{B}{2}\sin\frac{C}{2}.$$

$$\therefore\quad\left(\frac{MN}{BC}\right)^2=1-\frac{2r}{R}.$$

进而

$$\frac{MN}{BC}=\sqrt{1-\frac{2r}{R}}.$$

解答当然是正确的,而且表现了解题者对三角公式十分熟稔. 但是, 不明白为什么要连 MC, 并取 MN 与 MC 的中点. 其实这类计算题不必多费心思去添辅助线, 除非确有必要. 解题应熟悉基本的关系与几何意义(如本题的相似三角形), 直接剖析核心, 而不要在外围或无关的地方兜圈子.

21　旁　心

如图 50,设等腰梯形 $ABCD$ 中,$AD \parallel BC$. $\triangle BCD$ 的内切圆切 BC 于点 E. 过点 E 作 BC 的垂线交 $\angle BAC$ 的角平分线于点 F. $\triangle ACF$ 的外接圆交 BC 于 C,G 两点. 求证:

$$GF > DF. \tag{1}$$

甲:似乎有

$$FA > FD, \tag{2}$$

与

$$FG = FA. \tag{3}$$

如果这两点都成立,那么(1)就成立了.

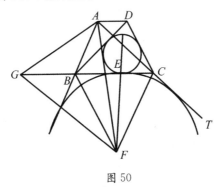

图 50

乙:BC 的垂直平分线是等腰梯形的对称轴. 如果点 E 在 BC 中点右面,那么点 F 在垂直平分线右面,从而(2)成立.

甲:等腰梯形的腰相等,对角线相等,底角也相等.

$$\therefore \quad \angle DCB = \angle ABC > \angle DBC,$$
$$DB > DC \tag{4}$$

(即对角线大于腰). 由于点 E 为切点,则

$$CE = \frac{1}{2}(DC + BC - DB) < \frac{1}{2}BC. \tag{5}$$

即点 E 在 BC 中点右面,从而(2)成立.

乙:A,G,F,C 四点共圆,

$$\therefore \quad \angle GAF = \angle GCF, \qquad (6)$$

$$\angle AGF = \angle FCT, \qquad (7)$$

其中点 T 在 AC 延长线上. 由(6),(7)可知,如果

$$\angle GCF = \angle FCT, \qquad (8)$$

那么

$$\angle GAF = \angle AGF. \qquad (9)$$

从而(3)成立.

于是,只需证明(8),即证明 CF 平分 $\angle BCT$.

甲:也就是说点 F 应当是 $\triangle ABC$ 的旁心.

乙:由于 $AB = DC$, $DB = AC$,所以由(3),得

$$CE = \frac{1}{2}(AB + BC - AC). \qquad (10)$$

而 $\triangle ABC$ 与 A 相对的旁切圆,如果与 BC 相切于点 E,那么 CE 正好满足 (10). 所以,图中的点 E 就是这旁切圆的切点,点 F 就是旁心.

22   结论强　解法简

结论增强了,解法却有可能比原来还要简单. 这是因为结论增强了,内在的规律反而更加凸显,一些次要的枝枝蔓蔓不再阻挠我们的视线,解法也就有可能直剖核心.

请看下面的问题:

设 R,r,e,f 分别为 $\triangle ABC$ 的外接圆半径,内切圆半径,外心与重心的距离,内心与重心的距离. 求证:

$$R^2 - e^2 \geqslant 4(r^2 - f^2). \tag{1}$$

题目中有"外心 O 与重心 G 的距离 e""内心 I 与重心 G 的距离 f",因此,会想到求任一点 P 与重心 G 的距离. 但后来发现(1)可改进为

$$R^2 - e^2 \geqslant 4r^2. \tag{2}$$

这样,PG 或 f 就没有必要去求了. 而 $R^2 - e^2$ 正是重心 G 关于外接圆的幂,所以设 AG 交 BC 于点 D,交外接圆于点 E,则

$$
\begin{aligned}
R^2 - e^2 &= AG \times GE = AG(GD + DE) \\
&= AG \times GD + AG \times DE \\
&= \frac{2}{9}AD^2 + \frac{2}{3}AD \times DE \\
&= \frac{2}{9}AD^2 + \frac{2}{3} \times \left(\frac{a}{2}\right)^2 \quad (BC = a, CA = b, AB = c) \\
&= \frac{1}{9}\left(b^2 + c^2 - \frac{1}{2}a^2\right) + \frac{1}{6}a^2 \\
&= \frac{1}{9}\sum a^2.
\end{aligned}
$$

剩下的事是证明

$$\frac{1}{9}\sum a^2 \geqslant 4r^2. \tag{3}$$

熟知

$$r = \frac{\Delta}{s} = \sqrt{\frac{(s-a)(s-b)(s-c)}{s}} \quad \left(s = \frac{a+b+c}{2}.\right)$$

单墫
解题研究
丛　书

我怎样解题

$$\therefore \quad 4r^2 = \frac{4(s-a)(s-b)(s-c)}{s}$$

$$\leqslant \frac{4}{s}\left(\frac{s-a+s-b+s-c}{3}\right)^3$$

$$= \frac{4s^2}{27} = \frac{1}{27}(a+b+c)^2 \leqslant \frac{1}{9}\sum a^2. \tag{4}$$

最后一步是根据 $\sum 1^2 \cdot \sum a^2 \geqslant (\sum a)^2$（柯西不等式）.

如果在计算 f 之前发现不等式(3),(4),大概就会想到更强的不等式(2),从而不必再计算 f.

(3)是关于 a,b,c 对称的式子. 如果计算的结果不关于 a,b,c 对称,那么一定是计算中发生了错误. 所得的结果没有理由不(关于 a,b,c)对称. 这种感觉可以帮助我们及时发现与纠正错误(如果有错误的话).

可以算出

$$r^2 - f^2 = \frac{1}{6}\sum bc - \frac{5}{36}\sum a^2. \tag{5}$$

23　高 与 中 线

在$\triangle ABC$中，$a \geqslant b \geqslant c$，$h_a$，$m_a$分别表示$a$边上的高与中线，$h_b$，$m_b$，$h_c$，$m_c$意义类似，求

$$\frac{h_a}{m_c} + \frac{h_b}{m_b} + \frac{h_c}{m_a} \tag{1}$$

的最大值.

甲：在三角形为正三角形时，式(1)的值为 3，这大概就是(1)的最大值了.

乙：由$a \geqslant b \geqslant c$可以推出

$$h_a \leqslant h_b \leqslant h_c, m_a \leqslant m_b \leqslant m_c.$$

所以由排序不等式，有

$$\frac{h_a}{m_c} + \frac{h_b}{m_b} + \frac{h_c}{m_a} \geqslant \frac{h_a}{m_a} + \frac{h_b}{m_b} + \frac{h_c}{m_c}. \tag{2}$$

(2)的左边，每项都$\leqslant 1$，三项的和$\leqslant 3$，但右边是不是$\leqslant 3$，还不能断定.

甲：我觉得它也应当$\leqslant 3$，即

$$\frac{h_a}{m_c} + \frac{h_b}{m_b} + \frac{h_c}{m_a} \leqslant 3. \tag{3}$$

师：怎么证明呢？

甲：几何方法好像难以奏效，我用柯西不等式

$$\left(\frac{h_a}{m_c} + \frac{h_b}{m_b} + \frac{h_c}{m_a} \right)^2 \leqslant \sum h_a^2 \cdot \sum \frac{1}{m_a^2}, \tag{4}$$

只需证明

$$\sum h_a^2 \cdot \sum \frac{1}{m_a^2} \leqslant 9. \tag{5}$$

师：能否将(5)的左边全用"基本量"a，b，c表示呢？

甲：可以.

$$\begin{aligned} \sum h_a^2 &= \sum \frac{4\Delta^2}{a^2} \\ &= \sum \frac{4s(s-a)(s-b)(s-c)}{a^2} \\ &= \frac{1}{4} \sum (2b^2c^2 - a^4) \sum \frac{1}{a^2}. \end{aligned} \tag{6}$$

单墫
解题研究
丛书

我怎样解题

$$\sum \frac{1}{m_a^2} = 4 \sum \frac{1}{2b^2 + 2c^2 - a^2}. \tag{7}$$

于是(5)成为

$$\sum (2b^2c^2 - a^4) \sum \frac{1}{a^2} \sum \frac{1}{2b^2 + 2c^2 - a^2} \leqslant 9. \tag{8}$$

乙:很繁啊! 再往下怎么做?

师:不要怕繁. 继续做下去,也就是采用通常化简的方法,通分、合并同类项、去分母等.

甲:
$$\sum \frac{1}{a^2} = \frac{1}{a^2b^2c^2} \sum b^2c^2.$$

$$\sum \frac{1}{2b^2 + 2c^2 - a^2} \cdot \prod (2b^2 + 2c^2 - a^2)$$
$$= \sum (2c^2 + 2a^2 - b^2)(2a^2 + 2b^2 - c^2).$$

真的很繁,乘出来的项很多啊!

师:并没有你想象的那么繁,事实上

$$\sum (2c^2 + 2a^2 - b^2)(2a^2 + 2b^2 - c^2)$$
$$= \sum [2(a^2 + b^2 + c^2) - 3b^2][2(a^2 + b^2 + c^2) - 3c^2]$$
$$= \sum [4(a^2 + b^2 + c^2)^2 + 9b^2c^2 - 6(a^2 + b^2 + c^2)(b^2 + c^2)]$$
$$= 9 \sum b^2c^2. \tag{9}$$

甲:噢! $3 \times 4(a^2 + b^2 + c^2)^2$ 与 $-6(a^2 + b^2 + c^2)\sum(b^2 + c^2)$ 刚好抵消. 这样,(8) 就化为

$$a^2b^2c^2 \prod (2b^2 + 2c^2 - a^2) - \sum (2b^2c^2 - a^4) \cdot \left(\sum b^2c^2\right)^2 \geqslant 0. \tag{10}$$

师:可设
$$x = a^2, y = b^2, z = c^2.$$

令
$$F(x, y, z) = xyz \prod (2y + 2z - x) - \sum (2yz - x^2)\left(\sum yz\right)^2. \tag{11}$$

设法将这个多项式分解因式.

甲:在 $y = z$ 时,有

$$F(x,y,z)=xy^2(4y-x)(2x+y)^2-(4xy-x^2)(2xy+y^2)^2=0.$$

所以 $y-z$ 是 $F(x,y,z)$ 的一个因式.

乙：同理，$x-y,y-z$ 也都是 $F(x,y,z)$ 的因式.

甲：$F(x,y,z)$ 是 x,y,z 的六次齐次式，而且是 x,y,z 的对称式，

$$\therefore \quad F(x,y,z)$$

$$=(x-y)(y-z)(z-x)\Big(A\sum x^3+B\sum x^2y+C\sum x^2z+Dxyz\Big).\text{(12)}$$

其中，A,B,C,D 是待定系数，可以通过比较系数或令 x,y,z 为一些具体的值而定出.

乙：可能要解方程组，比较麻烦.

师：应当注意 $F(x,y,z)$ 是 x,y,z 的对称式，即将 x,y,z 中任两个字母互换，$F(x,y,z)$ 的值不变. 而 $(x-y)(y-z)(z-x)$ 只是 x,y,z 的轮换式，将 x,y,z 中两个字母互换时，改变符号，所以由(12)，得

$$A\sum x^3+B\sum x^2z+C\sum x^2y+Dxyz$$

$$=-\Big(A\sum x^3+B\sum x^2y+C\sum x^2z+Dxyz\Big). \tag{13}$$

甲：比较(13)两边，得 $A=0,B=-C,D=0$.

乙：$\sum x^2y-\sum x^2z=x^2y+y^2z+z^2x-x^2z-y^2x-z^2y$

$$=x^2(y-z)+yz(y-z)+x(z^2-y^2)$$

$$=(y-z)(x^2+yz-xz-xy)$$

$$=(y-z)(x-y)(x-z). \tag{14}$$

甲：其实令 $y=z$，得

$$\sum x^2y-\sum x^2z=0,$$

即知

$$\sum x^2y-\sum x^2z=E(x-y)(y-z)(z-x). \tag{15}$$

再比较 x^2y 系数，得 $E=-1$.

乙：于是由(12)，(14)，得

$$F(x,y,z)=C(x-y)^2(y-z)^2(z-x)^2. \tag{16}$$

甲：比较(11)，(16)中 x^4y^2 的系数. (16)中系数为 C，(11)中系数为 1[只有

单墫
解题研究
丛书

我怎样解题

一项$-(-x^2)(x^2y^2)$是x^4y^2]，　∴　$C=1$,即

$$F(x,y,z)=(x-y)^2(y-z)^2(z-x)^2\geqslant 0. \qquad (17)$$

因此(1)的最大值是 3.

乙：本题表面上是一个几何不等式，重头戏却在 $F(x,y,z)$ 的因式分解.

24 又一个几何不等式

如图 51，$\odot O$ 半径为 1，$\triangle ABC$ 是它的内接三角形，P 为 $\triangle ABC$ 内一点，证明：

$$PA \times PB \times PC \leqslant \frac{32}{27}. \qquad (1)$$

甲：三条线段相乘，很难处理啊！

乙：如果点 P 在弦 BC 上，那么 $PB \times PC$ 是点 P 对于圆的幂，但现在点 P 并不在弦 BC 上.

师：可以延长 BP 交 $\odot O$ 于点 C'，用点 C' 代替点 C.

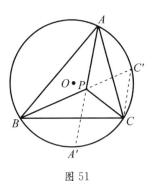

图 51

甲：(1) 是 $PA \times PB \times PC$ 的上界. 如果

$$PC \leqslant PC', \qquad (2)$$

那么就可以用 PC' 代替 PC. 但 (2) 是不是一定成立呢？

乙：由于

$$\angle PC'C = \angle CAB,$$
$$\angle C'CP = \angle C'CA + \angle ACP = \angle ABP + \angle ACP.$$

所以要 (2) 成立，也就是

$$\angle ABP + \angle ACP \geqslant \angle CAB. \qquad (3)$$

但 (3) 在 $\angle BAC$ 比较大时并不成立.

师：$\angle ABP$，$\angle ACP$，$\angle BAP$，$\angle BCP$，$\angle CAP$，$\angle CBP$ 这 6 个角的和正好是 $\angle CAB + \angle ABC + \angle BAC$，所以 (3) 与

$$\angle BAP + \angle BCP \geqslant \angle ABC, \qquad (4)$$
$$\angle CAP + \angle CBP \geqslant \angle BCA \qquad (5)$$

中至少有一个成立，不妨假设 (3) 成立.

甲：现在只需证明

$$PA \times PB \times PC' \leqslant \frac{32}{27}. \qquad (6)$$

如果延长 AP 交 $\odot O$ 于点 A'，那么

我怎样解题

$$PB \times PC' = PA \times PA'. \tag{7}$$

所以只需证

$$PA \times PA \times PA' \leqslant \frac{32}{27}. \tag{8}$$

乙：由于 $x+y$ 为定值时,对正数 x,y 有

$$x^2 y = \frac{1}{2} x \cdot x \cdot 2y \leqslant \frac{1}{2} \left(\frac{x+x+2y}{3} \right)^3 = \frac{1}{2} \left(\frac{2(x+y)}{3} \right)^3 = \frac{4}{27}(x+y)^3,$$

$$\therefore \quad PA \times PA \times PA' \leqslant \frac{4}{27}(PA+PA')^3 = \frac{4}{27} AA'^3 \leqslant \frac{4}{27} \times 2^3 = \frac{32}{27}. \tag{9}$$

师：再考虑一下,等号能否成立呢?

甲：如果等号成立,那么 $AA'=2$,也就是 AA' 是直径,并且 $PA = 2PA' = \frac{4}{3}$,弦 BC 过点 P.

25 平面向量的有限集合

设 M 为平面向量的有限集合. 已知 M 中任三个向量中, 总有两个的和仍属于点 M, 求 $|M|$(M 的元数)的最大值.

对 M 中任一非零向量 a_1, a_1(所在直线)形成两个开的半平面.

设上半平面有 M 中的向量 $a_2, a_3, a_4, \cdots$, 依顺时针顺序排列如图 52 所示.

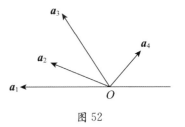

图 52

a_2, a_3 如果共线, 可设 a_2 为这些共线向量中最长的. 这时 a_1, a_2, a_3 中, 任两个的和 a_1+a_2, a_1+a_3, a_2+a_3 都不在 M 中, 与已知不符, 所以 a_2, a_3 不共线. 同理, a_3, a_4 也不共线.

a_1, a_2, a_3 中, 有两个的和属于 M. 由于 a_1+a_2, a_2+a_3 都不属于 M, 所以 a_1+a_3 属于 M, 因而它一定是 a_2, 即

$$a_1+a_3=a_2. \tag{1}$$

同理, 如果上半平面有 a_4, 那么

$$a_2+a_4=a_3. \tag{2}$$

但(1)+(2), 导出

$$a_1+a_4=\mathbf{0} \tag{3}$$

这是不可能的. 所以上半平面至多有 2 个 M 中的向量 a_2, a_3.

同理, 下半平面也至多有 2 个 M 中的向量.

如果在 a_1 所在直线外有向量 $a_2 \in M$, 那么根据上面所证, 没有与 a_1 共线且方向相同的向量. 至多一个与 a_1 共线且方向相反的向量. 于是, 包括零向量在内, M 中至多

$$2+2+2+1=7 \tag{4}$$

个向量.

如果 a_1 所在直线外没有向量属于 M, 那么与 a_1 方向相同的向量至多 3 个. 否则, 设 a_1, a_2, a_3, a_4 属于 M 并且是这些共线向量中最长的, 而 $|a_1| \leqslant |a_2| \leqslant |a_3| \leqslant |a_4|$.

我怎样解题

在 a_2, a_3, a_4 中, 有两个的和属于 M,

$$\therefore \quad a_2 + a_3 = a_4. \tag{5}$$

在 a_1, a_3, a_4 中, 任两个的和都不属于

$$M(|a_1 + a_3| < |a_2 + a_3| = |a_4|, |a_3| < |a_1 + a_3|),$$

与已知矛盾. 同样, 与 a_1 方向相反的向量也至多 3 个. 于是, 包括零向量在内, M 中至多

$$3 + 3 + 1 = 7$$

个向量.

M 中恰有 7 个向量是可能的. 例如, 考虑一个以原点 O 为中心的正六边形 $ABCDEF$, 零向量及 $\overrightarrow{OA}, \overrightarrow{OB}, \overrightarrow{OC}, \overrightarrow{OD}, \overrightarrow{OE}, \overrightarrow{OF}$ 这 7 个向量组成的集合 M 满足条件.

本题并不难, 但考虑完整, 表达清楚也不容易.

26 向量的应用

如图 53,已知四边形 $ABCD$ 的内接四边形 $EFGH$ 是平行四边形,在各边上截取 $AE'=BE$, $BF'=CF$,$CG'=DG$,$DH'=AH$,求证:

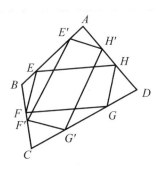

图 53

(1) 四边形 $E'F'G'H'$ 也是平行四边形;

(2) 两个平行四边形 $EFGH$ 与 $E'F'G'H'$ 面积相等.

本题用向量来解最为方便.

设边 AB,BC,CD,DA 的中点分别为 E_0,F_0, G_0,H_0,则

$$E_0=\frac{1}{2}(A+B),F_0=\frac{1}{2}(B+C),$$

$$G_0=\frac{1}{2}(C+D),H_0=\frac{1}{2}(D+A). \tag{1}$$

$$\therefore \quad E_0+G_0=\frac{1}{2}(A+B+C+D)=F_0+H_0. \tag{2}$$

(2)表明 E_0G_0 的中点与 F_0H_0 的中点重合,所以四边形 $E_0F_0G_0H_0$ 是平行四边形. 这是我们顺便得到的一个结果.

由已知 $AE'=BE$, $\therefore$ E,E' 关于 E_0 对称,即

$$E+E'=2E_0, \tag{3}$$

关于其他向量有类似结果,

$$\therefore \quad E+G+E'+G'=2(E_0+G_0)=2(F_0+H_0)=F+H+F'+H'. \tag{4}$$

因为四边形 $EFGH$ 是平行四边形,

$$\therefore \quad E+G=F+H. \tag{5}$$

于是由(4),(5),得

$$E'+G'=F'+H'. \tag{6}$$

从而,$E'G'$ 与 $F'H'$ 互相平分,四边形 $E'F'G'H'$ 是平行四边形.

后一部分较前一部分难,我们仍用向量证明.

首先,注意向量 a,b 的向量积 $a\times b$ 仍是一个向量,与 a,b 所在平面垂直,

单墫
解题研究
丛 书

我怎样解题

与 a, b 构成右手系. 它的模正好是 a, b 所成平行

四边形的面积(图 54). 向量积适合分配律,并且

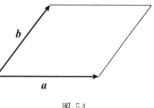

图 54

$$a \times b = -b \times a. \qquad (7)$$

如果在平行四边形 $EFGH$ 内任取一点 O,那

么 $\triangle OHE$ 与 $\triangle OFG$ 的面积和的 2 倍正好是平行

四边形 $EFGH$ 的面积.

$$\therefore \quad S_{EFGH} = \overrightarrow{OH} \times \overrightarrow{OE} + \overrightarrow{OF} \times \overrightarrow{OG}, \qquad (8)$$

对四边形 $E'F'G'H'$ 亦有类似结果. 于是,取 BD 的中点 O 为原点,则只需证

$$H \times E + F \times G = H' \times E' + F' \times G'. \qquad (9)$$

我们有

$$
\begin{aligned}
H' \times E' &= (2H_0 - H) \times E' \\
&= 2H_0 \times E' - H \times (2E_0 - E) \\
&= H \times E + 2H_0 \times E' - 2H \times E_0.
\end{aligned}
\qquad (10)
$$

$$
\begin{aligned}
2H_0 \times E' &= (A + D) \times E' \\
&= (A - B) \times E' \\
&= 2S_{\triangle AOE'} + 2S_{\triangle E'OB} \\
&= 2S_{\triangle AOB} \\
&= 2S_{\triangle DOA} \\
&= H \times (A - D) \\
&= H \times (A + B) \\
&= 2H \times E_0.
\end{aligned}
\qquad (11)
$$

于是,由(10),(11),得

$$H' \times E' = H \times E. \qquad (12)$$

同样,有

$$F' \times G' = F \times G. \qquad (13)$$

所以(9)成立.

在《近代欧氏几何学》(约翰逊著,单墫译,上海教育出版社 1999 年出版)

中,有一个定理(§107):

如图 55,在 $\triangle ABC$ 的边上截取 $BD' = CD, CE' = AE, AF' = BF$,则

$$S_{\triangle DEF} = S_{\triangle D'E'F'}.\qquad(14)$$

在 D' 与 D 重合时,这个定理就相当于上面的(12).

这个定理同样可用向量证明

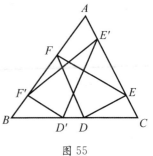

图 55

$$式(14) \Leftrightarrow \overrightarrow{DE} \times \overrightarrow{DF} = \overrightarrow{D'E'} \times \overrightarrow{D'F'}$$

$$\Leftrightarrow \boldsymbol{D} \times \boldsymbol{E} + \boldsymbol{F} \times \boldsymbol{D} + \boldsymbol{E} \times \boldsymbol{F}$$

$$= \boldsymbol{D'} \times \boldsymbol{E'} + \boldsymbol{F'} \times \boldsymbol{D'} + \boldsymbol{E'} \times \boldsymbol{F'}.\quad(15)$$

用上面的证法,得

$$\boldsymbol{D} \times \boldsymbol{F} = \boldsymbol{D'} \times \boldsymbol{F'},$$

$$\boldsymbol{E} \times \boldsymbol{D} = \boldsymbol{E'} \times \boldsymbol{D'},$$

$$\boldsymbol{E} \times \boldsymbol{F} = \boldsymbol{E'} \times \boldsymbol{F'}.$$

相加,即得式(15).

单墫

解题研究

丛　书

我怎样解题

27 内　心

如图 56,锐角三角形 ABC 的内心、外心、垂心分别为点 I,O,H. 点 M,N 分别在 AB,AC 上,并且 $BM=CN$,$AM+AN=BC$. 设点 K 为 BN,CM 的交点. 求证:$KH /\!/ IO$,并且 $KH=2IO$.

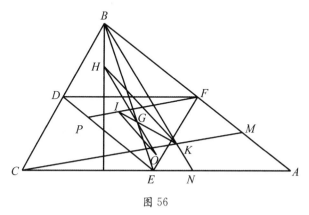

图 56

首先,我们求一下 $BM(CN)$ 的长,并找出点 M,N 的几何意义.

设 $\triangle ABC$ 的边长为 a,b,c,$BM=CN=x$,则

$$(b-x)+(c-x)=a.$$

$$\therefore \quad x=\frac{b+c-a}{2}=s-a,\ b-x=s-c,\ c-x=s-b, \qquad (1)$$

其中 $s=\frac{1}{2}(a+b+c)$.

$AM=c-x=s-b$,表明点 M 是 AB 边上的旁切圆与 AB 的切点. 同样,点 N 是 AC 边上的旁切圆与 AC 的切点.

本题中出现了外心、垂心、内心,这就使我们联想到另一个重要的心,即重心 G. 熟知点 G 在线段 OH 上,并且 $HG=2\times GO$(参见第 5 节,下面亦有证明). 于是,如果本题的结论成立,那么 $\triangle GOI \backsim \triangle GHK$,相似比为 $1:2$.

设三边的中点为 D,E,F,那么中线 AD,BE,CF 都通过重心 G,并被点 G 分为 $1:2$. 所以,$\triangle DEF$ 与 $\triangle ABC$ 位似,位似中心为 G,且相似比为 $1:2$.

在这个位似变换下,$\triangle ABC$ 的垂心 H 变为 $\triangle DEF$ 的垂心,而点 O 正好是 $\triangle DEF$ 的垂心,所以线段 OH 过点 G,而且 $GH:HO=2:1$.

如果在△DEF中,内心 I 与△ABC中的 K 相对应,那么线段 IK 过位似中心 G,并且 $IG:GK=1:2$,$KH/\!/IO$,$KH=2IO$.

因此,只需证明点 I 与点 K 相对应.

设 P,Q 为△DEF中与 M,N 相对应的点,则点 P 在 DE 上,且

$$\frac{DP}{PE}=\frac{AM}{MB}=\frac{s-b}{s-a}.$$

因此,由分点分式,得

$$
\begin{aligned}
P &= \frac{(s-b)\boldsymbol{E}+(s-a)\boldsymbol{D}}{(s-b)+(s-a)}\\
&= \frac{(s-b)\dfrac{\boldsymbol{A}+\boldsymbol{C}}{2}+(s-a)\dfrac{\boldsymbol{B}+\boldsymbol{C}}{2}}{c}\\
&= \frac{(s-b)\boldsymbol{A}+(s-a)\boldsymbol{B}+c\boldsymbol{C}}{2c}.
\end{aligned}
\tag{2}
$$

$$
\begin{aligned}
\overrightarrow{PF} &= \boldsymbol{F}-\boldsymbol{P}=\frac{\boldsymbol{A}+\boldsymbol{B}}{2}-\frac{(s-b)\boldsymbol{A}+(s-a)\boldsymbol{B}+c\boldsymbol{C}}{2c}\\
&= \frac{(s-a)\boldsymbol{A}+(s-b)\boldsymbol{B}-c\boldsymbol{C}}{2c}.
\end{aligned}
\tag{3}
$$

又熟知

$$\boldsymbol{I}=\frac{a\boldsymbol{A}+b\boldsymbol{B}+c\boldsymbol{C}}{a+b+c} \tag{4}$$

(例如参看拙著《解析几何的技巧》),

$$\therefore\quad \overrightarrow{IF}=\boldsymbol{F}-\boldsymbol{I}=\frac{\boldsymbol{A}+\boldsymbol{B}}{2}-\frac{a\boldsymbol{A}+b\boldsymbol{B}+c\boldsymbol{C}}{a+b+c}=\frac{(s-a)\boldsymbol{A}+(s-b)\boldsymbol{B}-c\boldsymbol{C}}{a+b+c}. \tag{5}$$

由(3),(5),得

$$\overrightarrow{PF}=\frac{a+b+c}{2c}\overrightarrow{IF}. \tag{6}$$

(6)表明点 I 在 PF 上,同理点 I 在 QE 上,因此点 I 是 PF,QE 的交点,即在△DEF中,点 I 是与点 K 相对应的点. 证毕.

位似等变换在几何中极为重要,很多问题采用变换的观点便清清楚楚,一目了然. 本题如果不用这种观点,当然也不是不能解决,但即使解决了,解法也有似隔靴搔痒,搔不着痒处.

我怎样解题

28 平分周长

$\triangle ABC$ 与 B,C 相对的旁切圆分别为 $\odot I_B,\odot I_C$,它们分别关于 AC,AB 的中点作对称,得到 $\odot I_B',\odot I_C'$. 证明:$\odot I_B',\odot I_C'$ 的公共弦所在的直线平分 $\triangle ABC$ 的周长.

首先,要作一个图,图中圆可以暂时不画,重要的是将圆心定出来. 作 $\triangle ABC$ 的三条外角平分线,便可定出三个旁心 I_A,I_B,I_C. 作平行四边形 AI_CBI_C',AI_BCI_B' 便定出 I_B',I_C'(图 57).

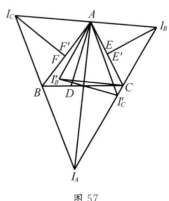

图 57

设三边的长为 $a,b,c,s=\dfrac{1}{2}(a+b+c)$.

设 $\odot I_B,\odot I_C$ 在 AC,AB 上的切点分别为 E,F,它们分别关于 AC,AB 中点的对称点为 E',F',则 E',F' 分别为 $\odot I_B',\odot I_C'$ 与 AC,AB 的切点.

熟知

$$BF=s-a,CE=s-a,$$
$$\therefore \quad AE'=AF'=s-a,$$

即点 A 到 $\odot I_B',\odot I_C'$ 的切线长相等.

于是,点 A 在 $\odot I_B',\odot I_C'$ 的根轴(也就是到这两圆的切线相等的点的轨迹,它是一条直线,在两圆相交时,根轴就是公共弦所在的直线)上,即在 $\odot I_B',\odot I_C'$ 的公共弦所在直线 l 上.

在过点 A 的直线中,哪一条平分 $\triangle ABC$ 的周长呢?

设平分 $\triangle ABC$ 的周长的这条直线交 BC 于点 D. 由于 $AB=c$,所以 $BD=s-c$. 熟知这样的点 D,即点 A 所对旁切圆 I_A 与 BC 边的切点.

只需证明 l 与 AD 重合.

由于 $l\perp I_B'I_C'$ 并且 l 过点 A,而过点 A 的 $I_B'I_C'$ 的垂线只有一条,所以只需证明 $AD\perp I_B'I_C'$. 这是本题的关键.

我们采用向量

$$\overrightarrow{I'_B I'_C} = \overrightarrow{I'_B C} + \overrightarrow{CB} + \overrightarrow{BI'_C} = \overrightarrow{AI_B} + \overrightarrow{CB} + \overrightarrow{I_C A} = \overrightarrow{I_C I_B} + \overrightarrow{CB}, \qquad (1)$$

所以三条向量 $\overrightarrow{I'_B I'_C}$, $\overrightarrow{I_C I_B}$, $\overrightarrow{CB}$ 可以组成三角形. 为不使图形复杂起见, 我们并不将这个三角形画出来, 称这个未画出的三角形为三角形 Γ.

AI_A 是 $\angle BAC$ 的平分线, $\therefore$ $AI_A \perp I_B I_C$.

点 D 是圆 I_A 与 BC 的切点, $\therefore$ $I_A D \perp BC$.

$\triangle ADI_A$ 与三角形 Γ 有两条对应边互相垂直 (希望证明第三条对应边 $AD \perp I'_B I'_C$), 所以 $\angle AI_A D$ 与 CB, $I_C I_B$ 所成的角相等. 又

$$\angle AI_B C = 180° - \frac{1}{2}(180° - \angle BAC) - \frac{1}{2}(180° - \angle ACB)$$

$$= \frac{1}{2}(\angle BAC - \angle ACB)$$

$$= \frac{1}{2}(180° - \angle ABC)$$

$$= \angle I_A BC,$$

$\therefore$ $\triangle I_A BC \backsim \triangle I_A I_B I_C$. $I_A D$, $I_A A$ 是这两个三角形中的对应的高,

$$\therefore \quad \frac{I_A A}{I_A D} = \frac{I_C I_B}{CB}. \qquad (2)$$

并且 $\angle AI_A D$ 与 CB, $I_C I_B$ 所成角相等, 这表明 $\triangle AI_A D$ 与三角形 Γ 相似. 从而第三条对应边 $AD \perp I'_B I'_C$.

本题的困难是 $I'_B I'_C$ 的位置、性质不易把握, 而采用向量就使问题变得清晰. 亦可直接求数量积

$$\overrightarrow{I'_B I'_C} \cdot \overrightarrow{AD} = (\overrightarrow{I_C I_B} + \overrightarrow{CB}) \cdot (\overrightarrow{AI_A} + \overrightarrow{I_A D})$$

$$= \overrightarrow{CB} \cdot \overrightarrow{AI_A} + \overrightarrow{I_C I_B} \cdot \overrightarrow{I_A D}. \qquad (3)$$

(2) 及上述角的相等导致这数量积为 0, 即 $AD \perp \overrightarrow{I'_B I'_C}$.

单墫

解题研究
丛书

我怎样解题

29 n 个向量的和

⊙O 是单位圆,求证对它的内接凸 $2n$ 边形 $A_1A_2\cdots A_{2n}$,有

$$\left|\sum_{i=1}^{n}\overrightarrow{A_{2i-1}A_{2i}}\right|\leqslant 2\sin\frac{\angle A_1OA_2+\angle A_3OA_4+\cdots+\angle A_{2n-1}OA_{2n}}{2}.\quad(1)$$

先从简单的做起,考虑 $n=2$ 的情况. 图58是圆内接凸四边形 $A_1A_2A_3A_4$,要证

$$\left|\overrightarrow{A_1A_2}+\overrightarrow{A_3A_4}\right|\leqslant 2\sin\frac{\angle A_1OA_2+\angle A_3OA_4}{2}.\quad(2)$$

先设法将 $\angle A_1OA_2$ 与 $\angle A_3OA_4$ "加"起来,即在图上表示出这两个角的和.

为此,作与 A_2A_4 垂直的直径 BB',设 A_3 关于 OB 的对称点为 A_3',则 A_2A_3' 与 A_4A_3 关于 OB 对称,$\angle A_3'OA_2=\angle A_3OA_4$. 从而

$$\angle A_1OA_3'=\angle A_1OA_2+\angle A_2OA_3'=\angle A_1OA_2+\angle A_3OA_4.\quad(3)$$

连 A_1A_3',则在等腰三角形 A_1OA_3' 中,有

$$A_1A_3'=2\sin\frac{\angle A_1OA_3'}{2}=2\sin\frac{\angle A_1OA_2+\angle A_3OA_4}{2},\quad(4)$$

于是,只需证明

$$\left|\overrightarrow{A_1A_2}+\overrightarrow{A_3A_4}\right|\leqslant\left|\overrightarrow{A_1A_3'}\right|.\quad(5)$$

为此,将 $\overrightarrow{A_3A_4}$ 平移为 $\overrightarrow{A_2A_4'}$. 在 $\triangle A_1A_2A_3'$ 与 $\triangle A_1A_2A_4'$ 中,

$$A_1A_2=A_1A_2,A_2A_3'=A_3A_4=A_2A_4',$$
$$\angle A_1A_2A_3'=\angle A_1A_2A_4+\angle A_4A_2A_3'$$
$$=\angle A_1A_2A_4+\angle A_3A_4A_2$$
$$>\left|\angle A_1A_2A_4-\angle A_3A_4A_2\right|$$
$$=\left|\angle A_1A_2A_4-\angle A_4'A_2A_4\right|$$
$$=\angle A_1A_2A_4'.$$

∴ $A_1A_3'>A_1A_4'$,即(5)成立.

对于一般情况(图59),当然采用归纳法. 可设 $n\geqslant 3$,并且(1)在 n 换为 $n-1$ 时成立.

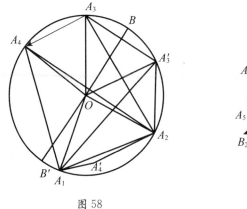

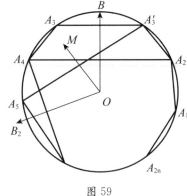

图 58   图 59

与前面相同,作出 A_3',这时(3)成立,对于凸 $2(n-1)$ 边形 $A_1A_3'A_5\cdots A_{2n}$,由归纳假设可知

$$|\overrightarrow{A_1A_3'} + \overrightarrow{A_5A_6} + \cdots + \overrightarrow{A_{2n-1}A_{2n}}|$$

$$\leqslant 2\sin \frac{\angle A_1OA_3' + \angle A_5OA_6 + \cdots + \angle A_{2n-1}OA_{2n}}{2}$$

$$= 2\sin \frac{\angle A_1OA_2 + \angle A_3OA_4 + \angle A_5OA_6 + \cdots + \angle A_{2n-1}OA_{2n}}{2}. \qquad (6)$$

问题化为证明

$$|\overrightarrow{A_1A_2} + \overrightarrow{A_3A_4} + \overrightarrow{A_5A_6} + \cdots + \overrightarrow{A_{2n-1}A_{2n}}| \leqslant |\overrightarrow{A_1A_3'} + \overrightarrow{A_5A_6} + \cdots + \overrightarrow{A_{2n-1}A_{2n}}|. \qquad (7)$$

虽然有(5)成立,但它不能导出(7)成立.(7)是挡在我们面前的困难. 不要试图硬着"克服困难",因为(7)不一定是对的,除非 $\overrightarrow{A_1A_2}$,$\overrightarrow{A_3A_4}$ 与后面的向量之和或全体向量之和有某种关系.

设全体向量之和 $\overrightarrow{A_1A_2} + \overrightarrow{A_3A_4} + \cdots + \overrightarrow{A_{2n-1}A_n}$ 为 $\overrightarrow{OM}$,即将这个和向量平移,使始点与 O 重合,这时

$$\overrightarrow{A_1A_3'} + \overrightarrow{A_5A_6} + \cdots + \overrightarrow{A_{2n-1}A_n} = \overrightarrow{A_1A_2} + \overrightarrow{A_2A_3'} + \overrightarrow{A_5A_6} + \cdots + \overrightarrow{A_{2n-1}A_n}$$

$$= \overrightarrow{OM} + \overrightarrow{A_2A_3'} - \overrightarrow{A_3A_4}$$

$$= \overrightarrow{OM} + \overrightarrow{A_2A_3'} + \overrightarrow{A_4A_3}.$$

$\overrightarrow{A_2A_3'}$ 与 $\overrightarrow{OB}$ 的夹角(指将 $\overrightarrow{A_2A_3'}$ 旋转到与 $\overrightarrow{OB}$ 重合时,所转过的不大于 $180°$ 的角,旋转方向不限)是锐角,而且 $\overrightarrow{A_4A_3}$ 与 $\overrightarrow{OB}$ 的夹角与它相等,$|\overrightarrow{A_4A_3}| =$

单墫
解题研究
丛　书

我怎样解题

$|\overrightarrow{A_2A_3}|$（事实上，$\overrightarrow{A_4A_3}$ 与 $\overrightarrow{A_2A_3}$ 关于 $\overrightarrow{OB}$ 对称）. 所以，$\overrightarrow{A_2A_3}+\overrightarrow{A_4A_3}$ 沿着 $\overrightarrow{OB}$ 的正方向，即 $\overrightarrow{A_2A_3}+\overrightarrow{A_4A_3}=\lambda\cdot\overrightarrow{OB}$，$\lambda$ 为正实数，从而(7)成为

$$|\overrightarrow{OM}|\leqslant|\overrightarrow{OM}+\lambda\overrightarrow{OB}|. \tag{8}$$

(8)只在 $\overrightarrow{OM}$ 与 $\overrightarrow{OB}$（也就是 $\lambda\overrightarrow{OB}$）的夹角不大于 $90°$ 时，才一定成立. 而这一点无法保证.

但在从 $2n$ 边形变为 $2(n-1)$ 边形时，我们可以自由选择. 即设 $\overrightarrow{A_2A_3A_4}$，$\overrightarrow{A_1A_5A_6}$，$\cdots$，$\overrightarrow{A_{2n-2}A_{2n-1}A_{2n}}$，$\overrightarrow{A_{2n}A_1A_2}$ 的中点分别为

$$B_1=B,B_2,\cdots,B_n. \tag{9}$$

$\overrightarrow{OM}$ 必定在

$$\angle B_1OB_2,\angle B_2OB_3,\cdots,\angle B_{n-1}OB_n,\angle B_nOB_1$$

的某一个中，不妨设 $\overrightarrow{OM}$ 在 $\angle B_1OB_2$ 中，由于

$$\angle B_1OB_2=\frac{1}{2}(\angle A_2OA_4+\angle A_4OA_6)<\frac{1}{2}\times360°=180°,$$

所以 $\overrightarrow{OB_1}$，$\overrightarrow{OB_2}$ 中有一个与 $\overrightarrow{OM}$ 的夹角为锐角，不妨设 $\overrightarrow{OB_1}$ 与 $\overrightarrow{OM}$ 的夹角为锐角，这时(8)成立，从而命题成立.

选择的权利非常重要. 由于有选择权，产生了一个条件：$\overrightarrow{OB}$ 与 $\overrightarrow{OM}$ 的夹角为锐角，而这正是(8)成立所需要的. 所以，我们遇到困难时，不应当像愚蠢到极点的共工氏那样，用头硬撞比他的脑袋硬得多的不周山（结果当然是失败，死在不周山下）. 而应当运用选择权去创造条件，自然地消除困难，化解困难，这才是聪明人的做法.

30 寺庙中的几何题

设长方形 $ABCD$ 中有两个圆,分别为 $\odot O_1,\odot O_2.\odot O_1$ 与 AB,AD 相切,$\odot O_2$ 与 BC,CD 相切,并且两个圆都与一个过 B,D 两点的圆相切. 设 $\odot O_1$ 半径为 r_1,$\odot O_2$ 半径为 r_2,$\triangle ABD$ 的内切圆半径为 r,求证:

(1) $r_1+r_2=2r$;

(2) $\odot O_1$ 与 $\odot O_2$ 的一条内公切线与 BD 平行,并且长度为 $|AB-AD|$.

本题是日本寺庙中的几何题. 结果优美,但推导却需要计算. 难度不大,计算应尽量简单一些.

设过 B,D 两点的圆为 $\odot O$,以 O 为原点,平行于 AB,AD 的直线为 x 轴,y 轴,建立平面直角坐标系,如图 60 所示.

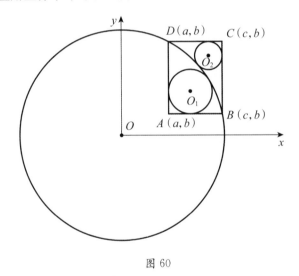

图 60

设 $\odot O$ 方程为

$$x^2+y^2=1. \tag{1}$$

A,B,C,D 坐标分别为

$$(a,b),(c,b),(c,d),(a,d) \quad (a \leqslant c,b \leqslant d), \tag{2}$$

则

$$AB=c-a,AD=d-b,BD=\sqrt{(c-a)^2+(d-b)^2}, \tag{3}$$

我怎样解题

$$2r = AB + AD - BD = (c-a) + (d-b) - \sqrt{(c-a)^2 + (d-b)^2}. \quad (4)$$

O_1, O_2 坐标分别为

$$(a+r_1, b+r_1), (c-r_2, d-r_2). \quad (5)$$

由 $\odot O$ 与 $\odot O_1$ 相切,得

$$OO_1 = 1 - r_1,$$

即

$$(a+r_1)^2 + (b+r_1)^2 = (1-r_1)^2.$$

展开,得

$$r_1^2 + 2(a+b+1)r_1 = 1 - a^2 - b^2.$$

解得

$$r_1 = -(a+b+1) + \sqrt{2(1+a)(1+b)}. \quad (6)$$

同样,由 $\odot O$ 与 $\odot O_2$ 相切,得

$$r_2 = c + d + 1 - \sqrt{2(1+c)(1+d)}. \quad (7)$$

(显然 $r_2 < c$,所以根号前取负号)

$$r_1 + r_2 = (c+d-a-b) + \sqrt{2(1+a)(1+b)} - \sqrt{2(1+c)(1+d)}. \quad (8)$$

注意 B, D 在圆 O 上,

$$\therefore \quad b^2 + c^2 = a^2 + d^2 = 1. \quad (9)$$

从而

$$2r = (c+d-a-b) - \sqrt{2(1-ac-bd)}. \quad (10)$$

要证 $r_1 + r_2 = 2r$,即

$$\sqrt{(1+c)(1+d)} - \sqrt{(1+a)(1+b)} = \sqrt{1-ac-bd}. \quad (11)$$

$$(11) \Leftrightarrow 1 + a + b + c + d + ab + cd + ac + bd$$
$$= 2\sqrt{(1+a)(1+b)(1+c)(1+d)}.$$

即

$$(1+a+d)(1+b+c) = 2\sqrt{(1+a)(1+b)(1+c)(1+d)}. \quad (12)$$

由(9),得

$$(1+a+d)^2 = 2(1+a)(1+d), \quad (13)$$

$$(1+b+c)^2 = 2(1+b)(1+c). \quad (14)$$

$\therefore$ (12)成立,$r_1 + r_2 = 2r$.

式(11)的证明也可借助于三角. 设 $c=\cos\alpha$, $b=\sin\alpha$, $a=\cos\beta$, $d=\sin\beta$, 则 $\alpha<\beta$, 且

$$(11)\Leftrightarrow 2\cos\frac{\alpha}{2}\cos\left(\frac{\pi}{4}-\frac{\beta}{2}\right)-2\cos\frac{\beta}{2}\cos\left(\frac{\pi}{4}-\frac{\alpha}{2}\right)=\sqrt{2}\sin\frac{\beta-\alpha}{2}$$

$$\Leftrightarrow\sqrt{2}\left(\cos\frac{\alpha}{2}\sin\frac{\beta}{2}-\cos\frac{\beta}{2}\sin\frac{\alpha}{2}\right)=\sqrt{2}\sin\frac{\beta-\alpha}{2}.$$

最后的等式显然成立.

要证(2), 可改以 A 为原点(图 61), 设 B, D 坐标为

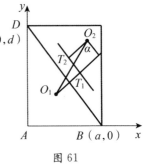

图 61

$$(a,0),(0,d).$$

O_1, O_2 坐标为

$$(r_1,r_1),(a-r_2,d-r_2).$$

因公切线长

$$T_1T_2^2=O_1O_2^2-(r_1+r_2)^2$$

$$=(a-r_2-r_1)^2+(d-r_2-r_1)^2-(r_1+r_2)^2$$

$$=a^2+d^2+(r_1+r_2)^2-2(a+d)(r_1+r_2). \tag{15}$$

由上面的结果

$$r_1+r_2=2r=a+d-\sqrt{a^2+d^2}. \tag{16}$$

$$\therefore\quad T_1T_2^2=a^2+d^2+(r_1+r_2)[r_1+r_2-2(a+d)]$$

$$=a^2+d^2-(r_1+r_2)(a+d+\sqrt{a^2+d^2})$$

$$=a^2+d^2-(a+d)^2+a^2+d^2$$

$$=(a-d)^2.$$

$$T_1T_2=|a-d|=|AB-AD|.$$

O_1O_2 的斜率为

$$\frac{d-r_2-r_1}{a-r_2-r_1}=\frac{d-2r}{a-2r}. \tag{17}$$

T_1T_2 与 O_1O_2 的夹角 α 的正切

$$\tan\alpha=\frac{2r}{|a-d|}. \tag{18}$$

直线 DB 的斜率为 $-\dfrac{d}{a}$, 所以 DB 与 O_1O_2 的夹角正切

单墫
解题研究
丛书

我怎样解题

$$\left(\frac{d-2r}{a-2r}-\left(-\frac{d}{a}\right)\right)\div\left(1-\frac{d(d-2r)}{a(a-2r)}\right)=\frac{2ad-2r(a+d)}{a^2-d^2-2r(a-d)}$$

$$=\frac{1}{a-d}\cdot\frac{2ad-2r(a+d)}{a+d-2r},\quad(19)$$

$$\frac{2ad-2r(a+d)}{a+d-2r}=2r\Leftrightarrow 2ad-2r(a+d)=2r(a+d)-4r^2$$

$$\Leftrightarrow 4r^2-4r(a+d)+2ad=0.\quad\quad(20)$$

由于(16),$2r$ 使(20)成立,所以 DB 与 O_1O_2 的夹角为 α,即 DB 与内公切线 T_1T_2 平行.

本题要求有熟练的运算能力,这是学好数学的一个基本条件.

31 四点共圆

如图 62,设点 H 为 $\triangle ABC$ 的垂心,点 D,E,F 为 $\triangle ABC$ 的外接圆上三点,使得 $AD/\!/BE/\!/CF$,点 S,T,U 分别为点 D,E,F 关于边 BC,CA,AB 的对称点.求证:S,T,U,H 四点共圆.

本题是 2006 年国家队选拔考试的第一题,题目较长,图也较复杂,需分几步进行.

第一步证明下面的命题:

设点 D,E,F 为 $\triangle ABC$ 的外接圆上三点,使得 $AD/\!/BE/\!/CF$,过点 D,E,F 分别作 BC,CA,AB 的平行线,则这三条直线交于一点,这点也在 $\triangle ABC$ 的外接圆上.

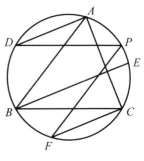

图 62

这个命题不难证明.设过点 D 的 BC 平行线交外接圆于点 P,连接 PE,PF.

$\because AD/\!/BE$, $\therefore \overparen{BD}=\overparen{AE}$. $\because DP/\!/BC$, $\therefore \overparen{BD}=\overparen{PC}$. 于是,$\overparen{PC}=\overparen{AE}$,减去 $\overparen{PE}$,得 $\overparen{AP}=\overparen{EC}$, $\therefore PE/\!/AC$. 同理,$PF/\!/AB$.

评注 如果命题中不指明公共点在外接圆上,反倒增加了证明的难度.但直觉会告诉我们这个点应当在外接圆上(否则它在哪里呢? 跟外接圆会没有关系吗? 当然不会).

第二步证明下面的命题:

如图 63,设点 D,P 在 $\triangle ABC$ 的外接圆上,并且 $DP/\!/BC$,点 H 是 $\triangle ABC$ 的垂心,点 A' 是点 A 的对称点,点 S 是点 D 关于 BC 的对称点,则 $A'S\underline{/\!/}PH$.

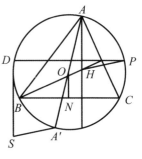

图 63

我们采用解析几何,以圆心 O 为原点,半径为单位,BC 方向为 x 轴方向,设点 A,B,C,P 的坐标分别为

$$(\cos\alpha,\sin\alpha),(\cos\beta,\sin\beta),(-\cos\beta,\sin\beta),(\cos\theta,\sin\theta), \tag{1}$$

则点 D,A',S 的坐标分别为

$$(-\cos\theta,\sin\theta),(-\cos\alpha,-\sin\alpha),(-\cos\theta,2\sin\beta-\sin\theta). \tag{2}$$

单墫
解题研究
丛书

我怎样解题

熟知垂心 H 的坐标为 $\left(\sum\cos\alpha,\sum\sin\alpha\right)$（参见《解析几何的技巧》，单墫著，中国科学技术大学出版社，2001 年第二版，44～45 页）. 现在点 H 的坐标就是

$$(\cos\alpha,\sin\alpha+2\sin\beta).\qquad(3)$$

于是，向量 $\overrightarrow{SA'}$ 与 $\overrightarrow{HP}$ 都是

$$(\cos\theta-\cos\alpha,\sin\theta-\sin\alpha-2\sin\beta),\qquad(4)$$

即 $SA'\underline{\underline{\parallel}}HP$.

上述命题也可用纯几何的方法来证：

设 N 为 BC 的中点，则 ON 是线段 BC 的对称轴，弦 $DP\parallel BC$，所以 ON 也是 DP 的对称轴. 在 $\triangle DPS$ 中，直线 ON,BC 都是中位线（所在的直线），因此 ON 与 BC 相交于 PS 的中点，即 N 也是 PS 的中点.

又 AA' 是直径，$BA'\perp AB$，所以 BA' 与高 CH 平行.

同理可证，$CA'\parallel BH$.

于是，在 $\square BHCA'$ 中，BC 中点 N 也是 HA' 的中点.

因此，点 P 与点 S，点 H 与点 A' 关于 N 中心对称. $SA'\underline{\underline{\parallel}}HP$.

第三步就回到原来的问题：

设 B,C 的对称点分别为 B',C'，则由以上两步可知

$$SA'\underline{\underline{\parallel}}HP,TB'\underline{\underline{\parallel}}HP,UC'\underline{\underline{\parallel}}HP.$$

A',B',C',P 四点都在圆 O 上，所以 S,T,U,H 四点也同在一个圆上，这个圆就是圆 O 平移而得到的，平移向量 $\overrightarrow{PH}$，即过 O 作 $\overrightarrow{OM}=\overrightarrow{PH}$，再以点 M 为圆心作圆（与圆 O 半径相等），点 S,T,U,H 均在这个圆上.

证明四点共圆，常常证明所成四边形的对角互补. 本题则是原来四个点 (A',B',C',P) 共圆，同时将四个点平移（同一个平移向量 $\overrightarrow{PH}$），所得的四个点也共圆. 这种证法从图形的整体考虑，颇为有趣.

第二种证法如下：

由 $AD\parallel BE$，可得 $\overparen{DB}=\overparen{AE}$，$DE=AB$.

同理，$EF=AC$，$FD=CA$.

$\therefore\quad \triangle DEF\cong\triangle ABC$，

但两个三角形反向（即图中 A,B,C 是逆时针顺序，而 D,E,F 是顺时针顺序，图 64）.

又由 $BE\parallel CF$，得

$$\overgroup{BF} = \overgroup{CE}, \angle CAE = \angle BAF.$$

$$\therefore \quad \angle TAE = 2\angle CAE = 2\angle BAF = \angle UAF.$$

将 $\triangle AEF$ 绕点 A 顺时针旋转 $2\angle CAE$,
得 $\triangle ATU$,

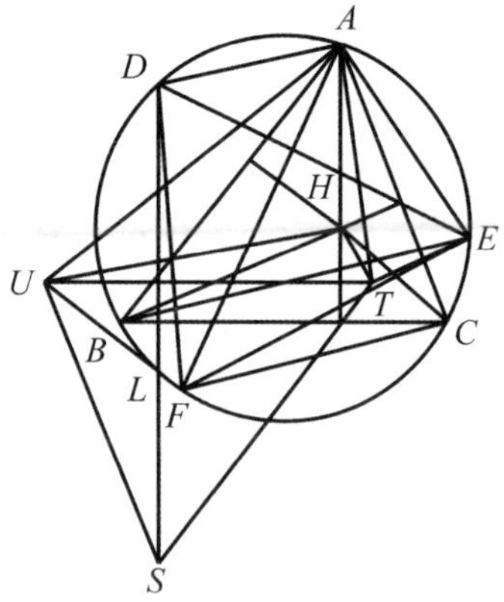

$$\therefore \quad EF = TU.$$

同理,得

$$DE = ST, FD = US.$$

$$\therefore \quad \triangle DEF \cong \triangle STU.$$

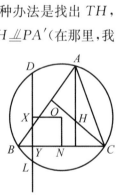

图 64

$\triangle STU$ 也与 $\triangle ABC$ 全等,而且同向. 注意 EF 与
BC 所夹的角正好与 $\overgroup{CE}$ 的度数相等,即这个角
等于 $2\angle CAE$. 所以 EF 旋转到 TU 的位置正好与 BC 平行.

同理,得

$$ST \mathbin{/\mkern-5mu/} AB, US \mathbin{/\mkern-5mu/} CA.$$

即 $\triangle STU$ 与 $\triangle ABC$ 不仅全等,而且对应边互相平行(这一结论,只要画一个好
图即可发现).

于是, $\triangle STU$ 的外接圆与 $\triangle ABC$ 的外接圆,即 $\odot O$ 相等. 要证明 S, T, U,
H 四点共圆,只需证明

$$\angle THU = 180° - \angle BAC. \tag{5}$$

但这比较难证. 因为 H 在"里面",较难找出合适的关系,一种办法是找出 TH,
HU 的平行线. 这可以像第一种解法的第二步那样,证明 $SH \underline{\mathbin{/\mkern-5mu/}} PA'$(在那里,我
们实际上证明了四边形 $SHA'P$ 是平行四边形). 同理,
TH, HU 分别与 PB', PC' 平行(B', C' 分别为 B, C 的对
径点). 从而式(5)成立. 但这种做法实际上走向第一种
解法.

另一种证法是:

如图 65,设 DS 交 $\odot O$ 于点 L,交 BC 于点 Y. BC 的
中点为 N, DL 的中点为 X,则易证

$$SL = SY - YL = DY - YL = 2XY = 2ON.$$

但熟知 $AH = 2ON$(例如在第一种解法的第二步最后已证
N 是 HA' 的中点,所以 ON 是 $\triangle AA'H$ 的中位线, $AH = 2ON$),

图 65

单墫
解题研究
丛书
我怎样解题

$$\therefore \quad SL = AH.$$

又 $SL \perp TU$,所以 L 正是△STU 中与△ABC 的垂心 H 相对应的点,即 L 是△STU 的垂心.

△STU 的垂心 L 在△ABC 的外接圆上,且

$$\angle BLC = 180° - \angle TSU = 180° - \angle BAC. \tag{6}$$

所以△ABC 的垂心 H 在△STU 的外接圆上,并且式(5)成立.

坦白地说,本题我先看了标准答案(附在最后),因而思路受其影响. 第一种解法的第一步即是标准答案中的一步,第二步(最关键的一步)虽与标准答案不同,但其中仍有它的影子. 所以,为什么要用点 P 及向量 $\overrightarrow{HP}$,我也难以说出理由. 对于这一解法我并不十分满意,图中一些线段的关系亦未说清. 于是,自己考虑了另一种解法,发现△DEF,△STU 均与△ABC 全等,自然外接圆也相等或相同. 剩下的只需证明式(5),即 H 在圆 STU 上,而△STU 的垂心 L 却不难找出(DS 与⊙O 的交点),L 在⊙O 上,从而 H 在圆 STU 上. 证明中还发现△STU 与△ABC 的对应边平行. 从而对△STU 及圆 STU 有更多的了解. 这一种解法,自己比较满意. 当然两种解法结合起来看,对图形的了解更为完整.

命题组的标准答案为:

证明 先证明下面的引理.

引理 设点 O,H 分别为△ABC 的外心和垂心,点 P 为△ABC 的外接圆上任意一点,点 P 关于 BC 的中点对称点为点 Q,则 QH 的垂直平分线与直线 AP 关于 OH 的中点对称.

事实上,过点 A 作△ABC 的外接圆的直径 AA',则点 A' 与△ABC 的垂心点 H 也关于 BC 的中点对称, $\quad \therefore \quad QH \underline{\underline{\parallel}} A'P$. 又 ∵ $A'P \perp AP$, $\therefore \quad QH \perp AP$. 设点 D,N 分别为 AP,OH 的中点,则 $A'P = 2OD$,$QH = 2NH$,于是,$OD \underline{\underline{\parallel}} NH$,而 $AP \perp OD$,故 OH 的垂直平分线与直线 AP 关于 OH 的中点对称,如图 66.

再证原题. 过点 D 作 BC 的平行线与△ABC 的外接圆交于另一点 P. 由 $AD \parallel BE \parallel CF$ 易知 $PE \parallel CA$,$PF \parallel AB$. 因 $PD \parallel BC$,点 S 是点 D 关于 BC 的对称点,所以,点 P 关于 BC 的中点的对称点是 S. 设△ABC 的外心为 O,OH 的中点为 M. 由引理可知,直线 AP 关于点 M 的对称直线是 HS 的垂直平分线;同理,直线 BP,CP 关于点 M 的对称直线分别为 HT 的垂直平分线和 HU

的垂直平分线. 而 AP, BP, CP 有公共点 P, 因此 HS, HT, HU 这三条线段的三条垂直平分线交于一点. 故 S, T, U, H 四点共圆, 如图 67 所示.

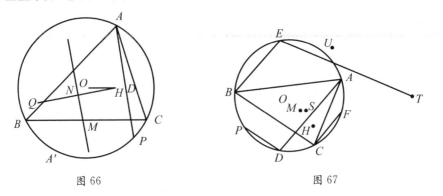

图 66   图 67

这一证明不难看懂(每一步都写得很清楚), 却又不易看懂(不知道怎么想出这些步骤的, 例如引理, 我就想不出). 其中点 M 即 $\triangle ABC$ 的九点圆的圆心, 可以多说一两句, 即圆 STU 的圆心与点 P 关于 M 对称, 并且圆 STU 与圆 O 相等.

单墫
解题研究
丛书

我怎样解题

极点与极线

如图 68,圆内接四边形 $ABCD$ 的对边 AB,CD 相交于点 E,AD,BC 相交于点 F,P 为圆上一点,PE,PF 分别又与圆相交于 Q,R 两点. 求证:AC,BD,QR 三线共点.

师:这道题我做了两次,四年前有个学生问我这道题,现在你们又问我这道题,我两次的解法大致相同,稍有差异. 为了解这道题,你们得先做下面的几道题.

1. 已知圆 (O,r),如果点 P,Q 与点 O 共线,并且

$$OP \times OQ = r^2 \tag{1}$$

(满足这种条件的点 P,Q,称为关于圆 O 的一对反演点),那么过点 Q 且与 OP 垂直的直线 l 称为点 P(关于圆 O)的极线. 设 l 交圆 O 于 A,B 两点(图 69). 证明:PA,PB 为 $\odot O$ 的切线.

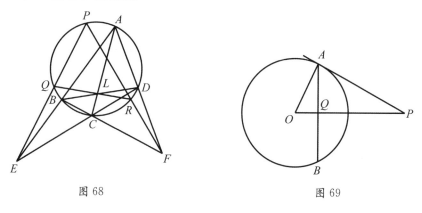

图 68　　　　　　　　　　图 69

甲:这很容易证明,由式(1)可知

$$\triangle OAQ \backsim \triangle OPA,$$

$$\therefore \quad \angle OAP = \angle OQA = 90°.$$

即 OA 为切线.

师:再看第 2 个问题.

2. 设 R 为 l 上一点,PR 交 $\odot O$ 于 C,D 两点(图 70). 证明:C,R,D,P 四点成调和点列,即

$$\frac{CR}{RD} = \frac{CP}{DP}. \tag{2}$$

乙:这也不难. 由上面所证可知

$$PQ \times PO = PA^2 = PC \times PD. \tag{3}$$

所以 C,O,Q,D 四点共圆,从而

$$\angle CQO = \angle CDO = \angle OCD = \angle DQP.$$

QP 是 $\triangle CQD$ 的外角平分线,QR 是内角平分线,

$$\therefore \quad \frac{CR}{RD} = \frac{CQ}{QD} = \frac{CP}{DP}. \tag{4}$$

师:下一个问题应用很多.

3. 如果 P 的极线通过 R,那么 R 的极线也通过 P.

甲:设 R 在 P 的极线 QR 上,过 P 作 OR 的垂线,垂足为点 S,则由 $\angle OQR = \angle OSP = 90°$,$Q,P,S,R$ 共圆

$$OR \times OS = OQ \times OP = r^2. \tag{5}$$

P 在 R 的极线 SP 上(图 71).

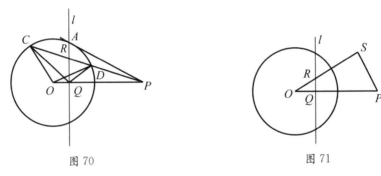

图 70   图 71

师:也可以根据第 2 问,P 的极线就是使 C,R,D,P 成调和点列的点 R 的轨迹(当过点 P 的直线与圆不相交时,可以约定交点为"虚"的),而这时点 P 也使 C,R,D,P 成调和点列,所以 P 也在 R 的极线上.

乙:还有什么问题?

师:还有两个问题.

4. 四边形 $ABCD$ 的对边 AB,CD 相交于点 M,AD,BC 相交于点 N,对角线相交于点 L(这样的图形常称为完全四边形,图 72). 又设 NL 交 AB 于点 E,则 M,A,E,B 四点成调和点列.

5. 圆内接四边形 $ABCD$ 的对边 AB,CD 相交

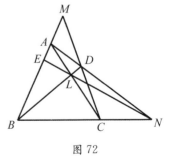

图 72

单墫
解题研究
丛书

我怎样解题

于点 M,AD,BC 相交于点 N,对角线相交于点 L,则点 L 的极线是 MN,M 的极线是 LN,点 N 的极线是 LM.

甲:由门奈劳斯定理,可知

$$\frac{MA}{MB} \times \frac{CB}{CN} \times \frac{DN}{DA} = 1, \tag{6}$$

$$\frac{EB}{EA} \times \frac{LA}{LC} \times \frac{NC}{NB} = 1, \tag{7}$$

$$\frac{LC}{LA} \times \frac{BN}{BC} \times \frac{DA}{DN} = 1. \tag{8}$$

三式相乘,得

$$\frac{EB}{AE} \times \frac{MA}{MB} = 1, \tag{9}$$

即 M,A,E,B 四点成调和点列.

乙:设 NL 交 AB 于点 E,交 CD 于点 F. 由刚才所证,可知 B,E,A,M 成调和点列,C,F,D,M 也成调和点列,所以 NL 是点 M 的极线.

同理,ML 是 N 的极线. L 的极线过点 M,也过点 N,因而就是 MN.

师:现在可以回到一开始的问题了. 设 $AC \cap BD = L$,ER 又交圆于点 S(请读者自己画图). 这时 QS 应当过点 F.

甲:为什么?

乙:因为 QS 与 PR 的交点在点 E 的极线上(第 5 个问题),所以这交点就是 PR 与 LF(E 的极线)的交点 F.

师:QR 与 PS 的交点在 E 的极线上,也在点 F 的极线上,因而就是点 L.

甲:证明倒也不复杂啊!

师:可是前面做了不少准备工作,这些内容如果你感兴趣,当然也是值得学习的. 如果没有兴趣,就不必学,也不要做本节的问题.

乙:您说有两种不同的解法,另一种是怎么解的?

师:过 Q,L 作直线交圆于 R',设 ER' 又交圆于 S,则 QR',PS 与 E 的极线共点,即它们相交于 L. QS,PR' 相交在 L 的极线上,也相交在 E 的极线上,因而交于 F,$R' = R$.

乙:这是用"同一法".

33 帕斯卡定理

在上节的问题中,如果将条件"圆内接四边形 $ABCD$"改为"四边形 $ABCD$",P 为 $\triangle ABD$ 的外接圆上一点,PE,PF 又交这圆于点 Q,R,并且 AC,BD,QR 三线共点,那么点 C 是否一定在这圆上?怎样证明?

乙:我觉得点 C 一定在圆上,但不知如何去证.

师:要证明这个结论我们需要用一个著名的定理,它是帕斯卡(Pascal,1623—1662)在 16 岁时发现的.

甲:我听说过这定理,就是取圆上任意六个点 A_1,A_2,A_3,A_4,A_5,A_6,$A_1A_2 \bigcap A_4A_5 = L$,$A_2A_3 \bigcap A_5A_6 = M$,$A_3A_4 \bigcap A_6A_1 = N$,则 L,M,N 三点共线.

乙:也就是圆内接六边形,三组对边的交点共线.

师:圆可以改为一般的二次曲线(椭圆、双曲线、抛物线),这个定理的证法很多,例如《近代欧氏几何学》(A. Johnson 著,单墫译,上海教育出版社,1999 年,207页),或《数学竞赛研究教程》第 34 讲例 4(单墫著,江苏教育出版社 2001 年第 2版).在 20 世纪 50 年代,《数学通讯》上曾有人介绍了十几种证法,这里就不赘述了.

设 EL 交 AD 于点 G,AR 交 PD 于点 N(图 73),则由帕斯卡定理可知,六边形 $PQRABD$ 的对边交点 E,L,N 共线. 又由上节第 4 个问题可知,对于 EA,ED,FA,FB 形成的完全四边形,A,G,D,F 成调和点列,所以 NG 是 F 的极线,即 EL 是 F 的极线.

设 AL 交圆于点 C',DC' 交 AB 于 E',则 E' 是 F 的极线与 AB 的交点,所以 $E' = E$,$C' = C$,即 C 在圆上.

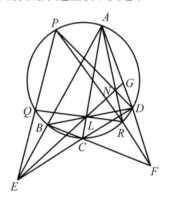

图 73

单墫
解题研究
丛书

我怎样解题

34   三 线 共 点

$\triangle ABC$ 的内切圆切三边于点 D,E,F,过 BC 中点作内切圆的切线,又作与 BC 平行的切线,证明它们与 EF 交于同一点.

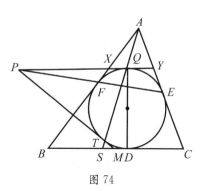

图 74

甲:设与 BC 平行的切线与 EF 相交于点 P. 过点 P 作内切圆的切线,切内切圆于点 T,交 BC 于点 M(图 74). 只需证明 M 是 BC 的中点.

乙:EF 是 A 的极线,EF 过点 P,所以 P 的极线也过点 A. 设点 D 的对称点为 Q,则 PQ 是与 BC 平行的切线,P 的极线 QT 过点 A.

甲:设 AT 交 BC 于点 S. 因为 DQ 是内切圆的直径,所以

$$\angle DTS = \angle DTA = 90°.$$

在 $\mathrm{Rt}\triangle DTS$ 中,切线 $MT = MD$,所以点 M 是斜边 DS 的中点. 要证点 M 是 BC 的中点,只需证明 $BS = DC$.

师:因为 $PQ /\!/ BC$,所以 PQ 截成的 $\triangle AXY$ 与 $\triangle ABC$ 位似,Q 的对应点是 S,Q 是 $\triangle AXY$ 的旁切圆(即 $\triangle ABC$ 的内切圆)与 XY 的切点,所以 S 是 $\triangle ABC$ 的旁切圆与 BC 的切点,从而

$$BS = s - c, \tag{1}$$

其中 $c = AB$,$s = \dfrac{1}{2}(AB + BC + CA)$.

乙:D 是 $\triangle ABC$ 的内切圆与 BC 的切点,

$$\therefore \quad CD = s - c. \tag{2}$$

由(1),(2)即得结论.

师:我们利用了极线的性质与 $\triangle AXY$,$\triangle ABC$ 的位似,所以证明比较简单.

35 正确地提出问题

如图 75,已知在四面体 $ABCD$ 中,$AB = CD = a$, $AC = BD = b$,$AD = BC = c$. 一平面与四面体相截得四边形 $PQRS$,且点 P,Q,R,S 分别在 AB,BC,CD,DA 上,则四边形 $PQRS$ 的周长的最小值是( ).

(A) $2a$ (B) $2b$

(C) $2c$ (D) $a+b+c$

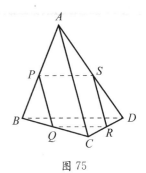

图 75

这是一道选择题,作为选择题,答案不难得出.

首先,a 与 c 的地位是平等的,如果答案选 $2a$,那么对于 c 是"不公平的".同样,如果答案选 $2c$,那么对于 a 是"不公平的"(这就是一种"对称性").因此,选项(A),(C)均应当排除.

其次,取 P,Q,R,S 为 AB,BC,CD,DA 的中点,则 $PQ = QR = RS = SP = \dfrac{b}{2}$,从而四边形 $PQRS$ 的周长为 $2b$. 而 $\triangle ABD$ 的三边分别为 a,b,c,所以 $a+c > b$,$a+b+c > 2b$.

因此,选项(D)应排除,故答案为(B).

当然,只有在 4 个选项(A),(B),(C),(D)中有一个正确时,采用排除法才是有效的.如果事先没有假定选项中有正确的,那么否定了(A),(C),(D)后并不能断定选项(B)就是正确的(2003 年全国高考试卷第 1 题,由于命题者不慎,4 个选项中没有一个正确,因而引起争议).

所以,作为选择题(假定有 1 个正确的选项),可以采用上面的解法,迅速得出答案.但作为完整的解答我们还应当解决下面的问题:

已知同前,求证:四边形 $PQRS$ 的周长的最小值为 $2b$.

这道题不容易,我们可以先考虑一个简单的特殊情况:

四边形 $PQRS$ 为平行四边形(也就是截面与 AC,BD 均平行),求证:它的周长不小于 $2b$.

解答不难:由于

$$\frac{PS}{BD} = \frac{AP}{AB}, \frac{PQ}{AC} = \frac{PB}{AB},$$

单墫 解题研究 丛书

我怎样解题

$$\therefore \quad PS + PQ = \left(\frac{AP}{AB} + \frac{PB}{AB}\right) \times b = b,$$

即四边形 $PQRS$ 的周长恰好为 $2b$.

一般的情况,似乎难得多,没有了平行的条件,这时 PS 与 BD 可能相交. 如果 PS 与 BD 相交,那么交点也是平面 $PQRS$ 与平面 BCD 的交点,所以也在这两个平面的交线 QR 上,即 PS,BD,QR 三线共点. 由截线定理,不难得出比 $\frac{AP}{PB},\frac{BQ}{QC},\frac{CR}{RD},\frac{DS}{SA}$ 的乘积为 1,但这个条件对于证明

$$PQ + QR + RS + SP \geqslant 2b \qquad\qquad (1)$$

并没有多少帮助(用不上!).

或许结论(1)对一般情况并不成立. 找一些特例看看. 例如,P,Q 均与 B 重合. 但似乎结论(1)仍可成立,找不到明显的反例. 反倒是即使 P,Q,R,S 四点不共面,(1)似乎也成立. 于是,应当考虑更一般的问题:

已知在四面体 $ABCD$ 中,$AB=CD=a$,$AC=BD=b$,$AD=BC=c$,且点 P,Q,R,S 分别在 AB,BC,CD,DA 上,求证:

$$PQ + QR + RS + SP \geqslant 2b.$$

这个问题怎么证呢?

首先,注意 $\triangle ABD,\triangle CDB,\triangle BAC,\triangle DCA$ 都是边长为 a,b,c 的三角形,互相全等,

$$\therefore \quad \angle BAD = \angle DCB = \angle ABC = \angle CDA. \qquad\qquad (2)$$

其次,我们将 $\triangle APS,\triangle BPQ,\triangle CRQ,\triangle DRS$ 这四个三角形放到一个平面上,接起来形成图 76,并改记为 $\triangle AGS,\triangle BFG,\triangle CEF,\triangle DRE$. 其中 SA,QB,QC,SD 互相平行. 由于式(2),GA,FB,EC,RD 也互相平行,于是,图 76 中 $\triangle MRS$ 的边为

$$MS = SA + GB + FC + ED = 2c,$$

$$MR = RD + ED + FB + GA = 2a.$$

又

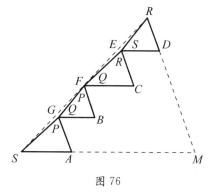

图 76

$$\angle RMS = \angle SCG = \angle BAD,$$

$$\therefore \quad RS = 2b,$$

并且

$$SG + GF + FE + ER \geqslant 2b.$$

即结论式(1)成立.

上面的证法与著名的闵可夫斯基(Minkowski)不等式的证明相仿.

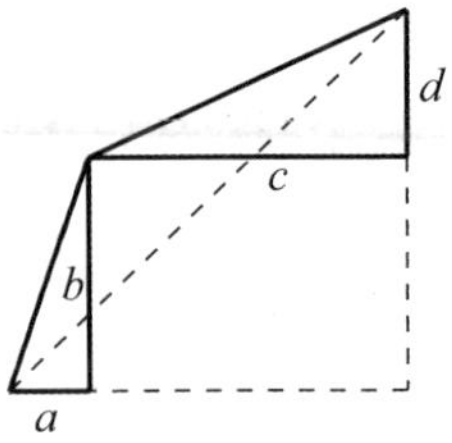

设 a,b,c,d 为正数,则用图 77 可以得出

$$\sqrt{a^2+b^2} + \sqrt{c^2+d^2} \geqslant \sqrt{(a+c)^2+(b+d)^2}. \quad (3)$$

不等式(3)就是闵可夫斯基不等式.

图 77

从本节可以看出,一个问题,如果没有表述成适当的形式,那么它的解法也不易发现. 四边形 $PQRS$ 是平面四边形的条件反会将我们引入歧途. 问题更加一般化,它的实质就更加凸显. 而在特殊的问题中,实质却被特殊的性质掩盖了. 所以,解决问题的第一步就是要正确地提出问题.

第三章 数 论

数论问题,用到的知识并不很多,但解法却不易想到(看到解法又往往以为平淡无奇),因而不少人觉得困难.

解数论问题,应从简单情况入手,尽量将问题具体化,而在平时的学习中,也应充分理解有关概念、符号、定理、公式的意义(特别要利用一些具体例子来帮助"消化"). 只有这样,才能化生疏为熟悉,化艰难为平夷,化百炼钢为绕指柔.

我们所选的问题,有的很容易,甚至有属于"显然"的,但请读者务必自己先做一做(不要看答案),"勿以善小而不为",这些小题目做到"显而易见"的程度,难题也就不是很难了.

1 正因数的个位数字的和

奇数 n 是三位数，n 的所有正因数的个位数字的和为 33，求 n.

首先，注意 n 的因数都是奇数，它们的个位数字也都是奇数.

其次，若干个奇数的和为 33，这表明相加的奇数的个数一定是奇数.

n 的正因数的个数是奇数，所以 n 是平方数（非平方数的正因数是成对的：d 与 $\dfrac{n}{d}$ 两两配对，所以非平方数的正因数个数是偶数）.

三位的平方数至多是 $961(=31^2)$，因此 n 只可能是

$$11^2,13^2,15^2,17^2,19^2,21^2,23^2,25^2,27^2,29^2,31^2.$$

经检验，只有 $n=27^2=729$ 合乎要求（每个数的个位数字至多是 9，所以符合要求的 n 至少要有 5 个正因数，它们的个位数字的和才能为 33. 因为 $11^2,13^2$，$17^2,19^2,23^2,27^2,29^2,31^2$ 均各有 3 个正因数，所以都不符合要求. $15^2,21^2,25^2$ 的正因数的个位数字的和分别为 $43,41,21$）.

2

最小公倍数的最小值

已知互不相等的正整数 a,b,c 的和

$$a+b+c=1\,155, \tag{1}$$

求最小公倍数 $L=[a,b,c]$ 的最小值.

设 $L=ax=by=cz,x,y,z$ 都是自然数,互不相等,则

$$1\,155=\frac{L}{x}+\frac{L}{y}+\frac{L}{z}$$

$$=L\left(\frac{1}{x}+\frac{1}{y}+\frac{1}{z}\right)$$

$$\leqslant L\left(\frac{1}{1}+\frac{1}{2}+\frac{1}{3}\right)$$

$$=\frac{11}{6}L.$$

$$\therefore \quad L\geqslant\frac{1\,155\times6}{11}=630.$$

在 $a=630,b=\dfrac{630}{2}=315,c=\dfrac{630}{3}=210$ 时,式(1)成立,L 取最小值 630.

类似地,已知互不相等的正数 a,b,c 的和

$$a+b+c=1\,162,$$

求 $L=[a,b,c]$ 的最小值.

这时,$1\,162\leqslant\dfrac{11}{6}L$,但 $11\nmid1\,162$,所以等号不可能成立,即

$$\frac{1}{x}+\frac{1}{y}+\frac{1}{z}<\frac{1}{1}+\frac{1}{2}+\frac{1}{3},$$

$$\therefore \quad \frac{1}{x}+\frac{1}{y}+\frac{1}{z}\leqslant\frac{1}{1}+\frac{1}{2}+\frac{1}{4}=\frac{7}{4},$$

$$L\geqslant\frac{1\,162\times4}{7}=664.$$

当 $a=664,b=332,c=166$ 时,(1)成立,L 取最小值 664.

我们还可以问在条件(1)下,L 的最大值是多少?

单 墫

解题研究

丛 书

我怎样解题

熟知 $L \leqslant abc \leqslant \left(\dfrac{a+b+c}{3}\right)^3 = 385^3$，但 $a = b = c = 385$ 时，$L = 385$；$a = 384$，

$b = 385, c = 386$ 时，$L = \dfrac{384 \times 385 \times 386}{2}$.

$$\therefore \quad L \leqslant 383 \times 385 \times 387 = 57\,065\,085,$$

即 L 的最大值是 $57\,065\,085$.

又一个问题是在条件(1)下，最大公因数 $d = (a,b,c)$ 的最大值是多少(上面已有 d 的最小值是 1)?

由于

$$1\,155 = 3 \times 5 \times 7 \times 11 = a+b+c = d(a_1+b_1+c_1),$$

其中

$$a = da_1, b = db_1, c = dc_1, (a_1,b_1,c_1) = 1,$$

而

$$a_1 + b_1 + c_1 \geqslant 1 + 2 + 3 = 6.$$

但 $6 \nmid 1\,155$，

$$\therefore \quad a_1 + b_1 + c_1 \geqslant 7, d \leqslant 3 \times 5 \times 11 = 165.$$

当 $a = 165, b = 330, c = 660$ 时，d 取最大值 165.

3 平方是有理数

10 个互不相同的非零实数,任意两个的和与积中至少有一个是有理数. 证明:这 10 个数的平方都是有理数.

本题为 2005 年俄罗斯数学奥林匹克九年级试题.

设 a 为其中的一个数,则其他的数是 $r-a$ 或 $\dfrac{r}{a}$ 的形式. $r \in \mathbf{Q}$,要证 $a^2 \in \mathbf{Q}$.

如果有 3 个形如 $r-a$ 的数 r_1-a, r_2-a, r_3-a(r_1, r_2, r_3 互不相同),那么在 $(r_1-a)+(r_2-a) \in \mathbf{Q}$ 时,$a \in \mathbf{Q}$,结论成立. 否则

$$(r_1-a)(r_2-a) = a^2 - (r_1+r_2)a + r_1 r_2 \in \mathbf{Q},$$

即

$$a^2 - (r_1+r_2)a \in \mathbf{Q}. \tag{1}$$

同样,或者结论成立,或者

$$a^2 - (r_1+r_3)a \in \mathbf{Q}. \tag{2}$$

(1)$-$(2),得

$$(r_3-r_2)a \in \mathbf{Q},$$

即

$$a \in \mathbf{Q}.$$

如果形如 $r-a$ 的数少于 3 个,那么形如 $\dfrac{r}{a}$ 的数有 3 个,即 $\dfrac{r_1}{a}$, $\dfrac{r_2}{a}$, $\dfrac{r_3}{a}$(r_1, r_2, r_3 互不相同). 在 $\dfrac{r_1}{a} \cdot \dfrac{r_2}{a} \in \mathbf{Q}$ 时,$a^2 \in \mathbf{Q}$,否则

$$\frac{r_1}{a} + \frac{r_2}{a} = \frac{r_1+r_2}{a} \in \mathbf{Q},$$

即

$$a \in \mathbf{Q}.$$

从上面的证明可以看出"10"可以改为更小的数"6". 此外,由于本题结论成立,所以每个数都是 $r_i \sqrt{a_i}$ 的形式,$r_i \in \mathbf{Q}$,a_i 为不含平方因子的正整数. 但 $r_1 \sqrt{a_1}$ 与 $r_2 \sqrt{a_2}$ 只有在 $a_1 = a_2$ 时,和或积才能为有理数. 因此,所有 a_i 均相同,即本题结论可以改进为:这些数全是有理数或者这些数是同一个无理数 $\sqrt{a}$(a 为大于 1 的整数,不是平方数)的有理数倍.

"6"还可以改为更小的数"5". 在改为 5 之前,我们先介绍另一种利用图论

单墫
解题研究
丛 书

我怎样解题

的解法：

将 6 个数作为 6 个点. 如果两个数的和为有理数,那么就在相应的两个点之间连一条红线. 如果两个数的和不为有理数(这时积为有理数),那么就在相应的两点之间连一条蓝线.

熟知,所得的图中存在一个三边同色的三角形.

如果三角形的三边全是蓝色,那么 3 个数 x,y,z 两两的和都是有理数,从而

$$(x+y)+(x+z)-(y+z)=2x$$

也是有理数. 于是 x 为有理数.

任一数 t,不论 $x+t$ 是有理数,还是 tx 为有理数,都立即得出 t 为有理数,当然 t^2 也是有理数.

如果三角形的三边全是红色,那么 3 个数 x,y,z 两两的积都是有理数,从而

$$x^2=\frac{(xy)(xz)}{yz}$$

也是有理数.

在 x 为有理数时,根据上面的推导,结论成立.

在 x 为无理数时,设 $x=\sqrt{a}$,a 为有理数. 这时,$y=c\sqrt{a}$,c 为有理数,并且 $c\neq1$. 对任一数 t,在 xt 为有理数时,$x^2t^2\in\mathbf{Q}$,从而 $t^2\in\mathbf{Q}$. 在 $yt\in\mathbf{Q}$ 时,同样 $t^2\in\mathbf{Q}$. 在 $x+t,y+t$ 同为有理数时,有

$$y+t-c(x+t)=(1-c)t\in\mathbf{Q},$$

从而 $t\in\mathbf{Q}$.

因此,每一个数的平方为有理数.

"6" 还可以改为 "5".

同样作一个图. 如果图中有同色的三角形,结论成立;如果图中没有同色三角形,那么只有一种可能,即 5 个点及 10 条线形成两个同色的圈(图 1). 这是不难证明的(请读者自己补出证明).

但 $x+y,y+z,z+u,u+v,v+x$ 全为有理数时,有

$$x+y-(y+z)+z+u-(u+v)+v+x=2x\in\mathbf{Q},$$

$$x \in \mathbf{Q}.$$

根据前面所证,结论成立.

"5"不能再改为"4".

4 个数 $\sqrt{2}+1, \sqrt{2}-1, -\sqrt{2}+1, -\sqrt{2}-1$,任两个数的和或积中至少有一个是有理数,但每一个数的平方都不是有理数.

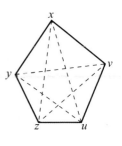

图 1

单墫
解题研究
丛书

我怎样解题

4 和被 $2n$ 整除

设整数 $n \geqslant 4$，整数 $a_1, a_2, \cdots, a_n$ 满足

$$1 \leqslant a_1 < a_2 < \cdots < a_n \leqslant 2n-1, \tag{1}$$

求证：集合 $M = \{a_1, a_2, \cdots, a_n\}$ 有一个子集，这个子集的元素的和被 $2n$ 整除.

本题不难. 首先，$1 \sim 2n-1$ 可以写成

$$
\begin{array}{ccccc}
1, & 2, & \cdots, & n-1, & n; \\
2n-1, & 2n-2, & \cdots, & n+1, & n.
\end{array}
\tag{2}
$$

(2)中每一列的两个数的和为 $2n$. 如果前 $n-1$ 列中有一列，两个数同属于 $M = \{a_1, a_2, \cdots, a_n\}$，那么结论已经成立. 所以，可设前 $n-1$ 列，每列恰好有一个数属于 M，并且 $n \in M$.

不妨设 $1 \in M$（否则用 $2n-a_1, 2n-a_2, \cdots, 2n-a_n$ 代替 $a_1, a_2, \cdots, a_n$）. 如果 $n-1 \in M$，结论已经成立（$1+(n-1)+n=2n$）. 设 $n-1 \notin M$，则在 $1, 2, \cdots$, $n-1$ 中，必有 $k \in M$ 而 $k+1 \notin M$. 在 $k \neq 1$ 时，有

$$1 + k + (2n - (k+1)) = 2n. \tag{3}$$

在 $k = 1$ 时，有 $2 \notin M, 2n-2, n+1 \in M$，从而

$$1 + (2n-2) + (n+1) + n = 4n. \tag{4}$$

因此结论成立.

第二种证法是先证明 $n \in M$（同上），然后证明

$$M - \{n\} = \{b_1, b_2, \cdots, b_{n-1}\}$$

中有若干个数的和被 n 整除.

首先，由于 $1 \leqslant a_1 < a_2 < \cdots < a_n \leqslant 2n-1$，$a_1, a_2, \cdots, a_n$ 中不可能有 3 个数模 n 同余. $n-1 \geqslant 3$，所以可从 $b_1, b_2, \cdots, b_{n-1}$ 中选出两个数不同余，不妨设 $b_1 \not\equiv b_2 \pmod{n}$.

其次，考虑

$$b_1, b_2, b_1+b_2, b_1+b_2+b_3, \cdots, b_1+b_2+b_3+\cdots+b_{n-1} \tag{5}$$

这 n 个数，如果其中有被 n 整除的，那么结论已经成立. 设其中没有被 n 整除的，那么(5)中的 n 个数必有两个数除以 n 所得余数相同（因为现在余数只有 1, $2, \cdots, n-1$ 这 $n-1$ 种）. 因为 b_1, b_2 模 n 不同余，所以同余的两个数是

$$b_1 + b_2 + \cdots + b_i, b_1 + b_2 + \cdots + b_i + b_{i+1} + \cdots + b_j$$

或

$$b_1 + b_2 + \cdots + b_i, b_1(b_2).$$

这两个数的差被 n 整除,并且是 $M - \{n\}$ 中若干个数的和.

第一种证法较为直接,而且证明了更强的结论:在 $a_1, a_2, \cdots, a_n$ 中可选出若干个数,其和被 $2n$ 整除,个数 $\leqslant 4$(以 $\{1,4,5,6\}$ 为例,可见个数 $\leqslant 4$ 不能改为个数 $\leqslant 3$).

我在中国台湾建国中学讲课时,同学指出:"在 $n > 4$ 时,'子集元数 $\leqslant 4$'可改进为'子集元数 $\leqslant 3$'.而且 3 为最佳."理由如下:

在 $n > 4$ 时,如前面第一种证法,可设 $1, n, n+1, 2n-2 \in M$.

若 $n-2 \in M$,则 $1 + (n-2) + (n+1) = 2n$;

若 $n-2 \notin M$,则 $n+2 \in M$,$n + (n+2) + (2n-2) = 4n$.

另一方面,$\{1, 2, \cdots, n\}$ 中,任意两个数的和大于 1,小于 $2n$,所以 3 为最佳.

单墫
解题研究
丛书

我怎样解题

5 形如 $|3^b-2^a|$ 的数

在不是 3 的倍数的奇数中,求不能写成形如

$$|3^b-2^a|,a,b\in\mathbf{Z} \tag{1}$$

的最小的自然数.

经检验

$$1=3-2,5=3^2-2^2,7=3^2-2^1,$$

$$11=3^3-2^4,13=2^4-3^1,17=3^4-2^6,19=3^3-2^3,$$

$$23=3^3-2^2,25=3^2-2^1,29=2^5-3^1,31=2^5-3^0,$$

所以不能写成(1)形的,不是 3 的倍数的奇数不小于 35.

需要证明 35 不能写成(1)形.

采用反证法:

假设

$$3^b-2^a=35. \tag{2}$$

两边模 3(即考虑除以 3 所得余数),得

$$-(-1)^a\equiv-1(\mathrm{mod}\,3), \tag{3}$$

所以 a 是偶数. a 当然不是 0,因为 $35+1=36$ 不是 3 的幂,所以 a 至少是 2.

在(2)的两边模 4,得

$$(-1)^b\equiv-1(\mathrm{mod}\,4), \tag{4}$$

所以 b 是奇数.

在(2)的两边模 5,得

$$(-2)^b\equiv2^a(\mathrm{mod}\,5). \tag{5}$$

左边 b 是奇数,所以由(5),得

$$2^{|b-a|}\equiv-1(\mathrm{mod}\,5). \tag{6}$$

但 $b-a$ 为奇数,$2^{|b-a|}\equiv\pm2(\mathrm{mod}\,5)$,所以(6)不成立. 从而(2)不成立.

假设

$$2^a-3^b=35. \tag{7}$$

模 3 得 a 为奇数. 显然 $a\neq1$. 模 4 得 b 为偶数. 最后模 5,得

$$2^{|b-a|}\equiv1(\mathrm{mod}\,5). \tag{8}$$

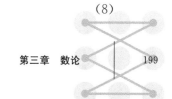

与上面相同.于是(8)不成立,从而(7)不成立.

因此,所求的最小数是 35.

本题的第一步检验不难,但需要有耐心,写出 2 与 3 的幂 $1,2,4,8,16,$ $32,\cdots$ 与 $1,3,9,27,81,\cdots$. 考虑它们的差得出上面的结果. 35 不能看成(1)的形式. 不能由检验得出,必须给出证明(如果证不出,说不定它能表示成(1)而未被发现). 证明采用同余. 模 3,模 4,模 5 均是根据(2)或(7)的特点,尽量简单. 也可考虑以其他数为模,例如证(7)不成立的最后一步亦可模 8.

本题不难,可以稍稍加难一些.

证明:在不被 3 整除的奇数中,有无穷多个数不能写成 $|3^a-2^b|$ 的形式.

这无穷多个数可以取 $35+60k$(k 为自然数).

$37=2^6-3^3$,可以表示成(1)的形式,而 41 不能. 证明仿上(可利用模 8). 从而形如 $41+24k$(k 为自然数)的数也都不能表示成(1)的形式.

表成(1)的方式,当然不一定唯一,例如
$$13=2^4-3^1=2^8-3^5,$$
但
$$13\neq 3^b-2^a.$$
这也可作为练习. 又如
$$5=3^2-2^2=2^5-3^3,7=3^2-2=2^3-1,$$
即可写成 3^b-2^a,又可写成 2^a-3^b.

单墫
解题研究
丛书

我怎样解题

分数与小数

一个分数 $\dfrac{n}{m}$（m，n 都是自然数），化成小数

$$\dfrac{n}{m} = 0.200\,6\cdots \tag{1}$$

求 m 的最小值.

首先 $\dfrac{1}{5} = 0.2$，$\therefore$ $\dfrac{n}{m} > \dfrac{1}{5}$，即

$$m < 5n. \tag{2}$$

因此

$$m \leqslant 5n - 1. \tag{3}$$

从而

$$n < 0.200\,7(5n - 1), \tag{4}$$

即

$$10\,000n < 2\,007 \times 5n - 2\,007. \tag{5}$$

$$\therefore \quad n > \dfrac{2\,007}{35} = 57.3\cdots \tag{6}$$

$n \geqslant 58$. 而

$$m \geqslant \dfrac{n}{0.200\,7} = \dfrac{10\,000n}{2\,007} \geqslant \dfrac{580\,000}{2\,007} > 288.$$

于是，m 的最小值是 289. 可算出

$$\dfrac{58}{289} = 0.200\,692\,04\cdots \tag{7}$$

简单地估计(2)及(3)，(4)是解决本题的关键. 这种地方像围棋中的"似小实大"，解题中不要忽略过去.

类似地，可以解下面日本算术奥林匹克的题：

如果用某个正整数 m 去除 81，所得商的小数部分中会出现"1 995". 问这样的正整数中最小的是多少?

首先，可将 81 乘以 10 的某一个幂，再减去一个整数，变成整数 n，使得

$$\frac{n}{m} = 0.199\ 5\cdots \tag{8}$$

(8)表明 $\frac{n}{m} < 0.2 = \frac{1}{5}$，即 $m > 5n$，从而 $m \geqslant 5n + 1$，

$$10\ 000 \geqslant 1\ 995(5n + 1),$$

即

$$25n \geqslant 1\ 995. \tag{9}$$

解得

$$n > 79. \tag{10}$$

可取最小的 $n = 80, m = 5n + 1 = 401.$

于是，m 的最小值是 $401.$ 可算出

$$\frac{81}{401} = 0.201\ 995\ 01\cdots$$

7 走自己的路

求所有的正整数对(a,b),使得

$$\frac{a^2}{2ab^2-b^3+1} \qquad (1)$$

是正整数.

本题是 2003 年国际数学奥林匹克的第 2 题.

先考虑一些简单的情况:

$b=1$ 时,(1)成为 $\frac{a}{2}$,只要 a 为偶数即可.

$b=2$ 时,(1)成为 $\frac{a^2}{8a-7}$. 因为 $8a^2=a(8a-7)+7a$,所以 $\frac{a^2}{8a-7}$ 为整数导出 $\frac{7a}{8a-7}$ 为整数,$7a \geqslant 8a-7$,$7 \geqslant a$. $a=1,7$ 符合要求. 将 $\frac{8a^2}{8a-7}$ 化为 $a+\frac{7a}{8a-7}$,就是"将假分数化为带分数". 这就是我们的主要方法.

以下设 $b \geqslant 3$.

$\because \ 2ab^2-b^3+1>0$,$\therefore \ 2ab^2 \geqslant b^3$,$2a \geqslant b$.

如果 $b=2a$,(1)成为 a^2,当然是正整数.

以下设 $2a>b$. 设 $2a=b+t$,$t \in \mathbf{N}$,式(1)成为

$$\frac{(b+t)^2}{4(tb^2+1)}. \qquad (2)$$

我们利用(2)为正整数这一条件,找出 t 与 b 的关系.

先看看它们的大小,分母 $4(tb^2+1)$ 不大于分子 $t^2+2bt+b^2$,可见 t 应大于 b^2,具体一些

$$t^2+2bt+b^2 > 4tb^2 = tb^2+2tb^2+tb^2 \Rightarrow t^2 > tb^2 \Rightarrow t > b^2 \qquad (3)$$

[可以有更精确的估计,如 $t>2b^2$,但(3)已经足够下面的应用了]. 因为

$$b^2(t^2+2bt+b^2) = (2b+t)(b^2t+1)+b^4-2b-t \qquad (4)$$

被 tb^2+1 整除,所以 $|b^4-2b-t|$ 被 tb^2+1 整除,但由(3)

$$tb^2+1 > b^4 > b^4-2b-t. \qquad (5)$$

又

$$tb^2 + 1 > t > t + 2b - b^4, \tag{6}$$

$$\therefore \quad |b^4 - 2b - t| = 0,$$

即

$$t = b^4 - 2b, \tag{7}$$

$$a = \frac{1}{2}(b+t) = \frac{b}{2}(b^3 - 1). \tag{8}$$

将(8)代入(1),得

$$\frac{a^2}{2ab^2 - b^3 + 1} = \frac{b^2}{4}. \tag{9}$$

所以(1)为整数时,b 为偶数 $2n$,$a = n(8n^3 - 1)$.

最后,本题的解为

$$(a,b) = (2n,1), (n,2n), (n(8n^3-1),2n).$$

在一个分数为整数时,我们常常将分子尽量减少,然后利用整除的条件导出结果.(4)就是这样做的($b=2$ 时,我们也是这样做的).在分子、分母为正数时,分母整除分子意味着分子不小于分母.这也常常帮助我们估计,例如(3).本题很多人(包括所提供的解答)利用二次方程来解,我们不用.自己走自己的路.

8 取整函数

求所有的正整数 m,n，使得不等式
$$[(m+n)\alpha]+[(m+n)\beta] \geqslant [m\alpha]+[m\beta]+[n(\alpha+\beta)] \qquad (1)$$
对任意实数 α,β 都成立，这里 $[x]$ 表示不超过 x 的最大整数.

关于高斯函数 $[x]$，有一些常用性质：

1. 在 a 为整数时，有
$$[x+a]=[x]+a,$$
即整数可以自由地进出"$[\ ]$".

2. 设 $\{x\}=x-[x]$，则 $0\leqslant\{x\}<1$. 等号当且仅当 x 为整数时成立. $\{x\}$ 常称为 x 的小数部分，但要注意在 x 为负数时，它的小数部分仍然是非负的.

本题 (1) 中的 α,β，都不妨假设为区间 $[0,1)$ 中的数，否则可将 α,β 用 $\{\alpha\}$，$\{\beta\}$ 来代替，由于 $\alpha=[\alpha]+\{\alpha\}$，$\beta=[\beta]+\{\beta\}$，而 $[\alpha]$，$[\beta]$ 都可移出 $[(m+n)\alpha]$ 等的 "$[\ ]$"，并且左右两边的 $[\alpha]$，$[\beta]$ 互相抵消，所以只剩下 $\{\alpha\}$ 与 $\{\beta\}$.

当然不假定 $\alpha,\beta\in[0,1)$ 也无妨. 但作以上假定，问题较为简单.

先假定 (1) 成立. 看看 m,n 应满足什么条件，这时应注意 α,β 可任意选择. 适当选择 α,β 便可导出 $m=n$.

如果 $n>m$，那么 $n+m<2n$. 我们可以令 $\alpha=\beta$，并选择 α 使 (1) 不成立. 为此，取 $\alpha=\beta\in$ 开区间 $\left(\dfrac{1}{2n},\dfrac{1}{m+n}\right)$，由 (1) 导出
$$0\geqslant 1$$
这样的矛盾，所以必有 $n\leqslant m$.

如果 $n<m$，取 $\alpha=\dfrac{1}{m}$，$\beta=\dfrac{m-1}{m}$，那么由 (1) 导出
$$\left[\frac{n(m-1)}{m}\right]\geqslant n$$
矛盾！所以必有 $m=n$.

反过来，如果 $m=n$，要证 (1) 成立，这时 (1) 即
$$[2m\alpha]+[2m\beta] \geqslant [m\alpha]+[m\beta]+[m(\alpha+\beta)]. \qquad (2)$$
可以改记 $m\alpha=x$，$m\beta=y$，(2) 成为

$$[2x]+[2y] \geqslant [x]+[y]+[x+y]. \tag{3}$$

将两边的 x,y 分别换为 $[x]+\{x\}$ 与 $[y]+\{y\}$,式(3)成为

$$[2\{x\}]+[2\{y\}] \geqslant [\{x\}+\{y\}] \tag{4}$$

[即不妨设(2)中 $x,y \in [0,1)$].

在 $\{x\}$,$\{y\}$ 中至少有一个不小于 $\dfrac{1}{2}$ 时,(4)显然成立(左边至少为 1,右边至多为 1).

在 $\{x\}$,$\{y\}$ 都小于 $\dfrac{1}{2}$ 时,两边为 0,(4)也显然成立.

于是本题的答案为所有满足 $m=n$ 的正整数 m,n.

选怎样的 α,β 呢?这需要试探,需要良好的感觉与经验.得自己探索,才能取得经验.有时看别人的解答,十分容易,自己做就不一样了.俗话说"看人挑担不吃力".轮到自己挑才有体会.在 $n<m$ 时,我们的选择可以说是先使 α,β 的分母都是 m,这样 $m\alpha,m\beta$ 都是整数,于是只需选择它们的分子,使

$$[n\alpha]+[n\beta] \geqslant [n(\alpha+\beta)]$$

不成立.而取 $\alpha=\dfrac{1}{m}$ 便可使 $[n\alpha]=0$.再使 $\alpha+\beta=1$,即 $\beta=\dfrac{m-1}{m}<1$,则

$$[n(\alpha+\beta)]=n,$$

而 $[n\beta]<n$.

感觉有先天的,也有后天的,经验越多,感觉应当越敏锐.

9 不断地变更问题

设 m 为给定的正整数. 求证:存在奇数 a, b 及非负整数 k, 使得

$$2m = a^{19} + b^{99} + k \cdot 2^{1999}. \tag{1}$$

甲:将 $2m$ 表成一个 19 次方加一个 99 次方再加…好像很难啊!

师:可以换一个角度看(1),即

$$2m - b^{99} - a^{19} = k \cdot 2^{1999}. $$

乙:那不是一样吗? 哦,现在的式子表明 $2m - b^{99} - a^{19}$ 是 2^{1999} 的倍数,可以用同余式写成

$$2m - b^{99} - a^{19} \equiv 0 (\bmod \ 2^{1999}). \tag{2}$$

甲:k 是非负的,还应加上

$$2m - b^{99} - a^{19} \geqslant 0. \tag{3}$$

师:很好.(2)还可以变更成对任意的奇数 b,存在奇数 a,使得

$$2m - b^{99} \equiv a^{19} (\bmod \ 2^{1999}). \tag{4}$$

甲:可是左边要成为 19 次方还是难啊!

师:要使 $2m - b^{99}$ 是 19 次方,当然很难办到(或许就没有这样的 b). 但对任意的奇数 b,要 $2m - b^{99}$ 同余于 19 次方却并不难,这就是同余式的作用.

乙:只需要证明当 x 跑遍模 2^{1999} 的缩系,即

$$A = \{1, 3, 5, \cdots, 2^{1999} - 1\} \tag{5}$$

时,x^{19} 也跑遍缩系 A. 那么,由于 $2m - b^{99}$ 是奇数,就有奇数 $a \in A$,使(4)成立.

甲:这只需证明在 $i, j \in A$ 且 $i < j$ 时,i^{19} 与 j^{19} 互不同余. 因为

$$j^{19} - i^{19} = (j - i)(j^{18} + j^{17}i + j^{19}i^2 + \cdots + i^{18}). \tag{6}$$

右边第二个因式中有 19 项,每一项都是奇数(因为 i, j 都是奇数),所以它们的和也是奇数,而第一个因式

$$0 < j - i < 2^{1999}, \tag{7}$$

所以式(6)右边不被 2^{1999} 整除,即 i^{19} 与 j^{19} 互不同余.

师:这样就完成了存在奇数 a,使(2)成立的证明.

乙:只需取 $-b$ 充分大,那么就可以使

$$2m - b^{99} > (2^{1999} - 1)^{19} \geqslant a^{19}, \tag{8}$$

即(3)成立.

师:我们不断地变更原来的问题. 在理解题意[用不同的观点去看式(1)]的过程中,逐步地找到了解题的办法与关键[(6)右边不被 2^{1999} 整除].

10　同余方程组

设 n,k 是给定的整数，$n>0$，且 $k(n-1)$ 是偶数．证明：存在整数 x,y，使得

$$(x,n)=(y,n)=1,\qquad\qquad(1)$$

且

$$x+y\equiv k\pmod{n}.\qquad\qquad(2)$$

k 增加或减少 $2n$，与条件、结论均无影响，所以可设

$$0\leqslant k<2n.\qquad\qquad(3)$$

我们从简单的情况做起．

首先，设 n 为奇素数 p．这时，任意满足 $0<x<p$ 的整数 x，均满足 $(x,n)=1$．取 $y=k-x$，则（2）自然满足．只需注意

$$k-x\not\equiv 0\pmod{p},$$

即

$$x\not\equiv k\pmod{p}.$$

也就是在 $1\sim p-1$ 这 $p-1\geqslant 2$ 个值中，x 只有一个值不能取，取其他的任一个值（及相应的 $y=k-x$）均合乎要求．

其次，设 $n=p^{\alpha}$，p 为奇素数，α 为大于 1 的整数．这时，取 $x\ne tp,k-sp$，其中 t,s 为整数．由于在 $0\sim p^{\alpha}-1$ 这 p^{α} 个数中，p 的倍数只有 $p^{\alpha-1}$ 个．因此 x 有 $p^{\alpha}-2p^{\alpha-1}=p^{\alpha-1}(p-2)\geqslant p^{\alpha-1}$ 个值可取．再取 $y=k-x$，则 x,y 符合要求（最简单的取法就是当 $p\nmid(k-1)$ 时，取 $x=1,y=k-1$；当 $p\mid(k-1)$ 时，取 $x=-1$，$y=k+1$）．

同样，考虑 $n=2$ 与 $n=2^{\alpha}$，α 为大于 1 的整数．

在 $n=2$ 时，由已知 $k(n-1)$ 为偶数得 k 为偶数．取 $x=y=1$，则 x,y 合乎要求．

在 $n=2^{\alpha}$ 时，k 为偶数．取 $x=1,y=k-1$，则 x,y 合乎要求．

最后，考虑一般情况，设

$$n=p_1^{\alpha_1}p_2^{\alpha_2}\cdots p_m^{\alpha_m}\qquad\qquad(4)$$

为 n 的素因数分解，其中 $p_1<p_2<\cdots<p_m$ 为素数，$\alpha_1,\alpha_2,\cdots,\alpha_m$ 为自然数．

要证结论对 n 成立，只需证明以下引理：

设自然数 n_1, n_2 互素,并且对于 $n_i (i=1,2)$,存在整数 x_i, y_i,使得

$$(x_i, n_i) = (y_i, n_i) = 1, \qquad (5)$$

且

$$x_i + y_i \equiv k \pmod{n_i}, \qquad (6)$$

$i=1,2$,则对于 $n=n_1 n_2$,结论成立.

我们只需取同余方程组

$$\begin{cases} x \equiv x_1 \pmod{n_1}, \\ x \equiv x_2 \pmod{n_2} \end{cases} \qquad (7)$$

的解 x(由于 n_1, n_2 互素,根据中国剩余定理(Chinese Remainder Theorem),(7)一定有解)及同余方程组

$$\begin{cases} y \equiv y_1 \pmod{n_1}, \\ y \equiv y_2 \pmod{n_2} \end{cases} \qquad (8)$$

的解 y,则

$$(x, n) = (y, n) = 1 \qquad (9)$$

(如果 (x,n) 有素因数 p,那么不妨设 $p \mid n_1$. 由(7)的第一个方程,得 $x_1 \equiv x \equiv 0 \pmod{p}$,即 x_1 也被 p 整除,与 $(x_1, n_1)=1$ 矛盾). 且

$$x + y \equiv x_1 + y_1 \equiv k \pmod{n_1}, \qquad (10)$$

$$x + y \equiv x_2 + y_2 \equiv k \pmod{n_2}, \qquad (11)$$

$$\therefore \quad x + y \equiv k \pmod{n}, \qquad (12)$$

即对于 $n=n_1 n_2$ 结论成立.

注 已知条件 $k(n-1)$ 为偶数. 在 k 为偶数时,导出 $k(n_1-1)$ 与 $k(n_2-1)$ 为偶数;在 n 为奇数时,导出 n_1, n_2 为奇数,从而 $k(n_1-1)$ 与 $k(n_2-1)$ 也都为偶数.

数论中,经常由对素数、素数幂成立的结论导出对合数也成立的结论(例如欧拉函数 $\varphi(n)$ 的计算公式). 本题的解法正是遵循这一路线.

中国剩余定理指同余方程组

$$x \equiv a_i \pmod{m_i}, i = 1, 2, \cdots, n$$

在 $m_1, m_2, \cdots, m_n$ 两两互素时,一定有解. 华罗庚先生称之为孙子定理,并写了一本非常精彩的小册子《从孙子的神奇妙算谈起》,阐述了其重要的数学思想.

单壿
解题研究
丛书

我怎样解题

11 三个连续的正整数

证明:存在无穷正整数 n,使得

(a) n 可以表示为两个正整数的平方和,而 $n-1,n+1$ 都不能这样;

(b) $n-1,n,n+1$ 都可以表示为两个正整数的平方和.

本题是 1996 年环球城市数学竞赛的问题.

这里的平方数不包括 0. 不过我们先把 0 也拉进来,以保持某些法则的一致性.

先看(a),对 $1,2,3,\cdots$ 逐个检验,发现第一个满足要求的 n 是 13(由于 $4=2^2+0^2,5=2^2+1^2$,所以在把 0 拉进来后,5 不算满足要求的数)

$$13=2^2+3^2, \tag{1}$$

而 $12,14$ 均不是两个整数的平方和.

找到一个满足要求的 n 后,再找无限多个就不困难了. 令

$$n=(8k+2)^2+(8k+3)^2,k \text{ 为整数}, \tag{2}$$

则 n 是两个正整数的平方和. 而对整数 x,有

$$x^2 \equiv 0,1,4,9(\bmod 16). \tag{3}$$

所以对于整数 x,y,有

$$x^2+y^2 \equiv 0,1,2,4,5,8,9,10,13(\bmod 16). \tag{4}$$

(2)中的 n 满足

$$n \equiv 13(\bmod 16), \tag{5}$$

$$\therefore \quad n-1 \equiv 12,n+1 \equiv 14(\bmod 16). \tag{6}$$

从而 $n-1,n+1$ 都不能表成平方和 x^2+y^2.

于是(2)给出无限多个满足要求的 n.

为什么会想到模 16? 这当然是经过探索、尝试才得到的. 平方容易联想到模 4. 模 4 不够,模 8 也不够,而模 16 才能产生出(4),这时平方和 x^2+y^2 的剩余类中有 13."前不见古人,后不见来者",它前面的类 12,后面的类 14 都不能表为平方和 x^2+y^2,正好符合我们的需求. 一开始所找的特例 13 也给我们以有益的启发.

如果排斥 0,那么第一个满足要求的特例是 $n=5$,但在(4)中,5 前面的剩余类 4 也可以写成 x^2+y^2,反而破坏了规律.

再看(b). 如果允许有 0 参加,那么第一个例子是 $n=1$,

$$0=0^2+0^2, 1=0^2+1^2, 2=1^2+1^2. \tag{7}$$

第二例子是 $n=9$,

$$8=2^2+2^2, 9=3^2+0^2, 10=3^2+1. \tag{8}$$

没有 0 参加的例子比较难找,逐一搜索,第一个是 $n=73$,

$$72=6^2+6^2, 73=8^2+3^2, 74=7^2+5^2. \tag{9}$$

为了找到无穷多个 n,注意一下这些例子,(7),(8),(9)中,$n-1$ 都是两个相同的平方数的和,即

$$n-1=a^2+a^2. \tag{10}$$

而

$$n+1=(a+1)^2+(a-1)^2. \tag{11}$$

(11)不难由(10)推出,而(10)导出

$$n=2a^2+1. \tag{12}$$

(12)未必是两个平方数的和,除非 a 有某种特性.

在上面的例子中,a 分别为 0,2,6,即 $0\times1, 1\times2, 2\times3$,因此,有理由相信

$$n=2[m(m-1)]^2+1 \tag{13}$$

可表为两个平方数的和.

事实果然如此:不难验证

$$n=2[m(m-1)]^2+1=(m^2-1)^2+(m^2-2m)^2. \tag{14}$$

我们的做法是先利用简单的代数公式

$$a^2+a^2+2=(a+1)^2+(a-1)^2. \tag{15}$$

令

$$n-1=a^2+a^2,$$

从而 $n-1, n+1$ 都已合乎要求. 然后再设法找 a,使 $n=2a^2+1$ 也能合乎要求.

苏州有一位同学,先设 n 为平方数,这样 $n+1$ 当然是平方数加 1^2. 在 $n=(2m^2+1)^2$ 时,可知

$$n-1=4m^4+4m^2=(2m^2)^2+(2m)^2 \tag{16}$$

也是平方和,剩下的问题是

$$n = (2m^2 + 1)^2 \qquad (17)$$

能否表为两个正整数的平方和[如果允许 0 加入,(17)已经是两个平方数的和了].

这位同学认为可以找到 m,使 $5 \mid 2m^2 + 1$,即

$$2m^2 + 1 = 5k, \qquad (18)$$

这样

$$n = (5k)^2 = (3k)^2 + (4k)^2 \qquad (19)$$

就是两个平方和的和了.

可惜的是(18)不能成立.

$$\because \quad m^2 \equiv 0, 1, 4 \pmod 5, \qquad (20)$$

$$\therefore \quad 2m^2 + 1 \equiv 1, 3, 4 \not\equiv 0 \pmod 5. \qquad (21)$$

不过,$2m^2 + 1$ 可以是其他勾股数中弦的倍数. 在 $m = 5$ 时,$2m^2 + 1 = 51$ 是 17 的倍数. 所以,令 $m = 17k + 5$,则

$$2m^2 + 1 = 2(17k + 5)^2 + 1 = 17h, \qquad (22)$$

h 为整数. 于是

$$n = [2(17k + 5)^2 + 1]^2 = (17h)^2 = (15h)^2 + (8h)^2. \qquad (23)$$

这样 $n-1, n, n+1$ 都成了两个正整数的平方和.

勾股数中的弦一定是两个正整数的平方和(或平方和的整数倍),所以第二种做法实际上与(12)为平方和殊途同归.

此外,(18)不成立而(22)成立,其背景是模 5 时,-2 不是平方剩余,而模 17 时,-2 是平方剩余,即

$$x^2 \equiv -2 \pmod 5 \qquad (24)$$

无解,而

$$x^2 \equiv -2 \pmod{17} \qquad (25)$$

有解.

12 互不同余

设 p 是素数,证明:存在 $0,1,2,\cdots,p-1$ 的一个排列 $a_1,a_2,\cdots,a_p$,使得 $a_1,a_1a_2,\cdots,a_1a_2\cdots a_p$ 模 p 互不同余.

我们先看几个简单的例子:

$p=2$ 时,$0,1$ 可排成 $1,0.1$ 与 $1\times 0=0$ 模 2 互不同余.

$p=3$ 时,$0,1,2$ 可排成 $1,2,0$. 这时
$$1,1\times 2=2,1\times 2\times 0=0$$
模 3 互不同余.

$p=5$ 时,$0,1,2,3,4$ 可排成 $1,2,4,3,0$. 这时
$$1,1\times 2=2,1\times 2\times 4=8\equiv 3,1\times 2\times 4\times 3\equiv 4,1\times 2\times 4\times 3\times 0\equiv 0$$
模 5 互不同余.

对一般的 p,当然 0 应放在最后,否则 $a_1,a_1a_2,\cdots,a_1a_2\cdots a_p$ 中,$\equiv 0$ 的不止一个. 令 $a_1=1,a_2=2$. 如果已有
$$a_1a_2\cdots a_i\equiv i(\bmod\ p),1\leqslant i\leqslant k<p-1, \tag{1}$$
那么取 a_{k+1} 为
$$ka_{k+1}\equiv k+1(\bmod\ p). \tag{2}$$
由于 p 是素数,k 与 p 互素,(2)一定有解 a_{k+1},而且 $1\leqslant a_{k+1}<p$.

于是,得到 $\{a_n\}$,满足
$$a_1a_2\cdots a_i\equiv i(\bmod\ p),1\leqslant i\leqslant p-1. \tag{3}$$

剩下的事是证明 $a_1,a_2,\cdots,a_{p-1}$ 互不相同(即是 $1,2,\cdots,p-1$ 的一个排列).

首先
$$k\not\equiv k+1(\bmod\ p),1\leqslant k\leqslant p-1, \tag{4}$$
所以由 a_{k+1} 的定义(2),得
$$a_{k+1}\not\equiv a_1(\bmod\ p). \tag{5}$$

如果有 $p-1>s\geqslant t\geqslant 1$,满足
$$a_{s+1}\equiv a_{t+1}(\bmod\ p), \tag{6}$$
那么两边同乘 st,得

单墫
解题研究
丛　书

我怎样解题

$$tsa_{s+1} \equiv sta_{t+1} \pmod{p}. \tag{7}$$

从而由(2),得

$$t(s+1) \equiv s(t+1) \pmod{p}, \tag{8}$$

即

$$t \equiv s \pmod{p}, \tag{9}$$

$$t = s. \tag{10}$$

因此,上面所得的数列

$$a_1 = 1, a_2 = 2, a_3, \cdots, a_{p-1}, a_p = 0$$

即为所求.

13 各行的乘积能否相等

是否存在正整数 $n > 1$,使得 $1, 2, 3, \cdots, n^2$ 能填入一个 $n \times n$ 的方格表内,且各行的乘积相等?

甲:问题的提法使我感觉这样的 n 不存在.

乙:的确,要满足所有的要求太难了.我也倾向于不存在所说的 n,但怎么证明呢?

甲:当然用反证法.假如有这样的填法,那么

$$1 \times 2 \times \cdots \times n^2 = (n^2)! \ = r^n, \tag{1}$$

其中 r 表示每一行的乘积.

乙:只需证明 $n > 1$ 时,$(n^2)!$ 不是 n 次幂,怎么证明呢?

师:可以考虑一下素数 p 在 $(n^2)!$ 中出现的次数.

甲:这我知道,p 在 $n!$ 中出现的次数是

$$\left[\frac{n}{p} \right] + \left[\frac{n}{p^2} \right] + \cdots \tag{2}$$

现在应将 n 换成 n^2.

师:还应当知道一个公式,即 p 在 $n!$ 中出现的次数是

$$\frac{n - s(n)}{p - 1}, \tag{3}$$

其中 $s(n)$ 是 n 在 p 进制中的数字和.

乙:这个公式我们不知道.

师:待会我们再来证明它,现在先将它用起来.

甲:p 取多少?

师:$n = 2$ 时,$1, 2, 3, 4$ 中已有两个素数 $2, 3$.所以你可以取 $p = 2$.在二进制中,只有 2 个数字 0 与 1,数字和最容易估计.

乙:如果 $(n^2)!$ 是 n 次幂,2 在 $(n^2)!$ 中出现的次数 $n^2 - s(n^2)$ 应当被 n 整除,所以 $s(n^2)$ 应当被 n 整除.但 n^2 的数字和并不太大,如果有

$$s(n^2) < n, \tag{4}$$

那么就产生了矛盾,证明也就完成了.

甲:$n = 2, 3, 4, 5, 6$ 时,$s(n^2)$ 分别为 $1, 2, 1, 3, 2$,(4)成立,一般的 n 怎么证

单墫
解题研究
丛书

我怎样解题

明呢?

乙:在二进制中,2^n-1 的数字和为 n. 比它小的数,数字中有 0,位数不大于 n,所以数字和小于 n. 由 $n\geqslant 5$ 时,

$$n^2<2^n-1, \tag{5}$$

可以推出式 (4).

甲:(5) 可以用归纳法证明. 假设 (5) 成立,那么

$$2^{n+1}-1>2(2^n-1)>2n^2>(n+1)^2, \tag{6}$$

所以 (4) 恒成立.

师:现在说一下 (3),设

$$n=a_m p^m+a_{m-1}p^{m-1}+\cdots+a_2 p^2+a_1 p+a_0, \tag{7}$$

其中 $0\leqslant a_m,a_{m-1},\cdots,a_0\leqslant p-1$,则

$$\left[\frac{n}{p}\right]+\left[\frac{n}{p^2}\right]+\cdots$$

$$=(a_m p^{m-1}+a_{m-1}p^{m-2}+\cdots+a_1)+$$

$$(a_m p^{m-2}+a_{m-1}p^{m-3}+\cdots+a_2)+\cdots+a_m$$

$$=\frac{a_m(p^m-1)}{p-1}+\frac{a_{m-1}(p^{m-1}-1)}{p-1}+\cdots+\frac{a_1(p-1)}{p-1}$$

$$=\frac{(a_m p^m+a_{m-1}p^{m-1}+\cdots+a_1 p+a_0)-(a_m+a_{m-1}+\cdots+a_1+a_0)}{p-1}$$

$$=\frac{n-s(n)}{p-1}.$$

注 有人利用切比雪夫定理:"在 $\frac{1}{2}m$ 与 m 之间必有一个素数"来解决这个问题(取 $m=n^2$),可谓"杀鸡用牛刀". 因为切比雪夫定理的证明比本题难得多.

14 素数的幂次

m,n 为正整数,证明:$n!\ (m!)^n\mid(mn)!$.

甲:只需要证明对任一素数 p,p 在 $(mn)!$ 中出现的次数不小于 p 在 $n!\ (m!)^n$ 中出现的次数,即

$$\left[\frac{mn}{p}\right]+\left[\frac{mn}{p^2}\right]+\cdots\geqslant\left[\frac{n}{p}\right]+\left[\frac{n}{p^2}\right]+\cdots+n\left(\left[\frac{m}{p}\right]+\left[\frac{m}{p^2}\right]+\cdots\right). \quad (1)$$

乙:或者

$$\frac{mn-s(mn)}{p-1}\geqslant\frac{n-s(n)}{p-1}+n\times\frac{m-s(m)}{p-1}, \quad (2)$$

其中 $s(n)$ 为 n 在 p 进制中的数字和.

师:两种方法都可以试一下.

甲:希望证明对任意自然数 α,有

$$\left[\frac{mn}{p^\alpha}\right]\geqslant\left[\frac{n}{p^\alpha}\right]+n\left[\frac{m}{p^\alpha}\right]. \quad (3)$$

但(3)好像并不成立(在 $p^\alpha\mid m$ 时,右边多一项 $\left[\frac{n}{p^\alpha}\right]$).怎么办呢?

乙:我看(2)比较好证,它就是

$$ns(m)+s(n)\geqslant s(mn)+n. \quad (4)$$

如果有

$$s(mn)\leqslant s(m)s(n), \quad (5)$$

那么

$$\begin{aligned}ns(m)+s(n)-s(mn)-n&\geqslant ns(m)+s(n)-s(m)s(n)-n\\&=[s(m)-1](n-s(n))\\&\geqslant 0,\end{aligned} \quad (6)$$

即(4)成立.

甲:(5)一定成立吗?

乙:感觉上应当如此.

甲:怎么证呢?

乙:如果 $n=p^k$,那么

单墫
解题研究
丛书

我怎样解题

$$s(mn)=s(m)=s(m)s(n).$$

甲:这是最简单的情况,如果 $n=a_k p^k$,$a_k \leqslant p-1$ 呢?

乙:对任意的自然数 m,n,均有

$$s(m+n) \leqslant s(m)+s(n) \tag{7}$$

[在 m 与 n 相加的过程中,如果不发生进位,那么(7)中等号成立. 如果发生进位,那么(7)就是严格的不等式]. 所以,在 $n=a_k p^k$ 时,有

$$
\begin{aligned}
s(mn) &= s(mp^k + mp^k + \cdots + mp^k) \\
&\leqslant s(mp^k) + s(mp^k) + \cdots + s(mp^k) \\
&= a_k s(mp^k) \\
&= a_k s(m) \\
&= s(m)s(n),
\end{aligned} \tag{8}
$$

即(5)仍成立.

甲:对一般的 $n=a_k p^k + a_{k-1} p^{k-1} + \cdots + a_0$,有

$$
\begin{aligned}
s(mn) &= s(a_k p^k m + a_{k-1} p^{k-1} m + \cdots + a_0 m) \\
&\leqslant s(a_k p^k m) + s(a_{k-1} p^{k-1} m) + \cdots + s(a_0 m) \\
&\leqslant a_k s(m) + a_{k-1} s(m) + \cdots + a_0 s(m) \\
&= s(m)s(n),
\end{aligned} \tag{9}
$$

所以(5)确实成立.

师:其实你的方法也是可行的. 虽然(3)不恒成立,在 $p^a \nmid m$ 时,它是成立的. 这时,有

$$m \geqslant \left[\frac{m}{p^a}\right] \cdot p^a + 1 \tag{10}$$

(在 m 不被 p^a 整除时,被除数$\geqslant$商×除数+1),

$$\therefore \quad \frac{mn}{p^a} \geqslant \left[\frac{m}{p^a}\right] \cdot n + \frac{n}{p^a}. \tag{11}$$

两边取整即得(3).

甲:在 $p^a \mid m$ 时呢?

师:可设 $m=p' m'$,其中 $p \nmid m'$. 这时,对于 $a \leqslant t$,有

$$\left[\frac{mn}{p^a}\right] = \frac{mn}{p^a} = n\left[\frac{m}{p^a}\right]. \tag{12}$$

(1)左边的 $\left[\dfrac{mn}{p}\right]$，$\left[\dfrac{mn}{p^2}\right]$，$\cdots$，$\left[\dfrac{mn}{p^t}\right]$ 与右边的 $n\left[\dfrac{m}{p}\right]$，$n\left[\dfrac{m}{p^2}\right]$，$\cdots$，$n\left[\dfrac{m}{p^t}\right]$ 抵消，所以要证(1)，只要证

$$\left[\dfrac{m'n}{p}\right]+\left[\dfrac{m'n}{p^2}\right]+\cdots \geqslant \left[\dfrac{n}{p}\right]+\left[\dfrac{n}{p^2}\right]+\cdots+n\left(\left[\dfrac{m'}{p}\right]+\left[\dfrac{m'}{p^2}\right]+\cdots\right).\ (13)$$

而由(11)即知(13)成立.

甲：所以我的那种做法还是行的."山重水复疑无路,柳暗花明又一村".

师：一个好的想法,应当坚持下去,不要轻易放弃.

15 连 中 三 元

$a<b<c$ 为已知的自然数. 如果 p 为素数, 并且 $p+a, p+b, p+c$ 都是合数, 则称 p "连中三元". 凡找出一个连中三元的素数, K 公司就奖励 100 元. 问: K 公司为支付这笔资金, 需准备多少钱才不会出现无法支付的情况?

这道题是我自己编写的.

本题的解法当然不止一种. 我设想的解法是利用一种大家熟知的事实, 即在 $n \geqslant 2$ 时,

$$n!+2, n!+3, n!+4, \cdots, n!+n,$$

这 $n-1$ 个数都是合数.

于是, 在数轴上, 可取一个 $n>c$, 挖一个从 $n!+2$ 到 $n!+n$ 的长为 $n-1$ 的坑. 再取 $n'>n!+n$, 挖一个从 $n'!+2$ 到 $n'!+n'$ 的长为 $n'-1$ 的坑, …… 如此继续下去, 数轴上有无穷多个坑, 每个坑都比 c 长, 坑内的整数都是合数.

素数有无穷多个, 每个素数前方都有一个最靠近的坑, 这坑与这素数之间最靠近坑的一个素数记为 p, 则 $p+a, p+b, p+c$ 都不会越过这个坑, 因而都会是合数.

于是, 连中三元的素数有无穷多个.

16   应当自己去想

用 $r(n)$ 表示 $n \div 1, n \div 2, \cdots, n \div (n-1)$ 所得余数的和. 证明:有无穷多个 m,使得

$$r(m) = r(m-1). \tag{1}$$

甲:这道题我在一本书上见过. 好像是先建立

$$r(m) = m^2 - \sum_{k=1}^{m} k \left[\frac{m}{k} \right], \tag{2}$$

从而(1)等价于

$$\sum_{k=1}^{m} k \left[\frac{m}{k} \right] - \sum_{k=1}^{m-1} k \left[\frac{m-1}{k} \right] = 2m - 1, \tag{3}$$

然后证明(3)的左边就是 m 的所有(正)因数的和 $\sigma(m)$.

最后,取 $m = 2^t$,则

$$\sigma(m) = 1 + 2 + \cdots + 2^t = 2^{t+1} - 1 = 2m - 1. \tag{4}$$

可是,要我自己去做却做不出来. 老师,你能自己解吗?

师:应当动脑筋自己想,不要被人牵着鼻子走.

这道题,应当先试一试较小的数,容易知道 $m = 2, 4$ 都满足要求,从而猜测 $m = 2^t$ 都满足要求. 再则,应当看一看 $m \div k$ 所得余数与 $(m-1) \div k$ 所得余数的关系.

乙:在 $k \nmid m$ 时,则

$$m = qk + r, 1 \leqslant r < k, \tag{5}$$

$$\therefore \quad m - 1 = qk + (r-1), \tag{6}$$

即 $(m-1) \div k$ 所得余数为 $r-1$,比 $m \div k$ 所得的余数 r 少 1.

在 $k \mid m$ 时,则

$$m = qk, \tag{7}$$

$$\therefore \quad m - 1 = qk - 1 = (q-1)k + (k-1), \tag{8}$$

即 $(m-1) \div k$ 所得余数为 $k-1$,比 $m \div k$ 所得的余数 0 多 $k-1$.

甲:于是,有

$$r(m) - r(m-1) = \left(m - 1 - \sum_{\substack{k \mid m \\ 1 \leqslant k < m}} 1\right) - \left[\sum_{\substack{k \mid m \\ 1 \leqslant k < m}} (k-1) \right]$$

单壿
解题研究
丛书

我怎样解题

$$= m - 1 - \sum_{\substack{k \mid m \\ 1 \leqslant k < m}} k. \qquad (9)$$

从而(1)就是

$$\sigma(m) = \sum_{\substack{k \mid m \\ 1 \leqslant k < m}} k = 2m - 1. \qquad (10)$$

$m = 2^t$ 满足(10),也就是(1).

这么说来,并不需要(2),(3),直接做简单许多.

师:所以题目应当自己做.

乙:满足(10)的 m 是否一定是 2 的幂呢?

师:这是一个目前尚未解决的问题.

17 忘却了的显然

已知 p 为素数,任给 $p+1$ 个不同的正整数,证明:从中可以找出两个数 $a<b$,使得

$$\frac{b}{(a,b)} \geq p+1.$$

这道题,若干年前我曾经做过. 现在已经忘记怎么做了. 人老了,容易忘事,这也是正常的. 我的朋友肖刚先生说:"遗忘是一种健康的行为,它可以将那些不重要的东西从头脑中清洗掉,以减轻大脑的负担." 我非常赞同他的意见,而且认为遗忘也是一件令人愉快的事. 因为一本好书,忘记了,可以重读,再一次享受阅读的喜悦;一道好题,忘记了,可以重做,再一次享受解题的乐趣.

这道题入手并不难."$p+1$ 个数"提示我们以模 p 的剩余类为抽屉,至少有 2 个数在同一抽屉中,即模 p 同余. 设 $a<b$ 模 p 同余,即

$$b=a+pk, k \in \mathbf{R}. \tag{1}$$

如果 a 与 p 互素,那么

$$(a,b)=(a,kp)=(a,k),$$

$$\frac{b}{(a,b)}=\frac{a+kp}{(a,k)}=\frac{a}{(a,k)}+\frac{k}{(a,k)}p \geq 1+p, \tag{2}$$

结论成立.

因此,以下设剩余类 $1,2,\cdots,p-1 (\mathrm{mod}\, p)$ 的每一个中,至多含 1 个已给的数. 从而,这 $p+1$ 个数中,有

$$t \geq p+1-(p-1)=2 \tag{3}$$

个在剩余类 $0(\mathrm{mod}\, p)$ 中,设它们为 $k_1 p<k_2 p<\cdots<k_t p$.

如果 $t=p+1$,那么用 $p+1$ 个数 $k_1<k_2<\cdots<k_t$ 代替原来的数. 因此,总可假定 $t<p+1$,$p+1$ 个已知数中有 $p+1-t$ 个与 p 互素.

设 c 与 p 互素,则

$$\frac{k_1 p}{(c,k_1 p)}=\frac{k_1}{(c,k_1)}p \geq p. \tag{4}$$

如果 $k_1 \nmid c$,那么 $(c,k_1)<k_1$,从而(4)中严格的不等号成立,即

单墫
解题研究
丛书

我怎样解题

$$\frac{k_1 p}{(c, k_1 p)} \geqslant p+1. \tag{5}$$

因此，可设 $k_1 \mid c$，同理可设 $k_2, \cdots, k_t$ 均是 c 的约数（否则结论已经成立）. 这时 c 是 $k_1, k_2, \cdots, k_t$ 的公倍数. 于是 $p+1$ 个数中的 $p+1-t$ 个与 p 互素数都是 $k_1, k_2, \cdots, k_t$ 的公倍数. 设 $k_1, k_2, \cdots, k_t$ 的最小公倍数为 L，则这 $p+1-t$ 个数都是 L 的倍数，其中最大的 $b \geqslant (p+1-t)L$，且

$$\frac{b}{(b, k_1 p)} = \frac{b}{k_1} \geqslant \frac{L}{k_1}(p+1-t). \tag{6}$$

我们有下面的引理 1：

引理 1 设 $k_1 < k_2 < \cdots < k_t$ 的最小公倍数为 L，则

$$\frac{L}{k_1} \geqslant t. \tag{7}$$

在 $t = p$ 时，由于 b 与 p 互素，$\dfrac{L}{k_1} \neq p$，所以由引理 1 可知

$$\frac{L}{k_1} \geqslant p+1.$$

结合(6)，得

$$\left(\frac{b}{b, k_1 p}\right) \geqslant p+1.$$

在 $t < p$ 时，有

$$\left(\frac{b}{b, k_1 p}\right) \geqslant t(p+1-t) \geqslant 2(p+1-2) \geqslant p+1, \tag{8}$$

即结论成立.

因此只需证明引理 1.

做到这里我想起来，当年江苏启东中学一位同学正是这样做的，最后一步需要引理 1 或者这位同学所说的等价形式：

引理 2 设 $p_1, p_2, \cdots, p_h$ 为不同的素数，有 t 个形如 $p_1^{\alpha_1} p_2^{\alpha_2} \cdots p_h^{\alpha_h}$ 的不同的数，其中 $\alpha_1, \alpha_2, \cdots, \alpha_h$ 都是非负整数，又设这些数中最小的一个为 k_1，而

$$L = p_1^{m_1} p_2^{m_2} \cdots p_h^{m_h}, m_i = \max \alpha_i (1 \leqslant i \leqslant h),$$

则

$$\frac{L}{k_1} \geqslant t. \tag{9}$$

当时,这个同学在证明引理 2 时"卡"住了. 我告诉他引理 2 是"显然的". 有趣的是,当我现在解这道题时,忽然忘记何以这引理是显然的. "显然"竟成了"不显然"了. 不过,我知道它是"显然的",证明一定不难. 细细一想,果然引理 1 还是"显而易见"的. 因为

$$\frac{L}{k_1} > \frac{L}{k_2} > \cdots > \frac{L}{k_t},$$

(10)

而 $\frac{L}{k_1}, \frac{L}{k_2}, \cdots, \frac{L}{k_t}$ 都是自然数,所以(7)成立.

18　解不会太多

求所有的三元正整数组(a, m, n)，使得a^m+1整除$(a+1)^n$.

感觉是本题的解不会太多，大概只有一些简单、特殊的情况才会有解.

我们从简单的做起.

$m=1$时，显然$a^m+1|(a+1)^n$，即有解$(a, 1, n)$，以下设$m>1$;

$a=1$时，显然$a^m+1=2|(a+1)^n$，即有解$(1, m, n)$;

$a=2$时，由$2^m+1|3^n$，得

$$2^m+1=3^r, r \leqslant n, r \in \mathbf{N}. \tag{1}$$

(1)的两边模4，得

$$1 \equiv (-1)^r \pmod 4, \tag{2}$$

所以r是偶数.

再由(1)，得

$$3^r-1=(3^{\frac{r}{2}}+1)(3^{\frac{r}{2}}-1)=2^m. \tag{3}$$

$3^{\frac{r}{2}}+1, 3^{\frac{r}{2}}-1$的最大公因数为$2((3^{\frac{r}{2}}+1)-(3^{\frac{r}{2}}-1))$，

$$\therefore \quad 3^{\frac{r}{2}}-1=2, \tag{4}$$

$$3^{\frac{r}{2}}+1=2^{m-1}. \tag{5}$$

由(4)，得$r=2$. 代入(5)或(3)，得$m=3$.

于是，有解$(2, 3, 1+k)$，k为正整数. 以下设$a \geqslant 3$.

如果a^m+1没有奇的素因数，即

$$a^m+1=2^k, \tag{6}$$

k为大于2的自然数，那么a必为奇数，$a^2 \equiv 1 \pmod 4$，而由(6)可知

$$a^m+1 \equiv 0 \pmod 4, \tag{7}$$

所以m必为奇数.

如果a^m+1有奇素因数q，那么q也是$(a+1)^n$的素因数.

$$\therefore \quad a \equiv -1 \pmod q. \tag{8}$$

从而

$$a^m+1 \equiv (-1)^m+1 \equiv 0 \pmod q, \tag{9}$$

所以m也为奇数.

总之,m 为奇数且不小于 3. 设奇素数 $p \mid m$,则 $a^p + 1$ 是 $a^m + 1$ 的因数,也是 $(a+1)^n$ 的因数. 而

$$a^p + 1 = (a+1)(a^{p-1} - a^{p-2} + \cdots - a + 1) \tag{10}$$

是 $(a+1)^n$ 的因数,所以 $a^{p-1} - a^{p-2} + \cdots - a + 1$ 的素因数 q 一定是 $a+1$ 的因数,即(8)成立. 从而

$$a^{p-1} - a^{p-2} + \cdots - a + 1 \equiv (-1)^{p-1} - (-1)^{p-2} - \cdots - (-1) + 1 = p$$
$$\equiv 0 \pmod{q}. \tag{11}$$

由于 p, q 都是素数,所以 $q = p$. 于是

$$a^{p-1} - a^{p-2} + \cdots - a + 1 = p^\alpha, \tag{12}$$

其中 α 是正整数.

由(8),得(q 即 p)

$$a = -1 + kp. \tag{13}$$

将其代入(12),注意

$$(-1)^j(-1+kp)^j = (1-kp)^j \equiv 1 - kjp \pmod{p^2}. \tag{14}$$

所以(12)成为

$$p - kp[1 + 2 + \cdots + (p-1)] \equiv p^\alpha \pmod{p^2}. \tag{15}$$

$$\because \quad 1 + 2 + \cdots + (p-1) = \frac{p(p-1)}{2}, \tag{16}$$

$\therefore$ (15)即

$$p \equiv p^\alpha \pmod{p^2}. \tag{17}$$

从而 $\alpha = 1$,(10)成为

$$a^p + 1 = p(a+1). \tag{18}$$

但在 $a \geqslant 3$ 时,有

$$a^p + 1 = ((a-1) + 1)^p + 1$$
$$\geqslant 1 + p(a-1) + \frac{p(p-1)}{2}(a-1)^2 + 1$$
$$\geqslant 2 + p(a-1) + p(a-1)^2$$
$$= 2 + p(a-1)a$$
$$> 2pa > p(a+1), \tag{19}$$

与(18)矛盾.

所以,在 $a \geqslant 3$ 时,没有合乎要求的正整数组.

单墫
解题研究
丛书

我怎样解题

19 最小剩余

设 p 是给定的奇素数，$r_1, r_2, \cdots, r_n$ 是 $n(n \geqslant 3)$ 个整数，均不被 p 整除，并且模 p 互不同余. 记

$$S = \{k \mid 1 \leqslant k \leqslant p-1, (kr_1)_p < (kr_2)_p < \cdots < (kr_n)_p\}.$$

这里，$(b)_p$ 表示 b 模 p 的最小（非负）剩余，即 $0 \leqslant (b)_p < p$，并且 $(b)_p \equiv b \pmod{p}$. 在 b 为正整数时，$(b)_p$ 就是 b 除以 p 所得的余数. 求证：

$$|S| < \frac{2p}{n+1}. \tag{1}$$

这道题似乎无从下手，其实却很容易.

我们设 $S = \{k_1, k_2, \cdots, k_t\}$.

$(k_1 r_1)_p, (k_1 r_2)_p, \cdots, (k_1 r_n)_p$ 这 n 个数依照这一顺序落在区间 $(0, p)$ 内，并将区间 $[0, p]$ 分为 $n+1$ 份. 这 $n+1$ 份的和当然就是区间 $[0, p]$ 的长 p（一个极显然的事实）. 将 k_1 换成 $k_2, k_3, \cdots, k_t$，也都有同样的结果（图 2）. 于是，这样得到的 $t(n+1)$ 份的长度的总和是 tp.

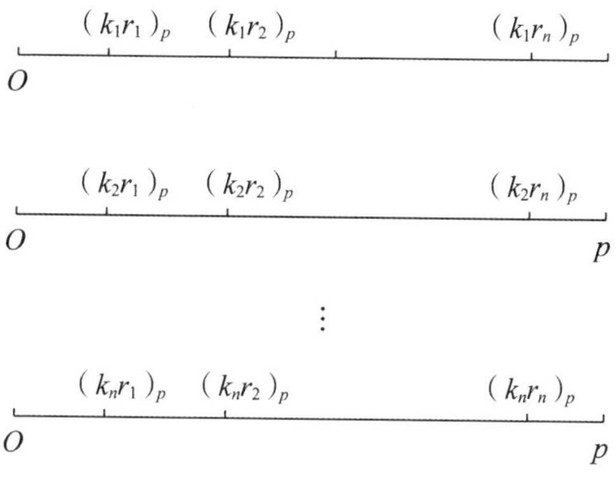

图 2

另一方面，我们可以将 t 个第一份的长加起来，t 个第二份的长加起来，$\cdots\cdots$，t 个第 $n+1$ 份的长加起来，然后再求这 $n+1$ 个和的总长度.

t 个第一份的长的和是

$$(k_1 r_1)_p + (k_2 r_1)_p + \cdots + (k_t r_1)_p. \tag{2}$$

由于 r_1 不被 p 整除，$1 \leqslant k_1, k_2 \leqslant p-1$，并且 $k_1 \neq k_2$，所以 $(k_1 - k_2)r_1$ 也不

被素数 p 整除，即 $k_1 r_1$ 与 $k_2 r_1$ 模 p 互不同余

$$(k_1 r_1)_p \neq (k_2 r_1)_p.$$

同理，式(2)中的 t 个加数互不相同，它们都不为 0（因为 k_i 与 r_1 都不被 p 整除）.

$$\therefore \quad (k_1 r_1)_p + (k_2 r_1)_p + \cdots + (k_t r_1)_p \geqslant 1 + 2 + \cdots + t = \frac{t(t+1)}{2}. \quad (3)$$

再看 t 个第二份的长的和

$$[(k_1 r_2)_p - (k_1 r_1)_p] + [(k_2 r_2)_p - (k_2 r_1)_p] + \cdots + [(k_t r_2)_p - (k_t r_1)_p]. \quad (4)$$

由于

$$k_i r_2 - k_i r_1 = k_i(r_2 - r_1),$$

$$\therefore \quad (k_i r_2)_p - (k_i r_1)_p \equiv k_i(r_2 - r_1) \pmod{p}.$$

又 $\because \quad 0 < (k_i r_2)_p - (k_i r_1)_p < p,$

$$\therefore \quad (k_i r_2)_p - (k_i r_1)_p = [k_i(r_2 - r_1)]_p.$$

式(4)成为

$$[k_1(r_2 - r_1)]_p + [k_2(r_2 - r_1)]_p + \cdots + [k_t(r_2 - r_1)]_p. \quad (5)$$

$r_2 - r_1$ 不被 p 整除（r_2 与 r_1 模 p 互不同余）. 所以与(2)相同（只是将 r_1 换成 $r_2 - r_1$），有

$$[(k_1 r_2)_p - (k_1 r_1)_p] + [(k_2 r_2)_p - (k_2 r_1)_p] + \cdots + [(k_t r_2)_p - (k_t r_1)_p]$$
$$= [k_1(r_2 - r_1)]_p + [k_2(r_2 - r_1)]_p + \cdots + [k_t(r_2 - r_1)]_p$$
$$\geqslant \frac{t(t+1)}{2}. \quad (6)$$

对其他份也可以同样处理，得到同样的结果. 于是

$$n+1 \text{ 个和的总长度} \geqslant (n+1) \times \frac{t(t+1)}{2}. \quad (7)$$

从而

$$tp \geqslant (n+1) \times \frac{t(t+1)}{2},$$

$$t + 1 \leqslant \frac{2p}{n+1}. \quad (8)$$

(1)成立.

本题的 $r_1, r_2, \cdots, r_n$ 是 n 个整数. 但我们不妨假定它们是正整数，而且小于 p. 否则的话，用它们模 p 的最小剩余来代替它们.

单墫
解题研究
丛书

我怎样解题

$r_1,r_2,\cdots,r_n$ 谁大谁小,已知中并没有说,我们也不妨假定 $r_1<r_2<\cdots<r_n$,即 $k_1=1$. 否则的话,用

$$(k_1 r_1)_p=r_1',(k_1 r_2)_p=r_2',\cdots,(k_1 r_n)_p=r_n'$$

代替 $r_1,r_2,\cdots,r_n$,这时有 k_i' 满足

$$k_i' k_1 \equiv k_i \pmod{p},$$

从而

$$k_i' r_j' \equiv k_i' k_1 r_j \equiv k_i r_j \pmod{p}, 1 \leqslant i \leqslant t, 1 \leqslant j \leqslant n.$$

这些"不妨假定",有时能起一些作用. 在本题的推导中,它们并未发挥作用. 但对想到解答或许也不无益处.

在上面的推导中,我们曾说:"对其他份也可以同样处理". 其实最后一份(第 $n+1$ 份)稍有不同,请读者自己补出. 这些小地方要自己留心. "小处不可随便"是很好的座右铭(上面所说"不妨假定"亦是这种"小处". 看书时切勿一晃而过).

20 惊 鸿 一 瞥

设 $a_1, a_2, \cdots$ 是一个整数数列,其中既有无穷多项是正整数,又有无穷多项是负整数.如果对每一个正整数 n,整数 $a_1, a_2, \cdots, a_n$ 被 n 除后所得的 n 个余数互不相同.证明:每个整数恰好在数列 $a_1, a_2, \cdots$ 中出现一次.

这是 2005 年第 46 届国际数学奥林匹克的第 2 题.

常见的自然数数列

$$1, 2, 3, \cdots, n, \cdots \tag{1}$$

对每一个正整数 n,前 n 项被 n 除后所得到的 n 个余数互不相同,简称为性质"余数互不相同",但(1)没有负项.

如果将(1)的各项减去一个正数,比如 100,那么所得的新数仍然具有"余数互不相同"的性质,其中有 99 个负项(仍不是无穷多项是负整数),一项为 0.

要举一个符合所说要求的数列不太容易,但也不太难.

下面的数列正负交错,满足要求(前 n 项是 n 的绝对值最小的完全剩余系),即

$$0, 1, -1, 2, -2, \cdots, n, -n, \cdots \tag{2}$$

当然,这不是本题的证明,证明在下面展开.

首先,每个整数 m 在所述数列中至多出现一次,因为如果出现两次,$a_i = m, a_j = m, 1 \leqslant i < j$,那么模 j(即除以 j)后,第 i 项与第 j 项所得余数相同,与所述性质"余数互不相同"不符.

其次,我们证明某个特定的整数在这数列中出现,这个特定整数,我们取 0,仍用反证法.

假设 0 不在这数列中出现,不妨设 $a_1 > 0$(否则将每一项乘以 -1,新数列仍具有题中所说性质).由于数列中有负项,设 $a_2, a_3, \cdots$ 中第一个负项为 $a_k(k > 1)$. $k-1$ 个数

$$s_i = a_i - a_k (i = 1, 2, \cdots, k-1)$$

都是大于 1 的整数(因为 $-a_k \geqslant 1, a_i \geqslant 1$),并且互不相同.其中必有一个不小于 k,设 $s_j \geqslant k (1 \leqslant j \leqslant k-1)$,则数列的前 s_j 项中,有两项 a_j, a_k 满足

$$a_j \equiv a_k \pmod{s_j},$$

单墫
解题研究
丛书

我怎样解题

即这两项除以 s_j,所得的余数相同,与已知不符,所以 0 必在这数列中出现.

对任一整数 m,将这数列的各项减去 m,所得的新数列仍具有所述性质.因而,根据上面所证,新数列中有 0,从而原数列中有整数 m,命题证毕.

应当进一步找出所有具有所述性质的数列.

这也不难,首先将数列 $1,2,3,\cdots$ 与 $-1,-2,-3,\cdots$ 并成一个数列.但保留每个数列中项的顺序不变.再在第一项放上 0,得到形如

$$0,1,2,3,-1,4,-2,5,6,-3,\cdots \tag{3}$$

之类的数列,这种数列符合要求.事实上,它有无穷多个正项与无穷多个负项.而且对任一正整数 n,前 n 项中 k 个正项,h 个负项的绝对值均小于 n,并且正项与负项之差 $\leqslant k+h<n=k+h+1$.所以,前 n 项中,没有模 n 同余的项.

另一方面,任一符合要求的数列,经过平移(各项减去首项)可使首项为 0.又可假定第二项为正.若第二项为大于 1 的数 m,则模 m 时前两项同余,矛盾.所以第二项是 1,又仿照前面的证明,第一个负项 $a_k=-1$,否则亦引起矛盾.假设前 $k+h$ 项中有 $k-1$ 个正项,h 个负项,并且正项是 $1,2,\cdots,k-1$,负项是 $-1,-2,\cdots,-h$,依这顺序出现在数列中,第 $k+h+1$ 项 a_{k+h+1} 必为 k 或 $-(h+1)$.否则有两种可能:

(1) $a_{k+h+1} \geqslant k+1$,这时取 $n=a_{k+h+1}+h$.模 n 后,$-h$ 与 a_{k+h+1} 同余,矛盾;

(2) $a_{k+h+1} \leqslant -(h+2)$,这时取 $n=-a_{k+h+1}+k-1$.模 n 后,$k-1$ 与 a_{k+h+1} 同余,矛盾.

因此,所述数列也就是形如(3)的那种,没有其他的类型(至多差一个"平移"与一个"变号",即每项乘以 -1).

21 费马小定理

设 p 为大于 3 的素数, 求 $\prod_{k=1}^{p}(k^2+k+1)$ 被 p 除所得的余数.

在 $p=5$ 时, $\prod_{k=1}^{p}(k^2+k+1)\equiv 3(\bmod 5)$;

在 $p=7$ 时, $\prod_{k=1}^{p}(k^2+k+1)\equiv 0(\bmod 7)$.

当然还可以继续试验, 不过上面的两个例子已经使我们知道需要分 $p=3n+1$ 与 $3n+2$ 两种情况, 并且可以猜测

$$\prod_{k=1}^{p}(k^2+k+1)\equiv \begin{cases} 0, \text{若 } p=3n+1; \\ 3, \text{若 } p=3n+2, \end{cases}(\bmod p). \tag{1}$$

先考虑 $p=3n+2$ 的情况. 这时, 有

$$\prod_{k=1}^{p}(k^2+k+1)=3\prod_{k=2}^{p-1}(k^2+k+1)=3\prod_{k=2}^{p-1}\frac{k^3-1}{k-1}$$

$$=3\cdot\frac{\prod_{k=2}^{p-1}(k^3-1)}{\prod_{k=2}^{p-1}(k-1)}. \tag{2}$$

如果有 $1\leqslant i\leqslant j<p$ 满足

$$i^3\equiv j^3(\bmod p), \tag{3}$$

在式 (3) 的两边同时 n 次方, 再乘以 ij, 得

$$i^{3n+1}j\equiv j^{3n+1}i(\bmod p). \tag{4}$$

由费马小定理 (注 1), 在 $k\not\equiv 0(\bmod p)$ 时, 得

$$k^{p-1}\equiv 1(\bmod p). \tag{5}$$

所以 (4) 即

$$j\equiv i(\bmod p). \tag{6}$$

这表明在 $1\leqslant k\leqslant p-1$ 时, k^3 正好跑过模 p 的 $p-1$ 个不同的剩余类. 其中 $k=1$ 时, $k^3=1$. 又 $k\not\equiv 0(\bmod p)$ 时, $k^3\not\equiv 0(\bmod p)$. 所以, 在 $2\leqslant k\leqslant p-1$ 时, k^3 正好跑过 $2,3,\cdots,p-1$ 这 $p-2$ 个模 p 的剩余类 (顺序不论). 从而

单墫
解题研究
丛书

我怎样解题

$$\frac{\prod\limits_{k=2}^{p-1}(k^3-1)}{\prod\limits_{k=2}^{p-1}(k-1)} \equiv 1(\bmod\ p). \tag{7}$$

在 $p=3n+1$ 时,注意在 $\{1,2,\cdots,p-1\}$ 中至多有 n 个数是

$$x^n \equiv 1(\bmod\ p) \tag{8}$$

的根(注 2),所以必有 $i \in \{1,2,\cdots,p-1\}$,使

$$i^n \equiv a(\bmod\ p). \tag{9}$$

而 $a \not\equiv 1(\bmod\ p)$. 因为 $i \not\equiv 0(\bmod\ p)$,所以 $a \not\equiv 0(\bmod\ p)$. 即可设 $2 \leqslant a \leqslant p-1$. 仍由费马小定理可知

$$a^3 \equiv i^{3n} \equiv 1(\bmod\ p), \tag{10}$$

$$\therefore \quad \prod_{k=2}^{p-1}(k^3-1) \equiv 0(\bmod\ p). \tag{11}$$

注 1 费马小定理的证明不难,设 $k \not\equiv 0(\bmod\ p)$,则 $k \cdot 1, k \cdot 2, \cdots, k \cdot (p-1)$ 互不同余(模 p),所以

$$(k \cdot 1)(k \cdot 2)\cdots[k \cdot (p-1)] \equiv 1 \cdot 2 \cdot \cdots \cdot (p-1)(\bmod\ p). \tag{12}$$

两边约去 $(p-1)!$,即得(6).

注 2 与多项式的情况类似. 设 $f(x)$ 为多项式,次数为 n,系数为整数. 如果 a 是同余方程

$$f(x) \equiv 0(\bmod\ p) \tag{13}$$

的根,那么由多项式的除法可知

$$f(x)=(x-a)g(x)+b, \tag{14}$$

其中,$g(x)$ 为多项式,次数为 $n-1$,系数为整数. 将 $x=a$ 代入,得

$$b \equiv 0(\bmod\ p), \tag{15}$$

$$\therefore \quad f(x) \equiv (x-a)g(x)(\bmod\ p). \tag{16}$$

从而,在 $\{1,2,\cdots,p-1\}$ 中有 n 个数 $a_1, a_2, \cdots, a_n$ 是(13)的根时

$$f(x) \equiv (x-a_1)(x-a_2)\cdots(x-a_n)(\bmod\ p). \tag{17}$$

所以 $\{1,2,\cdots,p-1\}$ 中的其他的数(如果还有的话),不再是式(13)的根.

22　因　数　排　圈

　　求所有的正的合数 n，它的大于 1 的因数可以排成一圈，圈上任意两个相邻的数不互素.

　　本题是 2005 年美国数学奥林匹克的第 1 题.

　　先从简单情况做起.

　　如果 $n=p^k$，p 是素数，$k>1$，那么无论怎样排，圈上任意两个数不互素，且都有公因数 p.

　　如果 $n=pq$，$p<q$ 都是素数，那么 n 的大于 1 的因数只有 3 个，即 p,q，pq. 而且无论怎样排，p,q 总相邻，它们互素.

　　如果 $n=pqr$，$p<q<r$ 都是素数，那么 n 有 7 个大于 1 的因数，即 p,q,r，pq,pr,qr,pqr. 这时可排成图 3.

$$pq \qquad q$$
$$qr$$
$$p \text{与} pqr$$
$$pr \qquad r$$

图 3

　　图 3 的左边是 p 的倍数，左上方是 pq，左下方是 pr，而 p 与 pqr 的顺序任意. 显然，圆上任意两个相邻的数不互素.

　　图 3 也就启示我们如何解决一般的情况.

　　对 n 的素因数的个数 s 进行归纳，设

$$n=p_1^{a_1} p_2^{a_2} \cdots p_t^{a_t}, \tag{1}$$

其中 $p_1,p_2,\cdots,p_t$ 为不同的素数，则

$$s=a_1+a_2+\cdots+a_t$$

是 n 的素因数的个数.

　　在 $s=3$ 时，除了前面所说的情况外，还有 $n=p^2q$，其中 p,q 为不同的因数，这时可将 p 的倍数 p,p^2,pq,p^2q 排在"左边"，左上为 pq，左下为 p^2q，p 与 p^2 顺序任意. 排在右边. q 排在右边. 显然圈上相邻的数不互素.

单墫　解题研究　丛书　　我怎样解题

于是，可以设 $m \geqslant 3$，并且 $3 \leqslant s \leqslant m$ 时，n 的大于 1 的因数可以排成一圈，圈上相邻的数不互素. 往证 $s = m+1$ 时，n 的因数可以排成一圈，图上相邻的数不互素.

当 $t = 1$ 时，结论已经成立. 设 $t > 1$，不妨设

$$\alpha_1 \leqslant \alpha_2 \leqslant \cdots \leqslant \alpha_t. \tag{2}$$

令

$$b = p_2^{\alpha_2} \cdots p_t^{\alpha_t},$$

则 b 不是素数也不是两个不同素数的积 $p_2 p_3$. 否则由于 (2)，$a_1 = 1$，$s \leqslant 3$ 与 $s = m+1 \geqslant 4$ 矛盾. 于是，由归纳假设 (如果 b 的素因数个数 $\geqslant 3$) 或开头所说 (如果 $b = p^2$)，b 的大于 1 的因数可以排成一个圈，圈上相邻的数不互素. 将这个圈自任一处剪开，再将这个圈上的数 (依原来次序) 排成图 4 的右边.

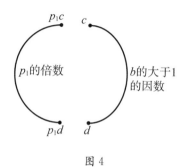

图 4

设右上的数为 c，右下的数为 d，将 n 的其他大于 1 的因数 (都是 p_1 的倍数) 排在左边，左上为 $p_1 c$，左下为 $p_1 d$. 这样得到一个新的圈，显然圈上相邻的数不互素.

本题的简单情况的解 (图 3) 提供了解决一般情况的钥匙.

一般情况的叙述，需要注意. 我曾见一位上海的学生，他的想法完全正确，但他的表达却非常混乱. 应当在平时养成习惯，学会正确表达. 这只要常写、勤改，就能做到.

又有一位南京的同学对素因数个数归纳，但他认为每一个数可以写成 pn，其中 p 为素数. 将 n 按归纳法处理，再将 n 的每个素因数乘以 p，插到对于 n 的圈上任两个数 a，b 之间，只要使 pa，pb 分别与 a，b 相邻即可得出对于 pn 的圈. 但这种证法忽视了 p 乘 n 的素因数可能与 n 的素因数重复 (如果 n 被 p 整除). 因而是有毛病的.

23 一半是9

证明 对任意整数 $k>1$，都能找到一个 2 的正整数幂，它的末 k 位数字中至少有一半是 9.

我们知道，10^k 减去一个位数不大于 $\frac{k}{2}$ 的数 A，所得差至少有一半数字为 9. 因此，只需证明存在一个足够大的 n，使得

$$2^n \equiv -A \pmod{10^k}. \tag{1}$$

由于 n 当然大于 k，$(2^n, 10^k) = 2^k$，所以 $2^k \mid A$. 而

$$2^k = 8^{\frac{k}{3}} < 10^{\left[\frac{k}{2}\right]}. \tag{2}$$

所以，如果取 $A = 2^k$，而有 n 使

$$2^n \equiv -2^k \pmod{10^k}, \tag{3}$$

那么 2^n 的末 k 位数字中至少有一半是 9. (3)即为

$$2^{n-k} \equiv -1 \pmod{5^k}. \tag{4}$$

于是只需证明下面的引理：

引理 对任意正整数 k，都有

$$2^{2 \times 5^{k-1}} \equiv -1 \pmod{5^k}. \tag{5}$$

证明 采用归纳法. 奠基显然，假设式(5)成立，则有整数 m，使

$$2^{2 \times 5^{k-1}} = m \times 5^k - 1. \tag{6}$$

两边五次方，得

$$2^{2 \times 5^k} = (m \times 5^k - 1)^5$$
$$\equiv -1 + 5 \times m \times 5^k \pmod{5^{k+1}}$$
$$\equiv -1 \pmod{5^{k+1}}.$$

所以引理成立. 本题证毕.

从引理可以得到

$$2^{4 \times 5^{k-1}} \equiv 1 \pmod{5^k}.$$

更进一步，我们可以证明使

$$2^t \equiv 1 \pmod{5^k} \tag{7}$$

成立的最小的正整数 $t = 4 \times 5^{k-1}$. 为此，先用归纳法证明

单墫
解题研究
丛书

我怎样解题

$$5^k \parallel 2^{4 \times 5^{k-1}} - 1. \tag{8}$$

奠基显然. 假设(8)成立,则有

$$2^{4 \times 5^{k-1}} = 1 + m \times 5^k, 5 \nmid m, \tag{9}$$

$$\therefore \quad 2^{4 \times 5^k} = (1 + m \times 5^k)^5 \equiv 1 + m \times 5^{k+1} (\bmod 5^{k+2}).$$

即(8)在 k 改为 $k+1$ 时成立. 于是(8)对一切自然数 k 成立.

设 t 是使(7)成立的正整数. 如果 $t < 4 \times 5^{k-1}$,令

$$4 \times 5^{k-1} = qt + r, 0 \leqslant r < t. \tag{10}$$

这时

$$1 \equiv 2^{4 \times 5^{k-1}} = 2^{qt+r} \equiv 2^r (\bmod 5^k). \tag{11}$$

由 t 的最小性可知,$r = 0$, $\quad \therefore \quad t \mid 4 \times 5^{k-1}$.

但由于(5),$t \nmid 2 \times 5^{k-1}$, $\quad \therefore \quad t \mid 4 \times 5^{k-2}$. 但 $5^{k-1} \parallel 2^{4 \times 5^{k-2}} - 1$,

$$\therefore \quad 2^{4 \times 5^{k-2}} \not\equiv 1 (\bmod 5^k). \tag{12}$$

更有

$$2^t \not\equiv 1 (\bmod 5^k). \tag{13}$$

因此,使(7)成立的最小的正整数 $t = 4 \times 5^{k-1}$.

类似地,可以证明使 $2^t \equiv -1 (\bmod 5^k)$ 成立的最小的正整数 $t = 2 \times 5^{k-1}$.

学过欧拉函数的人知道

$$\varphi(5^k) = (5-1) \times 5^k = 4 \times 5^k. \tag{14}$$

而欧拉定理是指 $(a, m) = 1$ 时,有

$$a^{\varphi(m)} \equiv 1 (\bmod m). \tag{15}$$

如果使

$$a^t \equiv 1 (\bmod m) \tag{16}$$

成立的最小的正整数 $t = \varphi(m)$,那么 a 称为模 m 的原根.

上面的推导即是说 2 是模 5^k 的原根.

24 最 小 的 A

给定正整数 $m, a, b, (a, b) = 1$. A 是正整数集的非空子集,使得对任意的正整数 n,都有 $an \in A$ 或 $bn \in A$. 对所有满足上述性质的集合 A,

求 $|A \cap \{1, 2, \cdots, m\}|$ 的最小值.

本题是 2006 年国家队选拔考试的第 4 题.

$a = b = 1$ 是最简单的情况. 这时,任一自然数 $n = 1 \times n \in A$,所以 A 由全体自然数组成. $|A \cap \{1, 2, \cdots, m\}| = m$.

以下设 a, b 不全为 1. 这时,a, b 不相等,不妨设 $a > b$.

先考虑一下有没有满足要求的 A. 这样的 A 当然有的,全体自然数所成的集合就是一例.

其次,设 A 是满足要求的集中,使 $|A \cap \{1, 2, \cdots, m\}|$ 最小. 我们看看 A 是什么东西.

如果 A 中有一个数,既不是 a 的倍数,也不是 b 的倍数,那么将它清除掉,A 仍然具有性质

$$\text{对任意的 } n \in \mathbf{N}, \text{都有 } an \in A \text{ 或 } bn \in A. \qquad (*)$$

由于 A 使 $|A \cap \{1, 2, \cdots, m\}|$ 最小,可以认为 A 中不包含这种数(既不是 a 的倍数,也不是 b 的倍数),即 A 中的数或是 a 的倍数,或是 b 的倍数.

如果 A 中有一个数 bc,c 不是 a 的倍数,那么将 bc 清除掉,代之以 ac. 由于 $ac > bc$,所以 $|A \cap \{1, 2, \cdots, m\}|$ 不会增加(如果 ac 原来就在 A 中,或者 $ac > m$,那么,值 $|A \cap \{1, 2, \cdots, m\}|$ 不仅不增加,而且还减少 1). 这时,性质 $(*)$ 仍然保持. 因此,可以假定 A 中的数都是 a 的倍数,而且形如 $ac (c \nmid a)$ 的数全在 A 中(因为 bc 不在 A 中).

如果 A 中有一个数 $a^2 c$,c 不是 a 的倍数,那么就将 $a^2 c$ 清除掉. 因为对于 bc,$b \times bc$ 不在 A 中($b \times bc$ 不是 a 的倍数),所以 $a \times bc$ 必在 A 中. 于是,将 $a^2 c$ 清除后,A 仍具有性质 $(*)$(因为 $a \times bc = b \times ac \in A$),而 $|A \cap \{1, 2, \cdots, m\}|$ 不增加. 所以,可以假定 A 中的数都不是形如 $a^2 c (a \nmid c)$ 的形式.

一般地,对于自然数 k,设形如 $a^{2k} c (a \nmid c)$ 的数都不在 A 中,则 $a^{2k} bc$ 不在 A 中,从而形如 $a^{2k} c \times a = a^{2k+1} c$ 的数都在 A 中. $a^{2k+1} bc$ 在 A 中,所以 $a^{2k+1} c \times$

单 墫
解 题 研 究
丛 书

我怎样解题

$a = a^{2k+2}c$ 不在 A 中(可从 A 中清除). 因此,可设

$$A = \{a^{2k-1}c \mid k,c \in \mathbf{N}\}. \tag{1}$$

它是具有性质($*$)的集:对于任一自然数 $n = a^h c (c \nmid a)$,$na \in A$(如果 h 是 0 或正偶数)或 $nb \in A$(如果 h 是正奇数). 并且,在具有性质($*$)的集中,(1)使得 $|A \cap \{1,2,\cdots,m\}|$ 最小.

最后,我们算出 $|A \cap \{1,2,\cdots,m\}|$ 的最小值.

由于 $1,2,\cdots,m$ 中,a^k 的倍数有 $\left[\dfrac{m}{a^k}\right]$ 个,根据容斥原理,所求最小值为

$$\sum_{k=1}^{\infty} \left[\frac{m}{a^k}\right] \times (-1)^{k+1}. \tag{2}$$

(2)实际上只有有限多项$\left($在 $a^k > m$ 时,$\left[\dfrac{m}{a^k}\right] = 0\right)$.

25　都是素数

已知 $n>2$. 如果对于所有满足

$$0 \leqslant k \leqslant \sqrt{\frac{n}{3}} \tag{1}$$

的 k，$F(k)=k^2+k+n$ 都是素数，那么对于所有满足

$$0 \leqslant k \leqslant n-2 \tag{2}$$

的 k，$F(k)$ 都是素数.

要证明 $F(k)$ 是素数（不是合数），当然要用反证法. 设（本题字母均为正整数）对于 $\sqrt{\frac{n}{3}}<k \leqslant n-2$ 的某个 k，有

$$F(k)=k^2+k+n=ab, 1<a \leqslant b. \tag{3}$$

然后，设法导出一个更小的 k，使得 $F(k)$ 为合数. 这样继续下去，导出有满足 (1) 的 k，使 $F(k)$ 为合数. 产生矛盾（有点像费马的无穷递降法）.

在做这事之前，先对 a 的大小作一点估计，以便讨论.

$\because k>\sqrt{\frac{n}{3}}$，$\therefore 3k^2>n$. 于是，有

$$a^2 \leqslant ab=k^2+k+n<k^2+k+3k^2<(2k+1)^2, \tag{4}$$

$$a \leqslant 2k. \tag{5}$$

另一方面，$k \leqslant n-2$，则

$$a^2 \leqslant ab=k^2+k+n \leqslant (n-2)(n-1)+n=n^2-2n+2<n^2, \tag{6}$$

$$\therefore \quad a<n. \tag{7}$$

如果 $a \leqslant k$，那么

$$F(k-a) \equiv F(k) \equiv 0 \pmod{a}. \tag{8}$$

又

$$F(k-a) \geqslant n>a, \tag{9}$$

所以 $F(k-a)$ 是合数，则 $0 \leqslant k-a<k$.

如果 $a \geqslant k+1$，那么

$$F(a-k-1) \equiv (k+1)^2-(k+1)+n=F(k) \equiv 0 \pmod{a}. \tag{10}$$

又

单墫
解题研究
丛　书

我怎样解题

$$F(a-k-1)\geqslant n>a,$$

所以 $F(a-k-1)$ 是合数,而 $0\leqslant a-k-1<k$.

南京外国语学校范菁楠同学(女)想出一种稍有变化的解法:

先得出估计式(5),(7).

在 x 取 $0,1,\cdots,k-1$ 时,$k-x$ 与 $k+1+x$ 合在一起,正好跑遍 $1,2,\cdots,$ $2k$. 因此,必有一个 x,使得 $k-x$ 或 $k+1+x=a$. 从而对这个 x,有

$$k^2+k+n-(x^2+x+n)=(k-x)(k+1+x)\equiv 0(\bmod a). \quad (11)$$

x^2+x+n 被 a 整除,又显然 $x^2+x+n\geqslant n>a$,所以 x^2+x+n 为合数.

注 显然 $k=n-1$ 与 n 时,$F(k)$ 被 n 整除,不是素数.

26 小 数 部 分

设 p 是素数，s 为整数，$0 < s < p$. 证明：存在整数 m，n，使得

$$0 < m < n < p, \tag{1}$$

且

$$\left\{\frac{sm}{p}\right\} < \left\{\frac{sn}{p}\right\} < \frac{s}{p} \tag{2}$$

成立的充分必要条件是

$$s \text{ 不是 } p-1 \text{ 的因数.} \tag{3}$$

这里，$\{x\}$ 表示实数 x 的小数部分，即 $\{x\} = x - [x]$.

本题是 2006 年美国数学奥林匹克的试题.

证明 必要性. 设有整数 m，n 存在，满足 (1)，(2). 由带余除法，有

$$sm = kp + r, 0 < r < p, \tag{4}$$

$$sm = k'p + r', 0 < r' < p. \tag{5}$$

显然 $\left\{\dfrac{sm}{p}\right\} = \dfrac{r}{p}$，$\left\{\dfrac{sn}{p}\right\} = \dfrac{r'}{p}$，所以 (2) 即为

$$0 < r < r' < s. \tag{6}$$

要证明 s 不是 $p-1$ 的因数. 采用反证法，假设 s 是 $p-1$ 的因数，即有

$$p - 1 = sd, \tag{7}$$

其中 d 为正整数.

由 (4)，(7) 消去 s（即在 (4) 的两边同乘 d，再将 ds 换成 $p-1$），得

$$(p-1)m = kdp + rd.$$

$$\therefore \quad m + rd = (m - kd)p. \tag{8}$$

(8) 表明 $m + rd$ 是 p 的倍数，但由 (1)，(6)，(7) 可知

$$0 < m + rd < p + p = 2p, \tag{9}$$

$$\therefore \quad m + rd = p. \tag{10}$$

同理，得

$$n + r'd = p. \tag{11}$$

(10)，(11) 矛盾（因为 $m + rd < n + r'd$）. 这表明 s 不是 $p-1$ 的因数.

必要性的另一种证法：

单墫
解题研究
丛书

我怎样解题

在 $s=p-1$ 时,$2s,3s,\cdots,(p-1)s$ 模 p 分别与 $p-2,p-3,\cdots,1$ 同余. 这时

$$\left\{\frac{ks}{p}\right\}=\frac{p-k}{p}(0<k<p),$$

$$\frac{s}{p}=\left\{\frac{s}{p}\right\}>\left\{\frac{2s}{p}\right\}>\cdots>\left\{\frac{(p-1)s}{p}\right\}.$$

所说的 m,n 不存在.

在 $p-1=sd,d>1$ 时,有

$$\left\{\frac{1\cdot s}{p}\right\}=\frac{s}{p},\left\{\frac{2\cdot s}{p}\right\}=\frac{2s}{p},\cdots,\left\{\frac{ds}{p}\right\}=\frac{ds}{p},$$

$$\left\{\frac{(d+1)s}{p}\right\}=\frac{s-1}{p},\left\{\frac{(d+2)s}{p}\right\}=\frac{2s-1}{p},\cdots,\left\{\frac{2ds}{p}\right\}=\frac{ds-1}{p},$$

$$\vdots$$

$$\left\{\frac{(kd+1)s}{p}\right\}=\frac{s-k}{p},\left\{\frac{(kd+2)s}{p}\right\}=\frac{2s-k}{p},\cdots,\left\{\frac{(k+1)ds}{p}\right\}=\frac{ds-k}{p},$$

$$(0\leqslant k\leqslant s-1)$$

$$\vdots$$

其中小于 $\dfrac{s}{p}$ 的只有

$$\left\{\frac{(d+1)s}{p}\right\}>\left\{\frac{(2d+1)s}{p}\right\}>\cdots>\left\{\frac{((s-1)d+1)s}{p}\right\},$$

所说的 m,n 不存在.

反证法的作用是"破坏",对于 $p-1=sd$ 时,$\left\{\dfrac{hs}{p}\right\}$ 的情况如何并不关心,只想导出矛盾. 后一种证法则是"建设性"的. 先理清 $\left\{\dfrac{hs}{p}\right\}$ 的情况,再指出所说的 m,n 不存在.

充分性. 设 s 不是 $p-1$ 的因数,要证明有正整数 m,n,满足(1),(2). 首先,用 s 除 p 得

$$p=ms-r,0<r<s. \tag{12}$$

其中 m,r 都是整数(m 比通常的商大 1). 由于 $s<p$, $\therefore$ $m\geqslant2$. 从而

$$\left\{\frac{ms}{p}\right\}=\left\{\frac{p+r}{p}\right\}=\frac{r}{p}. \tag{13}$$

如果 $r=s-1$，那么由(12)可知
$$p-1=(m-1)s. \qquad (14)$$
这与 s 不是 $p-1$ 的因数不符，所以 $r<s-1$.

由于 s 与 p 互素，所以
$$sx \equiv s-1 (\bmod\ p) \qquad (15)$$
有解，并且可设这解在 0 与 $p-1$ 之间(不能是 0，因为 0 显然不是(15)的解). 设它为 n，则
$$\left\{\frac{ns}{p}\right\} = \frac{s-1}{p} > \frac{r}{p}. \qquad (16)$$

最后证明 $n>m$. 事实上，对于小于 m 的正整数 m'，有
$$m's \leqslant ms-s = p+r-s < p,$$
$$\therefore \quad \left\{\frac{m's}{p}\right\} = \frac{m's}{p} \geqslant \frac{s}{p}. \qquad (17)$$

于是，由(16),(17)即得 $n>m$. 其中 n 亦可取
$$sx \equiv r+1 (\bmod\ p) \qquad (18)$$
的在 0 与 $p-1$ 之间的解.

注 开始写的解，式(4),(5)中所用记号 r,r' 写成 r',r，即写成 $sn=kp+r,sm=kp+r'$. 与后半截充分性的记号不一致. 虽然各不相关，但这次写稿的时候，还是改成现在的形式. 这可能有点"唯美癖". 但有点"唯美癖"或许并非坏事，至少可以使解答写得更好一些，即使达不到"完美"，但"完美"应是我们追求的目标. 必要性的第二种证法也是这样产生的，因为我们对原有的解法不很满意.

27 越来越多

设 $a, b_1, b_2, \cdots, b_n$ 都是大于 1 的奇数. 求证: $a^{b_1 b_2 \cdots b_n} - 1$ 的不同的素因数的个数大于 n. 对 $a^{b_1 b_2 \cdots b_n} + 1$ 也有同样的结果.

我们需要一个引理:

引理 设 a 为大于 1 的整数, p 为奇素数, 则 $a^p - 1$ 至少有一个素因数不是 $a - 1$ 的素因数.

证明 设 $a - 1 = d$, 则

$$\frac{a^p - 1}{a - 1} = \frac{(d+1)^p - 1}{d} = d^{p-1} + p d^{p-2} + \cdots + c_p^2 d + p,$$

$$\therefore \quad \left(\frac{a^p - 1}{a - 1}, a - 1 \right) = (p, a - 1) = p \text{ 或 } 1.$$

如果 p 是 $a - 1$ 的素因数, 那么由于

$$\frac{d^{p-1}}{p} + d^{p-2} + \cdots + \frac{p(p-1)}{2} \cdot \frac{d}{p} + 1$$

是大于 1 的整数, 除以 p 余 1(除最后一项 1 以外, 各项都是 p 的倍数), 所以它必有一个不同于 p 的素因数 q. 从而 $a^p - 1$ 有一个素因数 q 不是 $a - 1$ 的素因数.

如果 p 不是 $a - 1$ 的素因数, 那么 $\left(\frac{a^p - 1}{a - 1}, a - 1 \right) = 1$, 所以 $\frac{a^p - 1}{a - 1}$ 的素因数 q 都不是 $a - 1$ 的素因数. 因而 $a^p - 1$ 有素因数 q 不是 $a - 1$ 的素因数.

回到原来的问题, 不妨设 $b_1, b_2, \cdots, b_n$ 都是奇素数(如果 $b_1 = p_1 c_1$, p_1 为 b_1 的一个素因数, 那么 $a^{b_1} = (a^{c_1})^{p_1}$, 将 a 换成 a^{c_1}). 于是根据引理

$$a^{b_1 b_2 \cdots b_n} - 1 = (a^{b_2 b_3 \cdots b_n})^{b_1} - 1$$

有一个素因数 q_1 不是 $a^{b_2 b_3 \cdots b_n} - 1$ 的素因数, 而

$$a^{b_2 \cdots b_n} - 1 = (a^{b_3 \cdots b_n})^{b_2} - 1$$

又有一个素因数 q_2 不是 $a^{b_3 \cdots b_n} - 1$ 的素因数, ……. 最后

$$a^{b_1 b_2 \cdots b_n} - 1$$

有一个素因数 q_n 不是 $a^{b_1b_2\cdots b_{n-1}}-1$ 的素因数.

这样,$q_1,q_2,\cdots,q_n$ 是 $a^{b_1b_2\cdots b_n}-1$ 的 n 个不同的素因数,而且都是奇数. 此外,2 也是 $a^{b_1b_2\cdots b_n}-1$ 的一个显然的因数.

$a^{b_1b_2\cdots b_n}+1$ 的情况基本相同,请读者自己补出证明.

28 一个整除问题

设 $a_1 \leqslant a_2 \leqslant \cdots \leqslant a_n$ 为 n 个整数,作出所有的(共 C_n^2 个)差 $a_k - a_h (1 \leqslant h < k \leqslant n)$. 证明:它们的积 $\displaystyle\prod_{1 \leqslant h < k \leqslant n}(a_k - a_h)$ 被 $\displaystyle\prod_{1 \leqslant h < k \leqslant n}(k - h)$ 整除.

证明的方法是考虑任一素数 p 在 $\displaystyle\prod_{1 \leqslant h < k \leqslant n}(a_k - a_h)$ 与 $\displaystyle\prod_{1 \leqslant h < k \leqslant n}(k - h)$ 中出现的幂次.

在任意 m 个整数 $b_1, b_2, \cdots, b_m$ 中,设素数 p 的倍数有 c_1 个, p^2 的倍数有 c_2 个, $\cdots$, p^s 的倍数有 c_s 个,没有 p^{s+1} 的倍数. 则积 $b_1 b_2 \cdots b_m$ 中, p 的幂次是

$$c_1 + c_2 + \cdots + c_s \tag{1}$$

$\left(\text{特别地,在 } n! \text{ 中 } p \text{ 的幂次是 } \left[\dfrac{n}{p}\right] + \left[\dfrac{n}{p^2}\right] + \cdots\right).$

于是,如果对另一组整数 $b_1', b_2', \cdots, b_m'$,相应的 $c_1', c_2', \cdots, c_s'$ 分别小于等于 $c_1, c_2, \cdots, c_s$ (没有 p^{s+1} 的倍数,而且 c_j' 也可以为 0),那么

$$b_1', b_2' \cdots b_m' \mid b_1 b_2 \cdots b_m. \tag{2}$$

现在考虑两组数 $a_k - a_h$ 与 $k - h (1 \leqslant h < k \leqslant n)$. 如果对任一个数 q(可取 q 为质数 p 或 p 的幂), $m = C_n^2$ 个差 $a_k - a_h (1 \leqslant h < k \leqslant n)$ 中, q 的倍数 c 不小于 C_n^2 个差 $k - h (1 \leqslant h < k \leqslant n)$ 中 q 的倍数 c',那么

$$\prod_{1 \leqslant h < k \leqslant n}(k - h) \ \Big| \ \prod_{1 \leqslant h < k \leqslant n}(a_k - a_h).$$

设 $a_1, a_2, \cdots, a_n$ 中,除以 q 余数为 i 的有 n_i 个 $(i = 1, 2, \cdots, q)$,则

$$n_1 + n_2 + n_3 + \cdots + n_q = n. \tag{3}$$

这 n_i 个数中每两个的差被 q 整除,所以被 q 整除的差共有

$$C_{n_1}^2 + C_{n_2}^2 + \cdots + C_{n_q}^2 = \frac{1}{2}\sum_{i=1}^{q} n_i^2 - \frac{1}{2}n \tag{4}$$

个.

设 $n = qt + r, 0 \leqslant r < q$,则熟知在条件(3)的限制下,(4)在 $n_1, n_2, \cdots, n_q$ 中有 r 个为 $t+1$,其余 $q - r$ 个为 t 时,取最小值(在 $x - y \geqslant 2$ 时, $(x-1)^2 + (y+1)^2 = x^2 + y^2 - 2(x - y - 1) \leqslant x^2 + y^2 - 2 < x^2 + y^2$,所以 $n_1, n_2, \cdots, n_q$ 中如果有差不小于 2 的,可以将差缩小,而使(4)的值减小).

对于 $1, 2, \cdots, n$ 这组数,易知其中除以 q 余数为 $1, 2, \cdots, r$ 的均恰有 $t+1$

个，即与上述 $n_1, n_2, \cdots, n_q$ 相应的 $n_1', n_2', \cdots, n_q'$ 中，$n_1' = n_2' = \cdots = n_r' = t+1$，其他的 $n_i' = t$．所以，在差 $k-h (1 \leqslant h < k \leqslant n)$ 中，被 q 整除的个数为

$$\frac{1}{2} \sum_{i=1}^{q} n_i'^2 - \frac{1}{2} n \leqslant \frac{1}{2} \sum_{i=1}^{q} n_i^2 - \frac{1}{2} n, \tag{5}$$

从而 $\prod\limits_{1 \leqslant h < k \leqslant n} (a_k - a_h)$ 被 $\prod\limits_{1 \leqslant h < k \leqslant n} (k-h)$ 整除．

本题还有更简单的证法，但需要更多的知识．例如利用行列式，可知

$$\prod_{1 \leqslant h < k \leqslant n} \frac{a_k - a_h}{k-h} = \frac{\prod\limits_{1 \leqslant h < k \leqslant n} (a_k - a_h)}{1! \ 2! \ \cdots (n-1)!}$$

$$= \frac{\begin{vmatrix} 1 & 1 & \cdots & 1 \\ a_1 & a_2 & \cdots & a_n \\ a_1^2 & a_2^2 & \cdots & a_n^2 \\ \vdots & \vdots & & \vdots \\ a_1^{n-1} & a_2^{n-1} & \cdots & a_n^{n-1} \end{vmatrix}}{1! \ 2! \ \cdots (n-1)!}$$

$$= \begin{vmatrix} 1 & 1 & \cdots & 1 \\ C_{a_1}^1 & C_{a_2}^1 & \cdots & C_{a_n}^1 \\ C_{a_1}^2 & C_{a_2}^2 & \cdots & C_{a_n}^2 \\ \vdots & \vdots & & \vdots \\ C_{a_1}^{n-1} & C_{a_2}^{n-1} & \cdots & C_{a_n}^{n-1} \end{vmatrix}. \tag{6}$$

最后一个行列式中的所有元素都是整数，所以行列式的值是整数，即

$$\prod_{1 \leqslant h < k \leqslant n} (k-h) \mid \prod_{1 \leqslant h < k \leqslant n} (a_k - a_h).$$

此外，(6)恰好是某种李代数的个数，因而显然是整数．

单墫

解题研究

丛　书

我怎样解题

29 估　计

在区间$(0,1)$中任取$n(n\geqslant2)$个互不相同的分数. 证明:这些分数的分母的和不小于$\frac{1}{3}n^{\frac{3}{2}}$.

本题是数论中的估计问题. 在这类问题中,重要的是阶,即n的指数$\frac{3}{2}$,而不是系数$\frac{1}{3}$. 在n很大时,阶显然比系数重要得多. 而这类估计问题,通常都是假定n很大. 小的n没有多大意义.

如果这n个分数的分母的平均值为$n^{\frac{1}{2}}$,那么这些分母的和为$n^{\frac{3}{2}}$. 但这些分母的平均值我们无法知道. 不过,我们可以将所取分数分为两类,一类分母比较小,另一类分母比较大,分母比较小的分数不很重要(除非它们的个数很多),分母较大的分数重要,希望它们的个数较多(从而前一类不要太多). 所谓大小,可以用一个数t来表征. t是一个大的数,具体的值将在下面定出,现在先不确定,保留选择的权利.

第一类分数的分母不大于t,第二类分数的分母大于t.

在区间$(0,1)$中,分母为2的分数只有1个,分母为3的分数有2个,……,分母为$[t]$的分数有$[t]-1$个. 约分后其中可能有相同的分数,所以分母不大于t的分数的个数

$$\leqslant 1+2+\cdots+([t]-1)=\frac{1}{2}[t]([t]-1). \tag{1}$$

它的阶是t^2(虽然上面所说的分数中可能有相同的,但互不相同的分数的个数的阶也与t^2相差不多). 由此可见,t关于n的阶不超过$\frac{1}{2}$,否则第一类分数的个数已超过n,第二类一个分数也没有,这就失去分类的意义了.

第二类分数的个数

$$\geqslant n-\frac{1}{2}t^2, \tag{2}$$

所以n个分数分母的和

第三章　数论　　251

$$S \geqslant t\left(n-\frac{1}{2}t^2\right). \tag{3}$$

如果取 $t=n^{\frac{1}{2}}$，那么

$$S \geqslant n^{\frac{1}{2}}\left(n-\frac{1}{2}n\right)=\frac{1}{2}n^{\frac{3}{2}}. \tag{4}$$

我们所得的结果(4)比题目要求的下界更好一些$\left(系数\frac{1}{2}比\frac{1}{3}大\right)$，但阶是一样的.

在(3)中，t 对 n 的阶如果小于 $\frac{1}{2}$，那么 $t\left(n-\frac{1}{2}t^2\right)$ 的阶小于 $\frac{3}{2}$，所以 t 的阶取为 $\frac{1}{2}$ 是最佳的.

本题的关键是分母不大于 $n^{\frac{1}{2}}$ 的分数不很多$\left(不超过\frac{1}{2}n\right)$，分母大于 $n^{\frac{1}{2}}$ 的分数仍至少有 $\frac{1}{2}n$ 个.

单墫

解题研究
丛　　书

我怎样解题

30   知　识　障

确定出所有的正整数 n，对于它存在一个整数 m，使得 2^n-1 是 m^2+9 的一个因数.

本题需要一些预备知识：

引理 1　设 q 为 $4k-1$ 形的素数，则在模 q 的剩余类中，-1 不是平方，即

$$m^2 \equiv -1 \pmod{q} \tag{1}$$

无解.

证明　如果(3)有解，那么由于 $\dfrac{q-1}{2}=2k-1$ 是奇数，则

$$(m^2)^{\frac{q-1}{2}} \equiv (-1)^{\frac{q-1}{2}} \equiv -1 \pmod{q}. \tag{2}$$

但由费马小定理，可知

$$(m^2)^{\frac{q-1}{2}} \equiv m^{q-1} \equiv 1 \pmod{q}. \tag{3}$$

(2)与(3)矛盾，所以(1)无解.

引理 2　设 q 为 $4k+1$ 形的素数，则在模 q 的剩余类中，-1 是平方，即

$$m^2 \equiv -1 \pmod{q} \tag{4}$$

有解.

证明　由 Wilson 定理可知

$$(q-1)! \equiv -1 \pmod{q}. \tag{5}$$

而

$$
\begin{aligned}
(q-1)! &= 1 \times 2 \times \cdots \times (2k) \times (q-2k) \times \\
&\quad (q-2k+1) \times \cdots \times (q-2) \times (q-1) \\
&= 1^2 \times 2^2 \times \cdots \times (2k)^2 (-1)^{2k} \\
&= ((2k)!)^2 \pmod{q},
\end{aligned} \tag{6}
$$

$$\therefore \quad m = (2k)! = \left(\frac{q-1}{2}\right)!$$

是(4)的解.

引理 3　设 q 为 $4k+1$ 形的素数，则对任意自然数 α

$$m^2 \equiv -1 \pmod{q^\alpha} \tag{7}$$

有解.

证明 用归纳法.$\alpha = 1$即引理2.设(7)有解,即有

$$m^2 + 1 = y \cdot q^{\alpha}, \quad y \text{ 为整数.} \tag{8}$$

对于整数x,有

$$(m + xq^{\alpha})^2 + 1 \equiv m^2 + 1 + 2mxq^{\alpha} \equiv (y + 2mx)q^{\alpha} \pmod{q^{\alpha+1}}. \tag{9}$$

由于(8),m与q互素,所以x的方程

$$2mx + y \equiv 0 \pmod{q} \tag{10}$$

有解.取x满足(10),则

$$(m + xq^{\alpha})^2 \equiv -1 \pmod{q^{\alpha+1}}, \tag{11}$$

于是引理3成立.

现在回到原题.

$n = 1$时,m可取任何整数.

$n = 2$时,$2^n - 1 = 3$.取m为3的倍数,则$2^n - 1 \mid m^2 + 9$.

$n = 3$时,$2^n - 1 = 7$.若有m使$7 \mid m^2 + 9$,则

$$m^2 + 9 \equiv 0 \pmod{7}. \tag{12}$$

不难验证,$m \equiv 0, \pm 1, \pm 2, \pm 3$时,(12)均不成立,所以$n \neq 3$.

类似地,由于

$$2^{3k} - 1 = 8^k - 1 \equiv 0 \pmod{7},$$

即7是$2^{3k} - 1$的因数,但由(12),7不是$m^2 + 9$的因数,所以$n \neq 3k$.

以下设$n > 3$,这时

$$2^n - 1 \equiv -1 \pmod{4}. \tag{13}$$

(a) n为奇数.

这时

$$2^n - 1 \equiv (-1)^n - 1 \equiv -2 \pmod{3}, \tag{14}$$

所以$2^n - 1$没有素因数3.但由于(13),$2^n - 1$必有一个素因数

$$q \equiv -1 \pmod{4}.$$

$q \neq 3$,由于$2^n - 1 \mid m^2 + 9$,

$$\therefore \quad m^2 + 9 \equiv 0 \pmod{q}. \tag{15}$$

因为q与3互素,所以存在m_1,使

$$3m_1 \equiv m \pmod{q}. \tag{16}$$

(15)可化为

单墫

解题研究
丛　　书

我怎样解题

$$m_1^2 \equiv -1 (\mathrm{mod}\, q). \tag{17}$$

但由引理 1,(17) 不成立. 所以 n 不能为大于 1 的奇数.

(b) n 为偶数.

设 $n = 2^h t$,h 为自然数,t 为正奇数.

如果 $t > 1$,那么 $2^n - 1 = 2^{2^h t} - 1$ 有因数 $2^t - 1$. $2^n - 1$ 是 $m^2 + 9$ 的因数导致 $2^t - 1$ 是 $m^2 + 9$ 的因数,而由 (a) 知,这是不可能的. $\therefore$ $t = 1$,$n = 2^h$.

$2^4 - 1 = 15$ 是 $9(2^2 + 1) = 6^2 + 9$ 的因数.

$2^8 - 1 = 255 = 3 \times 85$ 是 $9(13^2 + 1) = 39^2 + 9$ 的因数.

因此,我们猜想 $n = 2^h$ 是符合要求的数.

$$2^{2^h} - 1 = (3 - 1)^{2^h} - 1 \equiv -3 \times 2^h + 1 - 1 = -3 \times 2^h (\mathrm{mod}\, 9),$$

所以 $2^{2^h} - 1$ 被 3 整除,但不被 9 整除.

设 q 为 $2^{2^h} - 1$ 的素因数. 如果 $q = 4k - 1$,那么

$$2^{q-1} = 2^{4k-2} \equiv 1 (\mathrm{mod}\, q). \tag{18}$$

$$\text{又} \quad \because \quad 2^{2^h} \equiv 1 (\mathrm{mod}\, q). \tag{19}$$

$$\therefore \quad 2^{(2^h, 4k-2)} \equiv 1 (\mathrm{mod}\, q),$$

即

$$2^2 \equiv 1 (\mathrm{mod}\, q). \tag{20}$$

从而 $q = 3$. 即 $\dfrac{1}{3}(2^{2^h} - 1)$ 的素因数均为 $4k + 1$ 形的素数.

设 q 为 $4k + 1$ 形的素数. 由引理 3,方程 (7) 有解.

设 n_1, n_2 为互素的自然数,如果

$$m^2 \equiv -1 (\mathrm{mod}\, n_1), \tag{21}$$

$$m^2 \equiv -1 (\mathrm{mod}\, n_2) \tag{22}$$

分别有解 m_1, m_2,那么取 m 为方程组

$$m \equiv m_1 (\mathrm{mod}\, n_1), \tag{23}$$

$$m \equiv m_2 (\mathrm{mod}\, n_2) \tag{24}$$

的解,则

$$m^2 \equiv -1 (\mathrm{mod}\, n_1), \tag{25}$$

$$m^2 \equiv -1 (\mathrm{mod}\, n_2). \tag{26}$$

从而

$$m^2 \equiv -1 \pmod{n_1 n_2}. \tag{27}$$

于是,对于素因数均为 $4k+1$ 形的 $\frac{1}{3}(2^{2^h}-1)$,有

$$m^2 \equiv -1\left(\bmod \frac{1}{3}(2^{2^h}-1)\right), \tag{28}$$

且 $$9(m^2+1)=(3m)^2+9$$

被 $2^{2^h}-1$ 整除.

因此,本题的答案是 $n=2^h, h=1,2,\cdots$.

注 本题可与 **10** 比较,手法相同.

后来看到"标准解法",发现我们的解法较为麻烦. 麻烦在我们考虑了一般的 $4k+1$ 形的素数,因而需要引理 $2,3$. 而在本题中

$$2^{2^h}-1=(2^{2^{h-1}}+1)(2^{2^{h-2}}+1)\cdots(2^2+1)(2+1). \tag{29}$$

因数

$$2^{2^{h-1}}+1, 2^{2^{h-2}}+1, \cdots, 2^2+1, 2+1 \tag{30}$$

两两互素数. 例如 $2^{2^{h-1}}+1$ 与 $2^{2^{h-3}}+1$,有

$$\begin{aligned}
(2^{2^{h-1}}+1, 2^{2^{h-3}}+1) &= (2^{2^{h-1}}+1, 2^{2^{h-3}}-1) \\
&= (2^{2^{h-1}}+1, 2^{2^{h-1}}-1) \\
&= (2^{2^{h-1}}+1, 2) = 1.
\end{aligned}$$

而且

$$m^2+1 \equiv 0[\bmod(2^{2^j}+1)] \tag{31}$$

显然有解

$$m_j = 2^{2^{j-1}} (j=1,2,\cdots,h-1).$$

再取 m 为同余方程组

$$m \equiv m_j[\bmod(2^{2^j}+1)], j=1,2,\cdots,h-1 \tag{32}$$

的解,则式(28)成立. $(3m)^2+9$ 被 $2^{2^h}-1$ 整除.

我们忽视了(31)显然有解,反而引用了较复杂的结论,所以解法不够简洁. 这或许是由于我知道引理 2,禁不住要利用它. 如果不知道,当然只能就题论题. 这是知识多了造成的,有的像佛家所说的"知识障". 当然它并不是一些地痞流氓爱说的"知识越多越反动".

通过本题,了解到引理 $2,3$,也是一件好事. 所以我们并不将解答改写. "立此存照",供读者对照比较.

单 墫
解题研究
丛 书

我怎样解题

在学生与研究者看来,对一道问题最重要的是将它解出来,而不论用什么方法. 但对于教师,不仅要将问题解出来,而且要考虑用什么方法,方法应不超出学生的知识范围(如小学低年级,解应用题用算术方法,而不是应用方程;初中未学相似三角形时,只能利用全等三角形,等). 因此,在一定意义上,教师考虑问题应比学生或研究者更深入、更全面.

31　数　字　和

对正整数 m,用 $s(m)$ 表示它的数字和. 当 $n \geqslant 2$ 时,用 $f(n)$ 表示满足下述条件的最小的正整数 k:存在一个含有 n 个正整数的集 M,对 M 的任一个非空子集 X,都有

$$s\left(\sum_{x \in X} x\right) = k. \tag{1}$$

证明:存在正的常数 C_1,C_2,使得

$$C_1 \lg n < f(n) < C_2 \lg n. \tag{2}$$

这是 2005 年美国数学奥林匹克的第 6 题.

先证右边的不等式(上界估计). 这只需造出一个满足式(1)的 M,其中 $k < C_2 \lg n$. 即要造一个正整数的集合 M,它有 n 个元,集中任意多个数的和的数字和都相等,而且这个相等的值 k 要尽量小一些(小于 $\lg n$ 乘以一个正的常数 C_1). 其中有关数字和的一条是最主要的,也是最困难的. 我们首先考虑这一要求.

M 中的数、数字和全部相等,而且这些数中任意多个的和的数字和也全都相等. 先设法找满足前一条的那些数. 熟知,9,18,27,36,45,54,63,72,81,90 的数字和都是 9. 可惜这样的数只有 10 个(至少要有 n 个,n 可能很大),再往下就是数字和为 $2 \times 9 = 18$ 的 99 了.

不过,99,99×2,…,99×11,…,99×99,99×100 中每一个的数字和都是 18. 这样的数有 100 个了!

再一般地,设 t 为正整数,在 $r \leqslant 10^t$ 时,有

$$\begin{aligned}
s(r \times (10^t - 1)) &= s((r-1) \times 10^t + 10^t - r) \\
&= s((r-1) \times 10^t) + s(10^t - r) \\
&= s(r-1) + s((10^t - 1) - (r-1)) \\
&= s(r-1) + s(10^t - 1) - s(r-1) \\
&= s(10^t - 1) \\
&= 9t, \tag{3}
\end{aligned}$$

即 $r \times (10^t - 1)$ 与 $10^t - 1$ 的数字和相等,都等于 $9t$.

在(3)中,我们利用了数字和的三角形不等式

我怎样解题

$$s(a+b) \leqslant s(a) + s(b), \tag{4}$$

其中等号当且仅当 $a+b$ 不发生进位时成立. (4)即

$$s(c) - s(b) \leqslant s(c-b)(b \leqslant c), \tag{5}$$

其中等号当且仅当 $b+(c-b)$ 不发生进位时成立. 特别地

$$s(10^t - 1) - s(b) = s(10^t - 1 - b)(b \leqslant 10^t - 1). \tag{6}$$

现在我们有 10^t 个数,它们的数字和都相等. 可以使 $10^t > n$. n 个数

$$10^t - 1, 2 \times (10^t - 1), 3 \times (10^t - 1), \cdots, n \times (10^t - 1) \tag{7}$$

可以组成集合 M. 这些数的和仍然是 $r \times (10^t - 1)$ 的形式,其中最大的和,也就是(7)中 n 个数的和,为

$$(1 + 2 + \cdots + n) \times (10^t - 1) = \frac{n(n+1)}{2} \times (10^t - 1). \tag{8}$$

于是,只要取 $10^t \geqslant \dfrac{n(n+1)}{2}$,那么不但 M 中各个数的数字和都等于 $9t$,而且 M 中任意多个数的和的数字和也都等于 $9t$(如果取 $1, 10, 100, \cdots$ 作为 M 的元,那么它们的数字和都相等,但取两个数相加,其和的数字和就与它们的数字和不相等了).

现在要使这数字和 $9t$ 尽量小一些,那么就应取 t 为满足 $10^t \geqslant \dfrac{n(n+1)}{2}$ 的最小整数,也就是说

$$10^{t-1} < \frac{n(n+1)}{2}. \tag{9}$$

这样,由(9),得

$$9t < 9\lg \frac{n(n+1)}{2} + 9. \tag{10}$$

$$\because \quad 9\lg \frac{n(n+1)}{2} + 9 = 9\lg 5n(n+1)$$

$$\leqslant 9\lg(10n^2)$$

$$\leqslant 9\lg n^6$$

$$= 54\lg n,$$

$$\therefore \quad f(n) \leqslant 9t < 54\lg n, \tag{11}$$

即取 $C_2 = 54$,则(2)右边的不等式成立.

注意,只需要有一个正的常数 C_2,使(2)的右边的不等式成立. 这个 C_2 的

值的大小并不重要.通常取得大一些,这样估计就比较容易.

再看(2)左边的不等式.现在设 M 是任一个满足要求(1)的 n 元正整数,要证明存在正的常数 C_1,使

$$C_1 \lg n < k. \tag{12}$$

M 的构造不易弄清楚,是否一定是前一半证明中所举的那样的集合(全由 10^t-1 的倍数组成)?恐怕难以断定(至少一时不易断定).但在 $10^t-1 \leqslant n$ 时,不难证明 M 中的数或这些数中若干个的和,一定有一个是 10^t-1 的倍数.

证法是惯用的抽屉原则.设 $a_1,a_2,\cdots,a_{10^t-1}$ 为 M 中的数,考虑

$$a_1,a_1+a_2,\cdots,a_1+a_2+\cdots+a_{10^t-1}.$$

如果这 10^t-1 个数中有一个被 10^t-1 整除,那么结论已经成立.

如果这 10^t-1 个数都不是 10^t-1 的倍数,那么其中必有两个数除以 10^t-1 后所得余数相同,从而它们的差是 10^t-1 的倍数.这差仍然是 M 中若干数的和.

于是,有自然数 a,使

$$k=s((10^t-1)\times a). \tag{13}$$

如果 $a \leqslant 10^t$,那么前面已证明 $k=9t$. 如果 $a>10^t$,我们证明

$$k \geqslant 9t. \tag{14}$$

可以设 a 的个位数字不是 0(如果是 0,可以将它删去.因为计算数字和时,0 不起作用).又设

$$a=10^t \times A+B, \tag{15}$$

A,B 都是自然数,$B<10^t$ 并且 B 的个位数字不是 0. 于是,有

$$\begin{aligned}
&s[(10^t-1)\times a]\\
={}&s[(10^t-1)\times(10^t A+B)]\\
={}&s[10^t \times(10^t A+B-A)-B]\\
={}&s[(10^t-1)-(B-1)]+10^t \times[10^t A+(B-1)-A]\\
={}&s[(10^t-1)-(B-1)]+s[10^t A+(B-1)-A]\\
\geqslant{}&s(10^t-1)-s(B-1)+s[10^t A+(B-1)]-s(A)[利用(5)]\\
={}&9t-s(B-1)+s[10^t A+s(B-1)]-s(A)\\
={}&9t.
\end{aligned}$$

从而(14)成立.当然,上面的 $t \geqslant 1$. 这只有 $n \geqslant 9$ 时才可能发生.我们先假定 $n \geqslant$

9(小的 n 不会影响大局).

与前一半类似,但现在希望 $9t$ 尽量大,所以应取 t 为满足 $10^t-1\leqslant n$ 的最大整数,即

$$10^{t+1}-1>n.\tag{16}$$

因此,$k\geqslant 9t>t+1>\lg n$.

至于 $n\leqslant 10$ 时,有

$$\lg n\leqslant 1.$$

而显然 $k\geqslant 1$. 所以对所有满足要求的 n 元集 M

$$k>\lg n,$$

即取 $C_1=1$,则

$$f(n)>C_1\lg n.\tag{17}$$

由于 C_1 可任意取小(只要求为正数),所以小的 n(有限多个)并不影响大局.

从以上证明可以得出满足要求的 M,其中每个数都是 9 的倍数,而且每个数的数字和 $\geqslant 9t$. 但 M 的结构并不很清楚.

32 运用三进制

将 $(1+x)^n$ 的展开式中,被 3 除余数为 r 的系数个数记为 $T_r(n)$. 试计算 $T_0(2\,006),T_1(2\,006),T_2(2\,006)$.

显然,$(1+x)^n$ 的展开式共有 $n+1$ 项,

$$\therefore \quad T_0(n)+T_1(n)+T_2(n)=n+1. \tag{1}$$

需要再建立两个关系式.

容易得出

$$(1+x)^3=1+3x+3x^2+x^3\equiv 1+x^3 (\mathrm{mod}\,3). \tag{2}$$

设 n 的三进制表示为

$$n=a_m\cdot 3^m+a_{m-1}\cdot 3^{m-1}+\cdots+a_1\cdot 3+a_0, \tag{3}$$

其中 $a_i\in\{0,1,2\},i=0,1,\cdots,m,a_m\neq 0$.

则由(2),得

$$(1+x)^n\equiv (1+x)^{a_0}(1+x^3)^{a_1}\cdots(1+x^{3^m})^{a_m}(\mathrm{mod}\,3). \tag{4}$$

设 $a_0,a_1,\cdots,a_m$ 中有 s 个为 1,t 个为 2(其余为 0),为 1 的下标是 k_1,$k_2,\cdots,k_s$;为 2 的下标是 $h_1,h_2,\cdots,h_t$,则由(4),得

$$(1+x)^n\equiv (1+x^{3^{k_1}})(1+x^{3^{k_2}})\cdots(1+x^{3^{k_s}})(1+x^{3^{h_1}})^2(1+x^{3^{k_2}})^2\cdots(1+x^{3^{h_t}})^2$$

$$=(1+x^{3^{k_1}})(1+x^{3^{k_2}})\cdots(1+x^{3^{k_s}})(1+2x^{3^{h_1}}+x^{2\cdot 3^{h_1}})\times$$

$$(1+2x^{3^{h_2}}+x^{2\cdot 3^{h_2}})\cdots(1+2x^{3^{h_t}}+x^{2\cdot 3^{h_t}})$$

$$\equiv (1+x^{3^{k_1}})(1+x^{3^{k_2}})\cdots(1+x^{3^{k_s}})(1-x^{3^{h_1}}+x^{2\cdot 3^{h_1}})\times$$

$$(1-x^{3^{h_2}}+x^{2\cdot 3^{h_2}})\cdots(1-x^{3^{h_t}}+x^{2\cdot 3^{h_t}})(\mathrm{mod}\,3). \tag{5}$$

(5)右边展开后,共有 $2^s\times 3^t$ 项. 由三进制的唯一性可知,这些项互不相同(x 的指数互不相同),所以

$$T_1(n)+T_2(n)=2^s\times 3^t. \tag{6}$$

$(1-x^{3^{h_1}}+x^{2\cdot 3^{h_1}})$ 中,系数为 1 的项比系数为 -1 的项多 1 个. $(1-x^{3^{h_1}}+x^{2\cdot 3^{h_1}})(1-x^{3^{h_2}}+x^{2\cdot 3^{h_2}})$ 乘开后,即

$$(1-x^{3^{h_1}}+x^{2\cdot 3^{h_1}})-x^{3^{h_2}}(1-x^{3^{h_1}}+x^{2\cdot 3^{h_1}})+x^{2\cdot 3^{h_2}}(1-x^{3^{h_1}}+x^{2\cdot 3^{h_1}}),$$

其中系数为 1 的项比系数为 -1 的项多

$$1-1+1=1$$

单墫
解题研究
丛书

我怎样解题

个. 依此类推

$$(1-x^{3h1}+x^{2\cdot 3h1})(1-x^{3h1}+x^{2\cdot 3h2})\cdots(1-x^{3ht}+x^{2\cdot 3ht})$$

乘开后,其中系数为 1 的项比系数为 −1 的项多 1 个.

$$(1+x^{3k1})(1-x^{3h1}+x^{2\cdot 3h1})\cdots(1-x^{3ht}+x^{2\cdot 3ht})$$

$$=(1-x^{3h1}+x^{2\cdot 3h1})\cdots(1-x^{3ht}+x^{2\cdot 3ht})+$$

$$x^{3k1}(1-x^{3h1}+x^{2\cdot 3h1})\cdots(1-x^{3ht}+x^{2\cdot 3ht})$$

中,系数为 1 的项比系数为 −1 的项多 $2\times 1=2$ 个. 依此类推

$$(1+x^{3k1})(1+x^{3k2})\cdots(1+x^{3ks})(1-x^{3h1}+x^{2\cdot 3h1})\cdots(1-x^{3ht}+x^{2\cdot 3ht})$$

中,系数为 1 的项比系数为 −1 的项多

$$\underbrace{2\times 2\times \cdots \times 2}_{s\uparrow}\times 1=2^{s}$$

个. 由于 $2\equiv -1(\bmod 3)$,

$$\therefore \quad T_1(n)-T_2(n)=2^s. \tag{7}$$

由(6),(7),得

$$T_1(n)=2^{s-1}(3^t+1), \tag{8}$$

$$T_2(n)=2^{s-1}(3^t-1). \tag{9}$$

由(1),(6),得

$$T_0(n)=n+1-2^s\times 3^t. \tag{10}$$

在 $n=2\,006$ 时,由

$$2\,006=2\times 3^6+2\times 3^5+2\times 3^3+2\times 3+2$$

得

$$s=0,t=5.$$

$$\therefore \quad T_1(2\,006)=122, T_2(2\,006)=121, T_0(2\,006)=1\,764.$$

注 在(5)中令 $x=1$ 可以立即得出(7).

33 不在其中

设 n 为正整数,求最小的正整数 d_n,它不能表示成

$$\sum_{j=1}^{n} (-1)^{a_j} 2^{b_j} \tag{1}$$

的形式,其中 a_j 与 $b_j (j \geqslant 1)$ 是非负整数.

我们设 A_n 为形如(1)的数所成的集合,即

$$A_n = \left\{ \sum_{j=1}^{n} (-1)^{a_j} 2^{b_j} \mid a_j, b_j \text{ 为非负整数} \right\}. \tag{2}$$

从简单的做起. $n=1$ 时,显然 $1,2 \in A_1$ ($1,2$ 及 2 的正整数幂 $\in$ 所有的 A_n). 但

$$3 \notin A_1, 5 \notin A_1 \tag{3}$$

(A_1 中只有 $\pm 2^b$,b 为非负整数).

$$\therefore \quad d_1 = 3, e_1 = 5, \tag{4}$$

其中 e_n 表示另一个(但不一定是次小的)不能表示成(1)形式的正整数.

$n=2$ 时,$3=4-1 \in A_2$. $4+1=5, 8-2=6, 8-1=7, 4+4=8, 8+1=9, 8+2=10$,都在 A_2 中. 但

$$11 = 16-5 = 8+3 \notin A_2, 21 = 32-11 = 16+5 \notin A_2.$$

$$\therefore \quad d_2 = 11, e_2 = 21. \tag{5}$$

一般地,设已有

$$d_n = \frac{2^{2n+1}+1}{3}, e_n = \frac{2^{2n+2}-1}{3}. \tag{6}$$

往证

$$d_{n+1} = \frac{2^{2n+3}+1}{3}, e_{n+1} = \frac{2^{2n+4}-1}{3}. \tag{7}$$

在证明(7)之前,先对 A_n 的性质作一些探讨:

(a) $A_n \subseteq A_{n+1}$.

由于 $1 = 2-1, 2^{k+1} = 2^k + 2^k$,所以(1)中总可以将某一项拆为两项,即 A_n 中的数全在 A_{n+1} 中.

(b) 如果奇数 $m \in A_{n+1}$,那么 $m-1$ 与 $m+1$ 中至少有一个在 A_n 中.

单墫
解题研究
丛书

我怎样解题

由于 m 为奇数, 在 $m = \sum_{j=1}^{n+1} (-1)^{a_j} 2^{b_j}$ 的表示中必有 $+1$ 或 -1 出现, 从而 $m-1$ 或 $m+1$ 可以去掉这一项, 即在 A_n 中.

(c) 如果 $2m \in A_n$, 那么 $m \in A_n$.

如果 $2m = \sum_{j=1}^{n} (-1)^{a_j} 2^{b_j}$ 的表示中, 所有 $b_j \geqslant 1$, 那么 $m = \sum_{j=1}^{n} (-1)^{a_j} 2^{b_j - 1} \in A_n$. 如果 $2m$ 的表示中有 1 出现, 那么 1 的个数必为偶数, 可以两两合并, 化为前一种情况并利用 (a).

准备工作完成, 进入正题.

首先, 证明 $\dfrac{2^{2n+3} + 1}{3} \notin A_{n+1}$.

假设 $\dfrac{2^{2n+3} + 1}{3} \in A_{n+1}$, 则由 (b) 可知

$$\frac{2^{2n+2} - 2}{3} \in A_n \quad 或 \quad \frac{2^{2n+3} + 4}{3} \in A_n.$$

如果是前者, 由 (c) 可知

$$\frac{2^{2n+2} - 1}{3} \in A_n,$$

与 (6) 矛盾. 如果是后者, 由 (c) 可知

$$\frac{2^{2n+1} + 1}{3} \in A_n,$$

仍与 (6) 矛盾.

其次, 证明 $\dfrac{2^{2n+4} - 1}{3} \notin A_{n+1}$.

假设 $\dfrac{2^{2n+4} - 1}{3} \in A_{n+1}$, 则

$$\frac{2^{2n+4} - 4}{3} \quad 或 \quad \frac{2^{2n+4} + 2}{3} \in A_n.$$

由 (c) 可知

$$\frac{2^{2n+2} - 1}{3} \quad 或 \quad \frac{2^{2n+3} + 1}{3} \in A_n,$$

前者与 (6) 矛盾, 后者与已证结果矛盾.

最后, 证明 $1 \sim \dfrac{2^{2n+3} - 2}{3} \in A_{n+1}$.

由（a）可知

$$1 \sim \frac{2^{2n+1}-2}{3} \in A_n \subseteq A_{n+1}.$$

又

$$\frac{2^{2n}-1}{3} \sim \frac{2^{2n+1}-2}{3} \in A_n.$$

将这些数乘以 2 仍在 A_n 中，再加上 1，也在 A_{n+1} 中，

$$\therefore \quad \frac{2^{2n+1}+1}{3} \sim \frac{2^{2n+2}-1}{3} \in A_{n+1}.$$

又

$$2^{2n+1}-\frac{2^{2n+1}-2}{3}=\frac{2^{2n+2}+2}{3} \sim 2^{2n+1}-1 \in A_{n+1},$$

$$2^{2n+1} \sim 2^{2n+1}+\frac{2^{2n+1}-2}{3}=\frac{2^{2n+3}-2}{3} \in A_{n+1},$$

$$\therefore \quad 1 \sim \frac{2^{2n+3}-2}{3} \in A_{n+1}.$$

于是（7）成立. 从而对一切自然数 n，（6）成立.

从上面的证明可以看出，引进另一个不属于 A_n 的数 e_n 是方便的. 不难看出，$e_n=2^{2n+1}-d_n$. 用上面的方法还可以证明第二个不属于 A_n 的数是 d_n+2（在 $n=1$ 时，正好是 e_1；在 $n=2$ 时，是 13）.

第四章　组　合　数　学

组合数学(包括图论),问题多,方法灵活多变,在数学竞赛中最受人们的青睐.原先只是一个不起眼的小角色,被称为"杂题",现在已渐成大器,成为竞赛的主要部分.

组合数学最能反映解题者对于数学的理解,反映他的灵活与创造力.因此,对于这类问题应当自己深思熟虑,想出好的 idea 来.当然,组合数学也有许多基本方法,如计数、染色、构造、递推、算两次、抽屉原理等.但如何运用这些方法,还得自出机杼,不落窠臼.

组合数学的表达也很重要.解题者应当"想得清楚,说得明白,写得干净".文字表达是一项基本功,应好好练习,练好了,终生受益.

1   取　棋　子

2 006 堆棋子,各堆的棋子数依次为 $1,2,\cdots,2\,006$. 每次从任意多堆中取走相同的粒数,至少取多少次才能取光?

先从简单的情况做起.

一堆棋子,1 次取完.

二堆棋子,一堆 1 粒,一堆 2 粒,1 次无法取完,2 次可以取完.

三堆棋子,粒数为 $1,2,3$. 第一次在第二和第三堆中各取 2 粒,第二次取走剩下的 2 堆(每堆 1 粒),2 次可以取完.

四堆棋子,粒数为 $1,2,3,4$. 第一次无论怎样取,剩下的堆中,总有两堆的棋子不同. 从而还需两次才能取完. 另一方面,第一次在每堆中取 1 粒即化为上面的三堆的情况,所以至少取 3 次可以取完.

于是,得到下面的表:

堆数	1	2	3	4
取完次数	1	2	2	3

由这表可以猜到,如果堆数 k 满足

$$2^{n-1} \leqslant k < 2^n. \tag{1}$$

各堆粒数为 $1,2,\cdots,k$,那么取完的最少次数是 n.

这可以用归纳法证明.

假定(1)对 n 成立,那么在堆数 k 满足

$$2^n \leqslant k < 2^{n+1} \tag{2}$$

时,第一次可以在粒数 $\geqslant 2^n$ 的堆里取走 2^n 粒. 这样,前 2^n-1 堆不变,而第 2^n 堆已经取完,其余各堆粒数为 $1,2,\cdots,k-2^n (<2^n)$.

根据归纳假设,n 次可以取完前 2^n-1 堆. 而每次在粒数为 d 的堆里取棋时,也在后面的(即原来的第 $2^n+1\sim$ 第 k 堆)粒数为 d 的堆里取走同样多的棋. 这样,在前 2^n-1 堆取完时,所有堆均被取完. 所以 $n+1$ 次可以取完所有的棋.

另一方面,设第一次取走 d 枚棋. 如果 $d>2^{n-1}$,那么前 2^{n-1} 堆不变. 根据归纳假设,至少还要 n 次才能取完. 如果 $d\leqslant 2^{n-1}$,那么原来粒数为 $d+1$,

$d+2,\cdots,d+2^{n-1}\leqslant 2^{n}$ 的堆变成粒数为 $1,2,\cdots,2^{n-1}$ 的堆,取完它们至少还要 n 次. 因此,至少需要 $n+1$ 次才能取完.

现在 $2^{10}<2\,006<2^{n}$,所以至少 11 次才能取完.

2 老虎与驴子

平面上给出 2 005 个点,其中任何三点都不共线. 每两点均用线连接. 老虎与驴子进行游戏:驴子给每条线段标上一个数字$(0,1,2,3,4,5,6,7,8,9)$,接着老虎给每个点标上一个数字. 如果有一条线段与它的两端都是相同的数字,那么驴子获胜. 请证明:在正确方法下,驴子必胜.

这是第 68 届(2005 年)莫斯科数学竞赛试题.

过去驴子与老虎比体力,结果"黔驴技穷",被老虎吃了. 新一代的驴子与老虎斗智,驴子却有必胜的方法.

数字,不过是一个符号. 10 个数字是 10 个符号. 我们可以减少符号的个数,从最简单的情况开始.

如果驴、虎都只用 1 个符号 0,那么只要有 2 个点,驴就一定获胜.

如果用 2 个符号 0 与 1,那么点数$\leqslant 3$ 时,驴无法必胜. 但点数$\geqslant 4$ 时,驴就可以必胜. 方法是将 4 个点分成两组,第一组 A_1, A_2 的连线标 1,第二组 B_1, B_2 的连线也标 1,而不同组之间的连线 $A_i B_j (1 \leqslant i, j \leqslant 2)$ 都标 0. 老虎不能将 A_1,A_2 都标 1,也不能将 B_1, B_2 都标 1. 但只要 A_1, A_2 中有一个标 0,且 B_1, B_2 中也有 1 个标 0,那么老虎仍然失败. 所以老虎必定失败,更多个点当然更是老虎失败.

假定对于 2^{n-1} 个点,用 $n-1$ 个符号,驴子可以必胜. 我们考虑 2^n 个点的情况.

驴可以将点分为 2^{n-1} 组,每组两个点用第 n 种符号 n 相连. 然后,将每一组作为一个点(第一组的 A_1, A_2 作为一个点 A;第二组的 B_1, B_2 作为一个点 B;…). 这 2^{n-1} 个点,根据归纳假设,标 $n-1$ 符号 $1, 2, \cdots, n-1$,驴子有必胜的标法. 按照这种标法标 AB 等线段. 而 AB 标上某个符号 $k (\leqslant n-1)$ 也就是 4 条线段 $A_i B_j (1 \leqslant i, j \leqslant 2)$ 都标上 k.

这样标好符号后,驴子就稳操胜券了.

因为在上述的每一组中,必有一个点,老虎标的符号不是 n(否则老虎失败). 这样,就有 2^{n-1} 个点,每两点不在同一组中,标的号都小于 n. 但对这 2^{n-1} 个点,仅标 $n-1$ 种符号,驴子的标法已经保证驴子必胜.

因此,对任意自然数 n,在点数 $\geqslant 2^n$ 时,标 n 种符号,驴子必胜.

现在 $2\,005 > 2^{10}$,所以驴子必胜.

驴子竟然这样聪明,完全可以担任某些部门的领导了!

单墫
解题研究
丛　书

我怎样解题

3　抽 屉 原 理

设 $n>3$，且 $n\in\mathbf{N}$，$a_0<a_1<\cdots<a_n\leqslant 2n-3$ 都是正整数.证明:存在不同的整数 i,j,k,l,m，使得

$$a_i+a_j=a_k+a_l=a_m. \tag{1}$$

甲:这道题,得用抽屉原理.考虑

$$a_n-a_0>a_n-a_1>\cdots>a_n-a_{n-1} \tag{2}$$

与

$$a_0<a_1<\cdots<a_{n-1} \tag{3}$$

这两组数都 $\leqslant(2n-3)-1=2n-4$.(3)中 n 个互不相同,(2)中 n 个也互不相同,所以(2)中至少有 $n+n-(2n-4)=4$ 个数分别与(3)中的 4 个数相同,即有 i 与 j,k 与 $l(i\leqslant j,k\leqslant l,j<l)$，使得

$$a_i=a_n-a_j,a_j=a_n-a_i,a_k=a_n-a_l,a_l=a_n-a_k, \tag{4}$$

即

$$a_i+a_j=a_k+a_l=a_n(i\leqslant j,k\leqslant l,j<l). \tag{5}$$

乙:可是,你这里 i 与 j 可能相等,k 与 l 也可能相等.

甲:这只在 a_n 为偶数时才会发生.我的证明需要修改一下.不大于 $2n-3$ 的正偶数共 $n-2$ 个,所以 $n+1$ 个数 $a_0,a_1,\cdots,a_n$ 中至少有 $n+1-(n-2)=3$ 个奇数,设其中最大的奇数为 a_m，则 $a_m\geqslant 5$.$a_{m+1},a_{m+2},\cdots,a_n$ 这 $n-m$ 个数为偶数.

$\therefore\quad a_n\leqslant 2n-4,a_{n-1}\leqslant 2n-6,\cdots,a_{m+1}\leqslant 2m-2,a_m\leqslant 2m-3$.
又 $2n-4\geqslant a_n\geqslant 4+2(n-m)$，所以 $m\geqslant 4$.考虑

$$a_m-a_0>a_m-a_1>\cdots>a_m-a_{m-1} \tag{6}$$

与

$$a_0<a_1<\cdots<a_{m-1} \tag{7}$$

同样可得,有 i,j,k,l，使得

$$a_i+a_j=a_k+a_l=a_m. \tag{8}$$

由于 a_m 是奇数,这里 i,j,k,l 不相等.

师:甲的解法很好.很多问题(尤其与整数有关的问题)都是这样利用抽屉

原理的,写出两列数(2),(3),可以说是经典的方法.虽然遇到一点小麻烦(i 与 j 可能相同),但稍作修正,用 m 代替 n,奇数 a_m 代替 a_n 即可.大概高手也可以一开始就说:"不妨设 a_n 为奇数."

有了一个好想法,不要轻易放弃.要坚持正确的想法(当然,错误不要坚持).有时缺少一些必要的条件,但不要紧,这些条件会有的,只要努力去找、去造.所谓"车到山前必有路",要有信心.常常是"山重水复疑无路,柳暗花明又一村".即使真的没有路,也可以"逢山开路,遇水搭桥",自己创造条件.

乙:这道题也可以用归纳法.$n=4$ 时,$\{a_0,a_1,a_2,a_3,a_4\}=\{1,2,3,4,5\}$,显然 $1+4=2+3=5$.

假设命题在 n 时成立,在 $n+1$ 时

$$a_0 < a_1 < \cdots < a_n < a_{n+1} \leqslant 2n-1. \tag{9}$$

如果 $a_n \leqslant 2n-3$,那么由归纳假设,结论成立.

设 $a_n=2n-2$,$a_{n+1}=2n-1$.$n-1$ 个数对

$$(1,2n-2),(2,2n-3),(3,2n-4),\cdots,(n-1,n) \tag{10}$$

必有 $(n+1)-(n-1)=2$ 个数对被 $n+1$ 个数 $a_0<a_1<\cdots<a_n$ 完全"占领".这两个数对产生 $a_i+a_j=a_k+a_l=2n-1=a_{n+1}$,结论成立.

甲:你还是用了抽屉原理.

单墫
解题研究
丛书

我怎样解题

4 似 难 实 易

有些题目,乍一看似乎很难,再细看看,其实十分容易.2006年国家队选拔考试的第2题就是如此.原题如下:

给定正整数n.求最大的实数C,满足:

若一组大于1的整数(可以有相同的)的倒数和小于C,则一定可以将这一组数分成不超过n组,使得每一组数的倒数和都小于1.

细看一下题目."倒数之和"实为障人耳目."整数"也没有多大用处,本题的实质是"求最大的实数C,满足:

若一组小于1的数(可以有相同的),其和小于C,则一定可以将这组数分成不超过n组,使得每一组的和小于1."

不过,"大于1的整数"至少为2,倒数为$\frac{1}{2}$.对于猜出C的最大值倒是有启示的.

我们就先取这组数全为$\frac{1}{2}$来试一试.如果可以分成n组,每组的和小于1,那么每组只能有1个数.所以这组数的个数$\leqslant n < n+1$.从而$C \leqslant \frac{n+1}{2}$.否则,$C > \frac{n+1}{2}$,而$n+1$个$\frac{1}{2}$的和小于$C$,却不能分成$n$组,每组的和小于1.

于是,猜测最大的C即$\frac{n+1}{2}$.我们证明:

若一组小于1的实数(可以有相同的),其和小于$\frac{n+1}{2}$,则一定可以将这组数分成不超过n组,使得每一组的和都小于1. （$*$）

分组可以这样进行:任取一个数a_1,将它作为第一组中的数.如果有与a_1的和小于1的数a_2,那么将a_2归入第一组.如果还有与$a_1 + a_2$的和小于1的数a_3,那么将a_3归入第一组,……,直至不能再放任一个数到第一组,使得第一组的和小于1为止.

同样地,依次构造第二组,第三组,……,使得每一组的和都小于1,但再添任一个数进去,和就不小于1了.

如果组数不大于 n 时,已经分完. 那么(＊)已经成立.

假设分了 n 组时,还有剩下的数,将它们作为第 $n+1$ 组. 这时,任意两组的和都不小于 1.

第一组与第二组的和不小于 1,第二组与第三组的和不小于 1,……,第 n 组与第 $n+1$ 组的和不小于 1,第 $n+1$ 组与第一组的和不小于 1,所以这 $n+1$ 组的和不小于 $\dfrac{n+1}{2}$. 与已知矛盾.

因此,组数一定不超过 n,即(＊)成立.

南京金陵中学戴文翰采用归纳法证明如下:

$n=1$ 时,结论显然.

假设命题对 $n-1$ 成立,考虑 n 的情况.

如果组中有一数 $x \geqslant \dfrac{1}{2}$,去掉这个数,剩下的和小于 $\dfrac{n}{2}$. 用归纳假设分成 $n-1$ 组,每组的和小于 1,x 单独作为一组,共 n 组.

如果组中每个数都小于 $\dfrac{1}{2}$. 在第一组中放数,直至和超过 $\dfrac{1}{2}$ 为止,这时第一组中的和小于 1. 剩下的和小于 $\dfrac{n}{2}$,仍用归纳假设即得结论.

国家队的选拔,题目通常很难. 这道题却像全国联赛的水平.

5

三 箱 倒(dǎo) 球

有三箱球,球数分别为 $a,b,c,a\leqslant b\leqslant c$. 每次操作是:选择 2 只箱子,将其中 1 只箱子的球倒一些到另一只箱子中,使后者的球数成为原来的 2 倍. 证明:总可经过若干次操作,使其中一只箱子变成空的.

如果有 2 只箱子球数相等,那么 1 次操作就可以使 1 只箱子变成空箱. 因此,可设 $a<b<c$.

仅有 2 只箱子倒来倒去,结论不一定成立. 例如两箱球数为 2 与 4,倒来倒去,永远是 2 与 4,所以第三只箱子是有用的.

还是从简单的情况考虑起. 设 $a=1$,如果 $b=2^k$,那么可以利用第三只箱子,使第一只箱子中的球数由 1 依次变成

$$2,4,8,\cdots,2^k$$

(由于 $c>b=2^k$,这是不成问题的). 最后,将第二只箱子中的球倒入第一只箱子,第二只箱子变成空箱.

如果 $b\neq 2^k$,那么将 b 写成二进制,即

$$b=2^k+b_1 2^{k-1}+b_2 2^{k-2}+\cdots+b_k,b_i=0 \text{ 或 } 1(1\leqslant i\leqslant k).$$

在 $b_k=0$ 时,仍由第三只箱子向第一只倒;在 $b_k=1$ 时,改由第二只箱子向第一只倒. 这样,第一只箱子仍变为 2 只球,而第二只箱子的球数是

$$2^k+b_1 \cdot 2^{k-1}+\cdots+b_{k-1} \cdot 2.$$

依此进行,第 i 次操作将第一只箱子的球数变为 2^i. 在 $b_{k-i+1}=0$ 时,这次是由第三只箱子向第一只倒;在 $b_{k-i+1}=1$ 时,由第二只箱子向第一只倒.

经过 k 次,第一、第二只箱子均变为 2^k 只球. 再倒一次就产生空箱.

在 $a\neq 1$ 时,如果 b 是 a 的倍数 qa,那么仍照上面的办法进行,只不过 a 相当于单位,每次倒的球数都是 a 的倍数 $(a,2a,2^2a,\cdots,2^ka)$,而

$$b=qa=(2^k+b_1 2^{k-1}+b_2 2^{k-2}+\cdots+b_k)a,$$

$$b_i=0 \text{ 或 } 1,1\leqslant i\leqslant k.$$

其中 $2^k+b_1 2^{k-1}+b_2 2^{k-2}+\cdots+b_k$ 是 q 的二进制表示.

如果 b 不是 a 的倍数,设

$$b=qa+r,0<r<a.$$

仍用上面的办法. 但第 $k+1$ 次由第二只箱子向第一只箱子倒球后, 第二只箱子不是空箱, 而是剩下 r 个球.

由于 $r<a$, 因此, 经过若干次倒球, 总可以使球数最小的箱子中的球数(原来是第一只箱子中的 a, 现在是第二只箱子中的 r)严格减少.

继续采用上面的方法(将箱号重新编排, 原来的第二只箱子成为球数最小的第一只箱子), 又可使球数最小的箱子中的球数成为 r_1, 而 $r_1<r$.

依此类推, 这球数最小的箱子中的球数将减至 0(这就是费马爱用的无穷递降法).

或者, 换一种说法. 先证明 $a=1$ 时, 可产生空箱(上面已证). 再假定 $a>1$ 并且 a 换成更小的自然数时, 可产生空箱. 经过上述的倒法, 可使 a 减至 $r<a$, 于是由归纳假设, 也可产生空箱.

6

直尺上标刻度

在一根长 36 厘米的直尺上刻上 n 个刻度,使得用这根尺能够直接一次量出 1 至 36 的整数厘米的长度. 求 n 的最小值.

如果每 1 厘米刻 1 个刻度,共刻 35 个刻度,当然可以直接一次量出 1 至 36 的整数厘米的长度. 所以 $n \leqslant 35$. 但 35 显然不是最小值.

设刻了 n 个刻度,连同这根尺的两端共有 $n+2$ 个点,每两点之间的距离共有 C_{n+2}^2 个. 根据题意,得

$$C_{n+2}^2 \geqslant 36.$$

$\because$ $C_9^2 = 36$, $\quad \therefore$ $n \geqslant 7$.

在 $n=7$ 时,如果能直接量出从 1 至 36 的整数厘米的长度,那么每两个刻度之间的距离(共 36 个)应当互不相同,分别表示 $1 \sim 36$.

设端点为 A_0, A_8,中间的 7 个刻度依次为 $A_1 \sim A_7$,如图 1 所示.

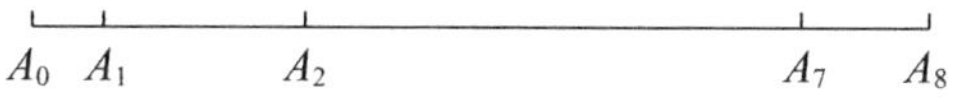

图 1

为了量出长度 35,应有 $A_0A_7 = 35$ 或 $A_0A_1 = 1 (A_1A_8 = 36-1 = 35)$. 不失一般性,设 $A_0A_1 = 1$.

为了量出长度 34,应有 $A_0A_7 = 34$ 或 $A_1A_7 = 34$ 或 $A_2A_8 = 34$. 但 $A_1A_7 = 34$ 导出 $A_7A_8 = 1$ 与 $A_0A_1 = 1$ 重复,$A_2A_8 = 34$ 导出 $A_1A_2 = 1$,均不可能. 所以 $A_0A_7 = 34$(此时 $A_1A_7 = 33$).

为了量出长度 32,应有 $A_0A_6 = 32$ 或 $A_1A_6 = 32$ 或 $A_2A_7 = 32$ 或 $A_2A_8 = 32$. 前三种分别导出 $A_6A_7 = 2 = A_7A_8$,$A_6A_7 = 1 = A_6A_1$,$A_1A_2 = 1 = A_0A_1$,均不可能. 所以 $A_2A_8 = 32$,$A_1A_2 = 3$,$A_2A_7 = 30$.

这时,31 不能写成两个刻度的差(因为 $A_6A_7 \geqslant 5$,$A_2A_3 \geqslant 5$),所以 $n=7$ 不能量出 31.

下面证明 n 的最小值是 8.

在 $n=8$ 时,以 A_0 为一端点,A_9 为另一端点,8 个刻度分别为 $A_1 \sim A_8$,其中 $A_0A_1 = 1$,$A_0A_2 = 3$,$A_0A_3 = 6$,$A_0A_4 = 13$,$A_0A_5 = 20$,$A_0A_6 = 27$,

$A_0A_7 = 31, A_0A_8 = 35.$ 这时，有 $A_1A_2 = 2, A_2A_3 = 3, A_6A_7 = 4, A_1A_3 = 5,$
$A_5A_6 = 7, A_6A_8 = 8, A_6A_9 = 9, A_2A_4 = 10, A_5A_7 = 11, A_1A_4 = 12, A_3A_5 = 14,$
$A_5A_8 = 15, A_5A_9 = 16, A_2A_5 = 17, A_4A_7 = 18, A_1A_5 = 19, A_3A_6 = 21,$
$A_4A_8 = 22, A_4A_9 = 23, A_2A_6 = 24, A_3A_7 = 25, A_1A_6 = 26, A_2A_7 = 28,$
$A_6A_9 = 29, A_1A_7 = 30, A_2A_8 = 32, A_2A_9 = 33, A_1A_8 = 34.$

所以 n 的最小值为 8.

本题不难，但需要细致的检验. 由 $C_{n+2}^2 \geqslant 36$ 得 $n \geqslant 7$ 是常用手法. 但否定 $n=7$ 需将理由说清楚，要利用"$1 \sim 36$ 恰好各作为刻度的差出现 1 次"导出矛盾.

7 圆周排数

如图 2,依顺时针方向,从 1 开始,走 1 步到 2,再走 2 步到 3,最后走 3 步到 4.

对自然数 n,能否将 $1\sim n$ 均匀地排在圆周上,使得从 1 开始,走 1 步到 a_2,再走 a_2 步到 a_3,……,最后走 a_{n-1} 步到 a_n. 这里,$a_1=1,a_2,a_3,\cdots,a_n$ 是 1,$2,\cdots,n$ 的一个排列.

甲:我先用小的 n 试试. $n=1,2$,结论都是显然的. $n=3$,只有 2 种排法,如图 3 所示,但都不合要求. $n=5$ 的情况就比较多了.

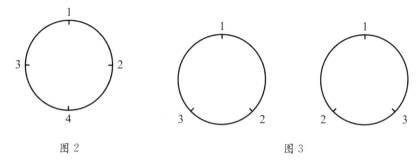

图 2   图 3

乙:n 肯定是 a_n. 因为一到 n,就只能再走到 n,不会走到其他地方. 所以 $n=5$ 时,a_2 只可能是 2,3,4.

甲:我已逐一试过,无论哪种情况都不符合要求.

师:再试试 $n=6$.

乙:只有一种符合要求的排列,如图 4 所示.

甲:看来,在 n 为正偶数时,有符合要求的排列,而在 n 为大于 1 的奇数时,没有符合要求的排列.

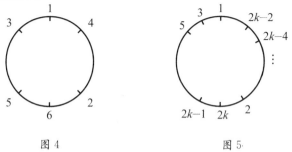

图 4   图 5

师：如何证明呢？

乙：$n=2k$ 时，可以仿照 $n=4,6$ 的情况，图 5 就是符合要求的排列.

甲：$n=2k+1$ 时，用反证法，假设有一个符合要求的排列 $a_1=1,a_2,a_3,\cdots$，$a_n=n$，希望能导出矛盾.

怎么导出矛盾呢？

师：圆周上排的数，既有值（这个数本身），又有位（在圆周上的位置）. 如图 5 中的 $2k-4$，值为 $2k-4$，而位为 3.

乙：如果将位、值分别作为"横坐标"与"纵坐标"，那么 $a_1,a_2,\cdots,a_n$ 可分别记为

$$(1,a_1),(1+1,a_2),(1+1+a_2,a_3),\cdots,(1+1+a_2+a_3+\cdots+a_{n-1},a_n).$$

甲：$\because\quad a_n=n$，

$$\therefore\quad 1+1+a_2+a_3+\cdots+a_{n-1}=1+1+2+3+\cdots+(n-1)$$
$$=1+\frac{n(n-1)}{2}.$$

乙：因为 n 是奇数，所以 $\dfrac{n-1}{2}$ 是整数.

$$1+\frac{n(n-1)}{2}\equiv 1(\bmod\,n).$$

甲：式(1)表明 $a_n=n$ 的位也是 1，这就与 1 的位是 1 矛盾了. 大家都想当"一把手"，那可不成啊！

乙：在 $n=2k$ 时，排列的方法是否只有上述的一种呢？

师：当然不是. 在 $n=8$ 时，就有 4 种，如图 6 所示.

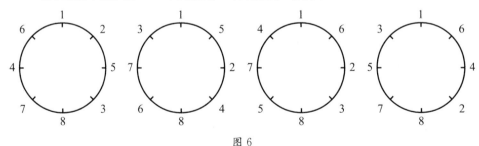

图 6

你上面所写的是最简单，最有规律的一种排法.

甲：幸而试到 $n=6$ 就停止了. 如果试验 $n=8$，说不定反倒发现不了上面的简单规律.

乙：这就叫"适可而止"吧！

单墫
解题研究
丛书
我怎样解题

8 虽不中 亦不远矣

一位同学在课间问我一道题：

设 m, n 都是自然数，$m \geqslant n$. $x_1, x_2, \cdots, x_m$ 是任一组和为 1 的非负实数，求

$$S = \min\{x_1 + x_2 + \cdots + x_n, x_2 + x_3 + \cdots + x_{n+1}, x_3 + x_4 + \cdots + x_{n+2}, \cdots,$$

$$x_{m-n+1} + x_{m-n+2} + \cdots + x_m\} \tag{1}$$

的最大值.

很容易猜测，这个 max min 是 $\dfrac{n}{m}$，在 $x_1, x_2, \cdots, x_m$ 都是 $\dfrac{1}{m}$ 时取得. 这是普通人的正常感觉. 当然还需要严格的论证.

先考虑简单的情况：m 被 n 整除，即

$$m = qn, q \in \mathbf{N}. \tag{2}$$

要证明每个 S 都不大于 $\dfrac{n}{m}$，也就是 $\dfrac{1}{q}$（上面的例子已经说出等号可以成立）. 这并不难，$S \leqslant \dfrac{1}{q}$，即 $qS \leqslant 1$. 因此，在(1)中选出 q 个"互不相交"的和，即有

$$S \leqslant x_1 + x_2 + \cdots + x_n,$$

$$S \leqslant x_{n+1} + x_{n+2} + \cdots + x_{2n}, \tag{3}$$

$$\vdots$$

$$S \leqslant x_{(q-1)n+1} + x_{(q-1)n+2} + \cdots + x_{qn},$$

相加，得

$$qS \leqslant x_1 + x_2 + \cdots + x_{qn} = 1. \tag{4}$$

因此

$$S \leqslant \dfrac{1}{q}. \tag{5}$$

对于一般情况

$$m = qn + r, 0 \leqslant r < n, q \in \mathbf{N}. \tag{6}$$

(3)同样成立，只是(4)中"="需改为"$\leqslant$"，(5)仍然成立. 但现在 $\dfrac{1}{q}$ 并非 $\dfrac{n}{m}$，而是稍大一些，即 $\dfrac{1}{\left[\frac{m}{n}\right]}$. 如果要得到 $\dfrac{n}{m}$，需有 m 个不同的和，不难看出

$$\max \min\{x_1 + x_2 + \cdots + x_n, x_2 + x_3 + \cdots + x_{n+1}, \cdots,$$

$$x_m + x_1 + \cdots + x_{n-1}\} = \frac{n}{m}. \tag{7}$$

而现在却没有这么多个不同的和. 或许, 答案就是 $\frac{1}{q}$? 但这需要重举一个例子,

说明 S 可以取得 $\frac{1}{q}$.

这个念头一出现, 只费一两分钟问题就解决了. 取

$$x_n = x_{2n} = \cdots = x_{qn} = \frac{1}{q}, x_i = 0 (n \nmid i),$$

则由于 (1) 中每个和都是 n 项, 这 n 项的下标是 n 个连续的数, 其中恰有一个是

n 的倍数, 所以每个和都是 $\frac{1}{q}$, $S = \frac{1}{q}$.

开始的猜想 $\max S = \frac{n}{m}$, 虽不中, 亦不远矣! 至少在 $n \mid m$ 时, 它是正

确的.

9 意义何在

已知 n, m 都是自然数，且

$$m = qn + r, 0 \leqslant r < n, q \in \mathbf{N}. \tag{1}$$

将 m 个点分为 n 个"团"，其中 r 个团各有 $q+1$ 个点，$n-r$ 个团各有 q 个点。不同团的点两两相连，同一团的点互不相连。问这样得到的图共有多少条线？

结果不难获得。浙江湖州一位同学告诉我书上有答案，线的条数 e 等于

$$C_{m-q}^2 + (n-1)C_{q+1}^2. \tag{2}$$

但他希望知道（2）的组合意义，也就是如何从这组合意义直接导出（2）。

这个问题问得很好，因为根据定义，可以直接得出

$$e = C_m^2 - rC_{q+1}^2 - (n-r)C_q^2. \tag{3}$$

而不是（2）［当然，可以证明（3）与（2）相等］。此外，（2）与 r 无关，这有点奇怪。一开始，我以为式（2）不对，怀疑 $m-q$ 是 $m-r$。但用 $m=7, n=3, q=2, r=1$ 去检验，发现（2），（3）的值都是 16，$m-q$ 不能改成 $m-r$。

想一想式子的意义，也是有益的。（2）的确有组合意义。

首先，由（1），必有 q 个点组成的团。设"第一团"是 q 个点的团，其余的 $m-q$ 个点之间共有线

$$C_{m-q}^2 - (n-1 \text{ 个团，团内每两点相连所得线数}). \tag{4}$$

此外第一团内的 q 个点与其余 $m-q$ 个点相连。只需说明这些线的条数与（4）中的减数抵消后，还多出 $(n-1)C_{q+1}^2$ 即可。

对于 $q+1$ 个点的团，团的每两点相连所得线数为 C_{q+1}^2，而第一团 q 个点与这团 $q+1$ 个点两两相连，共连 $q(q+1)$ 条线，恰为 C_{q+1}^2 的 2 倍。所以与（4）中一 C_{q+1}^2 抵消后，还多出 C_{q+1}^2。

对于 q 个点的团（不是第一团），设想再增加一点，变为 $q+1$ 个点的团。这点与第一团的每点相连，增加 q 条线；又与团内每点相连，也是 q 条。这两者正好抵消。所以，增加一个点后，与上面 $q+1$ 个点的团相同。不增加这个点时，第一团中的点与这个团中的点所连线数减去这个团内每两点相连所得线数，仍得 C_{q+1}^2。

因此，$n-1$ 个团，每团与第一团所连线数减去这团团内每两点相连的线

数,将为 C_{q+1}^2. 图中线的条数

$$e = C_{m-q}^2 + (n-1)C_{q+1}^2. \tag{5}$$

直接计算也不困难. (4)中减数应为

$$rC_{q+1}^2 + (n-1-r)C_q^2. \tag{6}$$

而

$$q(m-q) - (rC_{q+1}^2 + (n-1-r)C_q^2)$$
$$= q((n-1)q + r) - (rC_{q+1}^2 - rC_q^2 + (n-1)C_q^2)$$
$$= (n-1)(q^2 - C_q^2) + r(C_q' + C_q^2 - C_{q+1}^2)$$
$$= (n-1)\left(q^2 - \frac{q(q-1)}{2}\right)$$
$$= (n-1)C_{q+1}^2, \tag{7}$$

所以(5)成立.

不过,要由(3)导出(5)似乎并不容易,即在条件(1)下,有恒等式

$$C_m^2 - rC_{q+1}^2 - (n-r)C_q^2 = C_{m-q}^2 + (n-1)C_{q+1}^2. \tag{8}$$

证明的第一步似宜展开

$$C_{m-q}^2 = \frac{(m-q)(m-1-q)}{2}$$
$$= \frac{m(m-1)}{2} - \frac{q(2m-1-q)}{2}$$
$$= C_m^2 - q(m-q) - C_q^2.$$

然后用(7). 否则比较麻烦.

应当用一种"欣赏"的态度来学习数学. 看到一个有趣的公式或定理,想一想它的意义,有助于理解数学. 不要将旅游当作赶路. 旅游,应当边走边欣赏,有时还要停一停,慢慢欣赏. 如果只是匆匆赶路,那就会错过许多美景. 也不要把学习当作完成任务. 学习,应当边学边欣赏. 看到许多赏心悦目的图形、性质,欣赏到数学的美丽与深刻,才能学好数学. 不要只当一个匆匆的过客,要慢慢看啊! 仔细看啊!

单墫
解题研究
丛书

我怎样解题

10　元素的和

设 k 为给定的正整数. 求最小的正整数 n, 使得存在一个由 $2k+1$ 个不同的正整数组成的集合, 其元素的和大于 n, 但其中任意 k 个不同的元素的和至多为 $\dfrac{n}{2}$.

这是 2006 年美国数学奥林匹克竞赛的试题.

设这 $2k+1$ 个不同的正整数为

$$a_1 < a_2 < \cdots < a_{2k+1}. \tag{1}$$

又记 a_{k+1} 为 a, 则应有

$$\begin{aligned}
\frac{n}{2} &\geqslant a_{k+2} + a_{k+3} + \cdots + a_{2k+1} \\
&\geqslant (a+1) + (a+2) + \cdots + (a+k) \\
&= ka + \frac{k(k+1)}{2},
\end{aligned} \tag{2}$$

及

$$\begin{aligned}
n &< a_1 + a_2 + \cdots + a_{2k+1} \\
&\leqslant a + (a-1) + (a-2) + \cdots + (a-k) + \frac{n}{2} \\
&= a + ka - \frac{k(k+1)}{2} + \frac{n}{2}.
\end{aligned} \tag{3}$$

由 (2),(3), 得

$$n < a - k(k+1) + \frac{n}{2} + \frac{n}{2},$$

即

$$a > k(k+1). \tag{4}$$

因为 a 是正整数, 所以 (4) 即

$$a \geqslant k(k+1) + 1. \tag{5}$$

代入 (2), 得

$$n \geqslant 2ka + k(k+1) \geqslant 2k^2(k+1) + 2k + k(k+1) = 2k^3 + 3k^2 + 3k. \tag{6}$$

另一方面, 取 $a_{k+1} = a = k(k+1) + 1, n = 2k^3 + 3k^2 + 3k$, $2k+1$ 个数为

$$k^2+1,k^2+2,\cdots,k^2+k,k^2+k+1,k^2+k+2,\cdots,k^2+2k+1, \quad (7)$$

则它们的和

$$(2k+1)(k^2+k+1)=n+1>n. \quad (8)$$

而其中任 k 个不同元素的和

$$\leqslant(k^2+k+2)+(k^2+k+3)+\cdots+(k^2+2k+1)=\frac{n}{2}. \quad (9)$$

所以 n 的最小值为 $2k^3+3k^2+3k$.

$2k+1$ 个连续的正整数是最简单的例子,应当想到. 而 $2k+1$ 个数成等差数列,以中间一个数为标准最好. 在公差为 1 时,这些数就是

$$a,a\pm1,a\pm2,\cdots,a\pm k. \quad (10)$$

单 墫
解 题 研 究
丛 书

我怎样解题

11 $|X|$ 的最小值

给定正整数 $n(\geqslant 2)$, 求 $|X|$ 的最小值, 使得对集合 X 的任意 n 个二元子集 $B_1, B_2, \cdots, B_n$, 都存在集合 X 的一个子集 Y, 满足:

(1) $|Y| = n$;

(2) 对 $i = 1, 2, \cdots, n$, 都有 $|Y \cap B_i| \leqslant 1$.

这是 2006 年中国西部数学奥林匹克竞赛的试题.

甲: $|X|$ 显然不小于 n, 因为 $|Y| = n$.

乙: $|X| = n$ 是不行的. 因为 $|X| = n$ 时, $|Y| = n$ 导致 Y 就是 X, 从而对任一个二元子集 B, $|Y \cap B| = 2$.

师: 如果 $|X| = 2k, k < n$, 行不行?

甲: 不行. 设 $X = \{a_1, a_2, \cdots, a_k, b_1, b_2, \cdots, b_k\}$. 我可以取 $B_i = \{a_i, b_i\}$, $i = 1, 2, \cdots, k$. 由于 $Y \subseteq B_1 \cup B_2 \cup \cdots \cup B_k = X$, $k < n$, 任一个 n 元子集 Y 总要与某一个 $B_i (1 \leqslant i \leqslant k)$ 有两个公共元.

师: 如果 $|X| = 2k - 1, k < n$, 行不行?

乙: 也不行. 设 $X = \{a_1, a_2, \cdots, a_k, b_1, b_2, \cdots, b_{k-1}\}$. 取 $B_i = \{a_i, b_i\}$, $i = 1, 2, \cdots, k-1, B_k = \{a_k, b_1\}$. 同样, 任一个 n 元子集 Y 总要与某一个 $B_i (1 \leqslant i \leqslant k)$ 有两个公共元.

甲: 所以 $|X| \geqslant 2n - 1$.

乙: $|X| = 2n - 1$, 行吗?

师: 如果不行, 应举出反例. 如果行, 应加以证明. 先看看 $n = 2$ 的情况吧!

甲: $n = 2$ 时, $2n - 1 = 3$. 设 $X = \{1, 2, 3\}$. 它的二元子集有 3 个, 即 $\{1, 2\}$, $\{1, 3\}$, $\{2, 3\}$. 对于 2 个二元子集 $\{1, 2\}$, $\{1, 3\}$, 可取 $Y = \{2, 3\}$, 满足要求. 其他情况类似.

乙: 这么说, $2n - 1$ 应当是所求的最小值.

甲: 对一般的 n, 如何证明 $|X| = 2n - 1$ 满足要求?

师: 还是先看一个例子. $n = 5, X = \{1, 2, 3, 4, 5, 6, 7, 8, 9\}$. 如果 5 个二元子集是 $\{1, 2\}, \{1, 3\}, \{1, 4\}, \{5, 6\}, \{5, 7\}$, 那么 Y 是什么?

乙: 可取 $Y = \{8, 9, 2, 3, 4\}$, 当然 Y 并不唯一.

师：能不能将 1,5 都放在 Y 中？

甲：不能. 如果 $1,5 \in Y$，5 元子集 Y 将与 $\{1,2\}, \{1,3\}, \{1,4\}, \{5,6\}, \{5,7\}$ 中的某一个有 2 个公共元素. 所以这种在 $B_1, B_2, \cdots, B_n$ 中出现 2 次（或更多次）的元素至多取 1 个放在 Y 中.

师：X 同上. 5 个二元子集是 $\{1,2\}, \{3,4\}, \{5,6\}, \{5,7\}, \{5,8\}$，$Y$ 怎样取？

乙：可取 $Y = \{1,3,6,7,9\}$. 不能把 5 放在 Y 中.

师：一般情况应怎样取 Y 呢？

甲：首先，设有 s 个元素不在 $B_1 \cup B_2 \cup \cdots \cup B_n$ 中. 将这 s 个元素都放入 Y 中（如果 $s \geqslant n$，将其中 n 个放入 Y 中，Y 即合乎要求）.

在 $s = n-1$ 时，在 $B_1 \cup B_2 \cup \cdots \cup B_n$ 中任取一个元素放入 Y 中，Y 合乎要求.

在 $s < n-1$ 时，设有 t 个元素在 $B_1, B_2, \cdots, B_n$ 中仅出现 1 次. 由于 $B_1, B_2, \cdots, B_n$ 都是二元集，所以这 t 个元素中有

$$h \geqslant \frac{t}{2} \tag{1}$$

个 $a_1, a_2, \cdots, a_h$，且每两个不在同一个 B_i 中. 如果

$$h + s \geqslant n, \tag{2}$$

那么，将 $a_1, a_2, \cdots, a_h$ 放入 Y 中，直至 $|Y| = n$. Y 满足要求.

乙：(2) 一定成立吗？

师：可以考虑一个两部分图. 图的点由两部分组成：一部分 n 个点，表示集合 $B_1, B_2, \cdots, B_n$；另一部分点是 $B_1 \cup B_2 \cup \cdots \cup B_n$ 中的元素，共 $2n-1-s$ 个. 如果元素 $a \in B_i$，就在 a 与 B_i 之间连一条线. 计算一下这个图的线有多少条？

甲：一方面，$B_1, B_2, \cdots, B_n$ 都是二元集合，即各引出 2 条线，所以图中共有 $2n$ 条线.

乙：另一方面，t 个点各引 1 条线，其余的点至少各引 2 条线，所以图中至少有

$$1 \cdot t + 2(2n - 1 - s - t)$$

条线. 从而

$$2n \geqslant t + 2(2n - 1 - s - t), \tag{3}$$

即

我怎样解题

$$t \geqslant 2n - 2 - 2s. \tag{4}$$

由(1),(4)得

$$h + s \geqslant (n - 1 - s) + s = n - 1. \tag{5}$$

可惜！比(2)差了一点点.

师：再细致地看一看(5)中等号何时成立？

甲：在 t 为奇数时,(5)是严格的不等号,所以这时 Y 已经符合要求.(5)为等式的情况仅在 $t = 2h$,并且出现 1 次的 t 个元素 $a_1, a_2, \cdots, a_h, b_1, b_2, \cdots, b_h$ 恰好组成 $B_1, B_2, \cdots, B_n$ 中的 h 个: $\{a_1, b_1\}, \{a_2, b_2\}, \cdots, \{a_h, b_h\}$. 这时在剩下的 $n - h$ 个 B_i 中任取一个元素 c 放入 Y 中,则 Y 满足要求.

因此所求最小值为 $2n - 1$.

师：这道题还可以用数学归纳法来解,这是中国科学技术大学王建伟教授的解法.

甲：我来试试看. 只需证 $|X| = 2n - 1$ 满足要求. $n = 2$ 的情况上面已经说过. 假设在 n 换成 $n - 1$ 时结论成立. 考虑 n 的情况. 需要在 X 中去掉 2 个元素,其中一个应当是 Y 的,还应当去掉一个 B_i,怎么去掉呢？

师：还是得分情况讨论,设

$$B = B_1 \bigcup B_2 \bigcup \cdots \bigcup B_n,$$

先考虑 $n + 1 \leqslant |B| \leqslant 2n - 2$ 的情况.

甲：这时有一个元素 $a \notin B$(因为 $2n - 2 < 2n - 1$),又有一个元素 b 仅在一个 B_i 中出现(因为 $2 \times (n + 1) > 2n$),令

$$X_1 = X - \{a, b\},$$

并去掉那个含 b 的二元子集(不妨设它是)B_n. 由归纳假设可知,存在 $Y_1 \subseteq X_1$, $|Y_1| = n - 1$,并且 $|Y_1 \bigcap B_i| \leqslant 1, i = 1, 2, \cdots, n - 1$. 令

$$Y = Y_1 \bigcup \{a\},$$

则 Y 满足要求.

乙：$|B| \leqslant n$ 时,至少有

$$2n - 1 - n = n - 1$$

个元素不属于 B. 这 $n - 1$ 个元及 B 中任一个元组成的 n 元集 Y 满足要求.

甲：最后,只剩下 $|B| = 2n - 1$,即 $B = X$ 的情况. 由于 B_i 都是二元集,所以 X 中只有一个元 a 在 $B_1, B_2, \cdots, B_n$ 中出现 2 次,其余元素都恰好出现 1 次

$(2 \times n = 1 \times (2n-2) + 2 \times 1)$，即可设

$$B_1 = \{a, b_1\}, B_2 = \{a, b_2\}, B_3 = \{a_3, b_3\}, \cdots, B_n = \{a_n, b_n\},$$

其中 $a, a_3, a_4, \cdots, a_n, b_1, b_2, \cdots, b_n$ 互不相同. 令

$$Y = \{b_1, b_2, \cdots, b_n\}$$

即可.

师：江苏金坛的一位同学提供了一种很有趣的解法.

由于 $2 \times n > 2n-1$，所以 $B_1 \bigcup B_2 \bigcup \cdots \bigcup B_n$ 中必有一个元 a 至少在 B_1，$B_2, \cdots, B_n$ 的 2 个中出现. 设 a 出现在 B_1, B_2 中. 令

$$Y_1 = Y_2 = X - \{a\}.$$

如果 $|Y_2 \bigcap B_3| \leqslant 1$，令 $Y_3 = Y_2$. 如果 $|Y_2 \bigcap B_3| = 2$，即

$$Y_2 \bigcap B_3 = B_3 = \{a_3, b_3\}.$$

令 $Y_3 = Y_2 - \{a_3\}$. 依此类推. 一般地，设已有 $Y_1, Y_2, \cdots, Y_{i-1}$，令

$$Y_i = \begin{cases} Y_{i-1}, & \text{如果 } |Y_{i-1} \bigcap B_i| \leqslant 1; \\ Y_{i-1} - \{a_i\}, & \text{如果 } Y_{i-1} \bigcap B_i = B_i = \{a_i, b_i\}, \end{cases} \quad (i = 3, 4, \cdots, n).$$

由于

$$|Y_i| \geqslant |Y_{i-1}| - 1,$$

所以

$$|Y_n| \geqslant 2n - 1 - (n-1) = n.$$

取 Y 为 Y_n 的 n 元子集，则 Y 满足要求.

乙：这种解法比前两种解法更自然，更简单.

12 平 面 格 点

设正整数 $n \geqslant 3$. 如果在平面上有 n 个格点 $P_1, P_2, \cdots, P_n$, 满足: 当 $|P_i P_j|$ 为有理数时, 存在 P_k, 使得 $|P_i P_k|$ 和 $|P_j P_k|$ 均为无理数; 当 $|P_i P_j|$ 为无理数时, 存在 P_k, 使得 $|P_i P_k|$ 和 $|P_j P_k|$ 均为有理数, 那么称 n 是"好数".

（1）求最小的好数;

（2）问: 2 005 是否为好数?

这是 2005 年中国女子数学奥林匹克竞赛的第 6 题.

从 $n = 3$ 开始讨论.

如果 $P_i P_k$ 为有理数, 我们就称它为红边, 否则称为蓝边(这只是为叙述方便而作的规定).

$n = 3$ 不是好数. 如果 $n = 3$ 是好数, 则点 P_1, P_2, P_3 满足要求. 那么不妨设 $P_1 P_2$ 为红边, 这时 $P_3 P_1, P_3 P_2$ 都必须是蓝边. 但 $P_3 P_1$ 是蓝边, 而 $P_2 P_1$, $P_2 P_3$ 却不全是红边. 与好数的定义不符.

$n = 4$ 也不是好数. 如果 $n = 4$ 是好数, 则点 P_1, P_2, P_3, P_4 满足要求. 那么不妨设 $P_1 P_2$ 为红边, 这时 $P_3 P_1, P_3 P_2$ 为蓝边. 因为 $P_3 P_1$ 为蓝边, $P_2 P_3$ 也为蓝边, 所以 $P_4 P_1, P_4 P_3$ 必须都为红边. $P_4 P_1$ 是红边, 但 $P_1 P_2, P_4 P_3$ 也都是红边, 所以没有一个点到 $P_4 P_1$ 两端的连线都是蓝边. 与好数的定义不符.

$n = 5$ 是好数. 可以找出合乎要求的五个格点. 五个格点所成五边形, 如果五条边均为红色, 五条对角线均为蓝色, 那么它就全合乎要求. 作为这样的格点, 可以举 $A(0,0), B(0,1), C(3,5), D(7,2), E(7,0)$(图 7).

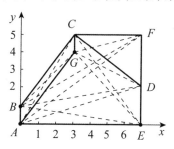

图 7 实线即红线, 虚线即蓝线

不难验证, AB, BC, CD, DE, EA 都是红色(长为有理数), 而 AC, BD,

CE,DA,EB 都是蓝色(长为无理数).

于是,最小的好数是 5.

2 005 也是好数. 起初以为 2 005 与 5 之间会有什么联系,但 $n=5$ 的图似乎难以发展到 $n=2\,005$,只好及早"知难而退". 我在某地讲课时,确实发现有同学将 $n=5$ 的图"copy"若干次(平移或翻转),企图得到 $n=2\,005$ 的例子. 但难以奏效. 及早退出,不失为一种明智的做法.

当然 $2\,005=401\times5$ 与 5 不无关系. 但不必"念念不忘"上面的例子. 干脆另起炉灶,直接考虑形成长方形的 2 005 个格点,它们组成集

$$M=\{(a,b)\mid 0\leqslant a\leqslant 4,0\leqslant b\leqslant 400\}.$$

如果 M 中两个点 A,B 的距离为无理数,那么它们不同列(横坐标不相同),也不同行(纵坐标不相同). M 中有一点 C 与 A 同行,与 B 同列,这时 CA,CB 均为有理数.

如果 M 中两个点 A,B 的距离为有理数,那么有三种可能:

① A,B 同行. M 中有点 C 在 A 的上行或下一行,并且与 A,B 均不同列. 这时 CA,CB 均为无理数(因为对任意正整数 m,m^2+1 不是平方数).

② A,B 同列,与情况①类似,有 C 到 A,B 的距离均为无理数.

③ A,B 不同行也不同列.

设 A 的坐标为 (a,b),B 的坐标为 (c,d). 不妨设 $a<c,b<d$. 由于 AB 为有理数,所以 $c-a>1,d-b>1$.

点 $C(a+1,d-1)\in M$,并且 CA,CB 均为无理数.

因此,M 合乎要求,故 2 005 是好数.

本题解完了. 但还有一个留下的问题:大于 4 的数中哪些数是好数? 将它们全都找出来.

从上面的讨论可以感觉到 n 越大,自由越大(虽然也增加一些要求),成为好点的可能越大. 因此,可以大胆猜想 $n\geqslant5$ 时,全是好数.

这个猜想是正确的.

$n=6$ 时,可以在图 7 中加一个点 $F(7,5)$. 这时,FC,FD,FE 为有理数,BF,AF 为无理数. 不难验证它满足要求.

$n=7$ 时,在图 7 中再加一个点 $G(3,4)$. 这时,GA,GC 为有理数,GB,GD,GE,GF 为无理数. 不难验证它满足要求.

单墫
解题研究
丛书

我怎样解题

$n \geqslant 8$ 时,我的同学,南京市雨花台中学的特级教师冯惠愚有一个很好的解法.

考虑三列格点组成的集 $M_1 \cup M_2 \cup M_3$,其中

$$M_1 = \left\{ (0,b) \,\middle|\, 0 \leqslant b < \left[\frac{n+2}{3} \right] \right\},$$

$$M_2 = \left\{ (1,b) \,\middle|\, 0 \leqslant b < \left[\frac{n+1}{3} \right] \right\},$$

$$M_3 = \left\{ (2,b) \,\middle|\, 0 \leqslant b < \left[\frac{n}{3} \right] \right\}$$

点共 n 个. 由于 $n \geqslant 8$,M_1,M_2 都至少有 3 个点.

对于任意正整数 m,易知 m^2+1 与 m^2+4 都不是平方数. 如果集中两点 A,B 的距离为有理数,那么 A,B 两点必在同行或同列,集中与 A,B 不在同行也不在同列的点 C 到 A,B 的距离均为无理数(注意:由于只有三列,所以不需要前面 $n = 2\,005$ 时的第③种情况. 这就省掉一些麻烦).

如果集中 A,B 两点距离为无理数,那么与前面 $n = 2\,005$ 的情况证明完全相同.

于是一切大于 4 的自然数都是好数.

又 $n = 7$ 时,M_2,M_3 都只有 2 个点. 当 A,B 分别为 $(0,0)$,$(0,1)$ 时,集中找不到与它们的距离都是无理数的点. 所以 $n = 5,6,7$ 必须另行处理. 当然,我们所举的例子不是唯一的.

13 圆 桌 会 议

围绕着一张圆桌坐着来自 25 个国家的 100 名代表,每个国家 4 名代表. 证明:可以将他们分为 4 组,每组中都有每个国家的 1 名代表,并且每一组中的任何两个代表都不是圆桌上的邻座.

本题是 2005 年俄罗斯数学奥林匹克 11 年级试题.

25 个国家当然可以改成更一般的 n 个国家. 每个国家 4 名代表,共 $4n$ 名代表围桌而坐,要证明可分为 4 组,每组中都有每个国家的 1 名代表,并且每一组中的任何两个代表都不是圆桌上的邻座.

当然想到用归纳法. 但有两个困难:一是每个国家 4 名代表,4 比 1 难处理,比 2 也难处理;二是每个人有 2 个邻座(左邻、右邻),而不是 1 个.

为了绕过这两个困难. 我们分两步走. 首先,将一个国家暂时先"分裂"为 2 个,每个新国家各有 2 个代表. 又从某处开始数,将 1 与 2,3 与 4,$\cdots$,$2m-1$ 与 $2m(m=2n)$ 称为"伙伴".

我们证明一个引理:

引理 设有 m 对伙伴,分别来自 m 个国家,每个国家 2 人,则可以将他们分为 2 组,每组都有来自每个国家的 1 名代表,并且没有一对伙伴在同一组.

证明 用归纳法. $m=1$ 时结论显然. 假设命题对 $m-1$ 成立. 考虑 m 的情况.

如果第 m 个国家的 2 名代表甲、乙是一对伙伴,那么由归纳假设可知,其余人可分为 2 组满足要求. 再将甲、乙各放入一组即可.

如果第 m 个国家的代表甲与另一个国家的丙是一对伙伴,第 m 个国家的代表乙与丁是一对伙伴,那么先将乙与丙交换,即将丁作为丙的伙伴. 由归纳假设,将前 $m-1$ 个国家的代表分好,并设丙在第二组,丁在第一组. 将甲放入第一组,乙放入第二组即可.

根据引理,$4n$ 个人被分成 2 组. 每组 $2n$ 人,每个国家有 2 名代表,组内没有伙伴. 但是其中仍有一些人可以是相邻的. 第一组中,如果甲、乙二人相邻,那么组中没有其他人与甲或乙相邻(因为与甲或乙相邻的另一个人在第二组). 将这些相邻的人两两配成一对伙伴,剩下的人任意配成伙伴. 再次根据引理,第一组

单墫
解题研究
丛书

我怎样解题

可以分为2组,每组都有来自每个国家的1名代表,并且没有一对伙伴在同一组.

同样,第二组也可分为类似的2个组.

故这样的4组符合要求.

14 红圈加蓝圈

10×10 的正方形中,任意填入 1~100. 然后用红笔圈出每行最大的 3 个数,用蓝笔圈出每列最大的 3 个数.

证明:至少有 9 个数同时被红蓝笔圈出.

这道题看似简单,却并不容易. 解这道题的诀窍是把眼光放大一些,考虑更一般的问题. 原题中的 10×10,3,9,除去 9=3×3 外,并无特别意义,可换成一般的表示自然数的字母,即证明:

在 $m×n$ 的正方形中,任意填入 1~mn,然后用红笔圈出每行最大的 $s(\leqslant n)$ 个数,用蓝笔圈出每列最大的 $t(\leqslant m)$ 个数,则至少有 st 个数同时被红蓝笔圈出.

证法随之而来. 这种一般形式立即使我们想到归纳法. 既可以对 m,n 进行归纳,也可以对 s,t 进行归纳.

先考虑对 m,n 归纳.

$m=1$ 时($t=1$),每个数都用蓝笔圈出,所以最大的 s 个同时被红蓝笔圈出. $n=1$ 时,情况类似.

假设在 m 或 n 换成较小的数时,结论成立.

如果某一行有 s 个数同时被红蓝笔圈出,那么可将这一行删去. 在剩下的表中,每列最大的不小于 $t-1$ 个数用蓝笔圈出. 根据归纳假设,有 $s(t-1)$ 个数同时被红蓝笔圈出. 因此,在原来的表中,有

$$s + s(t-1) = st$$

个数同时被红蓝笔圈出.

如果某一列有 t 个数同时被红蓝笔圈出,情况类似.

于是,只需证明表中必有一行有 s 个数或必有一列有 t 个数同时被红蓝笔圈出.

为此,注意数列

$$mn, mn-1, mn-2, \cdots, 1 \tag{1}$$

中,mn 同时被红蓝笔圈出. 如果(1)中每个数都被红蓝笔圈出,结论显然. 设 a 是(1)中第一个未被红蓝笔同时圈出的数.

单墫
解题研究
丛书

我怎样解题

如果 a 未被红笔圈出,那么 a 所在的行中,有 s 个数比 a 大.由于 a 是第一个未被红蓝笔同时圈出的数,所以这 s 个数均同时被红蓝笔圈出.

如果 a 未被蓝笔圈出,同样 a 所在的列中,有 t 个数比 a 大,并且这 t 个数同时被红蓝笔圈出.

对 s,t 归纳情况类似.在 $s=t=1$ 时,结论显然.假设 $s+t=k$ 时结论成立,考虑 $s+t=k+1$ 的情况.同样有一行有 s 个数或有一列有 t 个数同时被红蓝笔圈出.将它划去并运用归纳假设即可.

15

0，1 数表

一个 $m \times n$ 的数表（矩阵），其中的数是 0 或 1. 如果至少要划去 ρ 条线（行或列）才能将表中的 1 全部划去，证明：表中至少有 ρ 个 1，每两个不同行也不同列.

证明这个结论需要一个引理，本身亦很有趣.

称 n 个集合 $A_1, A_2, \cdots, A_n$ 有一个"代表团"$a_1, a_2, \cdots, a_n$，其中 $a_i \in A_i$，$i=1,2,\cdots,n$，并且 $a_1, a_2, \cdots, a_n$ 互不相同.

引理 $A_1, A_2, \cdots, A_n$ 有一个代表团的充分必要条件是对所有的 $k \leqslant n$ 及 $\{1,2,\cdots,n\}$ 的任一个 k 元子集 $\{i_1, i_2, \cdots, i_k\}$ 均有

$$|A_{i_1} \cup A_{i_2} \cup \cdots \cup A_{i_k}| \geqslant k. \tag{1}$$

条件的必要性是显然的.

充分性可用归纳法证明. $n=1$ 时，结论显然. 假设结论在 n 换为较小的数成立. 考虑 n 的情况：

(a) 对所有的 $k < n$ 及 $\{1,2,\cdots,n\}$ 的任一 k 元子集 $\{i_1, i_2, \cdots, i_k\}$，均有

$$|A_{i_1} \cup A_{i_2} \cup \cdots \cup A_{i_k}| \geqslant k+1. \tag{2}$$

这时，任取一元 $a_n \in A_n$，并令 $A'_i = A_i - \{a_n\}$，$1 \leqslant i \leqslant n-1$.

对于所有的 $k < n$ 及 $\{1,2,\cdots,n-1\}$ 的任一 k 元子集 $\{i_1, i_2, \cdots, i_k\}$，均有

$$|A'_{i_1} \cup A'_{i_2} \cup \cdots \cup A'_{i_k}| \geqslant k. \tag{3}$$

所以根据归纳假设可知，存在 $A'_1, A'_2, \cdots, A'_{n-1}$ 的代表团 $a_1, a_2, \cdots, a_{n-1}$，其中 $a_1 \in A'_i$，$i=1,2,\cdots,n-1$，代表团 $a_1, a_2, \cdots, a_{n-1}$ 互不相同.

于是 $a_1, a_2, \cdots, a_n$ 是 $A_1, A_2, \cdots, A_n$ 的代表团.

(b) 存在一个 $k < n$ 及 $\{1,2,\cdots,n\}$ 的一个 k 元子集，不妨设就是 $1,2,\cdots,k$，使得

$$|A_1 \cup A_2 \cup \cdots \cup A_k| = k. \tag{4}$$

这时存在 $A_1, A_2, \cdots, A_k$ 的一个代表团 $a_1, a_2, \cdots, a_k$.

令 $A'_i = A_i - \{a_1, a_2, \cdots, a_k\}$，$i=k+1, k+2, \cdots, n$. 这时 A'_{k+1}，$A'_{k+21}, \cdots, A'_n$ 满足有代表团的条件（不然的话，存在 $\{i_1, i_2, \cdots, i_h\} \subseteq \{k+1, k+2, \cdots, n\}$，使得

单墫
解题研究
丛书

我怎样解题

$$|A'_{i_1} \cup A'_{i_2} \cup \cdots \cup A'_{i_h}| < h, \tag{5}$$

从而

$$|A_1 \cup A_2 \cup \cdots \cup A_k \cup A_{i_1} \cup A_{i_2} \cup \cdots \cup A_{i_h}|$$
$$= |A_1 \cup A_2 \cup \cdots \cup A_k \cup A'_{i_1} \cup A'_{i_2} \cup \cdots \cup A'_{i_h}|$$
$$< k + h$$

与已知矛盾). 因而 $A'_{k+1}, A'_{k+2}, \cdots, A'_n$ 有代表团 $a_{k+1}, a_{k+2}, \cdots, a_n$.

故 $a_1, a_2, \cdots, a_n$ 是 $A_1, A_2, \cdots, A_n$ 的代表团.

现在回到原来的问题. 设划去 ρ 条线将表中的 1 全部划去, 其中有 e 行, f 列, $e + f = \rho$.

不妨设这 e 行是前 e 行, f 列是前 f 列.

	f 列	$(n-f)$ 列
e 行	$\{M_1$	$M_2\}$
$(m-e)$ 行	$\{M_3$	$0\}$

整个表分为 4 部分, 右下角全部是 0.

考虑右上角的 $e \times (n-f)$ 的数表 M_2. 这个表可以当做 e 个集合与 $n-f$ 个元素的关系表:

如果表中第 i 行第 j 列是 1, 就表示元素 $a_j \in A_i$; 如果表中第 i 行第 j 列是 0, 就表示元素 $a_j \notin A_i$ ($i=1,2,\cdots,e; j=f+1, f+2, \cdots, n$).

M_2 中任意 k 行中一定有 k 个 1, 每两个不同在一列 (否则, 可在原来的数表中恢复这 k 行 (不划去), 而删去在 M_2 中这 k 行有 1 的那些列, 至多 $k-1$ 列. 这样只需划去 $\rho-1$ 条线就可划去所有的 1. 与已知矛盾). 这也就是说 A_1, $A_2, \cdots, A_e$ 满足引理的条件. 从而存在一个代表团, 即有 e 列, 每列有 1 个 1, 这些 1 分别在第 $1, 2, \cdots, e$ 行.

同样, M_3 中也有 f 个 1, 每两个不同行也不同列.

这 $e + f = \rho$ 个 1, 每两个不同行也不同列.

16 正有理数集的分拆

师:对任意两个数集 A,B,定义

$$A * B = \{ab \mid a \in A, b \in B\}. \tag{1}$$

全体正整数的集合 N 能否分拆成 3 个互不相交的子集 A,B,C,使得

$$B * A = B, B * B = C, B * C = A \tag{2}$$

成立呢?

甲:能够. 只需要将每个正整数 n 分解成素因数,并根据幂指数的和来分类,即

$$A = \{n \mid n = p_1^{\alpha_1} p_2^{\alpha_2} \cdots p_k^{\alpha_k}, \alpha_1 + \alpha_2 + \cdots + \alpha_k \equiv 0 \pmod{3}\},$$

$$B = \{n \mid n = p_1^{\alpha_1} p_2^{\alpha_2} \cdots p_k^{\alpha_k}, \alpha_1 + \alpha_2 + \cdots + \alpha_k \equiv 1 \pmod{3}\}, \tag{3}$$

$$C = \{n \mid n = p_1^{\alpha_1} p_2^{\alpha_2} \cdots p_k^{\alpha_k}, \alpha_1 + \alpha_2 + \cdots + \alpha_k \equiv 2 \pmod{3}\}.$$

其中,$p_1, p_2, \cdots, p_k$ 为互不相同的素数,$\alpha_1, \alpha_2, \cdots, \alpha_k$ 为非负整数,且不全为 0.

师:很好. 能否将全体正有理数的集 $\mathbf{Q}^+$ 也分拆为具有性质(2)的子系 A, B,C?

乙:也能够. 每个有理数的分子分母都可以作素因数分解. 所以仍可以用 (3),其中 n 是正有理数,$\alpha_1, \alpha_2, \cdots, \alpha_k$ 是整数,可以是负整数.

师:很好. 你们能否证明对于任一个满足要求的分拆 A,B,C,每个正有理数的立方都在 A 中?

甲:因为

$$B * B * B = B * C = A, \tag{4}$$

所以,如果有理数 $a \in B$,那么 $a^3 \in A$.

乙:同样. 有

$$C * C * C = (B * B) * C * C = B * (B * C) * C = B * A * C = B * C = A, \tag{5}$$

所以,如果 $a \in C$,那么 $a^3 \in A$.

师:很好. 不过,应当先指出"*"适合结合律.

甲:这是显然的,而且"*"也适合交换律.

单墫
解题研究
丛书

我怎样解题

乙：$A * A * A = (B * C) * A * A = B * A * A * C = B * C = A$，　　　　　(6)

所以,如果 $a \in A$，那么 $a^3 \in A$．因此

$$A \supseteq \{a^3 \mid a \in \mathbf{Q}^+\}.\qquad\qquad(7)$$

师：很好．不过，也可以先证明

$$C * A = C, C * B = A, C * C = B,\qquad\qquad(8)$$

$$A * A = A, A * B = B, A * C = C,\qquad\qquad(9)$$

从而

$$C * C * C = B * C = A,$$

$$A * A * A = A.$$

甲：(8)的最后一式，在(6)中已经证明，而

$$C * A = C * (B * C) = B * (C * C) = B * B = C.$$

(9)的第一式在(6)中已经证明．其余各式可由交换律得出．

乙：还有什么问题可做？

师：能否作一个满足上述要求的分拆 $\mathbf{Q}^+ = A \cup B \cup C$，使得对每个整数都有 $n \leqslant 34$，n 与 $n+1$ 都不同在 A 中？

甲：上面用(3)构造的 A,B,C 满不满足要求？哦，不行．$28 = 2 \times 2 \times 7$ 与 $27 = 3 \times 3 \times 3$ 都在 A 中，得重想办法．

乙：不太容易，由于(7)，A 中有立方数

$$1, 8, 27, \cdots\qquad\qquad(10)$$

$$\therefore\quad 2, 7, 9, 26, 28, \cdots\qquad\qquad(11)$$

都不在 A 中．

甲：(2),(8),(9)表明 B,C 地位平等．不妨设 $2 \in B$．这时由于(2)，$4 \in C$，$16 \in B$，$32 \in C$．$4 \times 7 = 28$，所以 $7 \notin B$．从而 $7 \in C$．$14 = 2 \times 7 \in A$．$28 \in B$，$13 \notin A$．$2 \times 13 = 26 \notin A$，所以 $13 \notin C$．$13 \in B$，$26 \in C$．

乙：设 $3 \in B$，这时 $6,9 \in C$，$24 \in B$，$12,18 \in A$，$21 \in A$．因为 $3 \times 5 = 15 \notin A$，所以 $5 \notin C$．因为 $4 \times 5 = 20 \notin A$，所以 $5 \notin B$．从而 $5 \in A$．$10,15 \in B$，$20,30 \in C$，$25 \in A$．

甲：由于 $12 \in A$，$11 \notin A$．又因为 $2 \times 11 = 22 \notin A$，所以 $11 \notin C$．从而 $11 \in B$，$22,33 \in C$．

师：这样可以得出下表

A	B	C
1,5	2,3	4,6
8,12	10,11	7,9
14,18	12,15	20,22
21,25	16,24	26,30
27	28	32,33
⋮	⋮	⋮

1～34 中还剩下 17,19,23,29,31,34 归宿未定.

甲:与前面的(3)尽可能保持一致,我们把素数 17,19,23,29,31 都放入 B 中,这时 $34=2\times17\in C$.

乙:可是一般规律是什么呢?(3)现在不成立了.

师:看一看,有哪几个素数与(3)不符.

甲:只有 2 个. 5 到了 A 中,7 到了 C 中.

师:所以只需要将(3)略加修改即可.

甲:5 不要当作素数,而 7 应当当作素数的平方. 即令

$$A = \{n \mid n = 5^\alpha 7^\beta p_1^{\alpha_1} p_2^{\alpha_2} \cdots p_k^{\alpha_k}, 2\beta + \alpha_1 + \alpha_2 + \cdots + \alpha_k \equiv 0 (\text{mod } 3)\},$$
$$B = \{n \mid n = 5^\alpha 7^\beta p_1^{\alpha_1} p_2^{\alpha_2} \cdots p_k^{\alpha_k}, 2\beta + \alpha_1 + \alpha_2 + \cdots + \alpha_k \equiv 1 (\text{mod } 3)\}, \quad (13)$$
$$C = \{n \mid n = 5^\alpha 7^\beta p_1^{\alpha_1} p_2^{\alpha_2} \cdots p_k^{\alpha_k}, 2\beta + \alpha_1 + \alpha_2 + \cdots + \alpha_k \equiv 2 (\text{mod } 3)\},$$

其中,$p_1, p_2, \cdots, p_k$ 为互不相同并且不同于 5,7 的素数,$\alpha, \beta, \alpha_1, \alpha_2, \cdots, \alpha_k$ 为整数.

乙:这样的 A, B, C 是否唯一?

甲:当然不是. 如果改设 $3 \in C$,那么同样可得下表.

A	B	C
1,6,8,10	2,9,11,12	3,4,5,7
14,27,33	13,15,16,17	18,22,24,26
⋮	19,20,21,23	30,32,34
	25,28,29,31	⋮
	⋮	

单墫
解题研究
丛书
我怎样解题

乙：这时 $3,5,7$ 都算素数的平方，则

$A = \{n \mid n = 3^{\alpha} 5^{\beta} 7^{\gamma} p_1^{\alpha_1} p_2^{\alpha_2} \cdots p_k^{\alpha_k}, 2(\alpha + \beta + \gamma) + \alpha_1 + \alpha_2 + \cdots + \alpha_k \equiv 0 (\bmod 3)\}$,

$B = \{n \mid n = 3^{\alpha} 5^{\beta} 7^{\gamma} p_1^{\alpha_1} p_2^{\alpha_2} \cdots p_k^{\alpha_k}, 2(\alpha + \beta + \gamma) + \alpha_1 + \alpha_2 + \cdots + \alpha_k \equiv 1 (\bmod 3)\}$,

$C = \{n \mid n = 3^{\alpha} 5^{\beta} 7^{\gamma} p_1^{\alpha_1} p_2^{\alpha_2} \cdots p_k^{\alpha_k}, 2(\alpha + \beta + \gamma) + \alpha_1 + \alpha_2 + \cdots + \alpha_k \equiv 2 (\bmod 3)\}$,

其中，$p_1, p_2, \cdots, p_k$ 为互不相同并且不同于 $3,5,7$ 的素数，$\alpha, \beta, \gamma, \alpha_1, \alpha_2, \cdots, \alpha_k$ 为整数.

甲：能否使 A 中没有相邻的整数？

师：如果能，那么 $63, 65$ 都不在 A 中. 回到前面数 3 确定以前的状态. 先确定 3 的归属，再看看事情如何发展.

乙：如果 $3 \in C$，那么 $9 \in B$，$63 = 7 \times 9 \in A$，与 63 不在 A 中矛盾. 所以 $3 \notin C$. 又 $3 \times 3 = 9 \notin A$，所以 $3 \notin A$. 因此 $3 \in B$.

甲：$6 = 2 \times 3 \in C$，$9 = 3 \times 3 \in C$，$3 \times 7 = 21 \in A$，$3 \times 6 = 18 \in A$，$3 \times 4 = 12 \in A$.

乙：$4 \times 5 = 20 \notin A$，所以 $5 \notin B$. $3 \times 5 = 15 \notin A$，所以 $5 \notin C$. 因此 $5 \in A$.

甲：$5^4 = 625 \in A$，并且

$$5^4 - 1 = 624 = 24 \times 26 \in A,$$

所以 A 中一定有相邻的数.

17 两部分图

某次数学竞赛共有 6 道试题,其中任意两道试题都被超过 $\frac{2}{5}$ 的参赛者答对了,但没有一个参赛者能答对所有的 6 道试题. 证明:至少有两个参赛者都恰好答对了 5 道试题.

这是 2005 年国际数学奥林匹克竞赛的第 6 题.

将人、题都用点表示,某人解出某题,则在相应的两点之间连一条线,这样就得到一个图,这种图称为两部分图. 它的顶点分为两个部分:一部分是 6 个点,表示 6 道题;另一部分是 n 个点,表示参赛的人,n 是人数. 同一部分的点不相连. 不同部分的点可能相连,也可能不相连. 两部分图的应用非常广泛.

考虑自一个人所引出的两条线,称它为这个人引出的角.

如果没有人答对 5 道题,那么每人引出的角 $\leqslant C_4^2 = 6$ 个. n 个人引出的角 $\leqslant 6n$ 个.

每 2 道试题答对的人数 $> \frac{2}{5}n$,所以角的总数 $> C_6^2 \times \frac{2}{5}n = 6n$.

两方面矛盾,所以至少有一个人答对 5 道题.

以下设仅有一个人答对 5 道题.

这时,n 个人引出的角 $\leqslant C_4^2(n-1) + C_5^2 = 6n + 4$ 个.

另一方面,角的总数不小于

$$C_6^2 \left(\left[\frac{2}{5}n \right] + 1 \right) = 15 \times \left[\frac{2}{5}n \right] + 15.$$

现在用的方法与上面相同,只是估计精细化,其中出现的取整函数需要讨论

$$15 \times \left[\frac{2}{5}n \right] + 15 = \begin{cases} 30k + 15, & n = 5k; \\ 30k + 15, & n = 5k+1; \\ 30k + 15, & n = 5k+2; \\ 30k + 30, & n = 5k+3; \\ 30k + 30, & n = 5k+4, \end{cases}$$

于是

$$C_6^2 \left(\left[\frac{2}{5}n \right] + 1 \right) > 6n + 4. \tag{1}$$

单墫
解题研究
丛书

我怎样解题

除非 $n=5k+2$. 即在 $n\neq5k+2$ 时,至少有两个人答对 5 道题[否则引起矛盾,(1)].

剩下 $n=5k+2$ 的情况. 此时角的总数 $\geqslant30k+15$. 如果有人答对的题数少于 4,那么 n 个人引出的角 $\leqslant C_4^2(n-2)+C_5^2+C_3^2=6n+1=30k+13<30k+15$ 仍引起矛盾. 因此,没有人答对的题数少于 4. 这时,角的总数 $=6n+4=30k+16$(注意是等式呀!). 所以,有 2 道题有 $\left[\dfrac{2}{5}n\right]+2=2k+2$ 个人同时做对,其他的每 2 道题均有 $\left[\dfrac{2}{5}n\right]+1=2k+1$ 个人同时做对.

仅从角论证已不易产生矛盾. 我们转而考虑图中线的条数(希望引起矛盾).

$5k+2$ 个人中,1 人引出 5 条线,其他 $5k+1$ 人各引 4 条线,共有线
$$5+4(5k+1)=20k+9 \tag{2}$$
条.

6 道题中,设第 1 题解出人数最少,则这人数
$$a\leqslant\left[\dfrac{20k+9}{6}\right]. \tag{3}$$
考虑这 a 个人引出的线的总数 T. 一方面,至多 1 人做对 5 题(引 5 条线),其余的均做对 4 题,所以
$$T\leqslant4a+1. \tag{4}$$
另一方面,这 a 人中,其余 5 题各有 $2k+1$ 个人解出,至多 1 题有 $2k+2$ 个人解出,所以
$$T\geqslant a+5(2k+1). \tag{5}$$
由(4),(5)得
$$4a+1\geqslant a+5(2k+1),$$
即
$$10k+4\leqslant3a\leqslant3\left[\dfrac{20k+9}{6}\right]\leqslant\left[\dfrac{20k+9}{2}\right]=10k+4. \tag{6}$$

于是(6)中等号成立. $a=\left[\dfrac{20k+9}{6}\right]$,并且 $k=3h+2$(不难验证 $k=3h$ 与 $3h+1$ 时,(6)均不为等式). 而且(5)也是等式,所以这 a 人中,其余 5 题各有 $2k+1$ 个人解出(没有一题有 $2k+2$ 个人解出).

线的总数 $20k+9=60h+49$. 由于解出人数最少的题也有 $a=\left[\dfrac{20k+9}{6}\right]=$ $10h+8$ 人做对,所以可设 $1,2,3,4,5$ 这 5 道题均有 $a=10h+8$ 人做对,第 6 题有 $10h+9$ 人做对. 但根据上面所证,每 2 道题(又回到"角"!)均恰有 $2k+1$ 个人做对. 这与前面所说 2 道题有 $2k+2$ 个人同时做对矛盾!

矛盾表明至少有两个人做对 5 道题.

上面的证法是组合数学(包括图论)中常用的方法. 即选择一个适当的量(例如角的总数或线的总数),从两个不同的方面考虑它,从而得到一个等式或关系. 本题采用反证法,希望产生矛盾.

证明分为 4 步:

第 1 步,证明至少有 1 个人做对 5 道题.

第 2 步,证明在 $n\neq 5k+2$(例如 $n=2\,005$ 或 $2\,006$)时,至少有 2 个人做对 5 道题.

第 3 步,证明在 $k\neq 3h+2$(例如 $n=2\,002$)时,至少有 2 个人做对 5 道题.

第 4 步,证明至少有 2 个人做对 5 道题.

每一步都是一个稍容易一些的问题. 要完全解决,需要锲而不舍,步步深入,注意在每一步后面都有一点细节的讨论. 这些讨论对彻底解决本题是有用的,不要忽视这些细节.

单墫
解题研究
丛书

我怎样解题

18 填 ±1

在一个 $m \times n$ 的棋盘的方格里填上 $+1$ 或 -1. 如果每个方格中的数都等于它的邻格(与它有公共边的方格)中的数的乘积,那么这种填法就称为成功的.

问:$(2^n-1) \times (2^n-1)$ 的棋盘有多少种成功的填法?

$n=1$ 的情况是无聊的. $n=2$ 即 3×3 的棋盘,有几种成功的填法呢? 我们来试一试. 先设最上面一行填的数为 a, b, c,且 a, b, c 是 $+1$ 或 -1. 这时,第二行的数应当是 ab, abc, bc;第三行的数应当是 $ac, 1, ac$(图8). 由于图是对称的,所以与1相当的其他3格也是1(图9). 从而其他5格也都为1. 即 3×3 时,成功的填法只有一种.

图 8   图 9

$n=3$ 即 7×7 的棋盘也可以用类似的办法去试填(先填第一行,设它们是 $a_1, a_2, \cdots, a_7$,再陆续填第二至第七行. 最后根据第七行的数应满足的条件,定出 $a_1 = a_2 = \cdots = a_7 = 1$). 结果发现成功的填法也只有一种,即全部填1.

于是,我们可以猜测 $(2^n-1) \times (2^n-1)$ 的棋盘,在 $n \geqslant 2$ 时,只有一种成功的填法. 这是一个大胆的猜测,因为根据并不充分,只有 $n=2$ 与 3 两个. 当然还可以继续用上面的办法去试填 $n=4$,发现 15×15 的棋盘确实也只有一种成功的填法(我的确做过这件"笨"事). 从而坚定我们对上述猜测的信念.

但怎么证呢? 上面的试填并未提供一种好的证法. 如果先从第一行填起,很难找出最后一行的表示方法(对小的具体的 n,如 $n=2$ 或 3,4 可以. 但对一般

的 n，困难甚大). 而无法证明, 也可能是上面的猜测根据不对, 应当推翻. 是证明, 还是推翻呢? 着实是一件难以决定的事情.

当然, 最后找到了证法, 可以证明更一般的结论:

$(2^n-1)\times m$ 的棋盘, 在 $m \geqslant 3$ 且 $m \equiv 0$ 或 $1(\bmod 3)$ 时, 只有一种成功的填法, 即全部填 1.

证明用归纳法. 在 $n=1$ 时, 从左开始, 设第一个数为 a. 它应等于与它相邻的第二个数, 即第二个数也为 a. 第二个数 a 等于第一个数 a 乘第三个数, 所以第三个数为 1.1 等于 a 乘第四个数, 所以第四个数为 a. 依此类推, 每个数等于前两个数相乘, 逐步得出各数为

$$a, a, 1, a, a, 1, \cdots$$

因为 $m \equiv 0$ 或 $1(\bmod 3)$, 最右边应为 $a, a, 1$ 或者 $a, a, 1, a$. 再从左面看, 得 $a=1$.

假设命题对 $n-1$ 成立. 考虑 n 的情况. 对成功的填法, 将上方的 $(2^{n-1}-1)\times m$ 表中的数乘以它关于中间一行对称的数. 得到的新的 $(2^{n-1}-1)\times m$ 的表, 不难验证它是成功的. 因而由归纳假设可知, 它的元素全为 1. 这表明原来的 $(2^n-1)\times m$ 表中, 上半部与下半部对称的数一定相等. 中间一行 $1\times m$ 的表中, 每个数等于相邻的数的积, 但它上、下两个数相等, 所以它就等于前后两个数的积 (两端的数等于相邻的数). 也就是说, 这 $1\times m$ 的表, 单独抽出来看 (不考虑上方与下方相邻的行), 每个数等于相邻数的积. 根据上面的奠基, 它应当为 $1, 1, \cdots, 1$.

由于原表中间一行全为 1, 原表上方的 $(2^{n-1}-1)\times m$ 表单独看, 也是成功的. 由归纳假设, 它全由 1 组成. 因此, 原表也全由 1 组成.

证明的关键是将上一半的数乘以它关于中间一行对称的数. 这一点说来简单, 却也不易想到. 至少我本人在短时间内想不到, 想了一阵也未想到. 后来查到 1991 年莫斯科数学竞赛中, 有证明 15×15 的成功填法唯一的题. 其证法的关键就是上述的对称. 可以说学到了一招.

有人以为 $2^n \times 2^n$ 的成功的填法也只有一种. 这个猜测是不对的. 4×4 ($n=2$) 的成功的填法就有 5 种 (经过旋转或对称可以重合的只算一种, 如图 10 所示):

我怎样解题

1	1	1	1
1	1	1	1
1	1	1	1
1	1	1	1

1	-1	-1	1
-1	1	1	-1
-1	1	1	-1
1	-1	-1	1

-1	1	1	-1
-1	-1	-1	-1
-1	-1	-1	-1
1	1	1	1

（2种可以重合）

1	1	1	-1
1	1	-1	-1
1	-1	1	-1
-1	-1	-1	1

-1	1	-1	1
-1	1	-1	-1
1	1	-1	1
-1	-1	1	1

（4种可以重合）　　　　　（8种可以重合）

图 10

第一种(元素全是 1)有一个特点,后四种都不具备,即对边上的每一个数包围它的三个数的积为 1. 我们猜测具有这种性质的填法是唯一的,即

猜测　在 $2^n \times 2^n$ 的数表中填 +1 或 -1. 如果中间及四角所填的数都等于邻格的乘积,而边上的每一个格子,它的 3 个邻格的乘积为 1,那么这种填法就称为保鲜的,保鲜的填法只有一种,即全部填 1.

为了证明这个猜测,我们将一个 $2^n \times 2^n$ 的保鲜的填法"嵌入"一个 $(2^{n+1}-1) \times (2^{n+1}-1)$ 的表中,即这 $2^n \times 2^n$ 表的方格分散到 $(2^{n+1}-1) \times (2^{n+1}-1)$ 的第 $1, 3, \cdots, 2^{n+1}-1$ 行与第 $1, 3, \cdots, 2^{n+1}-1$ 列的公共部分(图 11 表示将 4×4 嵌入 7×7 中,其中打阴影的方格组成原来保鲜的 4×4 的表). 再在第 $2, 4, \cdots, 2^{n+1}-2$ 行与第 $2, 4, \cdots, 2^{n+1}-2$ 列的公共部分填上 1(图 11). 剩下的方格填上包围它的(4 个或 3 个)方格的乘积.

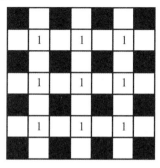

图 11

不难验证,这样得出的$(2^{n+1}-1)\times(2^{n+1}-1)$的填法是成功的(请读者自己验证). 于是这个表中的数全为 1. 从而原来的 $2^n\times2^n$ 的填法是唯一的.

一般地,$m\times n$ 的表有多少成功的填法,需要花很多时间去研究. 这不是竞赛中应当出现的问题.

单墫
解题研究
丛书

19 三角形剖分

一个凸 n 边形,可以连 $n-3$ 条不相交的对角线,将它分为 $n-2$ 个三角形,称为三角(形)剖分.

这个凸 n 边形,有多少种不同的三角剖分呢?

设它的剖分数为 a_n,易见

$$a_3=1, a_4=2, a_5=5, \cdots \tag{1}$$

又可约定 $a_0=1$. 一般的结论是

$$a_n = \frac{1}{n-1} C_{2(n-2)}^{n-2}, \tag{2}$$

即卡塔兰数 C_{n-2}. 可参见拙著《数学竞赛研究教程》第 26 讲(江苏教育出版社,2002 年第 2 版)这里不再赘述.

如果在剖分中,某个三角形的三条边都不是原 n 边形的边,那么这个三角形就称为内三角形.

有多少种剖分,没有内三角形?

设有 b_n 种剖分,显然

$$b_3=1, b_4=2, b_5=5. \tag{3}$$

在 $n \geqslant 4$ 时,选它一个顶点,设为 A_1. 自对角线 $A_2 A_n$ 处切开,以后可切下 $\triangle A_2 A_n A_3$ 或 $\triangle A_2 A_n A_{n-1}$,有且只有 2 种切法. 依此类推,共有 2^{n-4} 种切法(除去 $A_2 A_n$,还有 $n-4$ 条对角线). 由于第一个顶点有 n 种选择,共有 $n \cdot 2^{n-4}$ 种切法. 但切出的三角形共 $n-2$ 个,必有 $n-(n-2)=2$ 个三角形各有两条边是原多边形的邻边,所以同一种三角形剖分属于两种选择. 分法共有

$$b_n = n \cdot 2^{n-4} \div 2 = n \cdot 2^{n-5}(\text{种}). \tag{4}$$

另一种类似的解法是利用递推. 在 $n \geqslant 5$ 时,取消顶点的标号,只有 $\frac{1}{n} b_n$ 种剖分. 每一种三角形剖分均有 2 个三角形各有两条边是原多边形的边,任意切去一个都得到凸 $n-1$ 边形的没有内三角形的剖分. 而每一个凸 $n-1$ 边形的没有内三角形的剖分,有 2 个三角形各有两条边是原多边形的边,在这 $2 \times 2 = 4$ 条边的任一个上可以加上一个三角形得到凸 n 边形(没有内三角形的三角形剖分).

$$\therefore \quad \frac{2}{n}b_n = \frac{4}{n-1}b_{n-1}, \tag{5}$$

$$b_n = \frac{2n}{n-1}b_{n-1} = \frac{2^2 n}{n-2}b_{n-2} = \cdots = \frac{2^{n-4}n}{4}b_4 = n \cdot 2^{n-5}. \tag{6}$$

有多少种剖分,恰有一个内三角形?

设有 c_n 种剖分. 易知

$$c_3 = c_4 = c_5 = 0, c_6 = 2. \tag{7}$$

在 $n \geqslant 6$ 时,先确定内三角形的位置. 不妨设一个顶点为 A_1,另两个顶点 A_i, A_j 的下标满足

$$3 \leqslant i, i+2 \leqslant j \leqslant n-1. \tag{8}$$

在多边形 $A_1 A_2 \cdots A_i$ 内,从 $A_1 A_i$ 开始作三角形剖分,所得的第一个三角形只能是 $A_1 A_2 A_i$ 或 $A_1 A_{i-1} A_i$ 这 2 种,以后每次都有 2 种切法,共有 2^{i-3} 种分法. 多边形 $A_i A_{i+1} \cdots A_j$ 与 $A_j A_{j+1} \cdots A_n A_1$ 也是如此,即它们共有

$$2^{n+3-3-3-3} = 2^{n-6} \tag{9}$$

种剖分法.

内三角形的第一个顶点有 n 种选法(从 A_1 到 A_n),而 $\triangle A_1 A_i A_j$, $\triangle A_i A_j A_1$,$\triangle A_j A_1 A_i$ 是同一个三角形,所以

$$\begin{aligned}
c_n &= \frac{n}{3} \sum_{i=3}^{n-3} \sum_{j=i+2}^{n-1} 2^{n-6} \\
&= \frac{n}{3} \times 2^{n-6} \sum_{i=3}^{n-3} (n-2-i) \\
&= \frac{n}{3} \times 2^{n-6} \sum_{i=1}^{n-5} i \\
&= \frac{n(n-4)(n-5)}{6} \times 2^{n-6}. \tag{10}
\end{aligned}$$

有多少种剖分,恰有 2 个内三角形?

这个问题比前面的复杂,首先注意如果恰有 c 个内三角形,那么设有 a 个三角形各有两条边是原多边形的邻边,b 个三角形恰有一条边是原多边形的边,那么

$$a + b + c = n - 2, \tag{11}$$

$$2a + b = n, \tag{12}$$

$$\therefore \quad a=c+2, b=n-2(c+2). \tag{13}$$

在 $c=1,2$ 时，a 分别为 $3,4$；b 分别为 $n-6,n-8$（$c=0$ 即前面已有情况，$a=2,b=n-4$）.

设有 d_n 种剖分，则

$$d_3=d_4=d_5=d_6=d_7=0, d_8=4. \tag{14}$$

对凸 n 边形的 d_n 个恰有 2 个内三角形的剖分，每个有 $a=4$ 个三角形有两条边是 n 边形的边，切去其中任何一个产生凸 $n-1$ 边形的一个三角形剖分，其中有 2 个或 1 个内三角形. 反过来，每一个凸 $n-1$ 边形的恰有 1 个内三角形的剖分，有 $b=(n-1)-6=n-7$ 个三角形以这 $n-1$ 边形的一条边为边，在其中任一个上加一个三角形可产生凸 n 边形. 每一个凸 $n-1$ 边形的恰有 2 个内三角形的剖分，有 $a=4$ 个三角形以这 $n-2$ 边形的两条边为边，这样的边有 8 条，在任一个上加一个三角形可产生凸 n 边. 所以

$$\frac{n-1}{n}\times 4d_n=(n-7)c_{n-1}+8d_{n-1}. \tag{15}$$

c_{n-1} 可用(10)表出. 假设

$$d_n=n\mathrm{C}_{n-4}^4\times 2^{n-9}. \tag{16}$$

在 n 换成 $n-1$ 时成立，则由式(15)

$$d_n=\frac{n}{4}\left(\frac{(n-7)(n-5)(n-6)}{6}\times 2^{n-7}+8\mathrm{C}_{n-5}^4\times 2^{n-10}\right)$$

$$=n\times 2^{n-9}(n-5)(n-6)(n-7)\times\frac{1}{4\times 6}(4+(n-8))$$

$$=n\mathrm{C}_{n-4}^4\times 2^{n-9}, \tag{17}$$

即(16)对一切 $n\geqslant 8$ 成立.

(16) 在《走向 IMO，数学奥林匹克试题集锦（2006）》（华东师范大学出版社，2006 年第一版）一书中有推导，我们这里的推导与它不同.

20 好想法要贯彻到底

设 n 为正整数, d 是 n 的正约数, n 元整数组 $(x_1, x_2, \cdots, x_n)$ 满足条件

$$0 \leqslant x_1 \leqslant x_2 \leqslant \cdots \leqslant x_n \leqslant n, \tag{1}$$

并且

$$d \mid (x_1 + x_2 + \cdots + x_n). \tag{2}$$

证明:这种数组中 $x_n = n$ 的恰有一半.

我们先考虑最简单的情况: $d = 1$. 这时条件(2)可以略去.

怎么处理这最简单的情况呢?

南京的几位学生说出三种想法:

(1) 算出符合要求的数组的个数与其中 $x_n = n$ 的数组的个数;

(2) 在 $x_n = n$ 的数组与 $x_n < n$ 的数组间建立起一一对应;

(3) 运用数学归纳法.

这三种想法都很好,但应当(至少将其中一种)贯彻到底(数学家哈代曾指着动物园的熊对另一位数学家波利亚说:"这熊有好的想法,但它没有贯彻到底,所以拿不到栅栏附近的球."波利亚明白这是哈代在讽刺他未将好的想法贯彻到底).

首先,看第一种想法,令

$$y_i = x_i + i, i = 1, 2, \cdots, n, \tag{3}$$

则

$$1 \leqslant y_1 < y_2 < \cdots < y_n \leqslant 2n. \tag{4}$$

这种 $(y_1, y_2, \cdots, y_n)$ 的个数是 C_{2n}^n. 而由(4),得

$$y_i \geqslant i, i = 1, 2, \cdots, n, \tag{5}$$

$$\therefore \quad x_i = y_i - i, i = 1, 2, \cdots, n \tag{6}$$

满足(1). 即(3)是 $(x_1, x_2, \cdots, x_n)$ 与 $(y_1, y_2, \cdots, y_n)$ 之间的一一对应,从而满足要求的 $(x_1, x_2, \cdots, x_n)$ 也是 C_{2n}^n 个.

$x_n = n$ 即 $y_n = 2n$. 满足(4)并且 $y_n = 2n$ 的 $(y_1, y_2, \cdots, y_n)$ 有 C_{2n-1}^{n-1} 个,即满足(1)而且 $x_n = n$ 的 $(x_1, x_2, \cdots, x_n)$ 有 C_{2n-1}^{n-1} 个

$$C_{2n-1}^{n-1} = \frac{1}{2} \times \frac{2n}{n} C_{2n-1}^{n-1} = \frac{1}{2} C_{2n}^n. \tag{7}$$

单墫
解题研究
丛书

我怎样解题

第二种想法是在集合

$$X=\{x=(x_1,x_2,\cdots,x_n)\mid 0\leqslant x_1\leqslant x_2\leqslant\cdots\leqslant x_n<n\} \tag{8}$$

与

$$Y=\{y=(y_1,y_2,\cdots,y_n)\mid 0\leqslant y_1\leqslant y_2\leqslant\cdots\leqslant y_n<n\} \tag{9}$$

(x_i 与 y_i 都是整数,以下不再注明)之间连接建立起一一对应.

对应的方法不止一种. 例如:对于 X 中,$x_1=0$ 的 x,令

$$y_n=n-x_1,y_{n-1}=n-x_2,\cdots,y_1=n-x_n(>0). \tag{10}$$

而对于 X 中,$x_1>0$ 的 x,令 y_k 为 $x_1,x_2,\cdots,x_n$ 中大于 $n-k$ 的个数,即

$$y_n=\sum_{x_i>0}1,y_{n-1}=\sum_{x_i>1}1,\cdots,y_1=\sum_{x_i>n-1}1=0. \tag{11}$$

对应(11)可以用一个图来解释,例如 $n=3$,$x=(1,2,2)$,可用图 12 来表示 x.

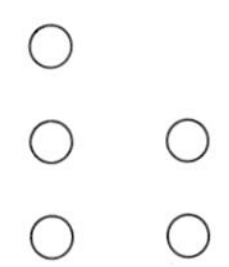

图 12

其中,$1,2,\cdots,n$ 行的圈的个数分别为 $x_1,x_2,\cdots,x_n$,而"竖看"这个图,第 1,$2,\cdots,n$ 列的圈数分别为 $y_n,y_{n-1},\cdots,y_1(=0)$.

显然,(10),(11)都是可逆的一一对应[(10)的逆对应是 $x_{n-k+1}=n-y_k$,(11)的逆对应是将"竖看"改为"横看"].

上面的对应,缺点是要分为(10),(11)两部分[(10),我是立即想到的,(11)却是在下面的第二种对应出现之后才想到的]. 下面的对应稍有不同.

对应的关键是 X 中的向量 x 的 n 个分量全小于 n. 对 $x\in X$,令

$$y=(y_1,y_2,\cdots,y_n),$$

其中 y_1 是 x 的分量中 0 的个数,y_2 是(x 的分量中)0 与 1 的个数,y_3 是 $0,1$ 与 2 的个数,$\cdots$,y_n 是 $0,1,\cdots,n-1$ 的个数,则

$$0\leqslant y_1\leqslant y_2\leqslant\cdots\leqslant y_n=n.$$

另一种完全相同的定义是

$$y_k<\sum_{k>x_i}I(1\leqslant k\leqslant n), \tag{12}$$

即 y_k 是 $x_1,x_2,\cdots,x_n$ 中小于 k 的个数.

(12)是 X 与 Y 之间的一一对应:

如果 $\boldsymbol{x}',\boldsymbol{x}\in X$,并且 $\boldsymbol{x}'\neq\boldsymbol{x}$,那么必有 i 使 $\boldsymbol{x}'$ 的分量 x'_i 不等于 $\boldsymbol{x}$ 的分量 x_i. 不妨设 $x'_i>x_i=h$,则与 $\boldsymbol{x}'$ 对应的向量 $\boldsymbol{y}'$ 的分量 $y'_{h+1}<i\leqslant$ 与 $\boldsymbol{x}$ 对应的向量 $\boldsymbol{y}$ 的分量 y_{k+1}. 所以 $\boldsymbol{y}'\neq\boldsymbol{y}$.

另一方面,设 $\boldsymbol{y}\in Y$. 令

$$\boldsymbol{x}=(\underbrace{0,0,\cdots,0}_{y_1\text{个}0},1,1,\cdots,1,\cdots),\tag{13}$$

$$y_2\text{个}0\text{或}1$$

其中分量为 k 的个数是 $y_{k+1}-y_k(0\leqslant k\leqslant n-1)$,分量不大于 $n-1$ 的个数是 $y_n=n$. 所以 $\boldsymbol{x}$ 的分量满足式(1)并且 $x_n\neq n$,即 $\boldsymbol{x}\in X$.

于是 $|X|=|Y|$.

有了对应. 归纳法便不予考虑了(不易奏效,在本题).

对于一般的 d,难以计算满足(1),(2)的 $(x_1,x_2,\cdots,x_n)$ 的个数,也难以计算满足(1),(2)并且 $x_n=n$ 的 $(x_1,x_2,\cdots,x_n)$ 的个数,但仍可以设法在满足(1),(2)并且 $x_n\neq n$ 的 $(x_1,x_2,\cdots,x_n)$ 与满足(1),(2)的 $(x_1,x_2,\cdots,x_{n-1},n)$ 之间建立起一一对应.

令

$$X=\{\boldsymbol{x}=(x_1,x_2,\cdots,x_n)\mid \boldsymbol{x}\text{ 满足}(1),(2),x_n\neq n\},\tag{14}$$

由于 $d\mid n$,不难看出(10),(11)是 X 到

$$Y=\{\boldsymbol{y}=(y_1,y_2,\cdots,y_n)\mid \boldsymbol{y}\text{ 满足}(9),(11)\}\tag{15}$$

的一一对应,下面证明(13)也是 X 到 Y 的一一对应.

我们证明由(13)得出的 $y_1,y_2,\cdots,y_n$ 满足

$$d\mid(y_1,y_2,\cdots,y_n).\tag{16}$$

由于 $d\mid n$ 及(2),只需证明

$$x_1+x_2+\cdots+x_n+y_1+y_2+\cdots+y_n=n^2.\tag{17}$$

对每一个 $i(1\leqslant i\leqslant n)$,(17)左边的 $x_1+x_2+\cdots+x_n$ 有一项 $x_i=h$,可算是 i 对(17)左边前一半的"贡献". 由于 x_i 在 $y_{h+1},y_{h+2},\cdots,y_n$ 的定义中都各被计算 1 次,共被计算 $n-h$ 次,这可算是 i 对(17)左边后一半的"贡献". 于是 i 对(17)左边的总贡献为 $h+(n-h)=n$. $1\sim n$ 对(17)左边的总贡献为 $n\times n=n^2$,即(17)成立.

单 墫
解 题 研 究
丛 书

我怎样解题

另一种"形式的"证明是

$$\sum_{k=1}^{n} y_k = \sum_{k=1}^{n} \sum_{k>x_i} 1 = \sum_{i=1}^{n} \sum_{k>x_i} 1 = \sum_{i=1}^{n} (n-x_i) = n^2 - \sum_{i=1}^{n} x_i, \qquad (18)$$

所以(17)成立.

反过来,设 $y \in Y$,令 x 为(13)中的 x,则 x 的分量的和为

$$x_1 + x_2 + \cdots + x_n$$

$$= \sum_{k=0}^{n-1} k(y_{k+1} - y_k)$$

$$= (y_2 - y_1) + 2(y_3 - y_2) + 3(y_4 - y_3) + \cdots + (n-1)(y_n - y_{n-1})$$

$$= -(y_1 + y_2 + \cdots + y_{n-1} + y_n) + n y_n$$

$$= -(y_1 + y_2 + \cdots + y_n) + n^2, \qquad (19)$$

即(17)成立[更简单的证法是(12)将(13)变成 y,所以(17)成立]. 由于(16)成立,所以(2)成立. $x \in X$,并且(12)将 x 变成 y.

因此(13)是(14),(15)之间的一一对应,从而

$$| X | = | Y | = \frac{1}{2} | X \bigcup Y |. \qquad (20)$$

前一种一一对应(10),(11)似更好. 但最初我却只想了一半(即(10))便放下了. 后来才发现可以将它完善. 不过,(13)虽需较繁的证明,但(17)本身亦颇有趣,可说是一件"副产品".

21　映射的个数

集合
$$S = \{x \mid x \text{ 是十进制中的 } 9 \text{ 位数,数字为 } 1,2,3\},$$
映射
$$f : S \to \{1,2,3\}$$
使得 S 中任意一对同数位上数字均不相同的 x,y,有
$$f(x) \neq f(y).$$
求 f 及其个数.

首先,应搞清题意. S 可以看作是 9 元有序数组
$$(x_1, x_2, \cdots, x_9), x_i \in \{1,2,3\}, 1 \leqslant i \leqslant 9$$
的集合.令 S_i 为 S 中映成 i 的元所成的集合($i=1,2,3$),则 S_1, S_2, S_3 是 S 的分拆,并且 S_i 中任意两个元 x,y 至少有一个"分量"相同.问题即求这种分拆及其个数.

分拆比映射 f 具体.对题意的理解往往是具体化的过程.

再进一步,我们举一个符合要求的具体例子.这也不难.令
$$S_i = \{\text{以 } i \text{ 为首位的 } 9 \text{ 元数组}\}, i = 1,2,3,$$
显然这样的分拆合乎要求.

首位可改为任何一位. S_1, S_2, S_3 可以任意排列顺序.因此,我们已经举出
$$9 \times 3! = 54$$
个合乎要求的例子.

感觉再也没有其他例子了.于是大胆猜测只有上述情况.证明应紧紧抓住"S_i 任意两个元 x,y 至少有一个分量是相同"这一要求,也就是说如果两个 9 位数 x,y,各位数字均不相同(以下简称各位均不相同为"全不同"),那么它们必在不同的 S_i 中.

由于 $(1,1,\cdots,1),(2,2,\cdots,2),(3,3,\cdots,3)$ 中,每两个全不同,不妨设 $(1,1,\cdots,1) \in S_1, (2,2,\cdots,2) \in S_2, (3,3,\cdots,3) \in S_3$.

$(2,1,1,\cdots,1)$ 与 $(3,3,\cdots,3)$ 全不同,所以 $(2,1,1,\cdots,1) \notin S_3$.

如果 $(2,1,1,\cdots,1) \in S_2$,我们证明一切以 2 为首位的 9 元数组 x 都在 S_2

单墫
解题研究
丛书

我怎样解题

中,将 x 记为 $2+y$,其中 y 表示 x 的后 8 位所成向量(8 元数组).

首先,以 3 为首位,并且与 $(2,1,1,\cdots,1)$ 全不同的 9 元数组也与 $(1,1,\cdots,1)$ 全不同,因而全在 S_3 中.其中必有一个 $3+u$(u 为 8 元数组),u 与 y 全不同(因为 u 的每一位有 2 种可能,总可以选择与 y 不相同的那一种).从而 $x=2+y\notin S_3$.

S_3 中还有 $3+v$,其中 v 为 8 元数组,与 $(1,1,\cdots,1)$ 全不同,而且每一位与 u 不同(因为每一位还有 2 种可能).$1+u$ 与 $(2,1,1,\cdots,1)$ 全不同,也与 $3+v$ 全不同.因而 $1+u\in S_1$.

$x=2+y$ 与 $1+u$ 全不同,因而 $x\notin S_1$,$x\in S_2$.

易知这时 S_2 中也只有以 2 为首位的数组(对任一不以 2 为首位的数组 $1+v$ 或 $3+v$,都有一个与它每一位都不相同的数组 $2+u\in S_2$).

又 $(1,2,\cdots,2)\in S_1$[因为它与 $(3,3,\cdots,3)$ 每一位都不相同],$(3,2,\cdots,2)\in S_3$[因为它与 $(1,1,\cdots,1)$ 每一位都不相同],所以 S_1,S_3 分别由 1,3 为首位的数组成.

因此,若 $(2,1,1,\cdots,1)\in S_2$,则结论已经成立.

设 $(2,1,1,\cdots,1)\in S_1$.同理,若 $(2,2,1,\cdots,1)\in S_2$,则由上面的推理(将首位换作第二位),S_i 由第二位为 i 的数组组成($i=1,2,3$).

设 $(2,2,1,\cdots,1)\in S_1$.依此类推,直至 $(2,2,\cdots,2,1)\in S_1$.但此时 $(2,2,\cdots,2,2)\in S_2$.所以 S_i 由末位为 i 的数组组成,$i=1,2,3$.

这样一道题,为什么一些准备参加冬令营的同学(甚至冬令营的获奖者)解不出来呢?很可能是由于他们已经过分习惯于"抽象",而不先去寻求具体的例子.这一现象值得我们注意,不要难题做得过多,反而忘记了最基本的方法:即应当将抽象问题具体化,从最简单的做起.这应当是最基本的数学素养.

当代数学大师陈省身先生曾经说过一段话:"一位好的数学家与一个蹩脚的数学家之间的差别,在于前者手中有很多具体的例子,而后者只有抽象的理论."所以,我们应当掌握更多的具体例子,使抽象的东西变为能够感觉的、易于把握的具体的例子.

22   线 段 染 色

设 a,b 为不同的自然数,将一条长为 1 的线段 AB 先等分为 a 份,再等分为 b 份,两次共有分点

$$(a-1)+(b-1)=a+b-2(个).$$

这些分点将 AB 分为 $a+b-1$ 段. 自 A 开始,将这 $a+b-1$ 段交错地染成红、蓝两种颜色. 问:红段(红色线段)的和比蓝段(蓝色线段)的和长多少?

如果 a,b 中有一个是偶数,比如 a 是偶数,这时 AB 的中点 C 也是一个 a 等分点,而其余的分点及分成的线段关于 C 对称,并且红(蓝)色线段的对称线段是蓝(红)色的. 所以,红段的和与蓝段的和长度相等.

以下设 a,b 均为奇数. 不妨设 $a>b$.

如果 a,b 的最大公因数 $d>1$,那么 AB 的每一个 d 等分点既是 a 等分点,又是 b 等分点. AB 被 d 等分点等分为 d 段,每段长为 $\dfrac{1}{d}$. 长为 $\dfrac{1}{d}$ 的每段被分为 $\dfrac{a}{d}$ 份,又被分为 $\dfrac{b}{d}$ 份. 问题化为互素$\left(\dfrac{a}{d}$ 与 $\dfrac{b}{d}$ 互素$\right)$的情况. 以下设 a,b 互素.

a 等分点将 AB 分为 a 个长 $\dfrac{1}{a}$ 的线段. 再加入 b 等分点. 这时 a 个长 $\dfrac{1}{a}$ 的线段,有的未增加分点,有的增加了分点,但也只有 1 个(因为相邻两个 b 等分点间的距离为 $\dfrac{1}{b}>\dfrac{1}{a}$). 所以长为 $\dfrac{1}{a}$ 的线段中,恰有 $b-1$ 个各增加 1 个 b 等分点,其余 $a-(b-1)=a-b+1$ 个没有增加分点. 称前者为第一类线段,后者为第二类线段.

从 A 到 B,$a-b+1$ 个第二类线段,应当是红蓝交错的:如果两个线段相邻,当然一红一蓝;如果不相邻,那么它们之间有一些第一类线段,而每个第一类线段被 b 等分点分为 2 段,所以它们之间间隔偶数段,因而也是一红一蓝. 而 $a-b+1$ 是奇数,所以第二类线段中,红段的和比蓝段的和多一个第二类线段的长,即多 $\dfrac{1}{a}$.

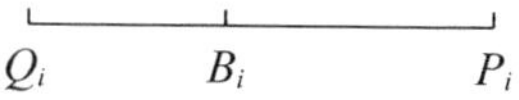

在第一类线段中,设 B_i 是第 i 个 b 等分点(A 算第

图 13

单墫
解题研究
丛书

我怎样解题

0 个 b 等分点),它落在第一类线段 Q_iP_i 中(图 12). 如果改以 $\dfrac{1}{ab}$ 为单元长,那么

$$Q_iP_i=b(即原来的 \dfrac{1}{a}).$$

$$AB_i=ia\left(即原来的 ia\times\dfrac{1}{ab}=\dfrac{i}{b}\right). \tag{1}$$

而 Q_i 是第 q_i 个 a 等分点(A 算第 0 个 a 等分点)

$$AQ_i=q_ib\left(即原来的 q_ib\times\dfrac{1}{ab}=\dfrac{q_i}{a}\right), \tag{2}$$

其中 q_i 适合

$$ia=q_ib+r_i,0<r_i<b, \tag{3}$$

即带余除法 $ia\div b$ 所得的商,而余数 r_i,即

$$Q_iB_i=r_i. \tag{4}$$

Q_iB_i 是第 q_i+i 段. 如果将红段的长记为正,蓝段的长记为负,那么 Q_iB_i 的长的符号是 $(-1)^{q_i+i-1}$. 而第二类线段中,红段的和比蓝段的和长

$$\sum_{i=1}^{b-1}(-1)^{q_i+i-1}\left[r_i-(b-r_i)\right]=\sum_{i=1}^{b-1}(-1)^{q_i+i-1}(2r_i-b). \tag{5}$$

由于 a,b 为奇数,所以(3)表明 q_i+r_i 与 i 奇偶性相同,即 q_i+i-1 与 r_i-1 奇偶性相同. 又由于 a 与 b 互素,所以 $a,2a,3a,\cdots,(b-1)a$ 除以 b,所得余数互不相同(若 $ia\equiv ja(\bmod b)$,则 $(j-i)a\equiv 0(\bmod b)$,$j-i$ 被 b 整除. 在 $1\leqslant i,j\leqslant b-1$ 时,这只能是 $i=j$),即这 $b-1$ 个余数正好是 $1,2,\cdots,b-1$. 于是 (5)的值等于

$$\sum_{i=1}^{b-1}(-1)^{r_i-1}(2r_i-b)$$

$$=\sum_{j=1}^{b-1}(-1)^{j-1}(2j-b)$$

$$=2\sum_{i=1}^{b-1}(-1)^{j-1}j+b\sum_{j=1}^{b-1}(-1)^j$$

$$=2(1-2+3-4+\cdots+(b-2)-(b-1))$$

$$=-(b-1),$$

即原来长度的

$$-(b-1) \times \frac{1}{ab} = -\frac{b-1}{ab}.$$

从而红段比蓝段长

$$\frac{1}{a} - \frac{b-1}{ab} = \frac{1}{ab}. \tag{6}$$

在 a, b 均为奇数且 $(a, b) = d$ 时，AB 先被 d 等分，每一等分再被分为红、蓝段，共 $\frac{a}{d} + \frac{b}{d} - 1$ 段. 由于 $\frac{a}{d} + \frac{b}{d} - 1$ 是奇数，所以第二个 d 等分以蓝段为第一段. 依此类推. 由于 $d-1$ 是偶数，前 $d-1$ 个 d 等分中，红段与蓝段的差为 0，最后一个 d 等分中，红段与蓝段的差为

$$\frac{1}{\frac{a}{d} \cdot \frac{b}{d}} \times \frac{1}{d} = \frac{d}{ab}, \tag{7}$$

即 AB 中红段与蓝段的差为 $\frac{d}{ab}$.

又解 对于上面的解法,我并不很满意. 于是又想以下面的解法. 只讨论 a, b 互素且均为奇数的情况(其余同前).

将线段 AB 等分为 ab 份,每一份长 $\frac{1}{ab}$. 如果将染红的记为 $+1$,染蓝的记为 -1,那么第 s 个长为 $\frac{1}{ab}$ 的份 MN,它的符号是

$$(-1)^{\left[\frac{s-1}{b}\right] + \left[\frac{s-1}{a}\right]}. \tag{8}$$

因为在点 M 之前有 $\left[\frac{s-1}{b}\right]$ 个 a 等分点, $\left[\frac{s-1}{a}\right]$ 个 b 等分点,包括 M 在内——如果它是 a 等分点或 b 等分点.

红段的和减去蓝段的和,即 $\frac{1}{ab}$ 乘以

$$\sum_{s=1}^{ab} (-1)^{\left[\frac{s-1}{b}\right] + \left[\frac{s-1}{a}\right]} \tag{9}$$

下面我们证明这和为 1(从而(6)成立):

设 $a > b$,又设

$$s - 1 = kb + h, 0 \leqslant h < b, \tag{10}$$

则(9)即

单墫
解题研究
丛书

我怎样解题

$$\sum_{k=0}^{a-1}\sum_{h=0}^{b-1}(-1)^{k+\left[\frac{kb+h}{a}\right]}. \tag{11}$$

设

$$kb=q_k a+r_k, 0\leqslant r_k<a, \tag{12}$$

则(11)即

$$\sum_{k=0}^{a-1}\sum_{h=0}^{b-1}(-1)^{a_k+q_k+\left[\frac{r_k+h}{a}\right]}. \tag{13}$$

由于 a,b 为奇数,所以由(12)知,$k+q_k$ 与 r_k 的奇偶性相同. 又由于 a,b 互素,所以当 k 跑遍 $0,1,\cdots,a-1$ 时,kb 跑遍模 a 的剩余类. 于是,(13)成为

$$\sum_{r=0}^{a-1}\sum_{h=0}^{b-1}(-1)^{r+\left[\frac{r+h}{a}\right]}=\sum_{r=0}^{a-b}\sum_{h=0}^{b-1}(-1)^{r+\left[\frac{r+h}{a}\right]}+\sum_{r=a-b+1}^{a-1}\sum_{h=0}^{b-1}(-1)^{r+\left[\frac{r+h}{a}\right]}. \tag{14}$$

(14)右边第一个和等于

$$\sum_{r=0}^{a-b}\sum_{h=0}^{b-1}(-1)^r=\sum_{r=0}^{a-b}(-1)^r b=b, \tag{15}$$

式(14)右边第二个和等于

$$\sum_{r=a-b+1}^{a-1}(-1)^r\left[\sum_{h=0}^{a-1-r}1+\sum_{h=a-r}^{b-1}(-1)\right]$$

$$=\sum_{r=a-b+1}^{a-1}(-1)^r\{(a-r)-[b-(a-r)]\}$$

$$=\sum_{r=a-b+1}^{a-1}(-1)^r[2(a-r)-b]$$

$$=2\sum_{r=a-b+1}^{a-1}(-1)^r(a-r)-b\sum_{r=a-b+1}^{a-1}(-1)^r$$

$$=2\sum_{r=a-b+1}^{b-1}(-1)^{a-t}\cdot t$$

$$=2[1-2+3-4+\cdots-(b-1)]$$

$$=-(b-1). \tag{16}$$

由(15),(16)即得(9)的值为1.

想到这一解法,是由于 ab 是 a,b 的公倍数,或者说 $\frac{1}{ab}$ 是 $\frac{1}{a}$ 与 $\frac{1}{b}$ 的公约数,将 AB 细分为 ab 等份,应有助于问题的解决. 结论为 $\frac{1}{ab}$ 更明示这样考虑是有道理的. 于是便将问题化为(8)的求和,即求(9)的值. 迈出这一步,我认为是绝对正确

的. 剩下的问题是如何求和. 我曾试过设 $s-1=ka+h$, 但计算中发现, 如果设 $a>b$, 那么应设 $s-1$ 为(10), 这样(13)中的 $\left[\dfrac{r+h}{a}\right]$ 才容易得出(只能为 0 或 1).

(9)的求值, 本身是一个数学问题(与上面的问题稍有不同).

如果 a,b 都是偶数, 设 $a=2a_1, b=2b_1$,

$\because \left[\dfrac{2s}{2a_1}\right]=\left[\dfrac{2s+1}{2a_1}\right]$,

$\therefore \displaystyle\sum_{s=0}^{ab-1}(-1)^{\left[\frac{s}{a}\right]+\left[\frac{s}{b}\right]}=2\sum_{s=0}^{2a_1b_1-1}(-1)^{\left[\frac{s}{a_1}\right]+\left[\frac{s}{b_1}\right]}$

$=2\displaystyle\sum_{s=0}^{a_1b_1-1}(-1)^{\left[\frac{s}{a_1}\right]+\left[\frac{s}{b_1}\right]}(1+(-1)^{a_1+b_1})$.

即在 a_1,b_1 的奇偶性不同时, 和为 0. 从而可得 a,b 分解式中 2 的幂指数不同时(包括 a,b 一奇一偶的情况), 和为 0. 而在 $a=2^ta_1, b=2^tb_1, a_1, b_1$ 为奇数时

$$\sum_{s=0}^{ab-1}(-1)^{\left[\frac{s}{a}\right]+\left[\frac{s}{b}\right]}=2^{2t}\sum_{s=0}^{a_1b_1-1}(-1)^{\left[\frac{s}{a_1}\right]+\left[\frac{s}{b_1}\right]}=2^{2t}.$$

类似地, 在 a,b 均为奇数, 并且 $(a,b)=d, a=a_1d, b=b_1d$ 时

$$\sum_{s=0}^{ab-1}(-1)^{\left[\frac{s}{a}\right]+\left[\frac{s}{b}\right]}=d^2\sum_{s=0}^{a_1b_1-1}(-1)^{\left[\frac{s}{a_1}\right]+\left[\frac{s}{b_1}\right]}=d^2$$

$\left(\text{利用} \left[\dfrac{ds}{da_1}\right]=\left[\dfrac{ds+1}{da_1}\right]=\cdots=\left[\dfrac{ds+d-1}{da_1}\right]\right)$.

单墫
解题研究
丛书

我怎样解题

23   总 和 为 0

在一个 $2^n \times n$ 表格中,每个格子填 $+1$ 或者 -1,并且各行互不相同.然后,将某些格子中的数换成 0,得到一个新的表格.证明:在新的表格中,总可以选出一些行,使得

(a) 所选出的行中的数,总和为 0;

(b) 所选出的行,作为向量相加,和为零向量.

先解(a).条件可以大大减弱,即改为

在一个 $(n+1) \times n$ 的表格中,每个格填 $+1$ 或者 -1,并且第 1 行全是 $+1$,第 2 行恰有一个 -1,第 3 行恰有 2 个 -1,……,第 $n+1$ 行恰有 n 个 -1.然后,将某些格子中的数换成 0,得出一个新的表格.那么,在新的表格中,总可以选出一些行,使得所选出的行中的数总和为 0.

我们称"将某些格子中的数换成 0"为"打洞".

第一行 $a_1 = (1, 1, \cdots, 1)$ 经打洞后变为 b_1. b_1 中各数的和为 s_1. 显然,$0 \leqslant s_1 \leqslant n$.

如果 $s_1 = 0$,那么结论已经成立.设

$$0 < s_1 \leqslant n. \tag{1}$$

在原表格中,有一行恰有 s_1 个 -1.因为 $s_1 > 0$,所以这一行不是 a_1,记它为 a_2. a_2 打洞后变为 b_2,b_2 中各数的和记为 t_2,则

$$t_2 \geqslant -s_1,$$

并且

$$t_2 \leqslant n - s_1$$

(a_2 中有 $n - s_1$ 个 1). 若这和为 0,则结论成立.设这和不为 0.记 b_1,b_2 中各数的和为 s_2,则 $s_1 \neq s_2$,并且

$$0 \leqslant s_2 = s_1 + t_2 \leqslant n.$$

若 $s_2 = 0$,结论成立.设

$$0 < s_2 \leqslant n. \tag{2}$$

一般地,设已取原表格的(互不相同的)行 $a_1, a_2, \cdots, a_k (k \leqslant n)$,打洞后的行分别为 $b_1, b_2, \cdots, b_k$,$b_1, b_2, \cdots, b_i (1 \leqslant i \leqslant k)$ 中各数的和为 $s_i (1 \leqslant i \leqslant k)$,并且

$s_1,s_2,\cdots,s_k$ 互不相等，$a_1,a_2,\cdots,a_k$ 中分别有 $0,s_1,s_2,\cdots,s_{k-1}$ 个 -1，且

$$0 < s_i \leqslant n (1 \leqslant i \leqslant k). \tag{3}$$

在原表格中，有一行恰有 s_k 个 -1，记这行为 a_{k+1}。由于 s_k 与 $s_1,s_2,\cdots,$ s_{k-1} 都不相等，所以 a_{k+1} 与 $a_1,a_2,\cdots,a_k$ 都不相同。a_{k+1} 打洞后变为 b_{k+1}。记 b_{k+1} 中各数的和为 t_{k+1}，则

$$n - s_k \geqslant t_{k+1} \geqslant -s_k.$$

记 $b_1,b_2,\cdots,b_{k+1}$ 中各数的和为 s_{k+1}，则

$$0 \leqslant s_{k+1} = s_k + t_{k+1} \leqslant n.$$

如果 $s_{k+1}=0$，那么结论成立；如果 s_{k+1} 与某个 $s_i (1 \leqslant i \leqslant k)$ 相等，那么 $b_{i+1},$ $b_{i+2},\cdots,b_k,b_{k+1}$ 中所有数的和为 0，结论也已成立。所以设 s_{k+1} 与 $s_1,s_2,\cdots,s_k$ 不相等，并且

$$0 < s_{n+1} \leqslant n. \tag{4}$$

如此继续下去，我们得到互不相同的 $n+1$ 个正整数

$$s_1,s_2,\cdots,s_{n+1}, \tag{5}$$

它们都不超过 n，这是不可能的。所以，式（5）中必有相等的或为 0 的，即结论成立。

（a）中，$(n+1) \times n$ 不能改为 $n \times n$。例如，在上述表格中去掉全为 -1 的行，则将其他各行的 -1 全改为 0，打洞后任选若干行，行中各数的和为正，不为 0。再如去掉一行有 $+1$ 的，则将其他各行只保留一个 $+1$，最后一行（全为 -1）不变。打洞后任选若干行，行中各数的和不会为 0。

现在解（b）。

第一行 $a_1=(1,1,\cdots,1)$ 打洞后变为 b_1。如果 b_1 是零向量，结论已经成立。设 b_1 不是零向量。

在原表格中，有一行 a_2，与 b_1 有如下关系：对于 $1 \leqslant j \leqslant n$，有

$$a_2 \text{ 的第 } j \text{ 个分量} = \begin{cases} 1, & \text{如果 } b_1 \text{ 的第 } j \text{ 个分量为 } 0; \\ -1, & \text{如果 } b_1 \text{ 的第 } j \text{ 个分量为 } 1. \end{cases}$$

由于 b_1 不是零向量，所以 a_2 不同于 a_1。

设 a_2 打洞后变为 b_2。若 b_2 是零向量，结论已经成立。设 b_2 不是零向量。记 $b_1+b_2=s_2$（向量相加）。显然 $s_2 \neq b_1$ 并且 s_2 是由 0 与 1 组成的向量。若 s_2 是零向量，则结论成立，设 s_2 不是零向量。

单墫
解题研究
丛书

我怎样解题

一般地,设已取原表格的互不相同的行 $a_1, a_2, \cdots, a_k (k \leqslant 2^n - 1)$,打洞后的行分别为 $b_1, b_2, \cdots, b_k$. $s_1 = b_1, s_i = b_1 + b_2 + \cdots + b_i (1 \leqslant i \leqslant k)$,并且 $s_1, s_2, \cdots, s_k$ 互不相等,都不是零向量,并且都由 0 与 1 组成. 对于 $1 \leqslant j \leqslant n$,有

$$a_i \text{ 的第 } j \text{ 个分量} = \begin{cases} 1, & \text{如果 } s_{i-1} \text{ 的第 } j \text{ 个分量为 } 0; \\ -1, & \text{如果 } s_{i-1} \text{ 的第 } j \text{ 个分量为 } 1, \end{cases} (1 \leqslant i \leqslant k).$$

在原表格中,有一行 a_{k+1} 满足:对于 $1 \leqslant j \leqslant n$,有

$$a_{k+1} \text{ 的第 } j \text{ 个分量} = \begin{cases} 1, & \text{如果 } s_k \text{ 的第 } j \text{ 个分量为 } 0; \\ -1, & \text{如果 } s_k \text{ 的第 } j \text{ 个分量为 } 1. \end{cases}$$

由于 s_k 不为零向量且与 $s_1, s_2, \cdots, s_{k-1}$ 都不相同,所以 a_{k+1} 与 $a_1, a_2, \cdots, a_k$ 都不相同. 设 a_{k+1} 打洞后为 $b_{k+1}, s_{k+1} = b_{k+1} + s_k$,则 s_{k+1} 由 0 与 1 组成. 如果 s_{k+1} 是零向量,结论成立.

如果 $s_{k+1} = s_i (1 \leqslant i \leqslant k)$,那么 $b_{i+1} + b_{i+2} + \cdots + b_{k+1}$ 是零向量,结论成立.

因此,在结论不成立时,可以得到互不相同的 2^n 个向量

$$s_1, s_2, \cdots, s_{2^n},$$

它们都是由 $0, 1$ 组成的向量,不是零向量. 但这是不可能的,因为由 $0, 1$ 组成的不同向量,包括零向量在内,一共 2^n 个. 所以结论一定成立.

同样,(b) 中的 2^n 不能换成更小的数.

24　吴伟朝先生的名片

设正整数 $n>4$，集合 $A=\{0,1,2,\cdots,n-1\}$。求最大的正整数 k，使得下述命题成立：

命题　如果将 A 中每个元素任意染上 k 种不同颜色中的一种（允许一些颜色不用），满足"若任意的 $a,b\in A$，且 $a\neq b$，a,b 同色，则对于 $c\in A$ 且 $c\equiv a+b$ $(\bmod n)$，c 必与 a,b 同色"，那么 A 中所有的元素必定全部同色。

甲：这道题的叙述有点绕人，命题中套命题。

师：这是吴伟朝先生名片上的题。吴先生的名片与众不同，每张名片上一道数学题。如果能将他的名片搜集起来，那就形成了一本习题集。

乙：可以换一种说法：

若可将 $A=\{0,1,2,\cdots,n-1\}$ $(n\geqslant 4)$ 的每个元染上 h 种不同颜色中的一种，使得 A 中元素不全同色，并且对 A 中任意两个同色的元素 a,b $(a\neq b)$，$c\equiv a+b(\bmod n)$ 与 a,b 同色。求 h 的最小值。

甲：h 的最小值减去 1 就是 k 的最大值。

乙：我们还是先考虑一种简单、特殊的情况，即先设 n 为素数。

甲：如果 $1,n-1,0$ 这三个数同色，其余的 $n-3$ 个数又各用一种颜色，共用 $n-2$ 种颜色。所以 h 的最小值不大于 $n-2$。故 $k\leqslant n-3$。

乙：用 $a\sim b$ 表示 a,b 同色。在 $k=n-3$ 时，假设染色满足"若 $a\sim b(a\neq b)$，则 $c=a+b$（我们将 $c\equiv a+b(\bmod n)$ 简记为 $c=a+b$）$\sim a\sim b$"，要证 A 中元素全部同色。即 k 的最大值为 $n-3$。

甲：如果共用 $k\leqslant n-3$ 种颜色，那么 A 中必有两个不同的数 a,b 同色，并且 a,b 都不是 0。

乙：为什么？

甲：A 中去掉 0 后，还有 $n-1$ 个数，而颜色只有 $k\leqslant n-3$ 种，所以必有上述的 a,b 存在。

乙：如果有 $a+b\neq 0$，那么

$$(a+b)+a=2a+b\sim a,(a+b)+b=a+2b\sim b. \tag{1}$$

师：称 A 中与 0 同色的数所成的子集为 B。若 $a+b=0$，则 $a,b\in B$。

我怎样解题

如果 B 中除去 $0,a,b$，还有元素 c，那么 $c+a\neq0$，可以用 c 代替 b 来讨论.

如果 B 中仅有 $0,a,b$，那么 A 中去掉这 3 个数后，还有 $n-3$ 个数. 而颜色只有 $k-1\leqslant n-4$ 种，所以必有 $c\neq d$. 而 $c\sim d$，这时 $c+d\sim c$，所以 $c+d\neq0$.

总之，可以假定 $a+b\neq0$.

甲：$2a+2b=(a+2b)+a$ 是否与 $a+2b$ 同色，需要看 $a+2b$ 是否与 a 相等.

师：什么时候 $a+2b=a$？

乙：$a+2b=a$，即 $2b=0$，但 $b\neq0$，n 又是大于 4 的素数，所以这种情况不会发生. 因此总有

$$2(a+b)\sim a+2b\sim a+b. \tag{2}$$

师：如果有 $m\neq0$，并且 $m\sim2m$，那么

$$m\sim2m\sim3m\sim4m\sim\cdots \tag{3}$$

甲：这样一直加下去，直至 $nm(=0)$，n 个数全都同色. 而 $m,2m,3m,\cdots,nm$ 互不相同，也就是说 A 中的 n 个数全部同色. 所以 k 的最大值为 $n-3$.

师：很好. 对一般的 n 呢？

乙：我想结论仍为 $n-3$.

师：并非如此. 你们先用上面的方法试试看.

甲：仍假定 $k\leqslant n-3$. 和上面相同，可以得到所说的 a,b，$a\neq b$，$a+b\neq0$，并且

$$a\sim b\sim a+b\sim 2a+b\sim a+2b. \tag{4}$$

但在 n 为偶数时，如果 $b=\dfrac{n}{2}$，那么 $a+2b=a$. 不能由

$$a+2b\sim a \tag{5}$$

得出

$$2(a+b)=(a+2b)+a\sim a. \tag{6}$$

乙：但这时 $a\neq\dfrac{n}{2}$，所以 $2a+b\neq b$，可改用

$$(2a+b)=(2a+b)+b\sim b. \tag{7}$$

因此，总有

$$(2a+b)\sim a+b. \tag{8}$$

继续加 $a+b$，得

$$a+b, 2(a+b), 3(a+b), \cdots, 0 \tag{9}$$

均同色. 但(9)的长度不一定是 n, 而是 $\dfrac{n}{(a+b, n)}$.

师: 你们已经证明了所有同色的数均在集 B 中, 从而不在 B 中的数只有不大于 $k-1$ 个. 而且在 B 中, 有一个形如(9)的圈.

甲: 设 d 是 n 的大于 1 的因数, 将圈

$$0, d, 2d, \cdots \tag{10}$$

这 $\dfrac{n}{d}$ 个数染成同色, 其余的 $n-\dfrac{n}{d}$ 个数又各染一种颜色, 共用 $n-\dfrac{n}{d}+1$ 种颜色满足 "若 $a \sim b(a \neq b)$, 则 $a+b \sim a$".

$$\therefore \quad k < n - \frac{n}{d} + 1.$$

师: $n-\dfrac{n}{d}+1$ 是 d 的增函数, 所以设 p 为 n 的最小素因数, 则

$$n - \frac{n}{d} + 1 \geqslant n - \frac{n}{p} + 1.$$

乙: 于是 $k < n - \dfrac{n}{p} + 1$. 是否 k 的最大值就是 $n-\dfrac{n}{p}$ 呢?

师: 是的. 可以先看一看 n 是偶数的情况.

甲: 设 n 为偶数, $k \leqslant \dfrac{n}{2}$.

不在 B 中的数不大于 $k-1$ 个. 所以 B 中的数不小于 $k+1 = \dfrac{n}{2}+1$ 个. 用 $n+1$ 去减 B 中非 0 的数. 如果 $1 \notin B$, 那么所得的 $\dfrac{n}{2}$ 个差都不是 0, 而且至少有一个仍在 B 中, 所以可在 B 中取 a 及 $b = n+1-a$, 它们的和为 1, 而且 a, b 都不是 0, 互不相等. 从而由(9)可知, A 中所有数在 B 中.

如果 $1 \in B$, 那么 B 中有 $c > 1$, 从而 $c+1, c+2, \cdots, n-1 = -1$ 都在 B 中. 可取 $a = 1, b = n-2$ 和 $a+b = -1 \in B$, 仍由(9), $A = B$.

即对于偶数 n, $k = \dfrac{n}{2}$.

师: 对于奇数 n, 可以证明前面所说的 b 的倍数全在 B 中.

乙: 由(9), 得

我怎样解题

$$-(a+b)=(n-1)(a+b)\sim 0.$$

如果 $-(a+b)\neq b$，那么

$$-a=-(a+b)+b\sim 0,$$
$$2b=(a+2b)+(-a)\sim 0.$$

$b,2b$ 在 B 中，所以 b 的倍数全在 B 中.

如果 $-(a+b)=b$，即 $a=-2b$，那么

$$-b=a+b\sim 0\sim -2b=a,$$

仍有 b 的倍数全在 B 中.

甲：同理，a 的倍数也全在 B 中.

师：a,b 的最大公因数 d 可以写成 $sa+tb$（s,t 为整数）的形式，所以 d 及 d 的倍数全在 B 中.

乙：怎么证明所有的数全在 B 中呢?

师：上面已经证明 B 有一个圈，由 d 的倍数组成，但在 $(n,d)>1$ 时，$k<n-\dfrac{n}{(n,d)}+1$. 不在 B 中的数 $\leqslant k-1<n-\dfrac{n}{(n,d)}$ 个，B 中的数 $>\dfrac{n}{(n,d)}$ 个. 从而 B 中还有数 d_1 不在上述的圈中，而 d,d_1 应（与 a,b 类似）生成更大的圈，圈上的数是 (d,d_1) 的全部倍数. 这样继续下去，每次的圈均严格增大，直至 A 中所有的数全在圈上.

甲：于是，本题中 k 的最大值是

$$\begin{cases} n-3, & \text{如果 } n \text{ 是素数}; \\ n-\dfrac{n}{p}, & \text{如果 } n \text{ 是合数}, p \text{ 是 } n \text{ 的最小素因数}. \end{cases}$$

25 车 站 个 数

某市有 n 条公交路线,满足以下条件:

(a) 任一车站至多有三条路线经过;

(b) 任一路线上至少有两个站;

(c) 任两条路线,或者有公共的站,或者有第三条路线,与它们都有公共站.

求证:车站的个数 $m > \dfrac{5}{6}(n-3)$.

甲:车站当然用点表示. m 个车站组成一个点集 M.

n 条公交路线可以用 n 条线表示. 不过,这不是一个平面几何问题,这些线不一定是直的,……

乙:我觉得公交路线也用点表示更好. n 条公交路线组成一个 n 元点集 N (这里 N 不表示自然数的集合). 如果一条公交路线通过一个站,那么就在 N 与 M 的两个对应的点之间连一条线.

师:很好. 这就是本章 **17** 中所说的两部分图. 凡有两类对象,又需研究这两类对象之间关系的,常用两部分图.

甲:现在条件变为

(a) M 中每个点至多引出三条线,即次数 $\leqslant 3$;

(b) N 中每个点次数 $\geqslant 2$;

(c) N 中任意两个点 N_1,N_2,或者同与 M 中一个点 M_1 相连,或者有 N 中第三个点 N_3 及 M 中的点 M_1,M_2,使得 N_1,N_3 与 M_1 相连,N_2,N_3 与 M_2 相连.

乙:条件(c)说得有些啰唆.

师:可以说成:(c) N 中任意两个点的距离 $\leqslant 4$.

这里两个点的距离表示从一个点沿图中的线走到另一个点所经过的线的最小条数(显然两部分图中,同一个集的两个点的距离是偶数).

甲:由条件(a)知,这个图中的总的线数

$$q \leqslant 3m. \tag{1}$$

由条件(b)知

$$q \geqslant 2n. \tag{2}$$

结合关系式(1),(2),得

$$m \geqslant \frac{2}{3}n. \tag{3}$$

但这结果比要证明的

$$m > \frac{5}{6}(n-3) \tag{4}$$

差$\left(\because \quad \dfrac{2}{3} < \dfrac{5}{6}\right)$.

　　乙：如果 N 中每点的次数都不小于3,那么式(2)成为

$$q \geqslant 3n. \tag{5}$$

　　从而由(1),(5),得

$$m \geqslant n > \frac{5}{6}(n-3). \tag{6}$$

因此,可设 N 中有次数为2的点.

　　师：设点 $N_0 \in N$,次数为2. M 中与 N_0 相连的点为 M_1,M_2. M_1,M_2 的次数都不大于3,所以 N 中至多4个点与 M_1 或 M_2 相连,设为 $N_i(1 \leqslant i \leqslant 4)$,其中可能有相重的. 如图14所示,其中 N 的点用"○"表示,M 的点用"□"表示. N_0 可称为第1层,M_1,M_2 是第2层,N_1,N_2,N_3,N_4 是第3层.

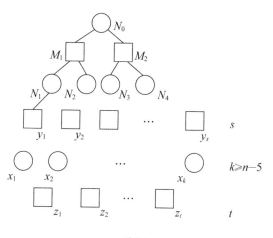

图 14

N 中还有

$$k \geqslant n-5 \qquad (7)$$

个点 $x_1, x_2, \cdots, x_k$，称为第 5 层.

M 中其他 $m-2$ 个点可以分为两种：第一种与 $N_i (1 \leqslant i \leqslant 4)$ 中至少一个相连，记为 $y_1, y_2, \cdots, y_s$，称为第 4 层；第二种与 $N_i (1 \leqslant i \leqslant 4)$ 均不相连，记为 $z_1, z_2, \cdots, z_t$，称为第 6 层. 显然

$$s+t=m-2. \qquad (8)$$

由条件 (c) 可知，每个 $x_i (1 \leqslant i \leqslant k)$ 必与至少一个 $y_j (1 \leqslant j \leqslant s)$ 相连 (x_i 与 N_0 的距离不大于 4). 而每个 y_j 已与 N_i 中至少一个相连，所以每个 y_j 至多再与两个 x_i 相连 (由条件 1° 可知，y_j 的次数不大于 3). 从而

$$2s \geqslant k. \qquad (9)$$

甲：由条件 (b) 可知，第 5 层引出的线不小于 $2k$ 条；由 (a) 可知，进入第 5 层的线不大于 $2s+3t$.

$$\therefore \quad 2s+3t \geqslant 2k. \qquad (10)$$

乙：由 (9)，(10)，得

$$3(s+t) \geqslant s+2k \geqslant \frac{k}{2}+2k = \frac{5}{2}k. \qquad (11)$$

再结合 (7)，(8)，得

$$m=2+(s+t) \geqslant 2+\frac{5}{6}k \geqslant 2+\frac{5}{6}(n-5) > \frac{5}{6}(n-3). \qquad (12)$$

因而本题也就做完了.

师：但本题又没有做完，因为还有一些疑问. 不等式 (12) 是否还可以加强呢？或者换一种说法，m 的最小值是否即 $\left\lceil \frac{5}{6}(n-3) \right\rceil$（这里 $\lceil x \rceil$ 为天花板函数，即不小于 x 的最小整数）？也就是说这时是否有满足条件 (a)，(b)，(c) 的图存在呢？

甲：怎么构造一个满足条件 (a)，(b)，(c) 的图呢？

乙：如果 N 中有一个点 x_0 到 N 中其他点的距离都为 2，那么这个图就满足条件 (c). 而条件 (a)，(b) 都不难满足.

师：你的想法很好，以 $n=6l+1$ 为例. N_0 与 $M_1, M_2, \cdots, M_{3l}$ 均相邻，每个 $M_i (1 \leqslant i \leqslant 3l)$ 与 N 中两个点 x_{2i-1}, x_{2i} 相邻. $x_1, x_2, \cdots, x_{6l}$ 中每三个与 y_1，

我怎样解题

$y_2, \cdots, y_{2l}$ 中一个相连. 如图 15 所示, 这时 $m = 5l$. 可见 (12) 中 n 的系数 $\dfrac{5}{6}$ 已不能改进.

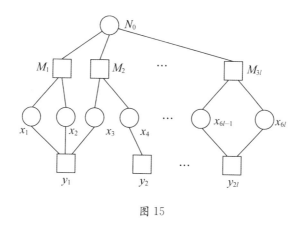

图 15

系数 $\dfrac{5}{6}$ 虽然不能改进, 但不含 n 的常数项呢?

对给定的 n, 满足条件 (a), (b), (c) 的图中 m 最小为多少?

求 m 的最小值, 是比原题更深入一步的问题.

甲: 对 $n \leqslant 6$, 不难得出如图 16 所示结果.

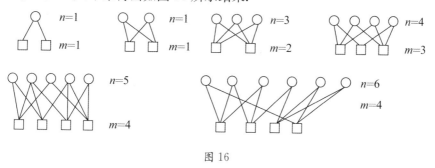

图 16

例如, 当 $n = 5$ 时, 由 (3), 得 $m \geqslant \left\lceil \dfrac{2 \times 5}{3} \right\rceil = 4$. 而不难验证图 16 中所画的图满足要求条件 (a), (b), (c).

师: (12) 实际上给出 m 的下界为

$$2 + \left\lceil \dfrac{5}{6}(n - 5) \right\rceil \qquad (13)$$

具体一点, 可写成

$$m \geqslant \begin{cases} 5l-1, & \text{若 } n=6l+1; \\ 5l, & \text{若 } n=6l+2; \\ 5l+1, & \text{若 } n=6l+3; \\ 5l+2, & \text{若 } n=6l+4; \\ 5l+2, & \text{若 } n=6l+5; \\ 5l+3, & \text{若 } n=6l+6. \end{cases} \tag{14}$$

乙:在 $n \neq 6l+1$ 时,图 15 仅需稍作修改,从而得出 m 的最小值的上界为

$$\left\lceil \frac{n-1}{2} \right\rceil + \left\lceil \frac{n-1}{3} \right\rceil. \tag{15}$$

具体一点,可写成

$$m \leqslant \begin{cases} 5l, & \text{若 } n=6l+1; \\ 5l+1, & \text{若 } n=6l+2; \\ 5l+2, & \text{若 } n=6l+3; \\ 5l+3, & \text{若 } n=6l+4; \\ 5l+4, & \text{若 } n=6l+5; \\ 5l+5, & \text{若 } n=6l+6. \end{cases} \tag{16}$$

其中只有 $n=6l+2$ 的情况不是按(15)算出,而是比(15)少 1. 原因是 $n-1=6l+1$,所以在图 15 中取 $M_1, M_2, \cdots, M_{3l}$,每点与 $x_1, x_2, \cdots, x_{6l}$ 中的两点相连,再将 M_{3l+1} 与 x_{6l}, x_{6l+1} 相连. 这样 x_{6l} 次数已经为 2,不必再与 y_j 相连. 从而只需 $2l$ 个 y,每个与 $x_1, x_2, \cdots, x_{6l-1}, x_{6l+1}$ 中的 3 个相连. $m=(3l+1)+2l=5l+1$.

甲:(14)与(16)中相应的数差 1 或 2. 很可惜. 如果它们相等那就是最小值了.

对于小的 n,我可以逐个定出 m 的最小值.

在 $n=7, 8$ 时,$\left\lceil \frac{2}{3}n \right\rceil = 5, 6$,所以这时(13)给出的 $m=5, 6$ 就是最小值.

图 17 表明 $n=9$ 时,$m=6$;$n=10$ 时,$m=7$;都是式(13)给出的下界. 图 18 表明 $n=11$ 时,$m=8\left(=\left\lceil \frac{2 \times 11}{3} \right\rceil\right)$.

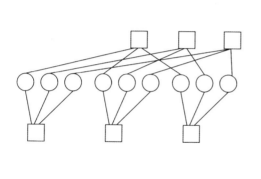

$n=9$，$m=6$ $n=10$，$m=7$

图 17

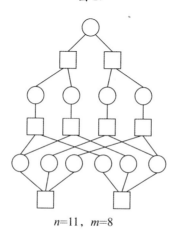

$n=11$，$m=8$

图 18

乙：大的 n 怎么办？

师：$n=19$ 时，由(14)，(16)得

$$14 \leqslant m \leqslant 15. \tag{17}$$

假设 $m=14$，则图 14 中

$$s+t=m-2=12, k \geqslant 19-5=14, s \geqslant \frac{k}{2}=7,$$

$$t=m-2-s \leqslant 12-7=5, \tag{18}$$

$$28 \leqslant 2k \leqslant 2s+3t=2(s+t)+t \leqslant 2\times12+5=29. \tag{19}$$

所以 $k=14$，第 3 层 4 个点. 而 s,t 则有两种可能：

（a）$s=8,t=4$.

这时. $2s+3t=2k$，第 5 层的 k 个点都是 2 次点（次数为 2 的点）. $2s=k+2$. 第 5 层除 2 个点外，其余的点与第 4 层均恰有 1 点相连.

（b）$s=7,t=5$.

这时 $2s+3t=2k+1$. 第 5 层可能有 1 个点（至多 1 个点）是 3 次的. 如果第 5 层的 x_k 是 3 次的，那么第 5 层中，它 2 步可以到达的点至多 $2\times(3-1)+1\times(2-1)=5$ 个. 又这时 $2s=k$，第 5 层每个点与第 4 层均恰有 1 个点相连.

于是，不论哪一种情况，总可在第 5 层中找到 1 个点 x，它恰与第 4 层有 1 条线（即 1 个点）相连，而且它是 2 次的，在第 5 层中 2 步可以到达的点也都是 2 次的.

如果一开始就以这个 x 作为 N_0，那么第 3 层的 $M_i(1\leqslant i\leqslant 4)$ 中，3 个点的次数为 2（它们是上一段所说的，x 在第 5 层中 2 步可以到达的点），第 4 个点 M_4 的次数为

$$s-3+1=s-2. \tag{20}$$

而上面的两种情况表明

$$k=2s \text{ 或 } 2(s-1). \tag{21}$$

在第 5 层中必有

$$k-2(s-2-1)\geqslant 4 \tag{22}$$

个点与 N_4 的距离大于 2. 因此，可取其中的一个次数为 2 的点作为 N_0，这时 N_4 落入第 5 层. 但 N_4 的次数不小于 5，与上面对情况（a），（b）的分析矛盾（第 5 层至多 1 个次数为 3 的点，其余都是 2 次点）. 所以 $m\neq 4,m=15$.

类似地，当 $n=6l+1,6l+2,6l+3,6l+4(l\geqslant 3)$ 时，$m=5l,5l+1,5l+2,5l+3$.

乙：$n=23$ 时，图 13 中 $k\geqslant 18,s\geqslant 9$.

如果 $m=18$，那么 $s+t=16,t\leqslant 16-9=7$. 从而

$$36\leqslant 2k\leqslant 2s+3t=2\times 16+t\leqslant 39\leqslant 2k+3, \tag{23}$$

这时 $k=18$ 或 19.

$k=19$ 时，$s\geqslant 10,t\leqslant 16-10=6,2s+3t\leqslant 38$. 从而 $2s+3t=38,s=10$，$t=6$. 图中第 5 层的点都是 2 次的，只有 1 个点与第 4 层 2 个点相连，其余的点都恰与第 4 层 1 个点相连.

$k=18$ 时,有 4 种情况:

(a) $s=9, t=7$;

(b) $s=10, t=6$;

(c) $s=11, t=5$;

(d) $s=12, t=4$.

在 (a) 中,$2s+3t=2k+3$,第 5 层可能有 3 个 3 次点,或 1 个 3 次点,1 个 4 次点,或 1 个 5 次点.如果 3 个 3 次点,那么它们在第 5 层中可以 2 步到达的点有 $3×5=15$ 个,加上它们本身,总数可以达到 18.

师: 达到 18 也不要紧.我们总可以在第 5 层选出一个 2 次的 x,它在第 5 层中 2 步到达的点次数都为 2,至多一个为 3,而且 x 仅与第 4 层的 1 个点相连.

乙: 以这个 x 为 N_0,则图 14 中的 $N_i(1\leqslant i\leqslant 3)$ 与第 4 层的连线至多为 4 条,而 N_4 的次数不小于 $s-4+1=s-3$.第 5 层中,M_4 不能 2 步到达的点至少 $k-2(s-3)$ 个.

甲: 但 (d) 中,$k=2(s-3)$,这样第 5 层中就没有 N_4 不能 2 步到达的点了.

乙: 不过,在其他情况中,第 5 层中有 N_4 不能 2 步到达的 2 次点.前面的证法都是有效的.这种情况嘛…

师: 如果第 5 层中没有 N_4 不能 2 步到达的点,那么 N_1 或 N_2 一定是 N_4 不能 2 步到达的点(而且都是 2 次点).

甲: 为什么?

乙: 我知道了.如果每个点 N_4 都能 2 步达到,那么就应当是图 15 所说的情况,即 $m=5l+4=19$.

甲: $n=6l+5, 6l+6(l\geqslant 3)$ 的情况类似.m 的最小值分别为 $5l+4, 5l+5$.

乙: 于是归纳起来,在 $n\geqslant 19$ 时,有

$$m=\left[\frac{s(n-1)}{6}\right].\tag{24}$$

而对小的 n 如表所示:

n	1	2	3	4	5	6	7	8	9	10	11
m	2	2	2	3	4	4	5	6	6	7	8

甲: 我可以证明 $n=12$ 时,$m=9$,图 19 表明 $m\leqslant 9$.

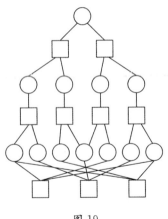

图 19

如果 $m=8$，那么 $m=\dfrac{2}{3}n$，集 N 中 12 个点，每点次数为 2，集 M 中 8 个点，每点次数为 3. 容易得出图 14 中，$k=7,s=4,t=2,2s=k+1$，所以第 5 层有 1 个点与第 4 层 2 个点相连，其余的均与第 4 层 1 个点相连，即有图 20 或图 21.

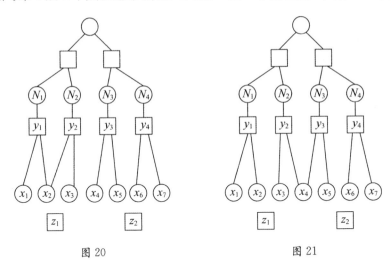

图 20   图 21

但图 19 中，z_1,z_2 的次数都为 3，所以 $x_1,x_2,\cdots,x_7$ 中至少有一个 x_i 与 z_1,z_2 都不相连. 如果 $i\leqslant 3$，那么 N_3 无法 4 步到达 x_i. 如果 $i\geqslant 4$，那么 N_1 无法 4 步到达 x_i. 图 20 中，N_2 要 4 步到达 x_6,x_7，必须 x_3,x_6,x_7 与同一个 z 相连，设与 z_2 相连. 同样，设 x_1,x_2,x_5 与 z_1 相连. 这时 N_1 无法 4 步到达 x_6.

因此，m 的最小值是 9.

我怎样解题

乙：还剩下 $n = 13, 14, 15, 16, 17, 18$.

师：今天讨论的时间已经够长了. 不可能事事都做到完美无缺. 留一点问题给别人或自己以后再做吧！

第五章　数列、函数及其他

本章的问题涉及数列、函数、多项式、方程、恒等式、复数、三角等，大致是传统的中学代数的内容.早期的竞赛题，除去几何题，多出自于这一部分.而现在，由于这一部分的问题较为"常规"、"有路可循"，在竞赛中的比例已大大减少，只是不等式部分独立出去，十分抢眼.

但这部分的内容，不仅是今后学习数学的基础，而且也有许多常规手段难以处理的问题，仍然值得重视.还有一些问题属于综合性的，与组合、数论、不等式均有关联.大致说来，原先组合数学的问题被称为杂题，而现在代数问题反而可以戴上杂题的帽子了.

1

吴康先生的方程组

解方程组:

$$\begin{cases} \sqrt{y-a}+\sqrt{z-a}=1, & (1) \\ \sqrt{z-b}+\sqrt{x-b}=1, & (2) \\ \sqrt{x-c}+\sqrt{y-c}=1, & (3) \end{cases}$$

其中 a,b,c 为正数,并且

$$\sqrt{a}+\sqrt{b}+\sqrt{c}=\frac{\sqrt{3}}{2}. \tag{4}$$

这是 1988 年我国准备参加 IMO 的国家集训队集训考试的一道试题. 题目是华南师范大学吴康先生所拟的.

据吴先生说,编制这道题的背景是一道几何问题:考虑一个边长为 1 的正三角形 PQR,熟知 $\triangle PQR$ 内一点 O 到三边距离之和等于这正三角形的高 $\frac{\sqrt{3}}{2}$. 若记 $OA=\sqrt{a}$, $OB=\sqrt{b}$,$OC=\sqrt{c}$(图 1),则(4)成立. 又记 $OP^2=x$,$OQ^2=y$,$OR^2=z$,则产生上述方程组.

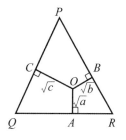

图 1

由几何背景,易知 $\sqrt{x}=OP$ 是 $\triangle OBC$ 的外接圆的直径(O,P,Q,C 四点共圆),所以由正弦定理可知

$$BC=\sqrt{x}\cdot\sin 60°=\frac{\sqrt{3}}{2}\sqrt{x}.$$

再在 $\triangle OBC$ 中用余弦定理,得

$$x=\frac{4}{3}BC^2=\frac{4}{3}(b+\sqrt{bc}+c). \tag{5}$$

同理,得

$$y=\frac{4}{3}(c+\sqrt{ca}+a), \tag{6}$$

$$z=\frac{4}{3}(a+\sqrt{ab}+b). \tag{7}$$

这就很容易地得到方程组的一组解.

但我们并不知道命题人(吴康先生)编题的背景,如何直接来解这个方程组呢?

首先,我想将字母从根号下"解放"出来(可以叫做有理化吧).将 $\sqrt{a}$, $\sqrt{b}$, $\sqrt{c}$ 改记为 a, b, c(或许改记为 A, B, C 更清楚.但为了"节省字母",在不致误解时也可以这样做),(4)成为

$$a+b+c=\frac{\sqrt{3}}{2}. \tag{8}$$

又令

$$\sqrt{y-a^2}=u, \quad \sqrt{z-a^2}=v, \tag{9}$$

$$\sqrt{z-b^2}=p, \quad \sqrt{x-b^2}=q, \tag{10}$$

$$\sqrt{x-c^2}=s, \quad \sqrt{y-c^2}=t. \tag{11}$$

则 u, v, p, q, s, t 都是正数,而且

$$u+v=p+q=s+t=1. \tag{12}$$

并且

$$x=q^2+b^2=s^2+c^2, \tag{13}$$

$$y=u^2+a^2=t^2+c^2, \tag{14}$$

$$z=v^2+a^2=p^2+b^2. \tag{15}$$

但(8)与(12)尚有"差距".前者有 $\frac{\sqrt{3}}{2}$ 这样的无理数出现,后者没有.于是,将 $\sqrt{3}u$, $\sqrt{3}v$, $\sqrt{3}p$, $\sqrt{3}q$, $\sqrt{3}s$, $\sqrt{3}t$ 改记为 u, v, p, q, s, t,(8)与(12)可并成

$$u+v=p+q=s+t=2(a+b+c). \tag{16}$$

而(14)可写成

$$u^2-t^2=3c^2-3a^2=(a+2c)^2-(c+2a)^2,$$

即

$$u^2-(a+2c)^2=t^2-(c+2a)^2. \tag{17}$$

同样(13),(15)可写成

$$p^2-(b+2a)^2=v^2-(a+2b)^2, \tag{18}$$

$$s^2-(c+2b)^2=q^2-(b+2c)^2. \tag{19}$$

注意,由(16)知

$$u-(a+2c)=(a+2b)-v,$$

单墫
解题研究
丛书
我怎样解题

$$p - (b + 2a) = (b + 2c) - q,$$

$$s - (c + 2b) = (c + 2a) - t. \tag{20}$$

如果 $u \geqslant a + 2c$,那么由(20),(18),(19),得

$$a + 2b \geqslant v, p \leqslant b + 2a, q \geqslant b + 2c, s \geqslant c + 2b, t \leqslant c + 2a.$$

但由(17),得

$$t \geqslant c + 2a,$$

所以以上各式均为等式. 如果 $u \leqslant a + 2c$,结果相同. 因此

$$u = a + 2c, v = a + 2b, p = b + 2a,$$

$$q = b + 2c, s = c + 2b, t = c + 2a. \tag{21}$$

由(13)$\left[\text{注意其中字母 } u, v, p, q, s, t \text{ 均是(21)中相应的字母除以 } \dfrac{1}{\sqrt{3}}\right]$,得

$$x = \frac{1}{3}(q^2 + 3b^2) = \frac{4}{3}(b^2 + bc + c^2).$$

同样由(14),(15),得

$$y = \frac{4}{3}(c^2 + ca + a^2),$$

$$z = \frac{4}{3}(a^2 + ab + b^2).$$

即(5),(6),(7)是方程组(1),(2),(3)的唯一解.

2　猜　答　案

设 a,b,c 为已知正实数,确定所有满足

$$\begin{cases} x+y+z=a+b+c, & (1) \\ 4xyz-(a^2x+b^2y+c^2z)=abc & (2) \end{cases}$$

的正实数 x,y,z.

甲:这个方程组只有两个方程,却有三个未知数.

乙:不太好解啊!

师:先猜猜答案是多少?

甲: $x=a,y=b,z=c$ 适合(1),但它们不适合(2).

乙: x 与 a,y 与 b,z 与 c 这三组数地位相当,既然 x 不是 a,那么要呈现这种地位相当的对称性,而又尽量简单, x 的表达式中不出现 a(y 的表达式中不出现 b,…)为好,即

$$x=\frac{b+c}{2},y=\frac{c+a}{2},z=\frac{a+b}{2} \qquad (3)$$

它们适合方程(1),而且

$$(b+c)(c+a)(a+b)-a^2(b+c)-b^2(c+a)-c^2(a+b)=2abc, \qquad (4)$$

即(3)也适合方程(2).所以(3)是方程组的解.

甲:方程组是不是只有这一组解呢?

乙:如果是,怎样证明呢?

师:当然要充分利用猜到的解(3).我们令

$$x=\frac{b+c}{2}+u,y=\frac{c+a}{2}+v,z=\frac{a+b}{2}+w, \qquad (5)$$

将它们代入原方程组.

甲:这样就得到

$$\begin{cases} u+v+w=0, & (6) \\ 2uvw+(b+c)vw+(c+a)wu+(a+b)uv=0. & (7) \end{cases}$$

如果 $u=0$,那么由(7),得 v 或 $w=0$,结合(6),得 $v=w=0$.这就是上面的解(3). v 或 w 为 0 时,也是如此.

乙:如果 u,v,w 都不是 0,那么 u,v,w 中有两个同号.不妨设 v,w 同号,

由(6),得

$$u = -(v + w). \tag{8}$$

代入(7),得

$$(2v + c + a)w^2 + 2vwa + (2w + a + b)v^2 = 0. \tag{9}$$

(9)无解——怎么能断定呢?

师:由于 v,w 同号,$2vwa > 0$,又由(5)可知

$$2v + c + a = 2y, 2w + a + b = 2z \tag{10}$$

也都应当是正实数(本题要求 x,y,z 为正实数).所以(9)的左边一定是正的,不会等于 0.

3 还 是 猜

已知 p,q,r 为正数,并且

$$p+q+r+2\sqrt{pqr}=1, \tag{1}$$

解方程组:
$$\begin{cases} \sqrt{y-qr}+\sqrt{z-qr}=\sqrt{1-p}, & (2) \\ \sqrt{z-rp}+\sqrt{x-rp}=\sqrt{1-q}, & (3) \\ \sqrt{x-pq}+\sqrt{y-pq}=\sqrt{1-r}. & (4) \end{cases}$$

甲:方程组中,三个方程是"轮换的",将 $x,y,z(p,q,r)$ 轮换,方程(2)变为(3),(3)变为(4),(4)变为(2),解也应当这样.

师:是啊! 可先猜一下解是什么.

乙:$x=p,y=q,z=r$ 应当是合理的选择,它们是方程组的一组解.

甲:那就应当有

$$\sqrt{q-qr}+\sqrt{r-qr}=\sqrt{1-p} \tag{5}$$

了? 看不出(5)应当成立.

乙:你还没有用条件(1)啊! 由(1)(当做 $\sqrt{p}$ 的方程)可得

$$\sqrt{p}=-\sqrt{qr}+\sqrt{(1-q)(1-r)}, \tag{6}$$

即

$$p=qr+(1-q)(1-r)-2\sqrt{qr(1-q)(1-r)}. \tag{7}$$

而(5)等价于

$$q-qr+r-qr+2\sqrt{qr(1-q)(1-r)}=1-p. \tag{8}$$

不难看出(7)⇔(8). 所以

$$x=p,y=q,z=r \tag{9}$$

适合方程(2). 同理,它们适合式(3),(4). 所以(9)是方程组的解.

甲:方程组有没有其他的解呢? 是不是仅有这一组解呢?

乙:我觉得方程组仅有这一组解.

甲:为什么?

乙:如果 x 比 p 大,那么由于(4),y 必须比 q 小(否则左边大于右边). 由(2),z 必须比 r 大,而由(3),z 必须比 r 小. 这就产生矛盾. x 比 p 小同样产生矛盾. 所以(9)是方程组的唯一解.

师:猜出(9)是一组解,本题就迎刃而解了. 猜,也是很重要的方法.

单墫
解题研究
丛书

我怎样解题

4 概 率 问 题

概率问题,近年在竞赛中开始出现,但均难度不大,不超过拙著《概率与期望》(华东师范大学出版社,2005 年出版)中例题、习题的水准. 所用的方法,除计数外,借用递推关系式的较多.

问题 如图 2 所示是一个边长为 1 的立方体 $ABCD-A_1B_1C_1D_1$. 一只小虫从点 A 出发,每步经过 1 条边. n 为自然数. 求小虫经过 n 步又回到 A 的概率.

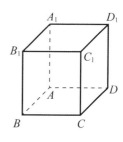

图 2

设由点 A 经 n 步到点 A 的概率为 a_n.

将顶点染上红、蓝两色:A,C,B_1,D_1 为红,其余为蓝. 小虫每走一步,顶点的颜色改变一次,要回到 A,颜色必须改变偶数次,即 n 必须为偶数,所以 n 为奇数时

$$a_n=0. \tag{1}$$

以下设 n 为偶数,又设由点 A 经 n 步到点 C 的概率为 b_n. 由对称性可知,由点 A 经 n 步到点 B_1 的概率与由点 A 经 n 步到点 D_1 的概率都是 b_n.

n 步时,虫一定停在红色点 A,C,B_1,D_1 中的某一个,所以

$$a_n+3b_n=1. \tag{2}$$

又由点 A 经 2 步到点 A 的概率为

$$3\times\frac{1}{3}\times\frac{1}{3}=\frac{1}{3}, \tag{3}$$

$\left(\text{由点 } A \text{ 到点 } B \text{ 的概率为 } \frac{1}{3}\text{,由点 } B \text{ 到点 } A \text{ 的概率为 } \frac{1}{3}.\text{ 由点 } A \text{ 到点 } B \text{ 再到 } 点 A \text{ 的概率为 } \frac{1}{3}\times\frac{1}{3}.\text{ 由点 } A \text{ 到点 } D \text{ 再到点 } A \text{ 及由点 } A \text{ 到点 } A_1 \text{ 再到点 } A \text{ 的 } 概率也都是 \frac{1}{3}\times\frac{1}{3}\right)$.

由点 C 经 2 步到点 A 的概率为

$$2\times\frac{1}{3}\times\frac{1}{3}=\frac{2}{9}, \tag{4}$$

$\left(\text{由点 } C \text{ 到点 } B \text{ 再到点 } A \text{ 的概率为 } \frac{1}{3}\times\frac{1}{3}\text{,由点 } C \text{ 到点 } D \text{ 再到点 } A \text{ 的概率也}\right.$

为 $\dfrac{1}{3} \times \dfrac{1}{3}$).

由点 A 经 n 步到点 A ,可分为以下几种情况：

(a) 由 A 经 $n-2$ 步到 A ,再经 2 步由 A 到 A ;

(b) 由 A 经 $n-2$ 步到 C ,再经 2 步由 C 到 A ;

(c) 由 A 经 $n-2$ 步到 B_1 ,再经 2 步由 B_1 到 A ;

(d) 由 A 经 $n-2$ 步到 D_1 ,再经 2 步由 D_1 到 A .

由对称性可知,后三种情况的概率相同,都是

$$b_{n-2} \times \dfrac{2}{9}.$$

$$\therefore \quad a_n = 3 \times \dfrac{2}{9} b_{n-2} + \dfrac{1}{3} a_{n-2}. \tag{5}$$

由递推关系(2),(5)可消去 b_{n-2} (先将(2)变为

$$a_{n-2} + 3 \times b_{n-2} = 1 \tag{6}$$

后),得

$$a_n = \dfrac{2}{9}(1 - a_{n-2}) + \dfrac{1}{3} a_{n-2} = \dfrac{2}{9} + \dfrac{1}{9} a_{n-2}. \tag{7}$$

初始条件为(3),即

$$a_2 = \dfrac{1}{3}. \tag{8}$$

由(7),得

$$a_n - \dfrac{1}{4} = \dfrac{1}{9}\left(a_{n-2} - \dfrac{1}{4}\right) = \cdots = \left(\dfrac{1}{3}\right)^{n-2}\left(\dfrac{1}{3} - \dfrac{1}{4}\right),$$

即

$$a_n = \dfrac{1}{4} + \dfrac{3}{4} \times \left(\dfrac{1}{3}\right)^n, n \text{ 为偶数}. \tag{9}$$

类似地,可以考虑一个边长为 1 的正四面体 $ABCD$. 小虫从点 A 出发,每步经 1 条边. 求小虫经过 n 步又回到点 A 的概率 a_n .

答案是 $a_n = \dfrac{1}{4} - \dfrac{1}{4}\left(-\dfrac{1}{3}\right)^{n-1}$.

单　墫
解题研究
丛　书

我怎样解题

5

表为平方和

已知:数列$\{a_n\}$满足

$$a_0 = 2, a_1 = 10, \tag{1}$$

$$a_{n+2} = 6a_{n+1} - a_n, \tag{2}$$

求证:a_n 可以写成两个整数的平方和.

甲:这是一个二阶线性递推数列. 由特征方程

$$\lambda^2 - 6\lambda + 1 = 0 \tag{3}$$

及初始条件,可以得出$\{a_n\}$的通项公式

$$a_n = \frac{2+\sqrt{2}}{2}(3+2\sqrt{2})^n + \frac{2-\sqrt{2}}{2}(3-2\sqrt{2})^n. \tag{4}$$

乙:可是由(4)证明 a_n 是两个整数的平方和,好像也并不容易.

师:这条路当然也能走通,但并不是捷径. 你走得太快了,没有先选择一下走哪一条路为好.

甲:还有什么路呢?求通项公式,可是明明摆在面前的一条路啊!

乙:明明摆在面前的路不一定就是好路."价钱便宜无好货",开始以为是一条必由之路,后来发现荆棘丛生,步履维艰也是常有的.

师:恐怕还是从简单的做起. 先作些试验为好.

甲: $\qquad a_0 = 2 = 1^2 + 1^2, \quad a_1 = 10 = 1^2 + 3^2.$

再接下去,由(2)算出

$$a_2 = 58 = 3^2 + 7^2, \tag{5}$$

$$a_3 = 338.$$

a_3 如何表成平方和呢?

乙:a_0 与 a_1 的表达式中都有 1^2,a_1 与 a_2 的表达式中都有 3^2,所以我猜想 a_3 与 a_2 的表达式中都有 7^2. 果然

$$a_3 = 335 = 7^2 + 17^2. \tag{6}$$

甲:那么再下一个,a_4 的表达式中应有 17^2.

$$a_4 = 6 \times 338 - 58 = 7^2 + 17^2 + 5 \times 338 - 58 = 17^2 + 1681 = 17^2 + 41^2. \tag{7}$$

果真如此!

乙:于是我猜测

$$a_n = b_n^2 + b_{n+1}^2, \qquad (8)$$

其中

$$b_0 = 1, b_1 = 1, b_2 = 3, b_3 = 7, b_4 = 17, b_5 = 41. \qquad (9)$$

甲:由(9),可以猜测

$$b_{n+2} = 2b_{n+1} + b_n. \qquad (10)$$

师:设 $\{b_n\}$ 是由(9),(10)给出的数列. 只需证明(8)成立,那么本题也就解决了.

乙:(8)可以用归纳法来证. 奠基已经做过. 假设(8)对 $n = k, k+1$ 均成立. 要证(8)在 $n = k+2$ 时也成立,而

$$a_{k+2} = b_{k+2}^2 + b_{k+3}^2 \Leftrightarrow b_{k+2}^2 + b_{k+3}^2 = 6(b_{k+1}^2 + b_{k+2}^2) - (b_k^2 + b_{k+1}^2)$$

$$\Leftrightarrow 5b_{k+1}^2 + 5b_{k+2}^2 - b_k^2 = b_{k+3}^2$$

$$\Leftrightarrow 5b_{k+1}^2 + 5b_{k+2}^2 - b_k^2 = (2b_{k+2} + b_{k+1})^2$$

$$\Leftrightarrow b_{k+2}^2 + 4b_{k+1}^2 - 4b_{k+1}b_{k+2} = b_k^2$$

$$\Leftrightarrow (b_{k+2} - 2b_{k+1})^2 = b_k^2$$

$$\Leftrightarrow b_k^2 = b_k^2, \qquad (11)$$

(11)中最后一式成立,所以开始的式子也成立.

这就证明(8)对于所有的 n 成立,即 a_n 可以表示成两个整数的平方和.

甲:这么说,这用通项公式反而麻烦了?

乙:是啊!

甲:但若坚持下去,这条路还是能走通的.

师:不过,今天我还有些事要办,如果你坚持要走你的路,那就留在这里做吧!

乙:我也不奉陪了.

注 可以得出

$$\frac{2+\sqrt{2}}{2}(3+2\sqrt{2})^n + \frac{2-\sqrt{2}}{2}(3-2\sqrt{2})^n$$

$$= \left(\frac{(1+\sqrt{2})^n + (1-\sqrt{2})^n}{2}\right)^2 + \left(\frac{(1+\sqrt{2})^{n+1} + (1-\sqrt{2})^{n+1}}{2}\right)^2.$$

单墫

解题研究
丛书

我怎样解题

6

n 是 3 的幂

设数列 $\{a_n\}$ 满足 $a_1 = 3, a_2 = 7$,且

$$a_n^2 + 5 = a_{n-1} a_{n+1} (n \geqslant 1),$$ (1)

证明:若 $a_n + (-1)^n$ 为素数,则必存在某个非负整数 m,使

$$n = 3^m.$$ (2)

甲:我想先找出 $\{a_n\}$ 的通项公式.

乙:用(1)不难算出 $\{a_n\}$ 是

$$3, 7, 18, 47, 123, 322, \cdots$$ (3)

还可以向前算一项,即 $a_0 = 2$.

于是不难归纳出

$$a_{n+2} = 3a_{n+1} - a_n.$$ (4)

这用数学归纳法不难证明.

甲:(4)的特征方程

$$\lambda^2 - 3\lambda + 1 = 0$$ (5)

有两个根

$$\alpha = \frac{3 + \sqrt{5}}{2}, \ \beta = \frac{3 - \sqrt{5}}{2}.$$ (6)

而由初始条件 $(a_0 = 2, a_1 = 3)$,得

$$a_n = \alpha^n + \beta^n.$$ (7)

现在的问题是要研究 $a_n + (-1)^n$.

师:如果设

$$b_n = a_n + (-1)^n,$$ (8)

那么

$$b_0 = 3, b_1 = 2, b_2 = 8.$$ (9)

乙:$\{b_n\}$ 适合的特征方程是

$$(\lambda + 1)(\lambda^2 - 3\lambda + 1) = \lambda^3 - 2\lambda^2 - 2\lambda + 1 = 0.$$ (10)

递推公式为

$$b_{n+3} = 2b_{n+2} + 2b_{n+1} - b_n.$$ (11)

甲:由(11)可以得同 b_{n+3} 与 b_n 的奇偶性相同.从而

$$b_{3m+1} \equiv b_1 \equiv 0(\bmod 2), \tag{12}$$

$$b_{3m+2} \equiv b_2 \equiv 0(\bmod 2). \tag{13}$$

显然 a_n, b_n 都是递增的,所以除去 $b_1 = 2$ 为素数外, b_n 如果为素数,那么 n 必被 3 整除.

乙:但要证明 n 是 3 的幂.

师:可设 $n = 3 \cdot k, k \in \mathbf{N}$,考虑(${\{b_n\}}$ 的部分数列)数列 ${\{c_k\}}$,这里

$$c_k = b_{3k} = \alpha^{3k} + \beta^{3k} + (-1)^{3k}, \tag{14}$$

也就是

$$c_k = \gamma^k + \delta^k + (-1)^k, \tag{15}$$

其中

$$\gamma = \alpha^3, \delta = \beta^3. \tag{16}$$

由于 $\alpha\beta = 1$,所以

$$\gamma\delta = 1, \tag{17}$$

$$\gamma\delta + \gamma(-1) + \delta \cdot (-1) = -(\gamma + \delta - 1) = -c_1. \tag{18}$$

这样,由韦达定理, ${\{c_n\}}$ 的特征方程是

$$\lambda^3 - c_1\lambda^2 - c_1\lambda + 1 = 0. \tag{19}$$

$$\therefore \quad c_{k+3} = c_1 c_{k+2} + c_1 c_{k+1} - c_k \equiv -c_k(\bmod c_1). \tag{20}$$

又

$$c_2 = \gamma^2 + \delta^2 + 1 = (\gamma + \delta)^2 - 1 = c_1(c_1 + 2). \tag{21}$$

与 ${\{b_n\}}$ 类似,如果 c_k 是素数,那么 $k = 1$ 或 k 被 3 整除.否则 c_k 被 c_1 整除, 而 $c_k > c_1 = b_3 > 1$.

乙:依此类推.对任一自然数 m,令

$$d_k = b_{3^m \cdot k}, k \in \mathbf{N}, \tag{22}$$

${\{d_k\}}$ 满足

$$d_k = (\alpha^{3^m})^k + (\beta^{3^m})^k + (-1)^k, \tag{23}$$

$$d_{k+3} = d_1 d_{k+2} + d_1 d_{k+1} - d_k \equiv -d_k(\bmod d_1), \tag{24}$$

$$d_2 = d_1(d_1 + 2). \tag{25}$$

并且 d_k 是素数时, $k = 1$ 或 k 被 3 整除.

因此,本题结论成立.

单墫
解题研究
丛书

我怎样解题

7 几 项 整 数

数列 $\{x_n\}$ 中, $x_0=0$, $x_2=\sqrt[3]{2}\,x_1$, x_3 是正整数,且

$$x_{n+1}=\frac{1}{\sqrt[3]{4}}x_n+\sqrt[3]{4}\,x_{n-1}+\frac{1}{2}x_{n-2} \quad (n\geqslant 3),\tag{1}$$

问: $\{x_n\}$ 中至少有几项为整数?

甲: $\{x_n\}$ 是三阶线性递推数列,可以用特征方程求出它的通项公式.

乙:(1)有个无理数 $\sqrt[3]{4}$,计算起来不太方便.

师:可设

$$\alpha=\sqrt[3]{2}\,,x_n=\alpha^n a_n,$$

式(1)化成

$$2a_{n+1}=a_n+2a_{n-1}+\frac{1}{2}a_{n-2}.\tag{2}$$

甲: $\{a_n\}$ 的特征方程是

$$2\lambda^3-\lambda^2-2\lambda-\frac{1}{2}=0.\tag{3}$$

乙:(3)即

$$4\lambda^3-2\lambda^2-4\lambda-1=0.\tag{4}$$

它可以分解为

$$(2\lambda+1)(2\lambda^2-2\lambda-1)=0.\tag{5}$$

特征根为

$$\lambda_1=-\frac{1}{2},\lambda_2=\frac{1+\sqrt{3}}{2},\lambda_3=\frac{1-\sqrt{3}}{2}.\tag{6}$$

$$\therefore\ a_n=c_1\left(-\frac{1}{2}\right)^n+c_2\left(\frac{1+\sqrt{3}}{2}\right)^n+c_3\left(\frac{1-\sqrt{3}}{2}\right)^n.\tag{7}$$

甲:初始条件是 $a_0=0$, $a_1=a_2$,结合(7),得

$$c_1=0,c_2=-c_3.\tag{8}$$

乙:还可得出

$$c_2=\frac{2a_3}{3\sqrt{3}}.\tag{9}$$

师：由(2)也可以得出

$$2a_{n+1}-2a_n-a_{n-1}=-a_n+a_{n-1}+\frac{1}{2}a_{n-2}$$

$$=-\frac{1}{2}(2a_n-2a_{n-1}-a_{n-2})$$

$$\vdots$$

$$=\left(-\frac{1}{2}\right)^{n-1}(2a_2-2a_1-a_0)$$

$$=0. \tag{10}$$

这样$\{a_n\}$就是一个二阶线性递推数列. 特征方程为

$$2\lambda^2-2\lambda-1=0. \tag{11}$$

同样，得

$$a_n=\frac{2a_3}{3\sqrt{3}}\left(\left(\frac{1+\sqrt{3}}{2}\right)^n-\left(\frac{1-\sqrt{3}}{2}\right)^n\right). \tag{12}$$

甲：换成原来的数列，便有

$$x_n=\frac{\alpha^n}{2^n}\cdot\frac{x_3}{3\sqrt{3}}((1+\sqrt{3})^n-(1-\sqrt{3})^n), \tag{13}$$

当且仅当$3\,|\,n$ 时，x_n 是有理数. 可是 x_n 何时为整数呢？

乙：令

$$b_n=\frac{1}{\sqrt{3}}((1+\sqrt{3})^n-(1-\sqrt{3})^n), \tag{14}$$

则 b_n 是整数. 直接展开就知道在$3\,|\,n$ 时，$3\,|\,b_n$. 所以(13)是整数，只需要 b_n 中 2 的次数(以下用 ∂b_n 表示)

$$\partial b_n\geqslant n-\frac{n}{3}(\alpha\text{ 中 2 的次数})=\frac{2}{3}n, \tag{15}$$

而且在$\partial x_3=0$(例如 $x_3=1$)时，这也是必须的.

甲：∂b_n 怎么求呢？ 要不要先设 $n=3k$？

师：倒不必写出 $n=3k$，这个条件放在心里就可以了. 你可以分 n 为奇数与偶数两种情况来讨论.

甲：n 为奇数时，

$$b_n=\frac{1}{\sqrt{3}}\left[(1+\sqrt{3})^n-(1-\sqrt{3})^n\right]$$

$$= 2\left[(1+\sqrt{3})^{n-1} + (1+\sqrt{3})^{n-2}(1-\sqrt{3}) + \cdots + (1-\sqrt{3})^{n-1}\right]$$

$$= 2\left[(1+\sqrt{3})^{n-1} + (1-\sqrt{3})^{n-1} - 2((1+\sqrt{3})^{n-3} +\right.$$

$$\left.(1-\sqrt{3})^{n-3}) + \cdots + (-2)^{\frac{n-1}{2}}\right]$$

$$= 2\left\{2^{\frac{n-1}{2}}\left[(2+\sqrt{3})^{\frac{n-1}{2}} + (2-\sqrt{3})^{\frac{n-1}{2}}\right] -\right.$$

$$\left.2^{\frac{n-1}{2}}\left[(2+\sqrt{3})^{\frac{n-3}{2}} + (2-\sqrt{3})^{\frac{n-3}{2}}\right] + \cdots + (-2)^{\frac{n-1}{2}}\right\}, \tag{16}$$

$$\partial b_n = \frac{n-1}{2} + 1 = \frac{n+1}{2} \leqslant \frac{2n}{3}, \tag{17}$$

等号仅在 $n=3$ 时成立.

乙:若 n 为偶数 $2m$ 时,则

$$b_n = \frac{1}{\sqrt{3}}\left[(1+\sqrt{3})^{2m} - (1-\sqrt{3})^{2m}\right]$$

$$= \frac{2^m}{\sqrt{3}}\left[(2+\sqrt{3})^m - (2-\sqrt{3})^m\right]. \tag{18}$$

若 m 是奇数,则

$$\frac{2^m}{\sqrt{3}}\left[(2+\sqrt{3})^m - (2-\sqrt{3})^m\right]$$

$$= 2^{m+1}\left[(2+\sqrt{3})^{m-1} + (2-\sqrt{3})^{m-1} + (2+\sqrt{3})^{m-3} + (2-\sqrt{3})^{m-3} + \cdots +\right.$$

$$\left.(2+\sqrt{3})^2 + (2-\sqrt{3})^2 + 1\right], \tag{19}$$

$$\partial b_n = m + 1 = \frac{n+2}{2} \leqslant \frac{2n}{3}, \tag{20}$$

等号仅在 $n=6$ 时成立.

m 是偶数的情况用这一方法好像难以求出 ∂b_n.

师:可以直接用二项式定理展开 $(2\pm\sqrt{3})^m$.

$$b_n = \frac{2^m}{\sqrt{3}}\left[(2+\sqrt{3})^m - (2-\sqrt{3})^m\right]$$

$$= 2^{m+1} \sum_{k \text{为奇数}} C_m^k \cdot 2^{m-k} 3^{\frac{k-1}{2}}$$

$$= 2^{m+1}\left(m \cdot 2 \cdot 3^{\frac{m-2}{2}} + \frac{m}{m-3}C_{m-1}^{m-4} \cdot 2^3 \cdot 3^{\frac{m-4}{2}} +\right.$$

$$\left.\frac{m}{m-5}C_{m-1}^{m-6} 2^5 \cdot 3^{\frac{m-6}{2}} + \cdots + m \cdot 2^{m-1}\right), \tag{21}$$

$$\therefore \quad \partial b_m = m + 2 + \partial m. \tag{22}$$

在 $\partial m = 1$ 时，$\partial b_m = m + 3$. 这时

$$m + 3 \geqslant \frac{4m}{3} = \frac{2}{3} n, \tag{23}$$

仅在 $m = 6$，即 $n = 12$ 时成立.

在 $\partial m = 2$ 时，$\partial b_m = m + 4$. 这时

$$m + 4 \geqslant \frac{4m}{3}, \tag{24}$$

仅在 $m = 12$，即 $n = 24$ 时成立.

在 $\partial m \geqslant 3$ 时，

$$\because \quad 3 \mid m, \therefore \quad \partial b_n = m + 2 + \partial m$$

$$< m + 2 \cdot \partial m$$

$$< m + 1 + \partial m + \frac{\partial m(\partial m - 1)}{2}$$

$$\leqslant 2^{\partial m} + m$$

$$\leqslant \frac{m}{3} + m$$

$$= \frac{4}{3} m$$

$$= \frac{2}{3} n. \tag{25}$$

于是，$\{x_n\}$ 中至少有 $x_0, x_3, x_6, x_{12}, x_{24}$ 这 5 项为整数，而且在 x_3 为奇数时，也只有这 5 项为整数.

我怎样解题

8 项项是平方

无穷数列 $a_0, a_1, a_2, \cdots$ 中

$$a_{n+1} = 3a_n - 3a_{n-1} + a_{n-2} \quad (n \geqslant 2),\tag{1}$$

$$2a_1 = a_0 + a_2 - 2.\tag{2}$$

并且对任意的自然数 m,有 m 个连续项为平方数.证明:这个数列的每一项都是平方数.

甲:不难验证,对任意整数 k,数列

$$a_n = (n+k)^2, n = 0, 1, 2, \cdots\tag{3}$$

合乎题设要求.但反过来,满足题设的数列是不是一定是(3)的形状呢?

乙:可以先求 $\{a_n\}$ 的通项公式.

甲:特征方程

$$\lambda^3 - 3\lambda^2 + 3\lambda + 1 = 0\tag{4}$$

的根 $\lambda = 1$ 是三重根,所以

$$a_n = an^2 + bn + c.\tag{5}$$

由(2)可得 $a = 1$,所以

$$a_n = n^2 + bn + c.\tag{6}$$

但如何证明(6)是平方呢?

师:通项公式也可以直接证,不用特征方程.令

$$b_n = a_n - a_{n-1}, n = 1, 2, \cdots\tag{7}$$

乙:这时(1)就是

$$b_{n+1} = 2b_n - b_{n-1}.\tag{8}$$

所以 $\{b_n\}$ 是一个等差数列,公差

$$b_2 - b_1 = (a_2 - a_1) - (a_1 - a_0) = 2.\tag{9}$$

从而可得 $\{a_n\}$ 的通项公式为

$$\begin{aligned}
a_n &= b_n + a_{n-1}\\
&= b_n + b_{n-1} + a_{n-2}\\
&= b_n + b_{n-1} + \cdots + b_1 + a_0\\
&= a_0 + \frac{n(b_1 + b_n)}{2}
\end{aligned}$$

$$=a_0+nb_1+n(n-1). \tag{10}$$

师：(3)暗示我们应当证明$\{a_n\}$中有两项是相邻的平方数.证明这点当然要利用"对任意的自然数m，$\{a_n\}$中有m个连续项为平方数".

甲：我用反证法.设对于m，有

$$a_{i+1}=x_{i+1}^2,a_{i+2}=x_{i+2}^2,\cdots,a_{i+m}=x_{i+m}^2, \tag{11}$$

其中$x_{i+1},x_{i+2},\cdots,x_{i+m}$为正整数.

若$x_{i+1}^2,x_{i+2}^2,\cdots,x_{i+m}^2$中每两项不是相邻的平方数，则

$$\begin{aligned}a_{i+j}-a_{i+j-1}&=x_{i+j}^2-x_{i+j-1}^2\\&=(x_{i+j}-x_{i+j-1})(x_{i+j}+x_{i+j-1})\\&\geqslant 2(x_{i+j}+x_{i+j-1}).\end{aligned} \tag{12}$$

乙：应说明$x_{i+1},x_{i+2},\cdots,x_{i+m}$递增.

甲：别打断我的思路.$\{b_n\}$是递增的，每次增加2，所以从某一项起，各项为正.这时由定义(7)，$\{a_n\}$也是递增的.因此，当m很大时，有

$$\begin{aligned}a_{i+m}-a_{i+1}&=\sum_{j=2}^m(a_{i+j}-a_{i+j-1})\\&\geqslant 2\sum_{j=2}^m(x_{i+j}+x_{i+j-1})\\&\geqslant 2\{x_{i+1}+2(x_{i+1}+2)+2(x_{i+1}+2\times 2)+\cdots+\\&\quad 2[x_{i+1}+2(m-2)]+x_{i+1}+2(m-1)\}\\&=4[mx_{i+1}+(m-1)+(m-1)(m-2)]\\&=4[mx_{i+1}+(m-1)^2].\end{aligned} \tag{13}$$

而由(10)，得

$$\begin{aligned}a_{i+m}-a_{i+1}&=(m-1)b_1+(i+m)(i+m-1)-(i+1)i\\&=(m-1)b_1+m(m-1)+2i(m-1),\end{aligned} \tag{14}$$

$$\therefore\quad (m-1)b_1+m(m-1)+2i(m-1)\geqslant 4[mx_{i+1}+(m-1)^2]. \tag{15}$$

(15)两边m^2的系数相等，所以在m充分大时，m的系数

$$b_1+2i-1\geqslant 4(x_{i+1}-2). \tag{16}$$

但由(10)可知

$$x_{i+1}^2=a_{i+1}=a_0+(i+1)b_1+(i+1)i, \tag{17}$$

所以在i很大时，有

我怎样解题

$$x_{i+1} \geqslant i, \tag{18}$$

而(18)与(16)矛盾.

乙：又是 m 充分大，又是 i 充分大，好像有点乱.

师：设 $n \geqslant k$ 时，b_n 为正，a_n 递增. 取 m 很大，则有 $2m$ 个 $\{a_n\}$ 的连续项是平方数. 其中至少有 m 个连续项如(11). 并且 $i \geqslant m > k$. 所以 m 很大时，i 也很大.

甲：设 $a_j = x_j^2$，$a_{j+i} = (x_j+1)^2$ 是两个连续的平方数，则

$$
\begin{aligned}
a_{j+2} &= b_{j+2} + a_{j+1} \\
&= b_{j+1} + 2 + a_{j+1} \\
&= a_{j+1} - a_j + 2 + a_{j+1} \\
&= (x_j+1)^2 - x_j^2 + 2 + (x_j+1)^2 \\
&= (x_j+1)^2 + 2x_j + 3 \\
&= (x_j+2)^2. \tag{19}
\end{aligned}
$$

依此类推，在 $n \geqslant j$ 时，a_n 为平方数.

乙：同样，向前推

$$
\begin{aligned}
a_{j-1} &= a_j - b_j \\
&= a_j - b_{j+1} + 2 \\
&= a_j - (a_{j+1} - a_j) + 2 \\
&= x_j^2 - [(x_j+1)^2 - x_j^2] + 2 \\
&= x_j^2 - (2x_j + 1) + 2 \\
&= (x_j - 1)^2. \tag{20}
\end{aligned}
$$

所以一切 a_n 为平方数，并且 $\{a_n\}$ 就是(3)形式的数列.

9 推　广

设正整数 $a,b>1$,数列 $\{x_n\}$ 定义如下

$$x_0=0, x_1=1,$$

$$x_{2n}=ax_{2n-1}-x_{2n-2} \quad (n \geqslant 1),$$

$$x_{2n+1}=bx_{2n}-x_{2n-1} \quad (n \geqslant 1).$$

(1)

证明:对任意正整数 m 和 n,乘积 $x_{m+n}x_{m+n-1}\cdots x_{n+1}$ 被 $x_m x_{m-1}\cdots x_1$ 整除.

首先,我们看一个特例: $a=b=2$ 时, $x_n=n$.这时

$$\frac{x_{m+n}x_{m+n-1}\cdots x_{n+1}}{x_m x_{m-1}\cdots x_1}=\frac{(m+n)!}{m!\,n!}=C_{m+n}^n$$

是整数.

证明 C_{m+n}^n 为整数,有三种方法:

1. 用 C_{m+n}^n 的组合意义. 在特例中这是显然的(从 $m+n$ 个元素中取 n 个的组合数,当然是整数). 但对一般的 $\{x_n\}$,恐怕很难找到类似的组合意义.

2. 利用归纳法,将 C_{m+n}^n 拆为两项之和,即

$$C_{m+n}^n=C_{m+n-1}^n+C_{m+n-1}^{n-1}.$$

(2)

3. 证明对任一素数 p,分子中 p 出现的次数不低于分母中 p 出现的次数.

后两种方法似可推广.

先看 $a=b$ 的情况:

$\{x_n\}$ 是初始项为整数的递推数列,每一项都为整数. 在 $a=b$ 时,它是熟知的二阶线性递推数列,特征方程为

$$\lambda^2-a\lambda+1=0.$$

(3)

在 $a>2$ 时,有两个不同的正特征根

$$\lambda=\frac{a \pm \sqrt{a^2-4}}{2}.$$

(4)

记为 $\alpha,\beta(\alpha>\beta)$,则

$$\alpha\beta=1, \alpha+\beta=a,$$

(5)

$$x_n=A\alpha^n+B\beta^n.$$

(6)

由初始条件 $x_0=0, x_1=1$,得

$$B=-A,$$

单墫
解题研究
丛书

我怎样解题

且

$$A = \frac{1}{\alpha - \beta}. \tag{7}$$

从而

$$x_n = A(\alpha^n - \beta^n) = \frac{\alpha^n - \beta^n}{\alpha - \beta} \tag{8}$$

是正整数.

对于任意自然数 k,由归纳法及

$$\alpha^k + \beta^k = (\alpha^{k-1} + \beta^{k-1})(\alpha + \beta) - (\alpha^{k-2} + \beta^{k-2}) \quad (k \geqslant 2), \tag{9}$$

可知 $\alpha^k + \beta^k$ 是整数.

不难验证

$$x_{m+n} = x_m \cdot \frac{\alpha^n + \beta^n}{2} + x_n \cdot \frac{\alpha^m + \beta^m}{2}. \tag{10}$$

在 a 为偶数时,由归纳法及(9)可知 $\alpha^k + \beta^k$ 全为偶数. 于是开始所说的第 2 种方法奏效

$$\frac{x_{n+1}x_{n+2}\cdots x_{n+m}}{x_1 x_2 \cdots x_m} = \frac{\alpha^n + \beta^n}{2} \cdot \frac{x_{n+1}\cdots x_{m+n-1}}{x_1 x_2 \cdots x_{m-1}} + \frac{\alpha^m + \beta^m}{2} \cdot \frac{x_{m+1}\cdots x_{m+n-1}}{x_1 x_2 \cdots x_{n-1}}. \tag{11}$$

由归纳假设,(11)右边为整数,所以左边也为整数.

在 a 为奇数时,$\dfrac{\alpha^k + \beta^k}{2}$ 可能为分数,分母为 2. 由归纳法及(9)不难得出此时

$\alpha^k + \beta^k$ 是偶数,当且仅当 $3 \mid k$. 于是,在 m, n 均被 3 整除时,(11)的两边仍为整数.

由归纳法及与(9)类似的恒等式

$$\alpha^k - \beta^k = (\alpha^{k-1} - \beta^{k-1})(\alpha + \beta) - (\alpha^{k-2} - \beta^{k-2}), \tag{12}$$

或直接用已知所给的递推式,不难得出当且仅当 $3 \mid k$ 时,x_k 是偶数.

于是,在 m, n 不全被 3 整除,例如 $3 \nmid n$ 时,我们有

$$\frac{x_{n+1}x_{n+2}\cdots x_{n+m}}{x_1 x_2 \cdots x_m} = \frac{x_{m+1}x_{m+2}\cdots x_{m+n-1}}{x_1 x_2 \cdots x_{n-1}} \cdot \frac{x_{m+n}}{x_n}. \tag{13}$$

由归纳假设,$\dfrac{x_{m+1}x_{m+2}\cdots x_{m+n-1}}{x_1 x_2 \cdots x_{n-1}}$ 是一个正整数 z,而由(11)

$$z \cdot \frac{x_{m+n}}{x_n} \tag{14}$$

是整数或分母为 2 的分数.但 $2 \nmid x_n$,所以(14)是整数.

第 3 种方法也可以奏效. 首先回忆一下这种解法:

对任一素数 p, 在 $1, 2, \cdots, n$ 中有 $\left[\dfrac{n}{p}\right]$ 个 p 的倍数, 又有 $\left[\dfrac{n}{p^2}\right]$ 个 p^2 的倍数, $\left[\dfrac{n}{p^3}\right]$ 个 p^3 的倍数, $\cdots$ 因此, 在 $n!$ 中, p 出现的次数是

$$\left[\frac{n}{p}\right]+\left[\frac{n}{p^2}\right]+\left[\frac{n}{p^3}\right]+\cdots \tag{15}$$

对 $m!$ 与 $(m+n)!$ 有类似的结果. 而对任一自然数 α

$$\left[\frac{m+n}{p^\alpha}\right] \geqslant \left[\frac{m}{p^\alpha}\right]+\left[\frac{n}{p^\alpha}\right], \tag{16}$$

所以

$$\sum_{\alpha}\left[\frac{m+n}{p^\alpha}\right] \geqslant \sum_{\alpha}\left[\frac{m}{p^\alpha}\right]+\sum_{\alpha}\left[\frac{n}{p^\alpha}\right], \tag{17}$$

即 $\dfrac{(m+n)!}{m!\,n!}$ 中 p 出现的次数不小于 0. 从而 C_{m+n}^n 是整数.

对于素数 p, 在 $x_1, x_2, \cdots, x_n$ 中有多少个 p 的倍数? 可能一个也没有. 如果有, 设其中下标最小的是 x_d. 我们往证 $x_1, x_2, \cdots, x_n$ 中恰有 $\left[\dfrac{n}{d}\right]$ 个 p 的倍数.

一方面

$$\begin{aligned}
x_{kd} &= A(\alpha^{kd}-\beta^{kd}) \\
&= A(\alpha^d-\beta^d)(\alpha^{(k-1)d}+\alpha^{(k-2)d}\beta^d+\cdots+\alpha^d\beta^{(k-2)d}+\beta^{(k-1)d}) \\
&= x_d((\alpha^{(k-1)d}+\beta^{(k-1)d})+(\alpha^{(k-3)d}+\beta^{(k-3)d})+\cdots),
\end{aligned} \tag{18}$$

每一括号中两项之和为整数, 所以 x_{kd} 是 x_d 的倍数. 在 $x_1, x_2, \cdots, x_n$ 中至少有 $\left[\dfrac{n}{d}\right]$ 个数, 即 $x_d, x_{2d}, \cdots, x_{\left[\frac{n}{d}\right]d}$ 是 p 的倍数.

另一方面, 设 h 不是 d 的倍数, 即

$$h=qd+r, 0<r<d. \tag{19}$$

而 $p \mid x_h$, 则由 d 的最小性, 得 $q \geqslant 1$. 由

$$\begin{aligned}
x_h &= A(\alpha^{qd+r}-\beta^{qd+r}) \\
&= A(\alpha^{qd}-\beta^{qd})(\alpha^r-\beta^r)-A(\alpha^{qd-r}-\beta^{qd-r}) \\
&= x_{qd}(\alpha^r+\beta^r)-x_{qd-r}
\end{aligned} \tag{20}$$

及 $p \mid x_{qd}$, 得 $p \mid x_{qd-r}$.

单 墫
解题研究
丛 书

我怎样解题

这样,由 $p|x_h$ 导出 $p|x_{h'}$,其中正整数 $h'=qd-r<h$,不被 d 整除.同样,又有更小的 $h''<h'$,使 $p|x_{h''}$ 并且 h'' 不被 d 整除.但正整数 $h,h',h'',\cdots$ 不能无穷递降下去.这矛盾表明 $p|x_h$ 不成立.

于是,当且仅当 $d|h$ 时,$p|x_h$(同样方法也证明了当且仅当 $d|h$ 时,$x_d|x_h$).在 $x_1,x_2,\cdots,x_n$ 中恰有 $\left[\dfrac{n}{d}\right]$ 个 p 的倍数(在 d 不存在时,约定 $\left[\dfrac{n}{d}\right]=0$).

同样,设 $x_1,x_2,\cdots,x_n$ 中被 p^2 整除的数以 x_{d_2} 的下标为最小,则在 $x_1,x_2,\cdots,x_n$ 中恰有 $\left[\dfrac{n}{d_2}\right]$ 个被 p^2 整除(在 d_2 不存在时,约定 $\left[\dfrac{n}{d_2}\right]=0$).依此类推,在 $x_1,x_2,\cdots,x_n$ 中,p 出现的次数是

$$\left[\frac{n}{d_1}\right]+\left[\frac{n}{d_2}\right]+\left[\frac{n}{d_3}\right]+\cdots \tag{21}$$

其中 d_i 表示 $x_1,x_2,\cdots,x_n$ 中被 p^i 整除的数的下标,d_i 为最小($d_1=d$).而在 d_i 不存在时,约定 $\left[\dfrac{n}{d_i}\right]=0$.关于 $m,m+n$ 有类似的结果.不妨设 $m\geqslant n$,则由

$$\left[\frac{m+n}{d_i}\right]\geqslant\left[\frac{m}{d_i}\right]+\left[\frac{n}{d_i}\right], \tag{22}$$

即知

$$\frac{x_{n+1}x_{n+2}\cdots x_{m+n}}{x_1 x_2\cdots x_m}=\frac{x_1 x_2\cdots x_{m+n}}{x_1 x_2\cdots x_m x_1 x_2\cdots x_n}$$

为整数.

最后,考虑更一般的 $a\neq b$ 的情况:

这时,$\{x_n\}$ 的通项公式较为复杂,建立形如(10)的递推式较为困难.一度我也以为建立递推关系的方法不能奏效,但细细推敲,这种方法还是可行的.

首先要建立 $\{x_n\}$ 的通项公式

$$x_{2n}+x_{2n-2}=ax_{2n-1}, \tag{23}$$

$$x_{2n}+x_{2n+2}=ax_{2n+1}, \tag{24}$$

$$x_{2n-1}+x_{2n+1}=bx_{2n}. \tag{25}$$

式(23),(24)相加,再将(25)代入,得

$$x_{2n-2}+x_{2n+2}+2x_{2n}=abx_{2n},$$

即

$$x_{2n+2}-(ab-2)x_{2n}+x_{2n-2}=0. \tag{26}$$

所以 $\{x_{2n}\}$ 是特征方程为

$$\lambda^2 - (ab-2)\lambda + 1 = 0. \tag{27}$$

初始条件为

$$x_0 = 0, x_2 = a \tag{28}$$

的二阶线性递推数列. 通项公式为

$$x_{2n} = c_1\alpha^n + c_2\beta^n, \tag{29}$$

其中

$$\alpha = \frac{ab-2+\sqrt{(ab-2)^2-4}}{2}, \beta = \frac{ab-2-\sqrt{(ab-2)^2-4}}{2}. \tag{30}$$

满足 $\alpha\beta = 1, \alpha + \beta = ab - 2$.

由(28),得

$$c_2 = -c_1, c_1 = \frac{a}{\alpha-\beta}.$$

$$\therefore \quad x_{2n} = \frac{a}{\alpha-\beta}(\alpha^n - \beta^n). \tag{31}$$

同样,$\{x_{2n+1}\}$ 也是特征方程为(27)的二阶线性递推数列,初始条件为

$$x_1 = 1, x_2 = ab - 1 \text{(或 } x_{-1} = -1). \tag{32}$$

但利用已知条件及(31)更简单

$$x_{2n-1} = \frac{1}{a}(x_{2n} + x_{2n-2}) = \frac{1}{\alpha-\beta}(\alpha^n - \beta^n + \alpha^{n-1} - \beta^{n-1}). \tag{33}$$

另一种推导办法是令

$$y_n = \begin{cases} \dfrac{x_n}{\sqrt{a}}, & \text{若 } n \text{ 为偶数}; \\[3mm] \dfrac{x_n}{\sqrt{b}}, & \text{若 } n \text{ 为奇数}, \end{cases} \tag{34}$$

则

$$y_n = \sqrt{ab}\, y_{n-1} - y_{n-2}, \tag{35}$$

$$y_0 = 0, y_1 = \frac{1}{\sqrt{b}}. \tag{36}$$

$$\therefore \quad y_n = B(\gamma^n - \delta^n), \tag{37}$$

其中

$$\gamma = \frac{\sqrt{ab} + \sqrt{ab-4}}{2}, \delta = \frac{\sqrt{ab} - \sqrt{ab-4}}{2} \tag{38}$$

单墫

解题研究
丛　　书

我怎样解题

是特征方程

$$\lambda^2 - \sqrt{ab}\lambda + 1 = 0 \tag{39}$$

的两个根,满足

$$\gamma + \delta = \sqrt{ab}, \gamma\delta = 1, \tag{40}$$

$$B = \frac{1}{\sqrt{b}(\gamma - \delta)} = \frac{1}{\sqrt{b(ab - 4)}} \tag{41}$$

是由初始条件(36)定出的.

由(37),得

$$x_n = \frac{a^{\frac{1+(-1)^n}{4}} b^{\frac{1+(-1)^{n-1}}{4}}}{\sqrt{b(ab-4)}}(\gamma^n - \delta^n). \tag{42}$$

(42)与(31),(33)是一致的.

在 m, n 都是偶数时,与(10)类似,有

$$x_{m+n} = \frac{\alpha^{\frac{n}{2}} + \beta^{\frac{n}{2}}}{2} \cdot x_m + \frac{\alpha^{\frac{m}{2}} + \beta^{\frac{m}{2}}}{2} \cdot x_n. \tag{43}$$

几乎完全一样地(只需将 a 换为 ab)可得出这时结论成立.

在 m, n 都是奇数时,与(10)类似,有

$$y_{m+n} = \frac{\gamma^n + \delta^n}{2} y_m + \frac{\gamma^m + \delta^m}{2} y_n. \tag{44}$$

从而

$$x_{m+n} = \frac{1}{2} u_n x_m + \frac{1}{2} u_m x_n, \tag{45}$$

其中

$$u_n = \sqrt{\frac{a}{b}}(\gamma^n + \delta^n). \tag{46}$$

又令

$$v_n = \gamma^n + \delta^n, \tag{47}$$

与(9)一样

$$\gamma^n + \delta^n = (\gamma^{k-1} + \delta^{k-1})(\gamma + \delta) - (\gamma^{k-2} + \delta^{k-2}) \quad (k \geqslant 2). \tag{48}$$

于是

$$v_{2n} = b \cdot u_{2n-1} - v_{2n-2}, \tag{49}$$

$$u_{2n+1} = a \cdot v_{2n} - u_{2n-1}. \tag{50}$$

其中 $u_1 = \sqrt{\dfrac{a}{b}}(\gamma + \delta) = a$，$v_0 = 2$，所以 u_n，v_n 都是正整数.

由 (49)，(50) 与归纳法，在 a 为偶数时，u_{2n+1}，v_{2n} 都是偶数；在 a 为奇数，b 为偶数时，v_{2n} 是偶数，u_{2n+1} 是奇数；在 a 为奇数，b 为奇数时，当且仅当下标被 3 整除时，u_{2n+1} 或 v_{2n} 是偶数.

于是，在 a 为偶数时，(45) 的右边 x_m，x_n 的系数都是偶数. 与 (11) 类似，结论成立. 在 a 为奇数，b 为偶数时，x_n 是偶数，当且仅当 $4\,|\,n$. 所以，由 (13) 知 n 为奇数时，(14) 为整数. 在 a，b 均为奇数时，x_n 是偶数，当且仅当 $3\,|\,n$. 与前面类似. 亦有结论成立.

在 n 为奇数且 m 为偶数时，类似于 (45)，有

$$x_{m+n} = \frac{1}{2} x_n v_m + \frac{1}{2} x_m \omega_n, \tag{51}$$

其中

$$\omega_n = \sqrt{\frac{b}{a}}(\gamma^n + \delta^n). \tag{52}$$

与 (49)，(50) 类似

$$v_{2n} = a\omega_{2n-1} - v_{2n-2}, \tag{53}$$

$$\omega_{2n+1} = bv_{2n} - \omega_{2n-1}, \tag{54}$$

而 $\omega_1 = b$. 所以 ω_n 是正整数.

在 b 为偶数时，(51) 中 x_m，x_n 的系数都是偶数. 在 b 为奇数，a 为偶数时，x_n 是偶数，当且仅当 n 为偶数. 仍用 (13)，(14) 得出结论. 在 a，b 均为奇数时，当且仅当下标被 3 整除时，ω_{2n+1} 或 v_n 为偶数. 与前面类似，结论亦成立.

比较素数幂次的方法也可以推广到 $a \neq b$ 的情况，而且以不用通项公式更为简单.

证明的关键是与 (20) 相类似的

$$x_{n+r} + x_{n-r} \equiv 0 \pmod{x_n}, \tag{55}$$

其中 $0 \leqslant r \leqslant n$.

当 $r = 0$ 时，(55) 显然；当 $r = 1$ 时，由已知的递推公式立即得到. 假设对 r 及 $r-1$，(55) 成立. 我们有

$$x_{n+r+1} = cx_{n+r} - x_{n+r-1}, \tag{56}$$

$$x_{n-r+1} = cx_{n-r} - x_{n-r-1}, \tag{57}$$

其中 $c = a$ 或 b. 由于 $n+r+1$ 与 $n-r+1$ 奇偶性相同，所以 (56)，(57) 中的 c 同

单墫
解题研究
丛书

我怎样解题

是 a 或同是 b.

$(56)+(57)$，得

$$x_{n+r+1} + x_{n-(r+1)} = c(x_{n+r} + x_{n-1}) - (x_{n+r-1} + x_{n-r+1}).\qquad(58)$$

由归纳假设

$$x_{n+r+1} + x_{n-(r+1)} \equiv 0(\bmod\ x_n),\qquad(59)$$

因此 (55) 成立.

由 (55)，取 $r=n=k$，即知

$$x_{2k} \equiv -x_0 \equiv 0(\bmod\ x_k).\qquad(60)$$

设

$$x_{kt} \equiv 0(\bmod\ x_k),\qquad(61)$$

对 $t \leqslant t_0$ 成立，则在 (55) 中，取 $r=k, n=kt_0$，有

$$x_{k(t_0+1)} \equiv -x_{k(t_0-1)}(\bmod\ x_{kt_0}) \equiv -x_{k(t_0-1)}(\bmod\ x_k) \equiv 0(\bmod\ x_k),\quad(62)$$

所以 (61) 对一切 t 成立.

这就证明了 $d \mid h$ 时，$x_d \mid x_h$. 由于有 (55) 与 (20) 相当，同样可得 $d \nmid h$ 时，$x_d \nmid x_h$（取 $n=qd$，同样令 $h'=qd-r$，等）. 于是

$$x_d \mid x_h,\text{当且仅当 } d \mid h.\qquad(63)$$

对任一正整数 m（例如 $m=p, p^2, \cdots$）. 设 d 是 $x_1, x_2, \cdots, x_n$ 中被 m 整除的数的最小下标，同样可得当且仅当 $d \mid h$ 时，$m \mid x_h$.

$(21),(22)$ 均同样成立，所以本题结论成立.

问题推广后，解法往往需要修改. 改动越大，推广的意义越大. 如果无需修改，那么推广多半是 trival.

可以证明对本题的数列 $\{x_n\}$，有

$$(x_n, x_h) = x_{(n,h)}.\qquad(64)$$

事实上，设 d 为满足 $(x_n, x_h) \mid x_d$ 的最小的正整数（因为 $(x_n, x_h) \mid x_h$，所以满足 $(x_n, x_h) \mid x_d$ 的 d 存在，在这种 d 的集合中必有一个最小的）. 在 $d \nmid h$ 时，由 (55)，与 (20) 类似，将导致 $(x_n, x_h) \mid x_{h'}$. 同样，产生一串严格递减的正整数 $h, h', h'', \cdots$ 导致矛盾，所以 $d \mid h$. 同理 $d \mid n$. 所以

$$d \mid (n,h), x_d \mid x_{(n,h)}, (x_n, x_h) \mid x_{(n,h)}.$$

另一方面，显然 $x_{(n,h)} \mid (x_n, x_h)$，所以 (64) 成立.

特别地，在 $(n,h)=1$ 时

$$(x_n, x_h) = 1.\qquad(65)$$

10 整 数 之 和

证明:除了有限个正整数外,其他的正整数 n 均可表示为 2 004 个正整数之和,即

$$n = a_1 + a_2 + \cdots + a_{2\,004},$$

且满足

$$1 \leqslant a_1 < a_2 < \cdots < a_{2\,004}, a_i \mid a_{i+1}, i = 1, 2, \cdots, 2\,003.$$

师:这是 2004 年中国数学奥林匹克(第十九届全国中学生数学冬令营)的最后一题.

甲:冬令营的最后一题,是不是很难啊?

师:先看看题目,不必先问难不难.

乙:为什么"除了有限个正整数"? 哦! 比较小的自然数当然不行. 例如 1,当然不能写成 2 004 个正整数的和,至少也得是 2 004.

甲:还得再大一些,因为 $a_1 < a_2 < \cdots < a_{2\,004}$,两两不等,至少也得是

$$1 + 2 + 3 + \cdots + 2\,004.$$

乙:还要再大些. 因为 $a_1 \mid a_2, a_2 \mid a_3, \cdots$,所以…

师:停一停,别走得太远. 如果需要进一步作估计,等一会再做. 现在还是看看题目中有什么不太明白的地方.

甲:为什么限定是 2 004 个数?

乙:那只不过是 2004 年出的题. 我想可以换成 m 个数,即除了有限多个正整数外,其他的正整数 n 都可以表示为 m 个不同的正整数的和

$$n = a_1 + a_2 + \cdots + a_m,$$

并且满足

$$a_i \mid a_{i+1}, i = 1, 2, \cdots, m.$$

师:很好! 打开了一条通向成功的道路. 一般的 m 比特殊的 2 004 更反映问题的实质,因而解决起来反倒方便.

甲:一般的 m 怎么做?

师:当然不可能一蹴而就. 还是从简单的做起,先考虑 $m = 2$ 的情况.

乙:这是很显然的. 除去 1,2 这两个数,在 $n \geqslant 3$ 时,

$$n = 1 + (n-1).$$

而 $n-1$ 大于 1 并且永远被 1 整除.

  甲:那么接下去应当考虑 $m=3$ 的情况. n 至少是

$$1 + 2 + 4 = 7,$$

但 8 就无法表示成所说的形式.

  师:索性大一些. 例如从 14 开始,如何?

  甲:其实对每个奇数 $2k+1 \geqslant 7$,有

$$2k+1 = 1 + 2 + 2(k-1),$$

但偶数不太好办.

  乙:

$$14 = 2 + 4 + 8,$$
$$16 = 1 + 3 + 12,$$
$$18 = 2 + 4 + 12,$$
$$20 = 2 + 6 + 12,$$
$$22 = 2 + 4 + 16,$$
$$24 = 3 + 7 + 14,$$
$$26 = 2 + 8 + 16.$$

  甲:不能老这么做下去. 一个一个检验,做到什么时候才能做完呢?

  师:其实 $m=3$ 的情况已经差不多做完了.

  乙:每个大于 27 的正偶数除以 2,如果还大于 27,再除以 2. 这样做若干次,最后一次除以 2,由大于 27 的数变为上面表中的数,即有正整数 k,使

$$n = 2^k \cdot n_1, \quad 14 \leqslant n_1 \leqslant 27.$$

  由于 n_1 可以写成 $a_1 + a_2 + a_3$,其中 a_1, a_2, a_3 是不同的正整数,并且 $a_1 | a_2$,$a_2 | a_3$,所以

$$n = 2^k a_1 + 2^k a_2 + 2^k a_3$$

也满足条件.

  师:很好. 可以进一步考虑一般的情况.

  甲:如果我们能找出一批连续的正整数

$$a, a+1, a+2, \cdots, 2a-1$$

都能写成 2 004 个正整数的和,并且满足题目中的要求,那么问题不就解决了?

  乙:是的,不过这批数很大,不用电脑恐怕难以成功.

师：即使能解决 $m=2\,004$ 的情况，一般的 m 用电脑也不能解决.

甲：那怎么办？

乙：当然用数学归纳法. 假设在 $n>n_0$ 时，可以表为

$$n=a_1+a_2+\cdots+a_m,$$

其中 $a_1<a_2<\cdots<a_m$ 为正整数，并且

$$a_i\mid a_{i+1}, i=1,2,\cdots,m-1.$$

往证有 n_1，在 $n>n_1$ 时，可以表为

$$n=a_1+a_2+\cdots+a_{m+1},$$

其中 $a_1<a_2<\cdots<a_{m+1}$ 为正整数，并且

$$a_i\mid a_{i+1}, i=1,2,\cdots,m.$$

师：对本题来说，n_0 或 n_1 是多大并不重要. $n>n_0$ 或 $n>n_1$ 可以笼统地说 "n 充分大".

现在的关键是如何利用归纳假设，即从 m 的结论导出 $m+1$ 时的结论.

甲：如果 n 是奇数 $2k+1$，而且 $n_1>2n_0+1$，那么在 $n>n_1(k>n_0)$ 时，由

$$k=a_1+a_2+\cdots+a_m.$$
$$a_1<a_2<\cdots<a_m,$$

且

$$a_i\mid a_{i+1} \quad (i=1,2,\cdots,m-1),$$

立即得出

$$n=1+2a_1+2a_2+\cdots+2a_m,$$
$$1<2a_1<2a_2<\cdots<2a_m.$$

并且

$$1\mid 2a_1, 2a_i\mid 2a_{i+1} \quad (i=1,2,\cdots,m-1),$$

所以对一切充分大的奇数 n，结论成立.

师：很好，偶数呢？

乙：在 $n_1>2(2n_0+1)$ 时，半偶数，即形如 $4k+2$ 的数 n，在 $n>n_1$ 时，由

$$k=a_1+a_2+\cdots+a_m,$$

可得

$$m=2+4a_1+4a_2+\cdots+4a_m.$$

但 4 的倍数，似乎有点麻烦.

我怎样解题

师：总结一下,已经证明了充分大的奇数与半偶数都满足要求. 而且在 n 满足要求时,n 的倍数也一定满足要求,是吧?

甲：是的. 只需要将每一个加数扩大同样的倍数.

师：至于 4 的倍数,特别是 4 的幂,可以先看一看乙所写的

$$16 = 1 + 3 + 12.$$

再看一看 64 能否写成 4 个数的和(满足相关要求).

乙：
$$64 = 1 + 3 + 12 + 48.$$

师：也就是

$$4^3 = 1 + 3 + 3 \times 4 + 3 \times 4^2.$$

甲：一般地

$$4^m = 1 + 3 + 3 \times 4 + 3 \times 4^2 + \cdots + 3 \times 4^{m-1}.$$

乙：取 $n_1 > 4^m(4n_0 + 2)$,那么对于 $n > n_1$,一定可以表示成所需的形式.

甲：为什么?

乙：将 n 表示成 $4^k \cdot n'$,n' 是奇数或半偶数. 如果 $k \geq m$,那么由于 4^m 可以表示成所需的形式,n 当然也可以.

如果 $k < m$,那么 $n' > 4n_0 + 2$ 可以表示成所需的形式. n 当然也可以表示成所需的形式.

甲：很有趣. $n = 4^k \cdot n'$,或者前一因式可以表示成所需形式,或者后一因式可以表示成所需形式,于是 n 也就能表示成所需形式.

11 三 元 函 数

设

$$f(x_1,x_2,x_3) = -2(x_1^3 + x_2^3 + x_3^3) + 3(x_1^2(x_2 + x_3) +$$
$$x_2^2(x_3 + x_1) + x_3^2(x_1 + x_2)) - 12x_1x_2x_3,$$

对任意实数 r,s,t,记

$$g(r.s.t) = \max_{t \leqslant x_3 \leqslant t+2} | f(r,r+2,x_3) + s |.$$

求函数 $g(r,s,t)$ 的最小值.

甲:这道题样式挺繁.

师:得冷静地逐步理出头绪来.首先,将 t,r 当作常数,注意 x_3 的函数 $y = f(r,r+2.x_3)$ 的图象(图3).表达式

$$| f(r,r+2,x_3) + s | \tag{1}$$

表示图象上的点 $(x_3, f(r,r+2,x_3))$ 到直线 $y = -s$ 的距离.

这距离在 $f(r,r+2,x_3)$ 最大或最小时达到最大值.而对固定 t

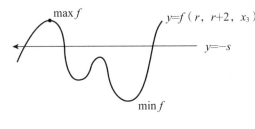

图 3

$$\max_{t \leqslant x_3 \leqslant t+2} | f(r,r+2,x_3) + s |, \tag{2}$$

在

$$-s = \frac{1}{2}\left[\max_{t \leqslant x_3 \leqslant t+2} f(r,r+2,x_3) + \min_{t \leqslant x_3 \leqslant t+2} f(r,r+2,x_3) \right] \tag{3}$$

时最小,最小值是

$$\frac{1}{2}\left[\max_{t \leqslant x_3 \leqslant t+2} f(r,r+2,x_3) - \min_{t \leqslant x_3 \leqslant t+2} f(r,r+2,x_3) \right], \tag{4}$$

$$\therefore \quad \min_s \max_{t \leqslant x_3 \leqslant t+2} | f(r,r+2,x_3) + s |$$

单墫 解题研究 丛书　　　　我怎样解题

$$= \frac{1}{2}\Big[\max_{t\leqslant x_3\leqslant t+2} f(r,r+2,x_3) - \min_{t\leqslant x_3\leqslant t+2} f(r,r+2,x_3)\Big]. \tag{5}$$

乙:这就去掉了绝对值符号与变量 s.如果不用图象,怎么说明这件事呢?

师:用 M,m 记最大值与最小值. 我们有

$$|M+s|+|m+s|\geqslant M-m, \tag{6}$$

$$\max_{t\leqslant x_3\leqslant t+2}|f+s|=\max\{|M+s|,|m+s|\}$$

$$\geqslant \frac{|M+s|+|m+s|}{2}$$

$$\geqslant \frac{M-m}{2},$$

$$\therefore \quad \min_{s}\max_{t\leqslant x_3\leqslant t+2}|f+s|\geqslant \frac{M-m}{2}, \tag{7}$$

在 $s=\dfrac{M+m}{2}$ 时,恰好取得等号.

甲:要用 $r,r+2$ 换 x_1,x_2 得出 $f(r,r+2,x_3)$,还是挺繁的.

师:可以将 r 改记为 $r-1$,这时 $r+2$ 改记为 $r+1$.

$$f(r-1,r+1,x_3)$$

$$=-2((r-1)^3+(r+1)^3+x_3^3)+3((r-1)^2(r+1+x_3)+$$

$$(r+1)^2(r-1+x_3)+x_3^2\cdot 2r)-12(r^2-1)x_3$$

$$=-2x_3^3+6rx_3^2-6(r^2-3)x_3+C, \tag{8}$$

其中 C 与 x_3 无关.

乙:是不是再化为

$$-2((x_3-r)^3-9(x_3-r)+C'), \tag{9}$$

其中 C' 是与 x 无关的常数?

师:很好.改记 x_3-r 为 x,$t-r+1$ 为 t. 问题即求

$$\min_{t}\Big[\max_{t-1\leqslant x\leqslant t+1}\phi(x) - \min_{t-1\leqslant x\leqslant t+1}\phi(x)\Big], \tag{10}$$

其中

$$\phi(x)=-x^3+9x. \tag{11}$$

注意(10)已与 r 无关,因为含 r 的 C' 在 max 与 min 相减时已经抵消.

甲:这就简单多了!为什么原题搞得那么复杂?出题的人是不是有意坑害大家?

师:不能这么说. 加上这些"伪装"也是对解题者的一种考验.

现在研究一下 $\phi(x)$ 性质.

乙:它是一个奇函数.

师:再看一看增减的情况.

甲:设 $\alpha > \beta \geqslant 0$,则

$$\phi(\beta) - \phi(\alpha) = -(\beta^3 - \alpha^3) + 9(\beta - \alpha)$$
$$= (\alpha - \beta)(\alpha^2 + \alpha\beta + \beta^2 - 9), \tag{12}$$

所以在 $\beta \geqslant \sqrt{3}$ 时,$\phi(\beta) \geqslant \phi(\alpha)$,函数减少. 在 $\alpha < \sqrt{3}$ 时,$\phi(\beta) \leqslant \phi(\alpha)$,函数增加. 在 $x = \sqrt{3}$ 时,$\phi(x)$ 最大.

$y = \phi(x)$ 的图象大致如图 4 所示

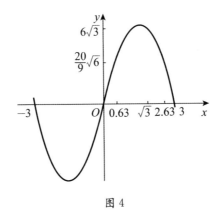

图 4

师:由

$$\phi(t-1) = \phi(t+1), \tag{13}$$

可得

$$t = \pm 2\sqrt{\frac{2}{3}} = \pm 1.63\cdots \tag{14}$$

$$\phi(\sqrt{3}) - \phi\left(2\sqrt{\frac{2}{3}} - 1\right) = -(\sqrt{3})^3 + 9\sqrt{3} + \left(2\sqrt{\frac{2}{3}} - 1\right)^3 - 9\left(2\sqrt{\frac{2}{3}} - 1\right)$$

$$= 6\sqrt{3} - \frac{20}{9}\sqrt{6}. \tag{15}$$

乙:$6\sqrt{3} - \dfrac{20}{9}\sqrt{6}$ 是本题的答案吗?

单墫
解题研究
丛书

我怎样解题

师：是的.

甲：为什么？

乙：如果 $t-1\geqslant\sqrt{3}$，那么

$$\max_{t-1\leqslant x\leqslant t+1}\phi(x)-\min_{t-1\leqslant x\leqslant t+1}\phi(x)=\phi(t-1)-\phi(t+1)$$

$$=(t+1)^3-(t-1)^3-18$$

$$=6t^2-16(t\text{ 的增函数})$$

$$\geqslant\phi(\sqrt{3})-\phi(\sqrt{3}+2)$$

$$>\phi(\sqrt{3})-\phi\left(2\sqrt{\frac{2}{3}}+1\right)$$

$$=\phi(\sqrt{3})-\phi\left(2\sqrt{\frac{2}{3}}-1\right). \qquad (16)$$

如果 $t-1<\sqrt{3}\leqslant t+1$，那么相距为 2 的 $2\sqrt{\dfrac{2}{3}}+1$ 与 $2\sqrt{\dfrac{2}{3}}-1$ 恰有一个在 $t-1$ 与 $t+1$ 之间，则

$$\max_{t-1\leqslant x\leqslant t+1}\phi(x)-\min_{t-1\leqslant x\leqslant t+1}\phi(x)\geqslant\phi(\sqrt{3})-\phi\left(2\sqrt{\frac{2}{3}}\pm1\right). \qquad (17)$$

如果 $0\leqslant t+1\leqslant\sqrt{3}$，那么

$$\max_{t-1\leqslant x\leqslant t+1}\phi(x)-\min_{t-1\leqslant x\leqslant t+1}\phi(x)\geqslant\phi(t+1)-\phi(t-1)$$

$$=-6t^2+16(t\text{ 的减函数})$$

$$\geqslant\phi(\sqrt{3})-\phi(\sqrt{3}-2)$$

$$>\phi(\sqrt{3})-\phi\left(2\sqrt{\frac{2}{3}}-1\right).$$

由于 $\phi(x)$ 是奇函数，所以结论对一切 t 均正确.

12 一个函数方程

设 **R** 为实数集,确定所有满足下列条件的函数 $f:\mathbf{R}\to\mathbf{R}$,

$$f(x^2-y^2)=xf(x)-yf(y), \forall x,y\in\mathbf{R}.$$

师:先猜猜看,$f(x)$ 是什么函数?

甲:我猜想 $f(x)$ 是正比例函数 kx. $f(x)=kx$ 确实符合要求.但要证明必有 $f(x)=kx$,似乎不太容易.

师:试试看.

乙:令 $x=y=0$,得

$$f(0)=0.$$

令 $y=0$,得

$$f(x^2)=xf(x). \tag{1}$$

令 $x=0$,得

$$f(-y^2)=-yf(y)=-f(y^2). \tag{2}$$

所以 $f(x)$ 是奇函数.只需在 $(0,+\infty)$ 上讨论.

甲:由(1),(2)可知

$$f(x^2-y^2)=f(x^2)-f(y^2),$$

将 x^2,y^2 改写为 $x,y(x,y>0)$,则

$$f(x-y)=f(x)-f(y),$$

即(将 x 改记为 $x+y$,$x-y$ 改记为 y)

$$f(x+y)=f(x)+f(y). \tag{3}$$

由(3),运用熟知的柯西方法可知,对 $x\in\mathbf{Q}$

$$f(x)=kx,k=f(1). \tag{4}$$

如何证明(4)对于 $x\in\mathbf{R}$ 成立,好像很难.

师:由(3)只能得出(4)对 $x\in\mathbf{Q}$ 成立.要证明(4)对 $x\in\mathbf{R}$ 成立,通常要利用连续性.本题未给出这一条件,但除(3)外,还有一个重要的(1).利用它可以得出想要的结果.

你可以考虑一下 $f((x+1)^2)$.

单墫
解题研究
丛书

我怎样解题

乙：我采用"算两次"的方法. 从两个方面来考虑：一方面，由(1),(3),(4)知

$$f((x+1)^2)=(x+1)f(x+1)=(x+1)(f(x)+k). \qquad (5)$$

另一方面,由(3),(1),(4)知

$$f((x+1)^2)=f(x^2+2x+1)=xf(x)+2f(x)+k. \qquad (6)$$

比较两方面的结果,得

$$f(x)=kx. \qquad (7)$$

13　映　射

设 $A = \{1, 2, \cdots, 17\}$，对于映射 $f: A \to A$. 记 $f^{(1)}(x) = f(x), f^{(x+1)}(x) = f(f^{(k)}(x)) (n \in \mathbf{N})$. 设从 A 到 A 的一一映射 f 满足条件：存在自然数 M，使得

(1) 当 $m < M, 1 \leqslant i \leqslant 16$ 时，有
$$f^{(m)}(i+1) - f^{(m)}(i) \not\equiv \pm 1 \pmod{17},$$
$$f^{(m)}(1) - f^{(m)}(17) \not\equiv \pm 1 \pmod{17};$$

(2) 当 $1 \leqslant i \leqslant 16$ 时，有
$$f^{(M)}(i+1) - f^{(M)}(i) \equiv +1 \text{ 或} -1 \pmod{17},$$
$$f^{(M)}(1) - f^{(M)}(17) \equiv +1 \text{ 或} -1 \pmod{17}.$$

试对满足上述条件的一切 f，求所对应的 M 的最大可能值，并证明你的结论.

题目比较长，需要好好消化一下. 其中的"映射"、"一一映射"是数学中非常重要的概念.

抽象问题应当尽量具体化. 我们选举一个具体的 $A \to A$ 的一一映射. 最简单的莫过于将 A 的每一元素加 1，即
$$f(1) = 2, f(2) = 3, \cdots, f(16) = 17,$$
而
$$f(17) \equiv 1,$$
(注意 $17 + 1 \equiv 1 \pmod{17}$，即 $17 + 1$ 除以 17 的余数是 1). 这个映射可以更简单地记成
$$\begin{pmatrix} 1, 2, 3, \cdots, 16, 17 \\ 2, 3, 4, \cdots, 17, 1 \end{pmatrix},$$
其中下一行表示上一行对应元素的象.

这个映射将相邻的元素（例如 1, 2）变为相邻的元素（2, 3）. 因此，对于它，$M = 1$（(1)就是说，在 $m < M$ 时，复合映射 $f^{(m)}(x)$ 不将相邻元素映为相邻元素，其中 17 与 1 也算作相邻元素. 而(2)就是说 $f^{(M)}(x)$ 必将相邻元素映为相邻元素). 题目希望 M 尽可能大，$M = 1$ 多半不合要求.

将每个元素加上 2，怎么样？没有什么好处. 事实上，如果 f 是将每个元素都加上同一个整数 a，那么相邻元素 $i, i+1$ 的象 $i+a, i+1+a$ 仍是相邻的（差

单墫
解题研究
丛书

我怎样解题

$$(i+1+a)-(i+a)=1).$$

加法不行,很自然地想到乘法.将每个元素都乘以 2,即
$$f(x)=2x,$$
或写成
$$f=\begin{bmatrix}1,2,3,4,\cdots,16,17\\2,4,6,8,\cdots,15,17\end{bmatrix},$$

(凡超过 17 的数均减去 17,即用它除以 17 的余数代替,这就是所谓模 17 的意义.为简单起见,以下模 17 均省略不写).

现在的相邻元素的象差
$$2(i+1)-2i=2.$$
因此它们的象不再相邻,从而 $M>1$. $f^{(2)}(x)=4x$ 使相邻元素 $i,i+1$ 的象差
$$4\times(i+1-i)=4.$$
从而 $M>2$. $f^{(3)}(x)=8x$ 使相邻元素的象差 $8\times1=8$,从而 $M>3$. $f^{(4)}(x)=16x$,即相邻元素的象相差为 16.注意 16 也就是 -1,所以 $f^{(4)}(x)$ 使相邻元素仍变为相邻元素(例如 1 与 2,分别变成 $f^{(4)}(1)=16$, $f^{(4)}(2)=16\times2=32\equiv15$,16 与 15 相邻).所以,对于 $f(x)=2x$, $M=4$.

能不能再好一些(即 M 再大一些)?看看 $f(x)=3x$, $f^{(1)}(x)=f(x)$, $f^{(2)}(x)$, $f^{(3)}(x)$,$\cdots$, $f^{(7)}(x)$ 分别将相邻元素变成差为 $3,9,10(27\equiv10)$,$13(3\times10=30\equiv13),5(3\times13=39\equiv5),15(3\times5=15),11(3\times15=45\equiv11)$ 的两个元素,而 $f^{(8)}(x)$ 将相邻元素变成差为 $-1(3\times11=33\equiv-1)$ 的两个元素.所以对于 $f(x)=3x$, $M=8$.

能不能再好一些?即 $M>8$ 行吗?用乘法来构造已经不行.事实上,如果用乘法,那么 17 一定变为 17(即 0 乘任何数为 0),而且 $f(17)=f^{(2)}(17)=\cdots=f^{(8)}(17)=17$.若 $M>8$,则 $f(\pm1)$, $f^{(2)}(\pm1)$,$\cdots$, $f^{(8)}(\pm1)$ 这 16 个数都不能等于 ±1.而且,这 16 个数互不相同[例如 $f^{(i)}(1)=f^{(j)}(-1)(1\leqslant i<j\leqslant8)$,那么由于 f 是一一对应,导出 $f^{(i-1)}(1)=f^{(i-1)}(-1)$,$\cdots$, $f(1)=f^{(j-i+1)}(-1)$, $1=f^{(j-i)}(-1)$,即 $f^{(j-i)}(-1)$ 与 $f^{(j-i)}(17)$ 相邻,矛盾].这当然是不可能的.

其他的函数能不能更好一些?也不行!事实上,在 $f(17)=17$ 时,上面的证明仍然适用(我们只用到一一对应,并未用到乘法性质):对一般情况,如果 M

>8，那么 $f^{(8)}(\pm 1)$，$f^{(7)}(f(17)\pm 1)$，$f^{(6)}(f^{(2)}(17)\pm 1)$，$\cdots$，$f(f^{(7)}(17)\pm 1)$，$f^{(8)}(17)\pm 1$，这 18 个数互不相同［若 $0\leqslant i<j\leqslant 8$，而 $f^{(j)}(f^{(8-j)}(17)\pm 1)=f^{(i)}(f^{(8-i)}(17)\pm 1)$］，则由于 f 是一一对应，有

$$f^{(j-i)}(f^{(8-j)}(17)\pm 1)=f^{(8-i)}(17)\pm 1=f^{(j-i)}(f^{(8-j)}(17))\pm 1,$$

即 $f^{(j-i)}$ 使相邻元素 $f^{(8-j)}(17)\pm 1$ 与 $f^{(8-j)}(17)$ 变为相邻元素，矛盾，这当然是不可能的（集合 A 只有 17 个元素）.

综合以上所述，$M=8$ 为最佳. $f(x)=3x$ 就是使 $M=8$ 的一一映射.

注 1 解题应从简单做起，从具体做起. 这样既不致"束手无策"，也不致"想入非非". 你所想要得到的，一般说来，并不"在那遥远的地方"，而确确实实在你的身边.

注 2 本题的题目太长，似可缩短一些. 条件(2)完全可以取消. 条件(1)也可改为更通俗易懂的说法："在 $m<M$ 时，$f^{(m)}(x)$ 不将相邻元素变为相邻元素（我们约定：17 与 1 也是相邻元素）".

注 3 从 A 到 A 的一一映射很多. 一般的，只要 $i_1,i_2,\cdots,i_n$ 是 $1,2,\cdots,n$ 的一个排列，那么 $\begin{pmatrix}1,2,3,\cdots,n\\i_1,i_2,i_3,\cdots,i_n\end{pmatrix}$ 就是一个 $\{1,2,\cdots,n\}$ 自身的一一对应，这种有限集到自身的一一映射，称为置换，在大学将会进一步学习.

注 4 上面的解答可大大压缩. 但缩得太多，思路便淹没了. 大数学家高斯的论文十分精练，不容易看出他的思路. 有人形容他："像走过雪地的狐狸，用尾巴把足迹全清除了."我们可不是狐狸.

单墫
解题研究
丛书

我怎样解题

14 寻 找 函 数

是否存在函数 $f: \mathbf{N} \to \mathbf{N}$,满足

$$f[f(n)] = f(n) + n, \tag{1}$$

$$f(1) = 2, \tag{2}$$

$$f(n+1) > f(n). \tag{3}$$

这是 1993 年国际数学竞赛的第 5 题.

这是一个需要判断的问题:满足要求的函数是否存在? 当然,如果存在,这个函数是什么? 有没有简单的表达式? 如果不存在,为什么不存在? 这些都需要进一步说明.

解决这个问题,只有"尝试"(有一位哲人说过"自古成功在尝试").

尝试(或者叫做探索)应当从简单的情况入手.

最简单的函数(也是我们最熟悉的函数)莫过于线性函数(一次函数)$an+b$ $(a \neq 0)$,在 $b = 0$ 时,即正比例数 an(自变量只在 $\mathbf{N}$ 上取值,因此,我们用 n 表示). 我们先看看它能否满足条件.

由于式(3),函数递增,所以 $a > 0$.

函数值为整数,为方便起见,取 a 为整数. $a = 1$ 时,$f(n) = n$,这时 $f(f(n)) = f(n) = n (= f(n) + 0 \cdot n)$,不合要求(1)(也不合要求(2)). $a = 2$ 时,$f(n) = 2n$,这时 $f(f(n)) = 2f(n) = f(n) + f(n) = f(n) + 2n$,也不合要求(1).

更大的 a 导致(比 $f(n) + 2n$ 更大的)$f(f(n))$,因此没有使(1)成立的 a.

$f(n) = an + b$ 也不能使(1)成立. 因为 b 是常数,当变数 n 很大时,重要的是一次项(n 的系数大小是关键),而不是常数项. b 对于一次项系数毫无影响,因而在 $f(f(n))$ 中是微不足道的.

线性函数不能满足要求,尝试失败了. 能否就此断言满足要求的函数不存在呢? 不能! 线性函数不满足要求,其他的函数(如二次函数)还可能满足要求.

需要进一步尝试. 如果将次数升高,$f(f(n))$ 的次数就比 $f(n)$ 大(在 $f(n)$ 为二次时,$f(f(n))$ 为四次),因此要求(1)也不能成立.

还是回到一次好. 但一次函数又不满足要求,真是"山重水复疑无路"了.

仔细回顾一下,$a = 1$ 太小,$a = 2$ 太大,a 应当在 1,2 之间,这样就必须放弃

a 为整数的限制(这一限制是我们自己加的,我们可以放弃,不必坚持).

对于 $f(n)=an$,有

$$f(f(n))=af(n)=a^2n.$$

要使(1)成立,即

$$a^2n=an+n. \tag{4}$$

我们应取

$$a=\frac{\sqrt{5}+1}{2}. \tag{5}$$

遗憾的是 $f(n)=\dfrac{\sqrt{5}+1}{2}n$ 不是整值函数,它的值是无理数,虽然 $f(n)=\dfrac{\sqrt{5}+1}{2}n$ 能使(1)成立.

这就好像《爱丽丝漫游奇境记》中的情况:顾了这头,就顾不了那头.

四个要求(1),(2),(3)及整值中,要求(1)是关键(最难满足),即 $f(n)=\dfrac{\sqrt{5}+1}{2}n$ 能使(1)成立,千万不要轻易放弃.

要使 $f(n)$ 为整值,这并不难,我们加一个取整符号:用 $[x]$ 表示 x 的整数部分.并令

$$f(n)=\left[\frac{\sqrt{5}+1}{2}n\right]. \tag{6}$$

式(6)是整值函数,而且满足(3),但不满足(2).

只需作一些修正,令

$$f(n)=\left[\frac{\sqrt{5}+1}{2}n\right]+1,$$

即可满足(2),(3).但是否满足(1)呢?

$$\begin{aligned}
f(f(n))&=\left[\frac{\sqrt{5}+1}{2}f(n)\right]+1\\
&=\left[\frac{\sqrt{5}-1}{2}f(n)\right]+f(n)+1\\
&=\left[\frac{\sqrt{5}-1}{2}\left[\frac{\sqrt{5}+1}{2}n\right]+\frac{\sqrt{5}-1}{2}\right]+f(n)+1
\end{aligned}$$

我怎样解题

$$= \left[n - \frac{\sqrt{5}-1}{2} \left\{ \frac{\sqrt{5}+1}{2} n \right\} + \frac{\sqrt{5}-1}{2} \right] + f(n) + 1$$

$$= f(n) + n + 1,$$

与条件(1)差一个 1.

再作修正，令

$$f(n) = \left[\frac{\sqrt{5}+1}{2} n + b \right],$$

其中 $0 < b < 1$ 是一个待定(在下面确定)的常数. 这时

$$f(f(n)) = \left[\frac{\sqrt{5}+1}{2} f(n) + b \right]$$

$$= \left[\frac{\sqrt{5}-1}{2} f(n) + b \right] + f(n)$$

$$= \left[\frac{\sqrt{5}-1}{2} \left[\frac{\sqrt{5}+1}{2} n + b \right] + b \right] + f(n)$$

$$= f(n) + n + \left[b + \frac{\sqrt{5}-1}{2} b - \frac{\sqrt{5}-1}{2} \left\{ \frac{\sqrt{5}+1}{2} n + b \right\} \right]. \quad (7)$$

我们希望上式中"[ ]"为 0，即

$$0 < \frac{\sqrt{5}+1}{2} b - \frac{\sqrt{5}-1}{2} \left\{ \frac{\sqrt{5}+1}{2} n + b \right\} < 1. \quad (8)$$

为此，取

$$b = \frac{1}{\dfrac{\sqrt{5}+1}{2}} = \frac{\sqrt{5}-1}{2},$$

则($\because \ \frac{\sqrt{5}+1}{2} n + b = \frac{\sqrt{5}+1}{2}(n+1) - 1$ 是无理数，$\therefore \quad 0 < \left\{ \frac{\sqrt{5}+1}{2} n + b \right\} < 1$)，

$$0 < 1 - \frac{\sqrt{5}-1}{2} \left\{ \frac{\sqrt{5}+1}{2} n + b \right\} < 1,$$

即(8)成立.

因此，$f(n) = \left[\frac{\sqrt{5}+1}{2} n + \frac{\sqrt{5}-1}{2} \right]$ 满足所有要求，它就是所求的函数.

满足要求的函数并不唯一. 我们可以用造链的方法作出其他满足要求的函

数,参见《数学竞赛研究教程》第 24 讲(单墫著,江苏教育出版社,1993 年版).

造链的方法摆脱了函数的表达式,更体现了函数是对应的实质.具体做法如下:

首先,对合乎要求的函数 $f(n)$,有

$$f(1)=2.$$

从而由(1)知

$$f(2)=f(f(1))=f(1)+1=2+1=3,$$
$$f(3)=f(f(2))=f(2)+2=5,$$
$$f(5)=f(f(3))=5+3=8,$$
$$f(8)=8+5=13,$$
$$f(13)=13+8=21,$$
$$\vdots$$

这就形成一条"链"

$$1,2,3,5,8,13,21,\cdots \tag{9}$$

链中第一项称为链首,第二项称为次首(在(9)中,链首是 1.次首是 2).有了链首与次首,由于(1),这条链就完全确定了:每一项是前两项的和.

(9)可以看成是函数

$$\{1,2,3,5,8,\cdots\} \to \mathbf{N}, \tag{10}$$

其中每一个数的象是它后面的项.这个函数显然合乎(1),(2),(3)这三条要求,只是定义域不是 $\mathbf{N}$,而是 $\mathbf{N}$ 的真子集 $\{1,2,3,5,8,\cdots\}$.

我们将定义域逐步扩大,直至成为 $\mathbf{N}$.

将 4 添加进来.4 在 3,5 之间.由 f 的递增性(即(3))可知,4 的象应当在 3,5 的象即 5,8 之间,可取 6 或 7.

如取 $f(4)=6$,则

$$f(6)=f(f(4))=4+6=10,$$
$$f(10)=f(f(6))=10+6=16,$$
$$f(16)=16+10=26,$$
$$\vdots$$

产出一条新链

单墫
解题研究
丛书

我怎样解题

$$4,6,10,16,26,\cdots \qquad (11)$$

后一项是前一项的象.

同样,取 $f(4)=7$,可得链

$$4,7,11,18,29,\cdots \qquad (12)$$

链(11)[或(12)]的每一项在(10)的相邻两项之间,这是因为

$$3<4<5,5<6<8, \qquad (13)$$

所以相加,得

$$8<10<13. \qquad (14)$$

继续相加,得

$$13<16<21, \qquad (15)$$

$$21<26<34, \qquad (16)$$

$$\vdots$$

因此(11)或(12)的每一项落在(9)的相邻两项之间.两条链没有重复的项.将(11)或(12)与(9)合在一起,扩大了定义域.类似这样做下去,就可以得出定义在整个自然数集 **N** 上的函数 $f(n)$,满足要求(1),(2),(3).

确切地说,采用归纳定义.假设已有若干条链,每条链的后一项是前一项的象,满足(1),其中第一条链就是(9).这些链无公共元素,而且对于任意两个在这些链的关系中已经出现的数 $k_1<k_2$,有

$$f(k_2)-f(k_1)\geqslant k_2-k_1. \qquad (17)$$

(条件(1),(2)已经满足,而条件(3)改为更强的归纳假设(17),有利于归纳构造与证明).

设 a 是第一个未在已有链的并集中出现的数(这一点也应写进归纳假设,即第 n 条链的链首是前 $n-1$ 条链的并集中未出现的第一个数,$n=2,3,\cdots$).a 必在已出现的两个数 k_1,k_2 之间,$a=k_1+1$,而且区间 (k_1,k_2) 内没有已出现的数.这时区间 $(f(k_1),f(k_2))$ 内也没有已出现的数(如果有 b 在这个区间内,那么 b 不是链首,$b=f(c)$.从而由(17)可知,$c\in(k_1,k_2)$,与 (k_1,k_2) 中没有已出现的数矛盾).于是,可选一个数作为 $f(a)$,并且满足

$$f(a)-f(k_1)\geqslant a-k_1,f(k_2)-f(a)\geqslant k_2-a, \qquad (18)$$

(例如取 $f(a)=f(k_1)+1$).

用归纳法容易知道,在 $(f_{k_1}^{(j)},f_{k_2}^{(j)})$ 内没有已出现的数 $(j\geqslant 2)$.这里

$$f_{(n)}^{(j)} = f(f(\cdots f(n)\cdots))(j \text{ 个 } f).\qquad(19)$$

由 $a,f(a)$ 可按(1)产生一条新链. $f_{(a)}^{(j)} \in (f_{(k_1)}^{(j)}, f_{(k_2)}^{(j)})$. 并且由 $a = k_1 + 1$ 及(18),有

$$f(f(a)) - f(f(k_1)) = a + f(a) - (k_1 + f(k_1)) \geqslant f(a) - f(k_1),\quad(20)$$

$$f(f(k_2)) - f(f(a)) = k_2 + f(k_2) - (a + f(a)) \geqslant f(k_2) - f(a).\quad(21)$$

利用归纳法易得

$$f_{(a)}^{(j)} - f_{(k_1)}^{(j)} \geqslant f_{(a)}^{(j-1)} - f_{(k_1)}^{(j-1)}.\qquad(22)$$

并且对已有的任一数 $f(d) < f_{(k_1)}^{(j)}$,有

$$\begin{aligned}
f_{(a)}^{(j)} - f(d) &= f_{(a)}^{(j)} - f_{(k_1)}^{(j)} + f_{(k_1)}^{(j)} - f(d) \\
&\geqslant f_{(a)}^{(j-1)} - f_{(k_1)}^{(j-1)} + f_{(k_1)}^{(j-1)} - d \\
&= f_{(a)}^{(j-1)} - d.
\end{aligned}\qquad(23)$$

对大于 $f_{(k_2)}^{(j)}$ 的数也有类似结果. 即定义域扩大后,与(17)类似的结果成立.

如此继续下去,得到无穷多条链,它们的并集为 $\mathbf{N}$,并且满足(1),(2)及比式(3)更强的(17).

单墫
解题研究
丛书

我怎样解题

15 又一个函数方程

设 $\mathbf{Q}^+$ 为全体正有理数的集合. $f: \mathbf{Q}^+ \to \mathbf{Q}^+$ 对所有 $x \in \mathbf{Q}^+$ 满足

(a) $f(x) + f\left(\dfrac{1}{x}\right) = 1$;

(b) $f(2x) = 2f[f(x)]$.

试确定 $f(x)$.

容易验证

$$f(x) = \frac{x}{x+1} \tag{1}$$

满足要求. 下面证明它是唯一的满足要求的函数.

还是从简单的做起. 首先, 令 $x = 1$, 得

$$f(1) + f(1) = 1,$$

$$\therefore \quad f(1) = \frac{1}{2},$$

$$f(2) = 2f[f(1)] = 2f\left(\frac{1}{2}\right) = 2[1 - f(2)].$$

从而

$$f(2) = \frac{2}{3}, f\left(\frac{1}{2}\right) = \frac{1}{3}.$$

接下去

$$f\left(\frac{1}{3}\right) = f\left[f\left(\frac{1}{2}\right)\right] = \frac{1}{2}f(1) = \frac{1}{4}, f(3) = 1 - f\left(\frac{1}{3}\right) = \frac{3}{4},$$

$$f(4) = 2f[f(2)] = 2f\left(\frac{2}{3}\right) = 4f\left[f\left(\frac{1}{3}\right)\right] = 4f\left(\frac{1}{4}\right) = 4[1 - f(4)],$$

$$f(4) = \frac{4}{5}, f\left(\frac{1}{4}\right) = \frac{1}{5}, f\left(\frac{2}{3}\right) = \frac{2}{5}, f\left(\frac{3}{2}\right) = 1 - \frac{2}{5} = \frac{3}{5}.$$

一般地, 设 $\dfrac{p}{q} \in \mathbf{Q}^+$, p, q 为互素的自然数. 在 $p + q \leqslant k$ 时, 已有

$$f\left(\frac{p}{q}\right) = \frac{p}{p+q}. \tag{2}$$

往证在 $p + q = k + 1$ 时, 式(2)也成立.

1. p, q 同为奇数.

(a) $q > p$, 则

$$f\left(\frac{p}{q}\right) = f\left[f\left(\frac{p}{q-p}\right)\right] = \frac{1}{2}f\left(\frac{2p}{q-p}\right) = \frac{1}{2}f\left(\frac{p}{\frac{q-p}{2}}\right) = \frac{1}{2} \cdot \frac{p}{\frac{q-p}{2}+p} = \frac{p}{p+q}.$$

(b) $q < p$, 则

$$f\left(\frac{p}{q}\right) = 1 - f\left(\frac{q}{p}\right) = 1 - \frac{q}{p+q} = \frac{p}{p+q}.$$

2. p, q 一奇一偶.

(a) 设 $p = 2^t \cdot q_1$ 为偶数, $t \geqslant 1$, q_1 为奇数, 则

$$f\left(\frac{p}{q}\right) = f\left(\frac{2^t q_1}{q}\right) = 2f\left[f\left(\frac{2^{t-1}q_1}{q}\right)\right] = 2f\left(\frac{2^{t-1}q_1}{q+2^{t-1}q_1}\right)$$

$$= 2^2 f\left(\frac{2^{t-2}q_1}{q+2^{t-1}q_1+2^{t-2}q_1}\right)$$

$$\vdots$$

$$= 2^t f\left(\frac{q_1}{q+2^{t-1}q_1+\cdots+2q_1+q_1}\right)$$

$$= 2^t f\left(\frac{q_1}{p_1}\right),$$

其中 $p_1 = q + 2^{t-1}q_1 + 2^{t-2}q_1 + \cdots + 2q_1 + q_1$ 为偶数, 且满足

$$q_1 + p_1 = q + p. \tag{3}$$

如此继续下去, 得到

$$f\left(\frac{p}{q}\right) = 2^t f\left(\frac{q_1}{p_1}\right)$$

$$= 2^t - 2^t f\left(\frac{p_1}{q_1}\right)$$

$$= 2^t - 2^{t+t_1} + 2^{t+t_1} f\left(\frac{p_2}{q_2}\right)$$

$$= 2^t - 2^{t+t_1} + 2^{t+t_1+t_2} - 2^{t+t_1+t_2} f\left(\frac{p_3}{q_3}\right) \tag{4}$$

$$\vdots$$

其中 $p_1 = 2^{t_1} q_2$, $t_1 \geqslant 1$, q_2 是奇数, p_2 是偶数, 且满足

单墫
解题研究
丛　书

我怎样解题

$$q_2 + p_2 = q_1 + p_1 = q + p. \tag{5}$$

$p_2 = 2^{t_2} q_3, t_2 \geqslant 1, q_3$ 是奇数，p_3 是偶数，满足

$$q_3 + p_3 = q_2 + p_2 = q_1 + p_1 = q + p. \tag{6}$$

满足 $q_i + p_i = q + p$ 的正整数数对 (q_i, p_i) 个数有限，因此必有 $i < j$，使得 $q_i = q_j, p_i = p_j$.

在(4)中关于 i 到 j 的一段表明

$$f\left(\frac{p_i}{q_i}\right) = 2^{a_0} - 2^{a_1} + 2^{a_2} - \cdots \pm 2^{a_{j-i}} f\left(\frac{p_j}{q_j}\right), \tag{7}$$

其中 $a_0 < a_1 < a_2 < \cdots < a_{j-i+1} = a_{j-i}$ 都是正整数. (7)是 $f\left(\frac{p_i}{q_i}\right)$（即 $f\left(\frac{p_j}{q_j}\right)$）的一次方程，$f\left(\frac{p_i}{q_i}\right)$ 的系数 $2^{a_{j-i}} \pm 1 \neq 0$，因此有唯一解. $a_0, a_1, \cdots, a_{j-i}$ 不必具体算出. 因为一开始已验证过(1)适合要求，所以 $f\left(\frac{p_i}{q_i}\right) = \frac{p_i}{q_i + p_i}$ 是(7)的解，即由(7)一定得到 $f\left(\frac{p_i}{q_i}\right) = \frac{p_i}{p_i + q_i}$. 而式(4)的从开始到 i 的一段得出

$$f\left(\frac{p}{q}\right) = 2^{b_0} - 2^{b_1} + \cdots \pm 2^{b_i} \frac{p_i}{p_i + q_i}, \tag{8}$$

其中 $b_0 < b_1 < \cdots < b_{i-1} = b_i$ 为正整数. $f\left(\frac{p}{q}\right) = \frac{p}{p+q}$ 按(4)"展开"时满足(8)，所以

$$f\left(\frac{p}{q}\right) = \frac{p}{p+q}.$$

（b）设 q 为偶数，则

$$f\left(\frac{p}{q}\right) = 1 - f\left(\frac{q}{p}\right) = 1 - \frac{q}{p+q} = \frac{p}{p+q}.$$

于是，对一切 $\frac{p}{q} \in \mathbf{Q}^+$，(2)成立.

不清楚对于 $\mathbf{R}^+ \to \mathbf{R}^+$ 的函数 f，如果满足(a)(b)，是否一定有(1)成立呢?

16 整值多项式

设 $k \geq 3$ 是奇数. 证明:存在一个次数为 k 的非整系数的整值多项式 $f(x)$,具有下面的性质:

(a) $f(0)=0, f(1)=1$;

(b) 有无穷多个正整数 n,使得:若方程

$$n = f(x_1) + f(x_2) + \cdots + f(x_s)$$

有整数解 $x_1, x_2, \cdots, x_s$,则 $s \geq 2^k - 1$.

这是 2006 年国家队选拔考试的第 4 题.

整值多项式 $f(x)$,就是对每个整数 $x, f(x)$ 的值都是整数的多项式.

系数为整数的多项式,当然是整值多项式. 但数值多项式的系数不一定全为整数. 多项式

$$\frac{x(x-1)}{2}$$

就是整值多项式(在 x 为整数时,$x, x-1$ 中总有一个为偶数). 一般地,定义

$$C_x^0 = 1,$$

$$C_x^k = \frac{x(x-1)\cdots(x-k+1)}{k!} \quad (k \text{ 为自然数}). \tag{1}$$

C_x^k 就是一个整值多项式. 因为在整数 $x \geq k$ 时,C_x^k 表示从 x 个数中选 k 个数的组合的个数,当然是整数. 在 $0 \leq x < k$ 时,对于整数 $x, C_x^k = 0$. 在 $x < 0$ 时,$C_x^k C_x^k = C_{-x+k-1}^k \cdot (-1)^k$,也是整数.

用归纳法对次数归纳不难证明,每个整值多项式 $f(x)$ 都可以表成

$$a_k C_x^k + a_{k-1} C_x^{k-1} + \cdots + a_1 x + a_0, \tag{2}$$

其中,k 为 $f(x)$ 的次数,$a_k, a_{k-1}, \cdots, a_0$ 都是整数,$a_k \neq 0, a_0 = f(0)$.

事实上,在 $k = 0$ 时,显然 $f(x) = f(0)$. 设对不大于 k 次的多项式有上述表达式,则对 $k+1$ 次整值多项式

$$f(x) = b_{k+1} x^{k+1} + b_k x^k + \cdots + b_0.$$

多项式

$$\phi(x) = f(x) - b_{k+1}(k+1)! \, C_x^{k+1}$$

是 k 次整值多项式. 因而 $\phi(x)$ 可用(2)表出,且

单墫
解题研究
丛书

我怎样解题

$$f(x) = \phi(x) + b_{k+1}(k+1)! \ C_x^{k+1}$$

也是所述的形式.

现在回到一开始的试题. 我们可以设 $f(x)$ 表成(2)的形式.

(a)要求很容易满足. 只需取

$$a_0 = f(0) = 0, \tag{3}$$

$$a_1 = a_1 + a_0 = f(1) = 1. \tag{4}$$

(b)要求需要仔细研究. 方程

$$n = f(x_1) + f(x_2) + \cdots + f(x_s) \tag{5}$$

表示 n 可以写成 s 个 $f(x)$ 的值的和. 但要求对无穷多个 n, 只在 $s \geqslant 2^k - 1$ 时, (5)才有整数解.

这需要利用同余. 取一个大于 $2^k - 1$ 的数作模, 不妨就取 2^k. 如果对整数 x, 恒有

$$f(x) \equiv 0 \text{ 或 } 1 (\mathrm{mod} \ 2^k). \tag{6}$$

那么对于整数

$$n \equiv 2^k - 1 (\mathrm{mod} \ 2^k), \tag{7}$$

当然有 $s \geqslant 2^k - 1$.

形如(7)的 n 有无穷多个, 所以只需证明有整值多项式 $f(x)$ 满足(6). 由于 $f(0) = 0, f(1) = 1$, 只需选择 $f(x)$, 使

$$f(x+2) \equiv f(x) (\mathrm{mod} \ 2^k) \tag{8}$$

就可以了.

由于

$$C_{x+2}^j = C_{x+1}^j + C_{x+1}^{j-1} = C_x^j + 2C_x^{j-1} + C_x^{j-2},$$

所以在

$$f(x) = a_k C_x^k + a_{k-1} C_x^{k-1} + \cdots + a_1 x$$

时, (8)即

$$2a_k C_x^{k-1} + a_k C_x^{k-2} + 2a_{k-1} C_x^{k-2} + a_{k-1} C_x^{k-3} + \cdots + 2a_1 \equiv 0 (\mathrm{mod} \ 2^k). \tag{9}$$

上式在

$$\begin{cases} 2a_k \equiv 0 (\mathrm{mod} \ 2^k), \\ a_j + 2a_{j-1} \equiv 0 (\mathrm{mod} \ 2^k), j = 2, 3, \cdots, k \end{cases} \tag{10}$$

时成立. 取 $a_k = 2^{k-1}$, 则(10)的第一个同余方程显然成立. 将(10)的其余的同余方程当作方程便可得出它的一组解

$$a_1 = 1, a_2 = -2, a_3 = 4, \cdots, a_{k-1} = -2^{k-2}, a_k = 2^{k-1}. \tag{11}$$

于是,取

$$f(x) = 2^{k-1} C_x^k - 2^{k-2} C_x^{k-1} + \cdots - 2 C_x^2 + x, \tag{12}$$

则 $f(x)$ 是满足要求的整值多项式. 首项系数 $\dfrac{2^{k-1}}{k!}$ 在 $k \geqslant 3$ 时显然不是整数.

注意本题并不要求 n 一定有所说的表示(即不要求方程(5)一定有解),而只是要求"若对于 n,(5)有解,则 $s \geqslant 2^k - 1$". 上面的解法,实际上将(5)改成更弱的同余方程

$$n \equiv f(x_1) + f(x_2) + \cdots + f(x_s) \pmod{2^k}. \tag{13}$$

(若(5)有解,当然(13)有解). 要求化成"若(13)有解,则 $s \geqslant 2^k - 1$".

本题不算难. 介绍这道题(它是苏州大学余红兵教授提供的)目的是为了介绍整值多项式.

单墫
解题研究
丛书

我怎样解题

17 n 个实根

证明:任一 n 次实系数的首一(首项系数为 1)多项式是两个 n 次的,有 n 个实根的首一多项式的平均.

师:这是一个关于多项式的问题. 你们应当知道一个关于根的定理:

如果实系数多项式 $f(x)$ 在区间 $[c,d]$ 上变号,即 $f(c)f(d)<0$,那么 $f(x)$ 在 $[c,d]$ 内必有一个根.

甲:听说过这个定理.

师:那么你就可以做这道题了.

乙:设 $f(x)$ 是已知的多项式,又设 $g(x)$ 是另一个 n 次的首一多项式,则

$$f(x)=\frac{1}{2}[2f(x)-g(x)+g(x)].$$

只要设法选择 $g(x)$,使得 $g(x)$ 与 $2f(x)-g(x)$ 都有 n 个实数根.

师:你先将 $f(x)$ 表成两个 n 次首一多项式的平均,然后再设法满足其他要求. 这种想法很好.

甲:怎么选择 $g(x)$ 比较困难.

师:先假定 n 是偶数. 这时,在 x 的绝对值很大时,$g(x)>0$. 然后任取 n 个值,例如 $1,2,\cdots,n$. 再取一个正数 M,使得

$$g(1)=g(3)=\cdots=g(n-1)=-M, \tag{1}$$

$$g(2)=g(4)=\cdots=g(n)=M. \tag{2}$$

根据前面所说的定理,$g(x)$ 在 $(-\infty,1),(1,2),\cdots,(n-2,n-1).(n-1,n)$ 上各有一个根,即 $g(x)$ 有 n 个实根.

乙:有一个问题,满足(1),(2)的 n 次首一多项式 $g(x)$ 存在吗?

师:我忘记说了,这要用到拉格朗日插值定理.

甲:我知道这个定理. 它是说对任意的两组实数 $a_1<a_2<\cdots<a_k$ 及 $b_1,b_2,\cdots,b_k$,有一个 $k-1$ 次多项式 $h(x)$ 存在,满足 $h(a_i)=b_i(1\leqslant i\leqslant k)$. 具体的表达式是

$$h(x)=\sum_{i=1}^{k}\prod_{j\neq i}\frac{x-a_j}{a_i-a_j}b_i.$$

但我不知道现在如何应用这个定理. 而且,$h(x)$ 并不是首一的.

师:我们只定了 n 个点的函数值,所以你说的 $h(x)$ 是 $n-1$ 次多项式.再加上一个首一的 n 次多项式 $(x-1)(x-2)\cdots(x-n)$ 就得到合乎要求的 $g(x)$ 了.

生:原来这么简单! 不过,怎么能保证另一个多项式 $2f(x)-g(x)$ 也有 n 个实根呢?

师:上面的 M 可以由我们自由地选择.现在希望 $2f(x)-g(x)$ 在 $x=1$, $3,\cdots,n-1$ 处的值大于 0,在 $x=2,4,\cdots,n$ 的值小于 0.

生:这只要取 $M>\max\{2|f(1)|,2|f(2)|,\cdots,2|f(n)|\}$ 就可以了.

师:n 是奇数的情况证明只需稍作修改.

单墫
解题研究
丛　书

我怎样解题

18 切比雪夫多项式

设 $f(x)=ax^4+bx^3+cx^2+dx+e$,在区间$[-1,1]$上有

$$|f(x)|\leqslant 1, \tag{1}$$

求 $\max(|a|+|b|+|c|+|d|+|e|)$.

师:或许你们做过一个更简单的问题,即设二次多项式 $f(x)=ax^2+bx+c$ $(a\neq 0)$在区间$[-1,1]$上满足(1). 求 $\max(|a|+|b|+|c|)$.

甲:是的,我做过这题,不难. 令 $x=0$,得

$$|c|\leqslant 1. \tag{2}$$

再令 $x=1$ 与 -1,得

$$|a+b+c|\leqslant 1, \tag{3}$$

$$|a-b+c|\leqslant 1. \tag{4}$$

(3)与(2),得

$$|a+b|\leqslant|a+b+c|+|c|\leqslant 1+1=2. \tag{5}$$

(4)与(2),得

$$|a-b|\leqslant 2. \tag{6}$$

(5),(6)表明

$$|a|+|b|\leqslant 2. \tag{7}$$

从而

$$|a|+|b|+|c|\leqslant 3. \tag{8}$$

多项式 $2x^2-1$ 在区间$[-1,1]$上的值不大于1,而且使(8)中等号成立,

$$\therefore\quad \max(|a|+|b|+|c|)=3. \tag{9}$$

乙:对于四次多项式,方法应当类似. 令 $x=0$,得

$$|e|\leqslant 1. \tag{10}$$

再令 $x=1$ 与 -1,得

$$|a+b+c+d+e|\leqslant 1, \tag{11}$$

$$|a-b+c-d+e|\leqslant 1. \tag{12}$$

(11),(12)表明

$$|a+c+e|+|b+d|\leqslant 1. \tag{13}$$

但现在系数多了.(13)还不是(7)那样的式子,恐怕还要再令 x 为某个值,得出更多的不等式才行.

甲:x 取什么值呢?

乙:可以取 $\pm\dfrac{1}{\sqrt{2}}$. 这样与(13)类似,得出

$$| a+2c+4e |+\sqrt{2}\,| b+2d |\leqslant 4. \tag{14}$$

师:(14)可改成更简单的

$$| a+2c+4e |+| b+2d |\leqslant 4. \tag{15}$$

甲:$2\times(13)+(14)$,得

$$| a-2e |+| b |\leqslant | 2a+2c+2e |+| a+2c+4e |+$$
$$| 2b+2d |+| b+2d |$$
$$\leqslant 6. \tag{16}$$

结合(10),得

$$| a |+| b |\leqslant 8. \tag{17}$$

乙:$(13)+(15)$,得

$$| c+3e |+| d |\leqslant 5. \tag{18}$$

结合(10),得

$$| c |+| d |\leqslant 8. \tag{19}$$

甲:由(10),(17),(19),得

$$| a |+| b |+| c |+| d |+| e |\leqslant 8+8+1=17. \tag{20}$$

剩下的事是找一个满足要求的 $f(x)$,使式(20)中等号成立.

乙:如果 $f(x)$ 是偶函数,那么 $b=d=0$. 取 $a=d=8,e=1$,得

$$f(x)=8x^4-8x^2+1. \tag{21}$$

甲:但这个 $f(x)$ 未必满足(1).

乙:这个 $f(x)$ 满足(1),因为

$$8x^4-8x^2+1=2(2x^2-1)^2-1. \tag{22}$$

而在区间 $[-1,1]$ 上,$u=2x^2-1$ 满足 $|u|\leqslant 1$. 易知在 $|u|\leqslant 1$ 时,$2u^2-1$ 满足 $|2u^2-1|\leqslant 1$. 所以在区间 $[-1,1]$ 上,$|8x^4-8x^2+1|\leqslant 1$.

师:本题与切比雪夫多项式有关. 如果令 $\cos\theta=x$,那么 $\cos n\theta$ 可表示为 x 的 n 次多项式,称为切比雪夫多项式,记为 $T_n(x)$. 易知如表所示:

单墫
解题研究
丛书

我怎样解题

	$T_n(x)$
$n=1$	x
$n=2$	$2x^2-1$
$n=3$	$4x^3-3x$
$n=4$	$8x^4-8x^2+1$
$n=5$	$16x^5-20x^3+5x$

并且有递推式

$$T_{n+1}(x)=2xT_n(x)-T_{n-1}(x). \tag{23}$$

$T_n(x)$的系数的绝对值的和组成数列

$$1,3,7,17,41,\cdots \tag{24}$$

且满足递推公式

$$a_{n+1}=2a_n+a_{n-1}. \tag{25}$$

19 只有一次多项式

试确定满足以下条件的全部整系数多项式 $p(x)$, 对任意正整数 k, 方程 $p(x)=2^k$ 都有一个整数根.

甲: 显然 $p(x)=x$ 与 $p(x)=2x$ 满足要求.

乙: $p(x)=\pm(x+b)$ 或 $\pm 2(x+b)$ 也都满足要求, 这里 b 为任一个整数.

甲: 好像次数高于 1 的多项式都难以满足要求. 但不会证.

师: 猜得很好. 不过, 先从简单的做起, 看看一次的多项式是否只有上面的那几种呢?

乙: 设 $p(x)=ax+b$, 而整数 x_1, x_2 满足

$$ax_1+b=2, \tag{1}$$

$$ax_2+b=2^2. \tag{2}$$

则 $(2)-(1)$, 得

$$a(x_2-x_1)=2. \tag{3}$$

所以 $a \mid 2$, 从而 $a=\pm 1, \pm 2$.

在 $a=\pm 2$ 时, 由 (1) 可知 $2 \mid b$. 从而一次多项式只有上面的那几种满足要求.

师: 现在看 n 次多项式

$$p(x)=a_n x^n+a_{n-1} x^{x-1}+\cdots+a_1 x+a_0,$$

其中 $n>1, a_i (0 \leqslant i \leqslant n)$ 为整数, 并且 $a_n \neq 0$.

设对任意正整数 k, 都有整数 x_k, 满足

$$p(x_k)=2^k. \tag{4}$$

甲: 希望产生矛盾. 但从何入手呢?

师: 一步一步来. 先证明 $x_k \to \infty (k \to +\infty)$.

乙: 这不难. 在任一个有限区间上, 多项式 $p(x)$ 有界. 而 2^k 随 k 趋于 $+\infty$, 所以必有 $x_k \to \infty$.

师: 再看看 $\lim\limits_{k \to +\infty} \dfrac{x_k}{x_{k-1}}$ 是多少?

甲: 也不难. 我们有

单墫
解题研究
丛书

我怎样解题

$$2=\frac{2^k}{2^{k-1}}=\frac{a_n x_k^n + a_{n-1}x_k^{n-1}+\cdots+a_0}{a_n x_{k-1}^n + a_{n-1}x_{k-1}^{n-1}+\cdots+a_0}=\left(\frac{x_k}{x_{k-1}}\right)^n\left|\frac{a_n+\dfrac{a_{n-1}}{x_k}+\cdots+\dfrac{a_1}{x_k^{n-1}}+\dfrac{a_0}{x_k^n}}{a_n+\dfrac{a_{n-1}}{x_{k-1}}+\cdots+\dfrac{a_1}{x_{k-1}^{n-1}}+\dfrac{a_0}{x_{k-1}^n}}\right.,$$

$$\therefore \quad \lim_{k\to+\infty}\left(\frac{x_k}{x_{k-1}}\right)^n=\lim_{k\to+\infty}\left(\frac{x_k}{x_{k-1}}\right)^n\lim_{k\to+\infty}\frac{a_n+\dfrac{a_{n-1}}{x_k}+\cdots+\dfrac{a_0}{x_k^n}}{a_n+\dfrac{a_{n-1}}{x_{k-1}}+\cdots+\dfrac{a_0}{x_{k-1}^n}}$$

$$=\lim_{k\to+\infty}\frac{a_n x_k^n + a_{n-1}x_k^{n-1}+\cdots+a_0}{a_n x_{k-1}^n + a_{n-1}x_{k-1}^{n-1}+\cdots+a_0}$$

$$=2. \tag{5}$$

师:下面着重研究 x_k-x_{k-1} 所成的数列.因为 x_k 是方程

$$p(x)-2^k=0 \tag{6}$$

的根,所以 $x-x_k$ 是 $p(x)-2^k$ 的因式,即有

$$p(x)-2^k=(x-x_k)g(x), \tag{7}$$

其中 $g(x)$ 是整系数多项式

乙:在(7)中令 $x=x_{k-1}$,得

$$2^{k-1}-2^1=(x_{k-1}-x_k)g(x_{k-1}), \tag{8}$$

$\therefore \quad x_k-x_{k-1}\,|\,2^k-2^{k-1}=2^{k-1}$,从而

$$x_k-x_{k-1}=2^h, \tag{9}$$

其中 h 是不超过 $k-1$ 的非负整数.

甲:h 是多少呢?

师:难以确定,也不需要确定.暂且不去管它,先看看其他的差 $x_{k-1}-x_{k-2}$ 等等.

乙:同样有

$$x_{k-1}-x_{k-2}=2^s, \tag{10}$$

甲:s 与 h 有什么关系? 我希望 $h>s$,即数列 $\{x_k-x_{k-1}\}$ 是严格递增的.

乙:如果在(7)中令 $x=x_{k-2}$,那么可以得出

$$x_k-x_{k-2}\,|\,2^k-2^{k-2}=3\times2^{k-2} \tag{11}$$

甲:由(9)、(10),得

$$x_k-x_{k-2}=2^h+2^s=2^{\min(h,s)}(2^{|h-s|}+1) \tag{12}$$

因为在 $|h-s|>1$ 时,$2^{|h-s|}+1\nmid 3$,所以必有

$$|h-s| \leqslant 1 \tag{13}$$

即 h 与 s 相等,或相差 1.

师:很好.这离你的目标:$\{x_k-x_{k-1}\}$ 严格递增,已经越来越近了.

乙:在(7)中令 $x=x_{k-3}$,得

$$x_k-x_{k-3} \mid 2^k-2^{k-3}=7 \times 2^{k-3} \tag{14}$$

所以 $\{x_k-x_{k-1}\}$ 不能有连续三项相同.否则导出

$$x_k-x_{k-3}=(x_k-x_{k-1})+(x_{k-1}-x_{k-2})+(x_{k-2}-x_{k-3})=3 \times 2^h,$$

而 $3 \nmid 7 \times 2^{k-3}$.

师:$\{x_k-x_{k-1}\}$ 中能否有连续两项相同?

甲:如果 $\{x_k-x_{k-1}\}$ 中有连续两项同为 2^h,那么由(12),连续四项 $x_{k+1}-x_k, x_k-x_{k-1}, x_{k-1}-x_{k-2}, x_{k-2}-x_{k-3}$ 可能有 3 种情况:

(a) $2^{h+1}, 2^h, 2^h, 2^{h+1}$;

(b) $2^{h+1}, 2^h, 2^h, 2^{h-1}$;

(c) $2^{h-1}, 2^h, 2^h, 2^{h-1}$.

情况(b)导致 $x_{k+1}-x_{k-3}=2^{h+1}+2^h+2^h+2^{h-1}=9 \times 2^{h-1}$

与 $x_{k+1}-x_{k-3} \mid 2^{k+1}-2^{k-3}$ 矛盾.

情况(c)导致 $x_k-x_{k-3}=2^h+2^h+2^{h-1}=5 \times 2^{h-1}$

与 $x_k-x_{k-3} \mid 2^k-2^{k-3}$ 矛盾.

情况(a)又分为 3 种,即第五项为 2^{h+2}、2^{h+1}、$2^{h'}$,分别产生

$$x_{k+1}-x_{k-4}=2^h \times (2+1+1+2+4)=10 \times 2^h+2^{k+1}-2^{k-4},$$

$$x_{k-1}-x_{k-4}=2^h \times (1+2+2)=5 \times 2^h+2^{k-1}-2^{k-4},$$

$$x_{k+1}-x_{k-4}=2^h \times (2+1+1+2+1)=7 \times 2^h+2^{k+1}-2^{k-4}$$

因此,$\{x_k-x_{k-1}\}$ 中不可能有连续两项相同.

乙:连续三项为 $2^{h+1}, 2^h, 2^{h+1}$,导致

$$x_{k+1}-x_{k-2}=2^h(2+1+2)=5 \times 2^h$$

也与 $x_{x+1}-x_{k-2} \mid 2^{k+1}-2^{k-2}=2^{k-2} \times 7$ 矛盾.

连续三项为 $2^{h-1}, 2^h, 2^{h-1}$,则下一项为 2^h.同样导致矛盾.

因此连续三项只能为 $2^{h+1}, 2^h, 2^{h-1}$ 或者 $2^{h-1}, 2^h, 2^{h+1}$.

甲:$\{x_k-x_{k-1}\}$ 是无穷数列.如果按照项数增加的顺序写出

$$x_2-x_1, x_3-x_2, \cdots, x_k-x_{k-1}, \cdots$$

单墫
解题研究
丛　　书

我怎样解题

那么各项的 2 的指数不可能是严格递减的,而只能是严格递增的,即

$$\cdots,2^{h-1},2^{h},2^{h+1},\cdots$$

乙:因此,

$$x_k=(x_k-x_{k-1})+(x_{k-1}-x_{k-2})+\cdots+(x_2-x_1)+x_1$$
$$=2^h+2^{h-1}+\cdots$$
$$=2^{h+1}+A,$$

其中 A 为一个与 k 无关的常数. 而且同样有

$$x_{k-1}=2^h+A.$$

$$\therefore \quad \lim_{k\to+\infty}\frac{x_k}{x_{k-1}}=\lim_{h\to+\infty}\frac{2^{h+1}+A}{2^h+A}=2.$$

这与(5)矛盾.

甲:因此本题只有一次多项式 $\pm(x+b),\pm2(x+b)$ 满足条件.

20 f 合 数

设 k 为给定的整数.$f(n)$ 是定义在负整数集上且取值为整数的函数,满足
$$f(n)f(n+1)=(f(n)+n-k)^2, n=-2,-3,-4,\cdots$$
求函数 $f(n)$ 的表达式.

甲:这是个函数方程的问题,由已知可以得出
$$f(n) \mid (n-k)^2.$$

师:$f(n)=(n-k)^2$ 是否满足要求?

乙:如果
$$f(n)=(n-k)^2,$$
那么
$$f(n+1)=(n+1-k)^2.$$
而
$$(f(n)+n-k)^2=((n-k)^2+n-k)^2=(n-k)^2(n-k+1)^2$$
正好是 $f(n)f(n+1)$,
$$\therefore \quad f(n)=(n-k)^2$$
是本题的解.不过,它是否是唯一的解呢? 如果是,又怎么证明呢?

师:先考虑一些特殊的 n.

甲:例如取 $n=k+1$,由
$$f(n) \mid (n-k)^2, \tag{1}$$
得
$$f(k+1)=\pm 1.$$
不过 n 应当是负整数,而 $k+1$ 不一定是负整数.

师:你取 $(n-k)^2=1$ 是很有道理的.1 的因数少,从而 $f(n)$ 的可能值比较少,较易确定.除了取 $(n-k)^2=1$,还取什么值为好呢?

乙:那当然是取 $k-n=$ 素数 p 为好,也就是 $n=k-p$.当 p 很大时,n 是负整数,这时由 (1),得
$$f(n)=\pm 1, \pm p, \pm p^2, \tag{2}$$
有 6 种可能.

单墫
解题研究
丛书

我怎样解题

师：究竟是哪一种？

甲：如果 $f(n)=(n-k)^2$，那么应当是 $f(n)=p^2$. 怎么证呢？

师：可以结合 $f(n+1)$ 来考虑.

乙：$\because \quad f(n+1)f(n+2)=(f(n+1)+n+1-k)^2,$ $\qquad\qquad$ (3)

所以与(1)同样有

$$f(n+1)\mid(n+1-k)^2. \qquad\qquad (4)$$

在 $n=k-p$ 时，即

$$f(n+1)\mid(p-1)^2. \qquad\qquad (5)$$

如果 $f(n)=\pm1$，那么由

$$f(n)f(n+1)=(f(n)-p)^2, \qquad\qquad (6)$$

得

$$f(n+1)=(p-1)^2 \text{ 或 } -(p+1)^2.$$

结合(5)，得

$$f(n+1)=(p-1)^2. \qquad\qquad (7)$$

如果 $f(n)=\pm p$，那么由(6)，得

$$f(n+1)=0 \text{ 或 } -4p$$

与(5)不符.

如果 $f(n)=\pm p^2$，那么由(6)，得

$$f(n+1)=(p-1)^2 \text{ 或 } -(p+1)^2,$$

结合(5)仍得(7).

甲：原来希望证明 $f(n)=p^2$，你却得出 $f(n+1)=(p-1)^2$，有什么用呢？

师：很好啊！将 $n+1$ 改记为 n，总结一下.

乙：我们已经得到，在 $n=k-p+1$ 时，

$$f(n)=(n-k)^2, \qquad\qquad (8)$$

其中 p 为大于 $k+1$ 的素数.

师：可以利用已知条件再扩大战果.

甲：在(8)成立时，由于

$$f(n+1)f(n)=((n-k)^2+n-k)^2=(n-k)^2(n-k+1)^2, \qquad (9)$$

$$\therefore \quad f(n+1)=(n+1-k)^2. \qquad\qquad (10)$$

依此类推，对于 $x=n,n+1,n+2,\cdots,-1$，均有

$$f(x)=(x-k)^2, \tag{11}$$

但 $f(n-1)$ 还需要求.

师：不必了.因为 p 可以取得任意地大.对每一个负整数 x,都可以找到负整数 $n<x$,并且 $n=k+1-p$,所以(11)对一切负整数 x 均成立.

乙：我觉得甲的推导有点问题.如果 k 是负整数,那么在得到 $f(k)=0$ 后.就不能由

$$f(k+1)f(k)=0, \tag{12}$$

推出 $f(k+1)=1$ 以及 $f(k+2),\cdots,f(-1)$ 的值.即(11)仅对 $x=n,n+1,n+2,\cdots,k$ 成立.而对 $x=k+1,k+2,\cdots,-1$,(11)是否成立,还需新的证明.

师：你说得很对.不过,只需稍作修改即可.试试看吧!

甲：$k\leqslant-4$ 时,取 $n=k+2$.由

$$f(k+3)f(k+2)=(f(k+2)+2)^2. \tag{13}$$

得

$$f(k+2)\mid 2^2.$$
$$\therefore \quad f(k+2)=\pm1,\pm2,\pm4. \tag{14}$$

但代入

$$f(k+1)f(k+2)=(f(k+1)+1)^2 \tag{15}$$

中,只有 $f(k+2)=4$ 得出 $f(k+1)=1$.其余的 $f(k+2)$ 值均得不出取整数值的 $f(k+1)$.于是 $k\leqslant-4$ 时,(11)对于 $x=k+1,k+2$ 成立,从而对 $k+1,k+2,\cdots,-1$ 均成立[因为 $f(x)$ 不再为 0].

乙：$k=-3$ 时,得

$$f(-1)f(-2)=(f(-2)+1)^2, \tag{16}$$

$\therefore \quad f(-2)\mid1^2.$

(a) $f(-2)=1,f(-1)=4$;

(b) $f(-2)=-1,f(-1)=0.$

甲：$k=-2$ 时,$f(-1)$ 可取任意值.于是

当 $k\neq-2,-3$ 时,

$$f(n)=(n-k)^2;$$

当 $k=-2$ 时,

$$f(n)=\begin{cases}(n+2)^2, & n\neq-1;\\ \text{任意值}, & n=-1;\end{cases}$$

当 $k=-3$ 时，

$$f(n)=(n+3)^2,$$

或

$$f(n)=\begin{cases}(n+3)^2, & n\leqslant-3;\\ -1, & n=-2;\\ 0, & n=-1.\end{cases}$$

乙:(9)好像在哪里见过. 哦,原来就是您写的《数学竞赛研究教程》第 9 讲例子中的 f 合数.

21 带余除法

对于正整数 a, n, 必有正整数 q 和整数 r, 使

$$a = qn + r, 0 \leqslant r < n, \tag{1}$$

这就是带余除法. 其中, q 称为商, r 称为余数.

定义 $F_n(a) = q + r$. 求最大的正整数 A, 使得存在正整数 n_1, n_2, n_3, n_4, n_5, n_6, 对于任意的正整数 $a \leqslant A$, 都有

$$F_{n_1}(F_{n_2}(F_{n_3}(F_{n_4}(F_{n_5}(F_{n_6}(a)))))) = 1. \tag{2}$$

这是 1998 年高中数学联赛加试题的第 3 题. 我们将 n 的下标作了修改.

本题的困难主要在能否看懂题意. 对于参加竞赛的选手, 这本该不成问题. 但现在很多学生缺乏读书习惯, 理解水平远不及以前, 这是值得教育工作者高度重视的.

首先, 应搞清 $F_n(a)$ 的意义. $F_n(a)$ 就是 (1) 中的商与余数的和. 如果 a 从 1 增到 $n-1$, 那么 (1) 中 $q = 0$, 而 r 从 1 增到 $n-1$, $F_n(a)$ 也从连续增 1 到 $n-1$. 如果 a 再从 n 增到 $2n-1$, 那么 (1) 中, $q = 1$, 而 r 则由 0 增到 $n-1$, $F_n(a)$ 由 1 连续增到 n. 如果 a 从 $2n$ 增到 $3n-1$, $F_n(a)$ 由 2 连续增到 $n+1$. 一般地, 如果给定 A 与 n, 作带余除法, 得

$$A = nq_A + r_A, 0 \leqslant r_A < n. \tag{3}$$

对于 $a \in \{1, 2, \cdots, A\}$, $F_n(a)$ 的值组成集合 $\{1, 2, \cdots, B\}$, 其中

$$B = \max\{(q_A - 1) + (n - 1), q_A + r_A\}, \tag{4}$$

即

$$B = q_A + n - 2 \text{ 或 } q_A + n - 1. \tag{5}$$

后者在且仅在 $A = q_A + n - 1$ (即 $r_A = n - 1$) 时取得.

显然 A 增大时, B 也增大. 反过来, B 增大时, A 也应增大. 本题的实质就是给定 B 时, 如何定出尽可能大的 A (同时求出使 A 最大的 n 与 q_A, r_A).

在 $B = 1$ 时, 由 (5) 可知

$$n \leqslant B + 2 = 3.$$

而

$$F_3(2) = F_1(2) = F_2(3) = 2 > 1,$$

我怎样解题

$$F_2(1) = F_2(2) = 1,$$

$$\therefore \quad n = 2, A = 2(q_A = 1, r_A = 0). \tag{6}$$

一般情况,由(5),得

$$q_A \leqslant B - n + 2, \tag{7}$$

所以 A 最大为

$$A = q_A n + r_A = (B - n + 2)n + n - 2 = (B - n + 3)n - 2, \tag{8}$$

$$((B - n + 1)n + n - 1 = (B - n + 2)n - 1 < (B - n + 2)n + n - 2).$$

(8)中 $B - n + 2$ 与 n 的和为定值,所以 A 最大为

$$A = \begin{cases} \left(\dfrac{B+3}{2}\right)^2 - 2 = \dfrac{B^2 + 6B + 1}{4}, & \text{若 } B \text{ 为奇数}; \\[3mm] \dfrac{B+3}{2} \cdot \dfrac{B+4}{2} - 2 = \dfrac{B(B+6)}{4}, & \text{若 } B \text{ 为偶数}. \end{cases} \tag{9}$$

对于(2),可以一层一层地"剥皮".首先,由

$$F_{n_1}(a) = 1 \tag{10}$$

对于 $a \leqslant A_1$ 成立 $(B_1 = 1)$,得 $A_1 = 2$. 再由

$$F_{n_2}(a) = 2 \tag{11}$$

对于 $a \leqslant A_2$ 成立 $(B_2 = A_1 = 2)$,(9)给出 $A_2 = 4$. 由

$$F_{n_3}(a) = 4 \tag{12}$$

对于 $a \leqslant A_3$ 成立 $(B_3 = A_2 = 4)$,(9)给出 $A_3 = 10$(注意 B_i 是偶数时,均用(9)的第二个式子).

由于在 B 为偶数 $2c$ 时,

$$\frac{B(B+6)}{4} = c(c+3). \tag{13}$$

一定是偶数(c 与 $c+3$ 中一奇一偶),所以在 $i \geqslant 2$ 时,

$$B_{i+1} = A_i = \frac{B_i(B_i + 6)}{4}. \tag{14}$$

由这递推式,得

$$A_4 = 40, A_5 = 460, A_6 = 53\,590, \tag{15}$$

即本题答案为 $53\,590$.

22 存在两组数

设 a, b 为非负整数，c 为整数，且
$$ab \geqslant c^2. \tag{1}$$
证明：存在一个正整数 n 及整数 $x_1, x_2, \cdots, x_n, y_1, y_2, \cdots, y_n$ 使得
$$\sum_{i=1}^{n} x_i^2 = a, \tag{2}$$
$$\sum_{i=1}^{n} y_i^2 = b, \tag{3}$$
$$\sum_{i=1}^{n} x_i y_i = c. \tag{4}$$

甲：由柯西不等式可知
$$\sum x_i^2 \cdot \sum y_i^2 \geqslant \left(\sum x_i y_i\right)^2, \tag{5}$$
所以条件(1)是必要的. 现在要证明它也是所说的那些数存在的充分条件.

乙：可以设 c 也是非负的(否则用 $-x_i$ 代替 x_i).

甲：不妨设 $a \geqslant b$.

如果 $b \geqslant c$，那么可取
$$n = a + b - c.$$
令
$$y_1 = y_2 = \cdots = y_b = 1, y_i = 0 \quad (b < i \leqslant n),$$
$$x_1 = x_2 = \cdots = x_c = 1,$$
$$x_i = 0 \quad (c < i \leqslant b),$$
$$x_j = 1 \quad (b < j \leqslant n),$$
则(2),(3),(4)全成立.

乙：如果 $b < c$，设
$$c = qb + r, 0 \leqslant r < b. \tag{6}$$
在 $r = 0$ 时，令
$$n = a - bq^2 + b,$$
$$y_1 = y_2 = \cdots = y_b = 1, y_i = 0 \quad (b < i \leqslant n), \tag{7}$$
$$x_1 = x_2 = \cdots = x_b = q, x_j = 1 \quad (b < j \leqslant n), \tag{8}$$

单墫
解题研究
丛书

我怎样解题

则(2),(3),(4)成立.

甲:在 $r>0$ 时,令

$$y_1=y_2=\cdots=y_b=1, y_i=0 \quad (b<i\leqslant n),\tag{9}$$

$$x_1=x_2=\cdots=x_r=q+1, x_{r+1}=x_{r+2}=\cdots=x_b=q.\tag{10}$$

乙:不行! 现在

$$x_1^2+x_2^2+\cdots+x_b^2=r(q+1)^2+(b-r)q^2=bq^2+2rq+r,\tag{11}$$

而

$$a\geqslant\frac{c^2}{b}=bq^2+2rq+\frac{r^2}{b}.\tag{12}$$

(12)的右边如果≥(11)的右边,那么再补充若干个为 1 的 x_j 就可以使(2)成立. 但 $\frac{r^2}{b}<r$,即(11)的右边可能已经超过 a 了.

师:这正是问题的困难所在.

甲:怎么办呢?

师:前面一直以 $y_1=y_2=\cdots=y_b=1$,这样取看来无法再向前推进,只好仍退回到一般的、待定的 $y_1,y_2,\cdots,y_n$,重新考虑.

乙:要退这么远?

师:要退够,退回出发点重新开始. 设

$$r^2=kb-s \quad (0\leqslant s<b),\tag{13}$$

则由(12),得 a 的下界,即

$$a\geqslant bq^2+2rq+k.\tag{14}$$

甲:(13)是作除法吗? 为什么要减去 s,而不是通常带余除法中的加上余数呢?

乙:这样做,(13)中的商 k 可以增加 1,也就是(14)中 a 的下界可以增加 1.

师:是的. 如果取

$$x_i=qy_i+k_i \quad (i=1,2,\cdots,n),\tag{15}$$

[有的像(7)与(8)或(9)与(10),x_i 是 y_i 的 q 倍多一些],那么 $\{k_i\}$ 与 $\{y_i\}$ 应有什么关系?

甲:由(4),(6),得

$$\sum_{i=1}^{n}k_iy_i=r.\tag{16}$$

乙：由(2),(15),得

$$\sum_{i=1}^{n} x_i^2 = bq^2 + 2rq + \sum_{i=1}^{n} k_i^2.\qquad(17)$$

师：总结一下,b,r,k 这三个正整数满足

$$kb > r^2.\qquad(18)$$

而希望有 n 及 $y_1,y_2,\cdots,y_n,k_1,k_2,\cdots,k_n$,满足(3),(16)及

$$\sum_{i=1}^{n} k_i^2 = k.\qquad(19)$$

甲：如果有这样的$\{k_i\}$与$\{y_i\}$,那么再补充若干个 x_j(相应的 $y_j=0$),就可以使得(2),(3),(4)成立[其中项数是 $n+a-(bq^2+2rq+k)$].

乙：三元有序数组$(a,b,c)$$(ab \geqslant c^2)$变成$(b,k,r)$.采用同样方法,$(b,k,r)$又可换成更小的三元数组,这样连续下去,直至相应数组中的第二项整除第三项.而这时已经能找到所需要的两组整数(即 $c=qb$ 的情况).从而原题结论亦成立.

师：这就是无穷递降法,你用得很好.

23   线 性 无 关

设 $a_1, a_2, \cdots, a_n$ 是 n 个大于 1 的自然数,互不相同,且都不含平方因式(即不存在大于 1 的自然数 d,满足 $d^2 \mid a_i$). 证明:对任意不全为零的有理数 b_1, $b_2, \cdots, b_n$

$$b_1 \sqrt{a_1} + b_2 \sqrt{a_2} + \cdots + b_n \sqrt{a_n} \tag{1}$$

不是有理数.

本题的特殊情况曾在竞赛中出现过. 例如 2005 年国家集训队测试有下面的一道题:

试确定

$$\sqrt{1\,001^2 + 1} + \sqrt{1\,002^2 + 1} + \cdots + \sqrt{2\,002^2 + 1} \tag{2}$$

是否为有理数?

我们用归纳法证明(1)不是有理数. 可设(1)中 $b_1, b_2, \cdots, b_n$ 全不为 0.

先证明(1)不能等于非零的有理数:

$n = 1$ 时,结论显然.

设命题在 n 换为较小的数时成立. 而

$$b_1 \sqrt{a_1} + b_2 \sqrt{a_2} + \cdots + b_n \sqrt{a_n} = A \in \mathbf{Q}, A \neq 0. \tag{3}$$

考虑 x 的多项式

$$f(x) = \prod (x \pm b_1 \sqrt{a_1} \pm b_2 \sqrt{a_2} \pm \cdots \pm b_{n-1} \sqrt{a_{n-1}}), \tag{4}$$

其中"$\pm$"号各有两种可能选择,所以共有 2^{n-1} 个一次因式,多项式 $f(x)$ 是 2^{n-1} 次的.

这个多项式的系数为有理数:因为将 $\sqrt{a_i}$ 换成 $-\sqrt{a_i}$ 时,f 不变,所以 f 的系数中只有 $(\sqrt{a_2})^2$ 出现($1 \leqslant i \leqslant n$).

由于(3),有理系数的多项式 $f(x)$ 有一个根 $A - b_n \sqrt{a_n}$,因而必有一个共轭的根 $A + b_n \sqrt{a_n}$. 从而

$$\prod (A + b_n \sqrt{a_n} \pm b_1 \sqrt{a_1} \pm b_2 \sqrt{a_2} \pm \cdots \pm b_{n-1} \sqrt{a_{n-1}}) = 0, \tag{5}$$

即在适当选择"$\pm$"号时,有

$$A + b_n \sqrt{a_n} \pm b_1 \sqrt{a_1} \pm b_2 \sqrt{a_2} \pm \cdots \pm b_{n-1} \sqrt{a_{n-1}} = 0. \tag{6}$$

结合(3),消去 $b_n\sqrt{a_n}$,得

$$2A + b_1'\sqrt{a_1} + b_2'\sqrt{a_2} + \cdots + b_{n-1}'\sqrt{a_{n-1}} = 0, \tag{7}$$

其中 $b_1', b_2', \cdots, b_{n-1}'$ 都是有理数. 但由归纳假设,(7)不成立. 所以(3)不成立,即(1)不能等于非零的有理数.

特别地,(2)是一个正数,它不能等于有理数.

再证明(1)不能等于 0(以下用的是江苏启东中学姚添宇的证法). 设

$$b_1\sqrt{a_1} + b_2\sqrt{a_2} + \cdots + b_n\sqrt{a_n} = 0, \tag{8}$$

则

$$b_1\sqrt{a_1} + b_2\sqrt{a_2} + \cdots + b_{n-1}\sqrt{a_{n-1}} = -b_n\sqrt{a_n}. \tag{9}$$

两边同乘 $\sqrt{a_n}$,得

$$b_1\sqrt{a_1 a_n} + b_2\sqrt{a_2 a_n} + \cdots + b_{n-1}\sqrt{a_{n-1} a_n} = -b_n a_n. \tag{10}$$

$\sqrt{a_i a_n}$ $(1 \leqslant i \leqslant n-1)$ 如有平方因式可以移到根号外. 由于

$$a_i a_n = m^2, m \in \mathbf{N}, \tag{11}$$

导致两个无平方因式的数 a_i, a_n 相等,与已知不符,所以(11)不成立. $\sqrt{a_i a_n}$ 在将平方因式移到根号外后,变成 $\sqrt{c_i}$ 乘整数,其中 c_i 无平方因式. 于是,(10)的左边是至多 $n-1$ 个根式 $\sqrt{c_1}, \sqrt{c_2}, \cdots, \sqrt{c_{n-1}}$ 的代数和. 根据上面所证,它不能等于非零有理数. 于是(10)不成立,从而式(8)不成立.

注 由于 $\dfrac{a_i a_n}{a_j a_n} = \dfrac{a_i}{a_j}$ 不是有理数的平方($a_i p^2 = a_j q^2$ 导致 $a_i = a_j$),所以 $\sqrt{c_i}$ 与 $\sqrt{c_j}$ ($1 \leqslant i < j \leqslant n-1$)不是同类根式. (10)的左边恰好有 $n-1$ 个根式,但即使它们能合并,结论也已得出. 所以上面说"至多 $n-1$ 个"也已足够.

在证明(3)不成立时,我们只用 $n-1$ 个根式来构造 $f(x)$,这是我们证法的主要特点.

设 $x_1, x_2, \cdots, x_n$ 是一组数. 如果有一组不全为 0 的有理数 $b_1, b_2, \cdots, b_n$,使得

$$b_1 x_1 + b_2 x_2 + \cdots + b_n x_n = 0, \tag{12}$$

我们就说 $x_1, x_2, \cdots, x_n$ 在有理数域上线性相关. 否则,就说 $x_1, x_2, \cdots, x_n$ 在有理数域上线性无关.

线性相关、线性无关是代数中的重要概念. 本节的结论就是在 $a_1, a_2, \cdots, a_n$ 满足题述条件时,$1, \sqrt{a_1}, \sqrt{a_2}, \cdots, \sqrt{a_n}$ 在有理数域上线性无关.

单墫
解题 研究
丛 书

我怎样解题

24 整　基

设 M 为空间中一些整向量的集. 整向量指三个分量 x,y,z 都是整数的向量 (x,y,z). 证明:可以在 M 中选出有限多个向量 $\boldsymbol{A}_1,\boldsymbol{A}_2,\cdots,\boldsymbol{A}_n$,使得 M 中任一个向量 $\boldsymbol{B}$,都可以写成 $\boldsymbol{A}_1,\boldsymbol{A}_2,\cdots,\boldsymbol{A}_n$ 的整线性组合,即

$$\boldsymbol{B}=\sum_{i=1}^{n}b_i\boldsymbol{A}_i,b_i\in\boldsymbol{Z}(i=1,2,\cdots,n). \tag{1}$$

在这组向量 $\boldsymbol{A}_1,\boldsymbol{A}_2,\cdots,\boldsymbol{A}_n$ 的个数最小时,称为集 M 的整基.

我们先考虑容易一些的问题,即将"三维整向量"改为"一维整向量",即整数.

设 M_1 为一些整数的集. 证明:可以在 M_1 中选出有限多个数 $a_1,a_2,\cdots,a_n$,使得 M_1 中任一个数 b,都可以写成 $a_1,a_2,\cdots,a_n$ 的整线性组合.

M_1 如果是有限集,结论是显然的. 就将 M_1 中的全部元素 $a_1,a_2,\cdots,a_n$ 作为基. 每个数 $a_i=1\cdot a_i(i=1,2,\cdots,n)$.

所以,只需考虑 M_1 为无限集的情况. 将 M_1 进一步扩大,考虑所有形如

$$\sum_{a_i\in M_1}b_ia_i \tag{2}$$

的数,其中 b_i 是整数并且只有有限多个不是 0(所以(2)总是有限多个数的和). 设这些数组成的集合为 M_1'. M_1 中的数当然都在 M_1' 中,所以 $M_1'\supseteq M_1$. 通常称 M_1' 为 M_1 生成的集. M_1' 中任意多个数的整线性组合仍在 M_1' 中.

M_1' 中的数都是整数,其中有非零元素(除非 M_1 仅由 0 组成). 这些非零元素中必有一个绝对值最小,设它为 d,并不妨设 $d>0$(否则,将 M_1 中每个数乘以 -1).

M_1' 中任一个数 a 都是 d 的倍数. 不然的话,由除法

$$a=qd+r,0<r<d, \tag{3}$$

其中商 q、余数 r 都是整数.

由于 $r=a-qd$,且 a,d 都是(2)形的数,所以 r 也是(2)形的数,即 $r\in M_1'$,但 $0<r<d$,这与 d 的最小性矛盾. 所以 a 一定被 d 整除.

d 是(2)形的数,设其中不为 0 的 b_i 有 n 个,并不妨设

$$d=\sum_{i=1}^{n}b_ia_i,b_i\neq 0\quad(i=1,2,\cdots,n), \tag{4}$$

其中 $a_i(1\leqslant i\leqslant n)\in M_1$，则 M_1' 中任一个数 $a=qd$ 可表示为 $a_1,a_2,\cdots,a_n$ 的整线性组合

$$a=\sum_{i=1}^{n}(qb_i)a_i. \qquad (5)$$

特别地，M_1 中任一个数可表示为上述形式.

这个证明是经典的，值得细细品味. 其中 d 可能并不在 M_1 中（但在扩大后的 M_1' 中）. 所以必须先将 M_1 扩大为 M_1' 才能找到 $d.$ d 可用 M_1 中有限多个数的整线性组合表示，M_1 中的数可表示为 d 的倍数，因而也可用上述有限多个数的整线性组合表示. d 其实就是这组量 $a_1,a_2,\cdots,a_n$ 的最大公约数，它是更一般的概念"理想"的滥觞.

现在考虑二维向量. 设 M_2 为一些整二维向量的集. 证明：M_2 中可选出有限多个向量 $\boldsymbol{A}_1,\boldsymbol{A}_2,\cdots,\boldsymbol{A}_n$，使得 M_2 中任一个向量 $\boldsymbol{B}$ 都可以写成 $\boldsymbol{A}_1,\boldsymbol{A}_2,\cdots,\boldsymbol{A}_n$ 的整线性组合.

同样，只需考虑 M_2 为无限集的情况. 将 M_2 进一步扩大，考虑所有形如

$$\sum_{a_i\in M_2}b_i\boldsymbol{\alpha}_i \qquad (6)$$

的向量，其中 b_i 是整数并且只有有限多个不是 0. 设这些向量组成的集合为 $M_2'.$ 显然 M_2 所生成的集 $M_2'\supseteq M_2$，并且 M_2' 中任意多个向量的整线性组合仍是（6）的形式，因而仍在 M_2' 中.

向量的模是与数的绝对值相当的概念. 设 $\boldsymbol{d}_1=(g_1,h_1)$ 是 M_2' 中模最小的非零向量.

由于（6），形如 $b\boldsymbol{d}_1(b\in\mathbf{Z})$ 的向量都在 M_2' 中.

如果 M_2' 中每个向量 $\boldsymbol{\alpha}$ 都能表成 $t\boldsymbol{d}_1(t\in\mathbf{R})$ 的形式，那么 M_2' 实际上只有一维. 并且这时 t 一定是整数，否则 $\boldsymbol{\alpha}-[t]\boldsymbol{d}_1=(t-[t])\boldsymbol{d}_1$ 仍在 M_2' 中，但由于 $0<t-[t]<1$，则 $(t-[t])d$ 的模小于 $\boldsymbol{d}_1$，与 $\boldsymbol{d}_1$ 的最小性矛盾.

与上面一维情况类似（向量 $\boldsymbol{d}_1$ 起着最大公约数 d 的作用），由于 $\boldsymbol{d}_1\in M_2'$，所以 $\boldsymbol{d}_1$ 是（6）形的向量，不妨设

$$\boldsymbol{d}_1=\sum_{i=1}^{n}b_i\boldsymbol{A}_i,b_i\neq 0 \quad(i=1,2,\cdots,n), \qquad (7)$$

其中 $\boldsymbol{A}_i(1\leqslant i\leqslant n)$ 是 M_2 中的向量，则 M_2' 中任一个向量 $\boldsymbol{\alpha}=t\boldsymbol{d}(t\in\mathbf{Z})$ 可表示为 $\boldsymbol{A}_1,\boldsymbol{A}_2,\cdots,\boldsymbol{A}_n$ 的整线性组合

$$\boldsymbol{x} = \sum_{i=1}^{n} (tb_i)\boldsymbol{A}_i. \tag{8}$$

特别地，M_2 中每一个向量可表示为上述形式.

如果 M_2' 中有向量与 $\boldsymbol{d}_1$ 不共线（不能表示成 $t\boldsymbol{d}_1(t \in \mathbf{R})$ 的形式），设其中向量 $\boldsymbol{d}_2 = (g_2, h_2)$ 与 $\boldsymbol{d}_1$ 所成平行四边形（以 $\boldsymbol{d}_1, \boldsymbol{d}_2$ 为邻边的平行四边形）的面积为最小，即 $|g_1h_2 - g_2h_1|$ 为最小. 由于 g_1, g_2, h_1, h_2 都是整数，$|g_1h_2 - g_2h_1|$ 是正整数，所以必有最小值. 对 M_2' 中任一向量 $\boldsymbol{\alpha}$，存在实数 u, v，使得

$$\boldsymbol{\alpha} = u\boldsymbol{d}_1 + v\boldsymbol{d}_2 \tag{9}$$

（即 $\boldsymbol{\alpha}$ 在坐标向量 $\boldsymbol{d}_1, \boldsymbol{d}_2$ 上的分量分别为 $u\boldsymbol{d}_1, v\boldsymbol{d}_2$）.

由于 $\boldsymbol{d}_1, \boldsymbol{d}_2 \in M_2'$，所以 $[u]\boldsymbol{d}_1 + [v]\boldsymbol{d}_2 \in M_2'$，其中 $[u], [v]$ 为 u, v 的整数部分，$0 \leqslant u - [u], v - [v] < 1$. 从而

$$\boldsymbol{\alpha}' = \boldsymbol{\alpha} - ([u]\boldsymbol{d}_1 + [v]\boldsymbol{d}_2) = (u - [u])\boldsymbol{d}_1 + (v - [v])\boldsymbol{d}_2 \in M_2'. \tag{10}$$

如果 $v \neq [v]$，那么 $\boldsymbol{\alpha}'$ 不是与 $\boldsymbol{d}_1$ 共线的向量. 但 $\boldsymbol{\alpha}'$ 与 $\boldsymbol{d}_1$ 所成面积为

$$(v - [v]) |g_1h_2 - g_2h_1| < |g_1h_2 - g_2h_1|, \tag{11}$$

与 $\boldsymbol{d}_2$ 的最小性矛盾. 所以必有 $v = [v]$，即 v 是整数. 这时

$$u\boldsymbol{d}_1 = \boldsymbol{\alpha} - v\boldsymbol{d}_2 \in M_2'.$$

从而根据前面（对 $t\boldsymbol{d}_1$）的论证，u 也是整数.

由于 $\boldsymbol{d}_1, \boldsymbol{d}_2 \in M_2'$，不妨设

$$\boldsymbol{d}_1 = \sum_{i=1}^{n} b_{1i}\boldsymbol{A}_i, \quad \boldsymbol{d}_2 = \sum_{i=1}^{n} b_{2i}\boldsymbol{A}_i,$$

其中 $b_{1i}, b_{2i} \in \mathbf{Z}(i = 1, 2, \cdots, n)$，$\boldsymbol{A}_i(1 \leqslant i \leqslant n)$ 是 M_2 中向量.

M_2' 中任一向量 $\boldsymbol{\alpha} = u\boldsymbol{d}_1 + v\boldsymbol{d}_2 (u, v \in \mathbf{Z})$ 可以表示成 $\boldsymbol{A}_1, \boldsymbol{A}_2, \cdots, \boldsymbol{A}_n$ 的整线性组合

$$\boldsymbol{\alpha} = \sum_{i=1}^{n} (ub_{1i} + vb_{2i})\boldsymbol{A}_i. \tag{12}$$

特别地，M_2 中每一个向量可表示为上述形式.

对于三维整向量集 M. 同样只需考虑 M 为无限集的情况. 将 M 进一步扩大，考虑所有形如

$$\sum_{\boldsymbol{\alpha}_i \in M} b_i\boldsymbol{\alpha}_i \tag{13}$$

的向量. 其中 b_i 是整数并且只有有限多个不是 0. 设这些向量组成的集合为 M'. $M' \supseteq M$，并且 M' 中任意多个向量的整线性组合仍在 M' 中.

设 $\boldsymbol{d}_1 = (g_1, h_1, k_1)$ 是 M' 中模最小的非零向量, 又设 $\boldsymbol{d}_2 = (g_2, h_2, k_2)$ 与 $\boldsymbol{d}_1$ 所成平行四边形面积最小, $\boldsymbol{d}_3 = (g_3, h_3, k_3)$ 与 $\boldsymbol{d}_1, \boldsymbol{d}_2$ 所成平行六面体的体积(即行列式

$$
\begin{vmatrix}
g_1 & h_1 & k_1 \\
g_2 & h_2 & k_2 \\
g_3 & h_3 & k_3
\end{vmatrix}
$$

的绝对值)为最小. 同样可证 M' 中每个向量 $\boldsymbol{\alpha} = u\boldsymbol{d}_1 + v\boldsymbol{d}_2 + w\boldsymbol{d}_3$, 其中 $u, v, w \in \mathbf{Z}$. 从而 M' 中每个向量可表示为有限多个 M 中的向量 $\boldsymbol{A}_1, \boldsymbol{A}_2, \cdots, \boldsymbol{A}_n$ 的整线性组合, 即 M 中有整基. 细节的叙述留给读者, 不再赘述.

上一节说过了在有理数域上的线性相关与线性无关, 本节所说的是在整数集上的线性相关与线性无关.

图书在版编目（CIP）数据

我怎样解题/单墫著. — 上海：上海教育出版社，2017.3
ISBN 978-7-5444-7380-4

Ⅰ.①我… Ⅱ.①单… Ⅲ.①数学—解法 Ⅳ.①01-44

中国版本图书馆CIP数据核字(2017)第061425号

策划编辑　刘祖希
责任编辑　刘祖希　　谭桑梓
书籍设计　陆　　弦

我怎样解题
单　墫　著

出版发行　**上海教育出版社有限公司**
官　　网　www.seph.com.cn
地　　址　上海市闵行区号景路159弄C座
邮　　编　201101
印　　刷　昆山市亭林印刷有限责任公司
开　　本　700×1000　1/16　印张 27.5
版　　次　2017年5月第1版
印　　次　2024年10月第8次印刷
书　　号　ISBN 978-7-5444-7380-4/G·6081
定　　价　68.00 元

如发现质量问题，读者可向本社调换　电话：021-64373213